TRAITÉ D'HORTICULTURE PRATIQUE

CULTURE MARAICHÈRE — ARBORICULTURE FRUITIÈRE
FLORICULTURE
ARBORICULTURE D'ORNEMENT — MULTIPLICATION DES VÉGÉTAUX
MALADIES ET ANIMAUX NUISIBLES

OUVRAGE COURONNÉ PAR LA SOCIÉTÉ NATIONALE D'HORTICULTURE DE FRANCE
(*Prix Joubert de l'Hiberderie*)

Par Georges BELLAIR
Jardinier en chef des Parcs nationaux et de l'orangerie de Versailles.
Ancien professeur à la Société d'Horticulture de Compiègne.

Avec 340 figures dans le texte

PARIS
OCTAVE DOIN, ÉDITEUR
8, PLACE DE L'ODÉON, 8

1892

TRAITÉ

D'HORTICULTURE PRATIQUE

TRAITÉ
D'HORTICULTURE
PRATIQUE

CULTURE MARAICHÈRE — ARBORICULTURE FRUITIÈRE
FLORICULTURE
ARBORICULTURE D'ORNEMENT — MULTIPLICATION DES VÉGÉTAUX
MALADIES ET ANIMAUX NUISIBLES

*Ouvrage couronné par la Société Nationale d'Horticulture de France
Prix Joubert de l'Hiberderie)*

Par Georges BELLAIR

Jardinier chef des Parcs nationaux de Versailles.
Ancien professeur à la Société d'Horticulture de Compiegne.

Avec 340 figures dans le texte

PARIS
OCTAVE DOIN, ÉDITEUR
8, PLACE DE L'ODÉON, 8

—

1892

PRÉFACE

Dans ce traité, la culture potagère et l'arboriculture fruitière prédominent sur la culture ornementale. Pourquoi?

C'est que nous ne nous adressons pas exclusivement a un petit nombre d'horticulteurs contemplatifs, artistes curieux et riches ; nous nous adressons à la masse, à cette masse si intéressante d'amateurs qui, moins favorisés par la fortune, cherchent avant tout ce que le jardinage a de véritablement utile, parce qu'ils ont besoin de ce côté utile, parce qu'ils sentent davantage l'importance des légumes et des fruits, qui sont pour nous des aliments « nécessaires à la satisfaction d'un besoin réel ».

Nous avons cru aussi devoir développer avec détails tout ce qui a trait à la multiplication des végétaux, parce que cette partie est le commencement de l'horticulture, c'est la source des plantes.

La culture des fleurs et des arbres d'ornement occupe donc ici la moindre place. Mais cette culture n'est pas un besoin, elle est un goût, un goût absolument désintéressé, détaché de la vie utile. C'est le goût des fleurs et des arbres pour les fleurs et les arbres, pour leurs couleurs et leurs formes infinies, pour la satisfaction que nous procure la contemplation de ces couleurs, de ces formes et, quelquefois, la sensation olfactive de leurs parfums.

L'utile et tout l'utile d'abord, la partie la plus intéressante de l'agréable ensuite, telle est l'idée qui a présidé à la composition de ce livre.

Cette idée est peut-être, plus qu'on ne pense tout d'abord, favorable au développement de l'horticulture décorative. Schiller dit : « Tant que la nécessité commande et que le besoin sollicite, l'imagination est rigoureusement enchaînée au réel ; c'est seulement quand le besoin est satisfait qu'elle se développe davantage. »

Nous présentons nos remerciements à M. Le Bailly, éditeur, qui nous a autorisé à reproduire partie de nos brochures sur l'arboriculture fruitière parues chez lui depuis 1888.

Dans l'intérêt de sa clarté, nous joignons au texte, toujours avec l'autorisation aimable du même éditeur, la reproduction de dessins que nous fîmes pour son journal ou pour ses publications ; nous y ajoutons des esquisses rapidement faites et destinées, avec d'autres que nous préparons, exclusivement à cet ouvrage.

Compiègne, ce 21 décembre 1889.

On n'écrit pas un ouvrage du genre de celui-ci sans se montrer, au moins dans les pages principales, le continuateur de doctrines des maîtres dont on s'est nourri.

Pour composer ce traité, je me suis donc inspiré de ce que m'ont enseigné, pendant les années passées à l'Ecole Nationale d'horticulture de Versailles, le directeur et les professeurs de cet établissement, que M. Hardy a su élever au premier rang en Europe. J'attribue à cette inspiration la récompense obtenue au concours du prix Joubert pour ce traité d'Horticulture, dont la publication m'est imposée par cette distinction même.

Georges BELLAIR.

Compiègne, mars 1891.

RAPPORT SUR LE CONCOURS OUVERT

POUR LE PRIX JOUBERT DE L'HIBERDERIE EN 1889-1890[1];

M. P. DUCHARTRE, rapporteur.

Comme l'apprend une circulaire insérée au *Journal* (1889, p. 5), M. le Dr Joubert de l'Hiberderie, en faisant un legs important à la Société nationale d'Horticulture, avait exprimé le vœu que les revenus de la somme léguée par lui fussent employés, dans l'intérêt de l'art horticole, sous la forme d'un « prix de 2,500 francs offert en son nom ». Faisant droit à cette disposition testamentaire, le Conseil d'administration de la Société, dans sa séance du 10 janvier 1889, a décidé la création du prix Joubert de l'Hiberderie et a ouvert, en 1889, un concours à la suite duquel ce prix pourrait être donné à l'auteur du meilleur « ouvrage sur l'Horticulture maraichère, l'Arboriculture et la Floriculture *réunies et considérées dans leurs usages journaliers et les plus pratiques* ». Ont été admis à concourir les auteurs de « tout traité de ce genre publié *postérieurement à la date du* 6 *avril* 1886 ». Les ouvrages admis au concours pouvaient être faits en collaboration et, si le prix était attribué à un travail exécuté dans ces

[1] *Journal de la Société nationale d'horticulture de France*, janvier 1891, p. 59.

conditions, la somme de 2,500 francs devait être partagée entre les collaborateurs. D'un autre côté, si l'ouvrage couronné était manuscrit, la publication devrait en être faite pendant l'année dans laquelle la récompense aurait été obtenue.

Le concours ouvert en 1889 a déterminé la présentation de quatorze ouvrages, la plupart imprimés, quelques-uns manuscrits. Une commission a été chargée d'examiner ces ouvrages et d'en apprécier la valeur, tant absolue que relative, en vue d'accorder le prix, s'il y avait lieu. Elle était composée de MM. Jamin (Ferd.), Keteleër, Verlot (B.), de Vilmorin (H.) et P. Duchartre. Dans sa première réunion, qui a eu lieu le 24 juillet 1890, elle s'est constituée en nommant président M. Jamin (Ferd.) et secrétaire M. P. Duchartre.

La masse des ouvrages à examiner étant très considérable, et, en outre, chacun d'eux devant être soumis successivement à un examen attentif par trois personnes particulièrement compétentes dans l'une des trois grandes branches de l'horticulture, le bureau a autorisé les membres de la commission à s'adjoindre un collaborateur. En vertu de cette autorisation, MM. Jamin et Vilmorin (H. de) se sont adjoints MM. Jolibois et Michel. Néanmoins, le travail n'a été terminé et, par suite, le jugement définitif n'a pu être rendu que le 18 décembre 1890; voici quelles résolutions ont été prises dans la séance qui a eu lieu à cette date.

Cinq ouvrages ont été éliminés comme ne satisfaisant pas aux conditions du concours. L'un a été imprimé en 1885, par conséquent à une date trop reculée et, quant aux autres, il en est qui sont principalement consacrés à l'agriculture, tandis que la plupart, quoique ayant pour unique objet l'horticulture, en laissent de côté entièrement, ou presque entièrement, une ou deux branches.

Cette élimination faite, il restait neuf ouvrages entre esquels devait être effectué un classement. La longue et sérieuse discussion qui a eu lieu à cet égard a conduit à admettre, d'un avis unanime, comme supérieurs en mérite aux sept autres, deux ouvrages manuscrits, dont l'un a pour auteur M. Bellair, professeur d'horticulture à la Société d'horticulture de Compiègne, dont l'autre est anonyme et porte pour devise : *Utile dulci.*

Ce dernier a pour titre : *Manuel pratique de jardinage*, comprenant les notions générales d'horticulture, les légumes, les arbres et arbustes fruitiers, les plantes, arbres et arbustes les plus employés dans l'ornementation de plein air, et les ennemis et maladies des végétaux, par deux membres de la Société nationale d'horticulture. Il forme deux volumes in-folio. C'est un ouvrage bien rédigé, rempli de notions saines et exposées avec une remarquable netteté; malheureusement la Commission a regretté d'y trouver quelques lacunes fâcheuses, relativement à des plantes d'une importance incontestable pour la culture ornementale, ainsi qu'un certain nombre d'erreurs et d'assertions au moins contestables dans la partie qui traite de l'arboriculture fruitière. Ces défectuosités, que les deux auteurs pourront certainement faire disparaître par une revision attentive de leur travail, ont déterminé la Commission à ne mettre qu'en seconde ligne l'ouvrage anonyme qui porte la devise : *Utile dulci.*

Par une conséquence naturelle, le premier rang se trouvait ainsi acquis à l'ouvrage manuscrit de M. Bellair, qui a pour titre : *Traité général d'Horticulture pratique :* Culture maraîchère, arboriculture fruitière, floriculture, arboriculture d'ornement, multiplication des végétaux. C'est un volume in-folio de 278 pages, qu'accompagnent 60 photogravures et dessins exécutés par l'auteur. Les diverses parties en ont été jugées toutes également de la manière la plus favorable, aux points de vue tant des faits eux-mêmes que de la clarté ainsi que de la méthode avec lesquelles ils sont exposés. A peine la lecture la plus attentive a-t-elle pu y faire découvrir, relativement à l'arboriculture fruitière, quelques assertions au sujet desquelles on pourrait ne point partager absolument l'opinion de l'auteur[1]. Aussi, en somme, est-ce à l'unanimité que la Commission décerne à M. Bellair le prix Joubert de l'Hiberderie, en rappelant à l'auteur que, d'après une condition formelle imposée au lauréat par le programme du concours, son excellent travail devra être publié dans l'année.

M. Jamin, président de la commission du prix Joubert, pépiniériste et arboriculteur distingué, a bien voulu me communiquer quelques notes sur les assertions au sujet desquelles il ne partage pas absolument mon opinion. Je me fais plaisir de les reproduire dans ce traité et de le remercier une fois de plus pour son obligeante bonté. G. B.

TRAITÉ

D'HORTICULTURE PRATIQUE

CHAPITRE PREMIER

CULTURE MARAICHÈRE

LE MARAIS ET LE POTAGER

D'une manière générale, la culture maraîchère et la culture potagère se rapportent toutes deux aux légumes.

Les légumes sont tous des végétaux herbacés qui servent à l'alimentation de l'homme, soit en totalité, soit en partie. On les divise en :

Légumes racines ;
Légumes herbacés ;
Légumes fruits ;
Légumes condiments.

Par la culture maraîchère on produit spécialement les légumes les plus usuels soit pour la vente (jardin maraîcher ou marais commercial), soit pour la consommation directe (jardin bourgeois).

Au potager proprement dit, on ne cultive pas seulement les légumes les plus usités dans l'alimentation, mais encore les autres, plus rares, plus difficiles à produire, ou moins appréciés par la masse des consommateurs.

En culture maraîchère, on produit un nombre limité de plantes; au jardin potager, on multiplie et propage toute la collection des légumes. Dans les deux jardins la culture est la même, c'est la manière de procéder qui diffère.

Au (jardin maraîcher) la culture est intensive, c'est-à-dire active et puissante au plus haut degré; les récoltes se succèdent presque sans intervalle. Au jardin potager on exige moins du sol, il est moins tourmenté, la culture se fait plus lentement et à plus petits frais.

CRÉATION DU JARDIN MARAICHER

EMPLACEMENT — SITUATION — EXPOSITION

Le jardin maraîcher sera placé à peu de distance de l'habitation du jardinier ou de l'amateur, afin que les soins de culture puissent se donner facilement en toute saison, pour que les provisions soient faites de même et toujours cueillies seulement à l'heure de leur préparation pour les repas.

On masque le potager du côté de la maison d'habitation par des plantations serrées d'arbustes à feuilles persistantes : thuyas, lauriers, fusains et autres espèces qui atteignent, ou qu'on peut maintenir facilement, à une hauteur moyenne de $2^m,50$ à 3 mètres.

Ces plantations valent mieux que des murs élevés qui projettent une ombre préjudiciable aux plantes; elles sont préférables aussi aux plantations d'arbres; ceux-ci, outre l'ombre qu'ils donnent, étendent leurs racines au loin, et stérilisent ainsi le sol à de grandes distances. Si des arbres de cette sorte côtoyaient un jardin maraicher, il faudrait les abattre ou bien, sur la lisière, entre les arbres et le jardin, creuser un fossé profond.

Par sa situation, le jardin maraîcher sera abrité des vents nord et est. Il n'occupera jamais un fond de vallée ; cette situation est froide, brumeuse et, par suite, contraire au développement rapide des légumes ; elle influence en mal la précocité de ceux qui passent pour mûrir avant les autres.

Parmi les expositions, celle du midi est la meilleure si l'on peut pendant l'été disposer d'une grande quantité d'eau. Viennent ensuite les expositions de l'ouest, du sud-ouest, de l'est, du sud-est. Elles tiennent le milieu entre le nord et le midi.

Une puissante insolation donne une grande valeur au potager ; elle hâte le développement des légumes qui acquièrent sous son influence une sorte de précocité naturelle.

Sol. — La meilleure terre est la terre franche, le loam des Anglais, elle contient pour 100 :

Argile (Terre grasse, terre à potier).	20 à 30
Sable siliceux (Sable dur, sable de rivière) . .	50 à 70
Calcaire (Pierre à bâtir réduite en sable). . .	5 à 10
Humus (Débris végétaux, fumiers décomposés).	5 à 10

Cette composition de terre est prise comme type parce que, chez elle, les différents éléments se font équilibre, et qu'elle est en général la plus favorable aux cultures en général.

Parmi ces éléments qui constituent la terre arable, deux jouissent de propriétés diamétralement opposées : l'argile et le sable siliceux.

L'argile agrège les terres ; elle les lie, les rend plus compactes, plus tenaces.

La silice, au contraire, divise, s'interpose entre les particules qui tendent à s'unir, et empêche leur cohésion.

C'est en se basant sur les propriétés de l'argile que

l'on a établi la classification des terres arables ainsi qu'il suit :

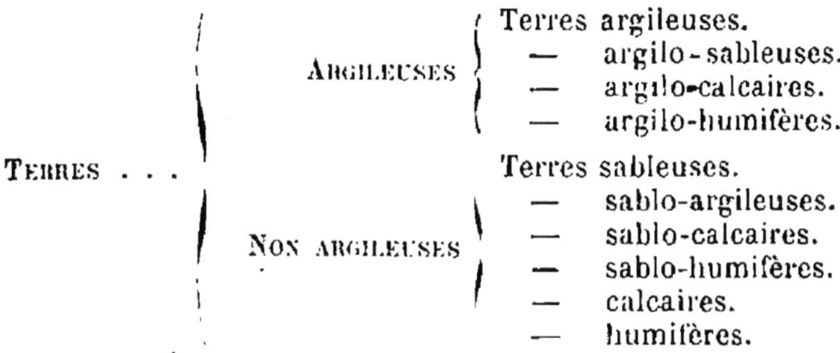

TERRES . . .	ARGILEUSES	Terres argileuses.
		— argilo-sableuses.
		— argilo-calcaires.
		— argilo-humifères.
	NON ARGILEUSES	Terres sableuses.
		— sablo-argileuses.
		— sablo-calcaires.
		— sablo-humifères.
		— calcaires.
		— humifères.

Chacune de ces terres a la propriété de sa dominante.

Les terres argileuses sont compactes, humides, difficiles à travailler et avides d'engrais.

Les terres argilo-sableuses sont plus perméables, moins résistantes aux outils de culture.

Les terres argilo-calcaires, moins compactes aussi, sont plus froides que les terres argilo-sableuses à cause de la couleur blanche d'un des éléments : le calcaire.

Les terres argilo-humifères sont les plus humides de toutes, à cause de la force avec laquelle leurs deux substances dominantes retiennent l'eau. La coloration foncée de l'humus permet aux terres qui en contiennent de s'échauffer un peu mieux que les autres.

Les terrains siliceux ont les propriétés que nous avons signalées plus haut. Ils sont perméables à l'excès, sans cohésion et, par suite, secs, arides même.

Aptitudes productrices. — Ces terres, sauf la terre franche, ne produisent pas également bien toutes sortes de plantes.

Les terres argileuses fortes comportent la culture du choux, des fèves, des betteraves, etc.

Les terres siliceuses sèches ne sont propres qu'à la culture des végétaux de printemps; pois précoces, asperges. Les plantes qui évaporent peu, relativement, peuvent aussi se cultiver dans ces terres-là ; exemple : la pomme de terre.

Les terres calcaires sont particulièrement aptes à la culture des légumineuses : pois, haricots, lentilles.

Les terrains humifères sont plus ou moins fertiles, selon que l'humus qu'ils contiennent est doux ou bien acide. Les terrains humifères doux produisent avantageusement presque tous les légumes herbacés : cardons, artichauts, salades diverses, épinards.

Amendements. — Quand le sol présente l'un de ces défauts physiques signalés précédemment : compacité extrême, manque de cohésion, acidité, on l'amende.

Amender un terrain, c'est lui fournir l'élément physique dont il manque.

Les terres compactes sont amendées par les sables siliceux et calcaires.

Les terres trop légères s'amendent avec des argiles ou de l'humus.

L'acidité des terres humifères disparait quand on a incorporé à ces terres une certaine proportion de calcaire.

En résumé, dans le midi et aux expositions chaudes, les terres un peu fermes, un peu argileuses ou riches en humus, et par conséquent retenant l'eau, sont préférables à cause de la chaleur à laquelle elles sont exposées. Dans le nord et aux expositions froides, on recherchera un sol plus meuble, plus siliceux, légèrement humifère, se laissant traverser par les eaux et pénétrer par l'air.

Eaux et arrosages. — L'eau est le véhicule des engrais ou aliments des plantes. On sait, en effet, que les végétaux ne peuvent absorber les substances (les substances minérales surtout) qui font partie de leur organisation, qu'à l'état de solution. En outre, l'eau entre pour une grande partie dans la composition des plantes où elle est appelée alors eau de végétation.

L'eau de végétation se dépense où s'échappe dans l'air en vapeur; elle est renouvelée par les racines qui en absorbent des quantités équivalentes dans les profondeurs du sol.

Si l'eau du sol se raréfie, le renouvellement par les racines se fait avec une certaine lenteur qui provoque un temps d'arrêt dans la végétation, lequel dure jusqu'à ce qu'une nouvelle quantité d'eau, tombée du ciel ou donnée artificiellement, ait amené le sol à son degré normal d'humidité. L'eau de pluie ne vient pas toujours à point; aussi est-on obligé d'employer en arrosages les différentes eaux que la nature met à notre portée, eau de rivière, de source, etc.

C'est donc avec raison que les praticiens considèrent l'eau comme une des grandes forces de la production maraîchère. Il est impossible de concevoir un jardin potager ou maraicher sans la perspective d'avoir à discrétion une grande quantité d'eau. On se la procure comme on peut, à la rivière s'il en passe une à proximité; le plus souvent on l'obtient au moyen d'un puits muni d'un manège. Ces différentes eaux ont des qualités diverses : celle de la rivière est aérée, celle des puits et des sources est à une température constante.

L'eau des pluies recueillie dans les citernes, à cause de son haut degré de pureté et d'aération, est la meilleure de toutes les eaux; vient ensuite l'eau de rivière, d'autant supérieure à elle-même qu'elle est prise plus loin de sa source, parce qu'elle est alors davantage aérée. L'eau des puits arrive en troisième lieu; on lui reproche d'être peu aérée, et de contenir en dissolution de la chaux ou du plâtre, selon les localités.

Les eaux stagnantes, les eaux de tourbières sont mauvaises, les unes, à cause des miasmes malsains qu'elles dégagent, les secondes, parce qu'elles ont des propriétés acides nuisibles.

Il y a quatre moyens d'arroser les terres, ce sont :

la submersion, l'irrigation, le transport à l'aide d'arrosoirs et l'arrosage à la lance.

La *submersion* consiste à recouvrir complètement de liquide le terrain à arroser; celui-ci est sillonné de rigoles qui, au moyen d'écluses, s'emplissent jusqu'à déborder sur les planches.

Pour arroser par *irrigation*, le terrain doit aussi être parcouru par de nombreuses rigoles parallèles dérivant d'une ou de plusieurs rigoles principales.

Au moyen d'écluses, on entretient constamment ces canaux pleins d'eau qui s'infiltre jusqu'aux racines les plus délicates.

L'irrigation et la submersion qui supposent la possession d'une grande quantité d'eau et un terrain léger sont deux excellents systèmes; on les emploie dans le Midi et près de Paris, dans les jardins maraîchers de Gennevilliers.

Le mode d'*arrosage par transport* est aussi beaucoup employé, surtout sous le climat de Paris; il consiste à verser l'eau sur le sol planté en se servant d'arrosoirs à pommes. L'ouvrier doit avoir soin de tenir ses arrosoirs assez élevés pour que l'eau s'aère en tombant; il doit aussi avoir dans les bras un léger mouvement qui brise les jets, disperse le liquide d'une manière plus régulière et réduit le battement du sol par la chute d'eau.

L'*arrosage à la lance* suppose toute une canalisation souterraine et une pression assez forte qu'on obtient par l'installation du réservoir d'eau sur un point culminant du jardin. Un tuyau en caoutchouc terminé à une extrémité par une vis d'adaptation et à l'autre par un conduit en cuivre (lance) à canal étroit et à pomme d'arrosoir, s'adapte de place en place à des bouches d'eaux qui sont en communication avec le réservoir. L'eau poussée avec force sort en un jet plus ou moins violent par l'orifice de la lance; ainsi donnés, ces arrosages battent beaucoup le sol. L'ouvrier évite une partie de cet inconvénient en changeant de place et en imprimant à la lance un mouvement continu de va et vient latéral. Les bouches d'eau ou les réservoirs particuliers doivent être, sur la surface du jardin, disposés de 15 mètres en 15 mètres, afin d'épargner au jardinier de la fatigue et une perte de temps. Chaque fois que le sol est arrosé, il doit être mouillé à fond. Une mouillure superficielle peut provoquer une sorte de fermentation nuisible aux plantes.

Voici les heures les plus favorables pour la pratique des arrosages. Au printemps : dans le milieu du jour, parce que les matinées et les soirées sont fraîches. En été : le soir, parce que les journées sont si chaudes qu'une grande partie de l'eau donnée dans le jour serait immédiatement évaporée. En automne : le matin, à cause de la fraîcheur des nuits.

Cependant, on est souvent obligé d'arroser toute la journée. On fait bien, alors, d'arroser toujours copieusement, surtout en été, pour remédier à l'évaporation intense dont la terre est l'objet.

Pour arroser les semis, surtout les semis de graines petites, on se sert d'arrosoirs à pommes très fines ou de seringues. Ce mode d'arrosage s'appelle *bassinage*.

FORME. DISTRIBUTION. — La forme et la distribution sont influencées par la disposition du terrain ainsi que par les autres cultures qu'on prétend faire conjointement avec celle des légumes.

D'une manière générale, il est mauvais de réunir dans le même espace les cultures fruitières et de légumes.

Néanmoins, on cultive souvent les arbres fruitiers dans le jardin maraîcher, si ce n'est dans le sein même du jardin, au moins tout autour, soit en formes volumes : pyramides, vases, etc., soit en formes surfaces : contre-espaliers.

Les contre-espaliers ont cet avantage qu'ils cachent

à l'œil l'aspect monotone des planches nues ou cultivées; ils sont jusqu'à un certain point un ornement, mais ils ne doivent pas être plus hauts que 2 mètres à cause de l'ombre qu'ils donnent.

Ce n'est que dans les petits jardins des particuliers qu'on mêle la culture des légumes à celle des fleurs. Dans ce cas, le jardin n'est plus maraîcher, ni fruitier, ni d'ornement; il est jardin sans qualificatif.

Le jardin maraîcher est divisé en surfaces rectangulaires; cette forme est la plus commode pour le service. Les bords des allées principales (3 mètres de large), peuvent être occupés par des plantations fruitières. Chaque rectangle est divisé en planches séparées par des allées de 40 à 60 centimètres; 60 si on veut pouvoir passer avec une brouette.

Les dimensions des rectangles sont arbitraires; celles des planches sont limitées; elles n'auront pas plus de 2 mètres de large, afin de faciliter les binages et les sarclages, sur 25 à 30 mètres de long. Cette longueur est calculée pour empêcher une perte de temps et éviter la fatigue aux hommes qui transportent l'eau et les engrais à bras ou à dos.

Le niveau des sentiers sera toujours supérieur au niveau des planches pour faciliter l'arrosage de celles-ci. Dans un terrain absolument humide, la disposition contraire est meilleure.

Côtière. Ados. — On appelle côtière une bande de terre située parallèlement tout le long d'un bâtiment ou d'un mur qui lui sert d'abri (fig. 1).

Les meilleures côtières sont celles situées le long des murs qui regardent le midi, l'ouest et l'est, parce que ce sont les plus exposées à l'insolation. Il faut leur donner une largeur égale à une fois la hauteur du mur qui les protège et disposer leur sol en pente du côté du soleil.

Les côtières situées au midi procurent aux plantes qu'on leur confie une précocité de trois semaines à un mois sur les plantes semblables cultivées sans cet abri.

La précocité des plantes de côtières d'est et d'ouest est moins accentuée. Les produits de ces côtières ont encore une avance de quinze jours au moins sur les produits semblables élevés en plein jardin.

Fig. 1. — Côtière.

C'est surtout au printemps que les côtières du midi, de l'est et de l'ouest sont utilisées. La côtière du nord fournit pendant les fortes chaleurs de l'été un excellent endroit ombragé pour pratiquer les semis en pépinière.

Les ados sont des planches ordinaires non abritées par des murs et qui, au lieu d'être horizontales, sont légèrement inclinées du côté du soleil, à seule fin de recevoir une somme plus forte de chaleur.

Couches. — En général, au potager, une surface spéciale est consacrée exclusivement aux semis, une autre surface est utilisée pour l'installation des couches.

On appelle couche un amas de fumier ou de toute autre substance fermentescible capable de produire une température plus élevée que la température ambiante.

Les couches sont employées pour cultiver les plantes à contre-saison, alors que la température naturelle, trop basse, ne permet aucune végétation dans le sol.

Par rapport au degré de chaleur qu'elles donnent, on distingue les couches chaudes et les couches tièdes. Les premières sont construites avec du fumier ancien qui a déjà fermenté (fumier recuit) auquel on mélange aussi des feuilles.

La *couche élevée* est confectionnée simplement à la surface du sol ; la *couche enterrée* ou *couche sourde* est celle qu'on a disposée au fond d'une tranchée creusée préalablement.

L'épaisseur de la couche varie ; elle dépend du degré de chaleur qu'on veut obtenir, étant donné qu'une masse plus considérable de fumier donne une chaleur plus élevée.

La surface en est rectangulaire, étroite et longue, horizontale ou inclinée du côté du soleil. Elle reçoit les coffres en bois et les châssis sous lesquels on cultive les légumes dont on désire avancer la récolte.

Il est utile de ne pas faire les couches toujours au même endroit. Mieux vaut changer leur emplacement tous les ans, parce qu'elles améliorent, elles fument le sol sur lequel elles reposent.

CONSTRUCTION. MATÉRIEL DE CULTURE. — A part la maison du jardinier, il faut aussi dans un jardin maraîcher important, *des bâches*, sortes de coffres fixes bâtis en pierre et supportant des châssis. Ils servent pour la culture forcée. Ces constructions sont élevées dans un endroit abrité, exposé à l'est ou au midi.

Une *cave à légumes* pour conserver les produits du jardin pendant l'hiver, un *hangar* pour abriter les outils sont choses utiles.

Le matériel se compose des outils que tout le monde connaît et qu'il serait inutile d'énumérer ici. Nous ajouterons à ces outils des *coffres*, des *châssis*, des *cloches*, des *paillassons* employés pour les cultures avancées, etc., etc. Disons en passant que les outils de culture doivent toujours être dans un strict état de propreté; toute tache de rouille sur une bèche, une pelle, etc., augmente le frottement de ces outils avec le sol et, par cela même, procure une fatigue supplémentaire à l'ouvrier.

ÉTENDUE. — Que le jardin maraîcher soit commercial ou privé, son étendue est influencée par une foule de circonstances telles que le sol, le climat, les expositions, le genre de culture adopté, la nature et la diversité des produits, les exigences du marché, le nombre de personnes à nourrir. Il faut compter que, pour une personne à nourrir, on doit cultiver deux ares et demi de potager, soit 250 mètres carrés. D'après cette moyenne, un hectare de jardin produirait de quoi nourrir quarante personnes.

Un jardin maraicher de 25 à 30 ares peut occuper trois hommes pendant toute l'année : un jardinier et deux aides.

AMEUBLISSEMENT DU SOL. — Avant toute culture, si le terrain est neuf, il est défoncé profondément à 40 ou 50 centimètres. Dans le cas où le sous-sol est mauvais, le défoncement porte sur une profondeur de 60 centimètres, mais le sous-sol n'est pas ramené à la superficie.

Après ce premier ameublissement, les engrais sont répandus et il est procédé à un second labour pour les enfouir. Le terrain est ensuite mis en culture, mais on ne le plante qu'en légumes grossiers, tels que pommes de terre, choux, etc.

Pendant deux ou trois ans, la culture ne comporte que des légumes de cette sorte; ce n'est qu'après ce laps de temps que la terre mieux ameublie, mieux amendée, mieux fumée, peut produire des légumes plus délicats.

Outre ces labours profonds, le sol est hersé, biné et sarclé en temps et lieu. Le *hersage* se fait au rateau après un labour; il a pour but d'ameublir la partie superficielle du sol et de la préparer pour recevoir les graines fines.

Les *binages* se donnent pendant la végétation des plantes, à l'aide d'un instrument appelé binette; ils ont pour avantage de briser la croûte superficielle du sol et de favoriser ainsi l'ascension, jusqu'aux racines, de l'eau des parties profondes du sol. On dit avec raison que deux binages valent un arrosage. Enfin les binages ont encore pour but la destruction des mauvaises herbes.

Le *sarclage* a surtout pour objet la destruction des mauvaises herbes par un arrachage à la main; ce sont surtout les semis qui ont besoin d'être sarclés parce que les jeunes plants de ces semis sont gênés par l'herbe et que cette herbe ne peut être détruite à l'aide d'un binage.

Si le terrain est humide, on le mettra en *billon* pendant l'hiver afin qu'il puisse s'égoutter et que les gelées aient, sur sa surface ainsi augmentée, davantage d'action.

ENGRAIS. — Les plantes puisent dans le sol les principaux corps dont elles se constituent et surtout l'*azote*, l'*acide phosphorique*, la *potasse* et la *chaux*. Toute récolte, toute plante arrachée, puis vendue, est un emprunt d'azote, d'acide phosphorique et de potasse fait au sol. Nous avons bien dit un emprunt, car on doit rendre à la terre, sous forme d'engrais, l'azote, l'acide phosphorique et la potasse soustraits par les cultures. Cette loi de la restitution est de la plus haute importance, l'éviter serait tarir rapidement les sources de la fertilité du sol.

On donne donc le nom d'engrais à toute substance : *fumier*, *guano*, *excréments* divers, *débris animaux* et *végétaux* qui, contenant de l'azote, de la potasse, de l'acide phosphorique et de la chaux, peut être incorporée au sol pour lui refaire une fertilité.

En culture maraîchère, l'engrais le plus fréquemment employé est le *fumier* et surtout le fumier de cheval, parce qu'il est plus facile de se le procurer que tout autre, ensuite, parce qu'il donne en fermentant une chaleur qu'on utilise souvent pour la culture des primeurs (voy. *Couches*).

Comme tous les autres engrais, le fumier agit par l'azote, l'acide phosphorique et la potasse qu'il contient. Ainsi, quand on donne du fumier à un sol, on lui donne ces substances dans les proportions suivantes :

Pour 12 parties de principes actifs il y a en moyenne dans le fumier :

4 parties d'azote;
3 parties d'acide phosphorique;
et 5 parties de potasse.

Cette proportion n'est pas constamment la meilleure : les pois, les haricots, les pommes de terre n'y trouvent pas suffisamment d'acide phosphorique ni assez de potasse. En donnant les doses exagérées de fumier, on peut arriver à procurer la somme d'acide phosphorique et de potasse nécessaire, mais alors on tombe dans un autre travers : l'excès d'azote; c'est une perte.

Bref, le fumier est un engrais complet mal équilibré, et de quelque façon qu'il s'en serve, s'il veut l'employer exclusivement, le jardinier s'expose à tourner dans un cercle vicieux.

Quant à le bannir de la culture, nous n'y pensons pas. ce serait commettre une faute très grave. En effet, le fumier est l'engrais qui nous fournit l'azote au meilleur compte, et il apporte au sol le terreau (*humus*) qu'on ne saurait trouver dans les engrais chimiques.

L'azote de fumier coûte. . .	1 fr. 50 le kil.
L'azote des engrais chimiques.	1 fr. 80 à 2 fr.

C'est encore là un des grands inconvénients du fumier et des engrais organiques de garder longtemps à l'état inerte, sans qu'ils agissent sur le sol, les agents fertilisants qu'ils contiennent.

Avant de produire son action comme engrais, le fumier doit, en effet, subir une décomposition complète qui mette en liberté ses principes actifs et les rende solubles, absorbables par les plantes. Cette transformation demande un certain temps pour s'accomplir en entier. C'est pourquoi les fumiers frais doivent être donnés au sol avant l'hiver. On les incorpore par des labours profonds.

Les fumiers consommés, les fumiers de couche, les terreaux peuvent à la rigueur n'être appliqués qu'aux mois de février et mars, à cause de leur décomposition déjà avancée, mais les fumures d'automne, avec des fumiers consommés ou non, seront toujours le plus avantageuses, surtout s'il s'agit de la culture des légumes racines : navet, betterave, carotte, panais, cerfeuil bulbeux, scorsonère : de la culture de l'oignon, du poireau, etc.

Une fumure de 40,000 kilogrammes à l'hectare (4 kilogrammes par mètre carré) est une bonne fumure, elle peut faire sentir son effet pendant trois ans.

En culture maraichère commerciale, on emploie jusqu'à 60,000 kilogrammes de fumier à l'hectare, soit une moyenne de 20,000 kilogrammes par an.

L'*engrais humain* est deux fois plus riche en azote que le fumier. Il s'emploie à l'état frais, en automne, sur sol labouré, à raison de 15 à 30 mètres cubes à l'hectare, soit un litre et demi à trois litres par mètre carré. Après l'épandage, on donne un coup de herse ou de fourche pour faciliter l'incorporation.

Pour désinfecter les matières fécales, M. Muntz recommande d'additionner, par hectolitre, les quantités de substances suivantes :

Plâtre.	2 kil.
Sulfate de fer	1 —
Matières absorbantes, telles que tourbe, sciure de bois, tan, poudre de charbon, etc. . . .	5 — à 10 kil.

Sous l'influence de ces substances, l'engrais ayant pris une consistance plus solide, on l'emploie à l'automne toujours, mais comme du fumier; il est répandu avant l'ameublissement du sol et incorporé par le labourage.

L'engrais humain convient pour la culture des légumes qui ont besoin d'une nourriture très azotée, les choux, les salades, les artichauts, les épinards, et en général tous les légumes foliacés. Il est moins favorable au développement des légumes racines et ne convient pas du tout aux légumes graines : haricots, pois, fèves, etc. Il ne peut pas, quoi qu'on ait avancé plus d'une fois le contraire, communiquer un mauvais goût aux parties comestibles de ces plantes, si on l'emploie comme nous avons indiqué plus haut.

On donne le nom d'*engrais chimiques* à des substances minérales tirées directement du sol (nitrate de soude) ou produites artificiellement par l'industrie (chlorure de potassium, sulfate d'ammoniaque) et utilisées pour reconstituer la fertilité des terres.

Les engrais chimiques ou minéraux offrent cette particularité remarquable que, chez eux, les principes fertilisants sont rarement associés. Il n'y a généralement dans chaque engrais qu'un élément actif qui est l'azote, l'acide phosphorique ou la potasse.

Voici les principaux engrais chimiques employés en culture :

TABLEAU DES PRINCIPAUX ENGRAIS CHIMIQUES

Azotates ou engrais azotés.	Richesse en AZOTE.	Prix moyens des 100 kil.
Nitrate de soude.	15 p. 100	26 fr.
Sulfate d'ammoniaque . .	20 —	33
Nitrate de potasse	13 —	47

Phosphates ou engrais phosphatés.	Richesse en ACIDE PHOSPHORIQUE.	Prix moyens des 100 kil.
Phosphate minéral. .	16 à 18 p. 100 insoluble.	3 fr. 20.
Superphosphate . . .	16 à 18 — soluble.	12

Engrais potassiques ou sels de potasse.	Richesse en POTASSE.	Prix moyens des 100 kil.
Chlorure de potassium. .	49 p. 100	21 fr.
Nitrate de potasse	44 —	47

Pour avoir un engrais chimique complet, il suffit de mélanger entre eux un engrais potassique, un phosphate et un azotate. Les proportions à observer dans ces mélanges nous sont fournies par la connaissance que nous avons des besoins des plantes.

Les engrais chimiques ont pour avantages principaux :

1° D'obvier au manque de fumier ;

2° D'être très riches en éléments fertilisants, sous un petit volume, ce qui rend leur transport plus facile ;

3° D'agir rapidement sur la végétation, à cause de la prompte solubilité de leurs principes actifs ;

4° De permettre au jardinier d'employer séparément l'azote, l'acide phosphorique ou la potasse, selon que c'est l'un ou l'autre de ces agents qui fait défaut.

Il faut, quand on veut planter ou ensemencer une terre, tenir compte à la fois de ses besoins et des besoins de la plante qu'on y cultivera.

Théorie de l'emploi des engrais. — Pour nous renseigner sur les exigences du terrain, nous avons son aspect, sa consistance, sa nature, la dernière culture qu'il a portée, etc.

Exemples : l'azote, surtout l'azote du fumier, est moins utile dans les terres noires, riches en humus, que dans les terres sèches et légères. Dans les terres marécageuses, l'azote est inutile.

L'acide phosphorique est indispensable partout, moins dans les terres sèches qu'ailleurs ; il en faut beaucoup, de préférence à l'état de phosphate minéral, dans les terres noires de nos maraîchers, dans les terres tourbeuses.

C'est sur les sols secs et légers, sur les sols tourbeux, qu'en général les engrais potassiques produisent les meilleurs résultats.

Un jardin qui a toujours été fumé au fumier, manque d'acide phosphorique ; il faut en ajouter.

Si les précédentes cultures, comme celle des pois, fèves, haricots, ont épuisé le sol en potasse et acide phosphorique, il faut prodiquer ces engrais chimiques. Si c'est surtout l'azote qui a été enlevé par la dernière récolte (chou, salades, racines), on donne du fumier ou des matières fécales.

Certaines plantes, les pois, les haricots et les autres légumineuses peuvent se passer d'engrais azoté ; il n'en est pas qu'on puisse, sans danger d'insuccès, priver d'acide phosphorique.

Autrement dit, le rendement d'une culture, quelle qu'elle soit, ne peut pas être augmenté dans les meilleures conditions possibles si, conjointement, avec les autres engrais simples, on ne fait pas usage d'acide phosphorique dont les légumineuses sont particulièrement avides.

En culture potagère, les légumes foliacés, salade,

épinard, céleri, chou, prospèrent sous l'influence d'un engrais très azoté.

La potasse, d'après M. G. Ville, est surtout favorable aux arbres fruitiers, à la pomme de terre, aux légumineuses, etc. Cela ne signifie pas que les arbres fruitiers, les pommes de terre, se nourrissent exclusivement de potasse; nullement. Mais dans l'engrais qu'on donne à ces plantes, la potasse doit beaucoup dominer ou, pour employer le langage de M. G. Ville lui-même, « la potasse est la dominante des légumineuses, des arbres fruitiers, de la pomme de terre, etc. ».

La dominante n'est pas, comme on pourrait le croire, l'élément qui occupe le premier rang quantitatif dans la composition chimique du végétal, mais c'est généralement le principe fertile le plus difficilement absorbable par la plante ; on le donne dans de plus fortes proportions, surtout à cause de cela.

En résumé, dans tous les engrais renfermant les trois termes de fertilité, le terme potasse doit être légèrement plus élevé que chacun des deux autres.

Sont à dominante de potasse et d'azote, les légumes foliacés, les gazons, la betterave.

Sont à dominante d'acide phosphorique et de potasse, la plupart des légumes racines, les plantes ornementales fleurissantes, les légumes graines.

Sont à dominante de potasse et d'acide phosphorique la vigne, les arbres à fruits, la pomme de terre.

Pour faire un engrais chimique complet, avons-nous dit, il faut mélanger entre eux les azotates, les phosphates et les sels de potasse.

Les formules d'engrais chimiques complets de M. G. Ville, adoptées avec tant de succès au champ d'expériences de Vincennes, sont appréciées. Voici celles qui nous intéressent particulièrement.

ENGRAIS COMPLET N° 2 POUR CHOUX, BETTERAVE, CAROTTE, JARDINAGE

	Par 100 parties.	Par mètre carré.
Superphosphate de chaux.	33.34	0 k. 040
Chlorure de potassium . .	16.66	20
Sulfate d'ammoniaque. . .	11.63	14
Nitrate de soude.	25.00	30
Sulfate de chaux	13.34	16
	100.00	0 k. 120

Contenant en principes actifs p. 100 : 6,50 d'azote, 5 d'acide phosphorique et 8,33 de potasse.

ENGRAIS COMPLET N° 6 POUR LÉGUMINEUSES : (POIS, HARICOT, FÈVE).

	Pour 100 parties	Par mètre carré
Superphosphate de chaux.	40.00	0 k. 040
Nitrate de potasse.	20.00	20
Sulfate de chaux	40.00	40
	100.00	0 k. 100

Qu'on peut remplacer par :

	Pour 100 parties	Par mètre carré
Superphosphate de chaux.	40.00	0 k. 040
Nitrate de soude	17.33	18
Chlorure de potassium . .	17.40	18
Sulfate de chaux	25.27	25
	100.00	0 k. 101

Contenant en principes actifs p. 100 : 2,60 d'azote, 6 d'acide phosphorique, 8,80 de potasse.

ENGRAIS COMPLET N° 3 POUR POMMES DE TERRE

	Pour 100 parties	Par mètre carré
Superphosphate de chaux.	40.00	0 k. 040
Nitrate de potasse.	30.00	30
Sulfate de chaux	30.00	30
	100.00	0 k. 100

Qu'on peut remplacer par :

	Pour 100 parties	Par mètre carré
Superphosphate de chaux.	40.00	0 k. 040
Chlorure de potassium. . .	26.40	27
Nitrate de soude.	26.00	26
Sulfate de chaux.	7.60	7
	100.00	0 k. 100

Contenant en principes actifs p. 100 : 4 d'azote, 6 d'acide phosphorique et 13 de potasse.

Fréquemment on fait marcher de pair l'emploi des fumiers et celui des engrais chimiques. Voici une formule de M. G. Ville, dans laquelle cette règle très rationnelle a été observée :

FUMIER ET ENGRAIS CHIMIQUES

FORMULE POUR BETTERAVE, CAROTTE ET JARDINAGE

	Par mètre superficiel	
Fumier	3 k.	
Superphosphate	0	020
Sulfate d'ammoniaque.	0	020
Chlorure de potassium.	0	010
Sulfate de chaux	0	010

Soit en tout 60 grammes d'engrais chimiques et 3 kilogrammes de fumier par mètre carré.

Les engrais chimiques étant tous très promptement assimilables, il semble inutile de les mettre dans le sol longtemps avant le besoin des plantes. C'est à la fin de l'hiver, au printemps, avant ou immédiatement après les labours qu'on les répand aux doses indiquées. (Avant le le labourage, si les plantes qu'on doit cultiver sont à racines profondes, après, si elles sont à racines superficielles.) Ils sont incorporés par le labourage lui-même ou par un fort hersage au rateau.

Cependant les chlorures de potassium, les superphosphates peuvent être employés avant l'hiver. L'argile et le terreau de la couche arable ayant la propriété de fixer ces sortes d'engrais à la surface du sol, on n'a pas à redouter leur trop grande dispersion.

Quant aux azotates, ils échappent complètement à cette action; ils passent avec les eaux, se disséminent au loin avec elles. Aussi, jamais, sous aucun prétexte, les nitrates de soude et de potasse ne doivent être utilisés avant le printemps. Si on les distribue fin automne et pendant l'hiver, ils sont bientôt entraînés par les pluies à de grandes distances superficielles ou profondes et restent, pour toujours, hors de portée des racines, perdus pour la culture et pour le cultivateur. Cette perte augmente encore en raison directe de la porosité du sol.

Tout engrais complet renfermant des nitrates sera traité, quant à l'époque de son épandage, comme du nitrate pur.

Assolement. — Le sol du jardin maraicher, comme celui de la grande culture, est soumis aux lois de l'alternance ou assolement. C'est-à-dire que sur le même terrain, une même plante ne peut se cultiver continuellement, elle ne peut revenir qu'après un laps de temps plus ou moins grand; elle doit alterner avec des plantes différentes et différemment exigeantes.

La loi de l'assolement veut aussi qu'une plante, sur un terrain donné, ne succède pas à une plante de famille semblable; ainsi une culture de carotte ne devra pas suivre une récolte de panais et, réciproquement, l'artichaut ne devra pas succéder au cardon, l'oignon au poireau, etc.

A la rigueur, on pourrait éviter l'assolement en employant des engrais très promptement assimilables, mais il est plus économique de soumettre le sol aux lois de l'alternance.

NOMENCLATURE DES LÉGUMES

Classification. — Les horticulteurs ont classé les légumes en quatre catégories. Cette classification est basée sur la nature des parties que chaque légume offre à l'alimentation. Il existe donc :

1° Les *légumes racines*, dont les parties comestibles sont souterraines ;

2° Les *légumes herbacés* chez lesquels on mange soit les tiges (asperge), ou les feuilles (chou, salade), ou les fleurs en boutons (chou-fleur) ;

3° Les *légumes fruits;* ceux-là nous fournissent leurs fruits (haricot vert, melon, fraisier), ou leurs graines (pois, haricot écossé) ;

4° Les *légumes condiments* dont les parties utiles sont employées pour relever le goût des mets plutôt que comme aliment proprement dit.

Nous adopterons cette classification pour l'étude des cultures spéciales. Les médecins hygiénistes en ont établi une autre que nous croyons utile de faire connaitre; elle est appuyée sur la nature des légumes et sur leur teneur en principes nutritifs.

Il y a d'abord :

1° Les *légumes féculents* qui comprennent les pois, haricots, fèves, lentilles, tous légumes fruits très riches en azote, si riches qu'on les appelle la viande du pauvre.

Le tableau suivant montre combien ces légumes sont importants par leur richesse nutritive.

	Richesse en azote pour 100.
Viande de bœuf	3
Fèves	4.50
Haricots secs	3.92
Lentilles sèches	3.87
Pois secs	3.66

Les autres légumes ont été divisés en :

2° *Légumes azotés :* chou, asperge, champignon, truffe ;

3° *Légumes mucilagineux* et salins : laitue, chicorée, épinard ;

4° *Légumes acides :* oseille, tomate [1].

On aurait pu ajouter là aussi une classe des légumes condiments, tels que le persil, le cerfeuil, l'ail.

[1] Dujardin-Beaumetz. — *L'Hygiène alimentaire.*

CULTURES SPÉCIALES

I

LES LÉGUMES RACINES

DÉFINITION. — Plantes alimentaires dont on consomme les parties souterraines : racine, tubercule ou bulbe.

LA POMME DE TERRE

Famille : SOLANÉES. — *Synonyme :* PARMENTIÈRE.

ORIGINE. DESCRIPTION. USAGE. — Plante vivace, rameaux souterrains renflés en tubercules (fig. 2), originaire du Chili.

Tiges annuelles ; feuilles profondément divisées (pennatipartites) ; fleurs à cinq pétales rotacés, blanches ou légèrement rosées ; fruit charnu (baie sphérique). Trois Français ont contribué à vulgariser l'usage de la pomme de terre, ce sont : de l'Ecluse, à l'étranger, Olivier de Serres et Parmentier, en France.

Les tubercules de la pomme de terre sont gorgés de fécule ; cuits, ils servent à l'alimentation de l'homme et des animaux ; on en extrait de la fécule et de l'alcool.

CLIMAT. SOL. ENGRAIS. — La pomme de terre redoute les climats secs et les climats excessivement froids.

Dans les pays chauds, nous dit de Candolle, elle est souvent amère et médiocre. Tous les terrains sont bons pour cette plante, s'ils ne sont pas trop secs ni humides à l'excès ; ceux qui conviennent de préférence sont les argilo-siliceux et les silico-argileux. La tourbe assainie

Fig. 2. — Pommes de terre.

peut, à la rigueur, être adoptée. Plus le sol est sec, plus, pour cette culture, il a besoin d'être ameubli profondément.

Epuisante par excellence, la pomme de terre supporte de grandes quantités de fumier (300 kilogrammes à l'are). A défaut de fumier décomposé, elle s'accommode de fumier frais, de plantes enfouies en vert (trèfle incarnat) et d'engrais chimiques à base de potasse, d'azote et d'acide phosphorique. Dans la culture en grand de la pomme de terre « partout où j'ai mis des superphosphates, écrit M. Boursier, la proportion des tubercules gâtés a singulièrement diminué ». Une culture expérimentale nous a donné des résultats tout à fait semblables.

Variétés. — Les semis répétés ont amené dans l'espèce des transformations avantageuses ou des changements purement caractéristiques qui font qu'aujourd'hui on compte un nombre considérable de variétés. L'Ecole d'horticulture de Versailles en a plus de 600 dans sa collection.

Les caractères qui les distinguent toutes entre elles sont : la forme, la couleur, le volume, la précocité, la tardiveté, la rusticité, etc. Une pomme de terre, quelle qu'elle soit, entre toujours dans l'une des cinq classes qui suivent :

1° Jaunes longues ;
2° Jaunes rondes ;
3° Rouges longues ;
4° Rouges rondes ;
5° Violettes.

Fig. 3. — Pommes de terre Marjolin germées.
(Réduites à la moitié).

On pourrait à la rigueur admettre une 6e classe pour la variété Blanchard qui est panachée.

Les jaunes longues et les jaunes rondes sont les deux classes les plus estimées en culture potagère. Nous nommerons dans la première :

CHOIX DE VARIÉTÉS

VARIÉTÉS	OBSERVATIONS
	CLASSE DES JAUNES LONGUES
Victor	Variété relativement nouvelle, la plus hâtive connue, très productive, moins bonne que la pomme de terre Marjolin.
Marjolin ou *Quarantaine* (fig. 3) .	Variété très cultivée aux environs de Paris, des plus hâtives. Tubercules moyens, se récoltent dans la deuxième quinzaine de juin. Il est nécessaire de faire développer d'avance les germes des tubercules réservés pour la plantation, parce que, quelquefois, ils avortent. Variété excellente pour la culture forcée.
Reine de Mai. .	Variété délicate, mais très bonne, à tubercules assez gros, se récolte fin juin.
Marjolin Têtard .	Bonne variété, rustique et très productive, se récolte fin juillet.
Marceau	Variété bonne, très tardive, se récolte dans la deuxième quinzaine de septembre, à cultiver pour les approvisionnements de l'hiver.
	CLASSE DES JAUNES RONDES
Ségonzac ou *Saint-Jean*	Vieille et bonne variété, très cultivée, surtout dans le centre; elle est rustique et se récolte dans la deuxième quinzaine d'août.
Schave.	Mêmes caractères que la précédente avec laquelle on la confond quelquefois; elle fleurit rarement, tandis que la variété Segonzac est très florifère.
Comice d'Amiens .	Variété bonne, hâtive, se récolte dans la deuxième quinzaine de juillet; son feuillage, peu développé, permet de la cultiver sous châssis.

Méritent d'être cultivées : les pommes de terre *Sau-*

cisse : (fig. 4) rouge, longue, tardive, se gardant bien;

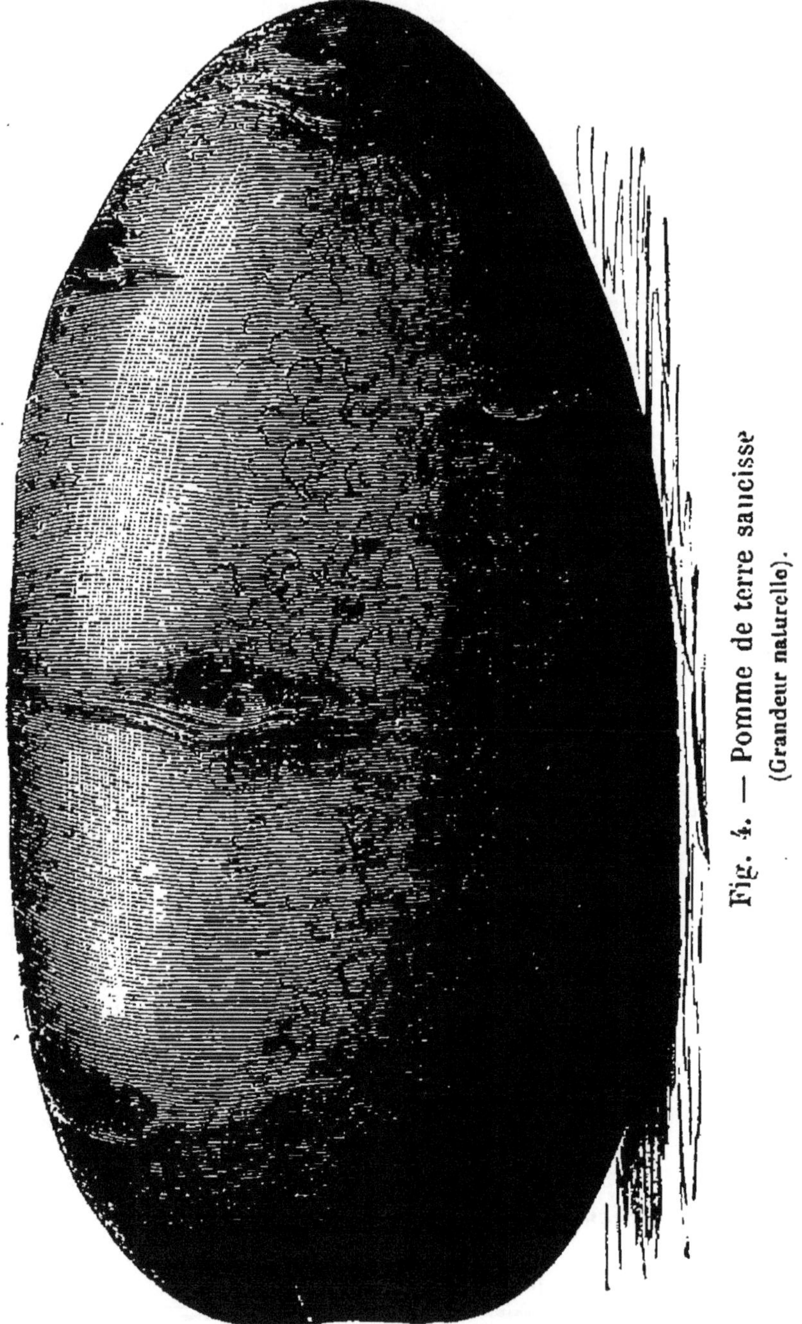

Fig. 4. — Pomme de terre saucisse
(Grandeur naturelle).

Vitelotte rouge : longue, rouge, cultivée pour approvisionner Paris : *Hollande* ou *quarantaine tardive*, longue, jaune, variété d'hiver.

Multiplication. — On propage la pomme de terre par la plantation de ses tubercules ou fragments de tubercules, par semis et par boutures de jeunes bourgeons portant une portion de tubercule à leur base. Le procédé le plus usité et le meilleur est la plantation de tubercules moyens et entiers. Les semis sont pratiqués par les chercheurs de nouvelles variétés, et l'on emploie la division des tubercules ou le bouturage des bourgeons, avec partie charnue à la base, pour multiplier promptement des variétés nouvelles, rares et de grand mérite.

Chaque fois qu'on plantera des portions de tubercules, il faudra avoir soin de les couper quelque temps à l'avance pour que la cicatrisation des plaies soit faite avant la mise en terre.

Culture de primeurs. — Nous dirons peu de chose de la culture forcée de la pomme de terre, qui, à cause de la facilité et de la rapidité des transports, tend de plus en plus à disparaître. On peut faire trois saisons : la première, courant de janvier; la seconde, fin janvier; la troisième, fin février. La variété employée est la *Marjolin*.

Pour la première saison, une couche de 45 centimètres d'épaisseur, composée de moitié fumier recuit et moitié feuille, est tout ce qu'il faut; elle peut produire une chaleur de 20°. Les coffres ont 30 et 40 centimètres de haut. On plantera à 20 centimètres en tous sens et à 20 centimètres des parois du coffre, dans un mélange de terre et de terreau ayant 20 centimètres d'épaisseur. Les tubercules sont recouverts d'une couche de 10 centimètres du même mélange.

Pendant la végétation, il faut aérer, arroser quand il y a lieu, mais le matin seulement; il faut butter et couvrir les châssis la nuit.

La récolte se fait au bout de 60, 65 ou 70 jours. Le rendement atteint 6 à 7 litres de tubercules par châssis. Sur une couche qui a fourni une récolte de pommes de terre, il peut être planté des choux-fleurs.

CULTURE DE PLEINE TERRE. — En pleine terre, on plante les pommes de terre en commençant par les pré-

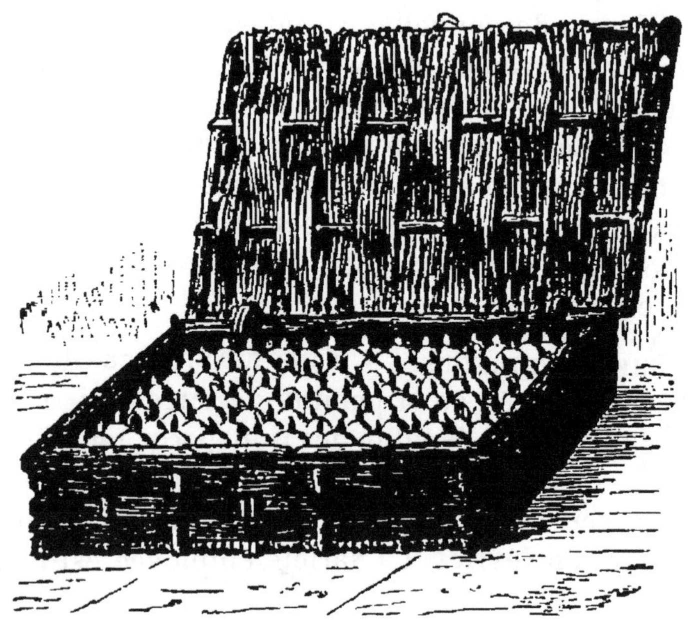

Fig. 5. — Panier de pommes de terre germées.

coces, depuis mars jusqu'en mai. Pas plus tôt : on risquerait d'essuyer les gelées ; pas plus tard, parce qu'alors les tubercules sont épuisés par leurs propres bourgeons et que ces bourgeons trop étiolés ne peuvent produire qu'une récolte chétive.

Il est prouvé qu'en prenant soin de planter tôt pendant plusieurs années une variété de pommes de terre on finit par lui imprimer une sorte d'habitude de précocité qu'elle conserve assez facilement après trois ou quatre années de traitement. Au contraire, les variétés qu'on a coutume de planter tard tous les ans, fussent-elles précoces, deviennent sensiblement moins précoces.

On prépare les tubercules de choix à la plantation dès l'hiver, en les disposant en un seul lit, les yeux en l'air, sur des claies, dans des paniers plats (fig. 5), en serre froide ou tout autre endroit éclairé à l'abri de la pluie et des gelées. Les bourgeons, sous l'action de l'air, de la lumière et d'une température douce, ne tardent pas à s'allonger.

Ce développement préparatoire a pour but de favoriser et de hâter la végétation qui se trouve avancée de quinze jours.

Quand les jeunes bourgeons ont une longueur de 2 à 3 centimètres, ils sont à point (fig. 2).

On plante la pomme de terre en lignes et par poquets que l'on creuse soit à la bêche soit à la binette. Les poquets sont distancés à 60, 65, 70 centimètres, selon la nature du sol, sa fertilité et la variété adoptée.

Dans les terrains très fertiles, on plantera à une distance moyenne, parce que si, d'une part, il faut peu de place à chaque plante sous prétexte que les éléments de nutrition sont abondants dans le sol, d'autre part, il faut à ces mêmes plants une grande surface pour empêcher l'étiolement de leur feuillage qui prend beaucoup d'extension.

La pratique a prouvé que les écartements au-dessus de 70 centimètres et au-dessous de 30 centimètres sont défectueux sous ce rapport qu'ils entraînent une diminution du rendement de la récolte.

Dans une expérience que nous avons suivie à Chevrières, chez l'infortuné M. Boursier, le rendement maximum (40,000 kilos à l'hectare) pour une moyenne de quatre variétés, a été atteint avec un écartement entre les poquets de 40 centimètres en tous sens.

Sur un sol très humide, au lieu de planter, on doit

seulement poser les tubercules aux distances voulues, puis les butter immédiatement.

Dans les terrains secs, on plante profondément — 10 ou 12 centimètres — et à de petites distances, afin que les fanes des plantes, en se joignant plus tard, puissent porter un ombrage salutaire sur le sol et ralentir l'évaporation dont il est l'objet.

Les travaux de culture après la plantation consistent en buttage et binage. Cette dernière opération, qu'on répète deux ou trois fois dans l'année, doit être faite par un temps sec et avant la floraison des mauvaises herbes pour assurer leur destruction.

Butter une touffe de pommes de terre, c'est amasser de la terre autour de ses tiges et à une hauteur de 8 ou 10 centimètres. Le buttage n'est pas toujours nécessaire et il peut arriver que ses résultats ne vaillent pas la main-d'œuvre qu'on y a consacrée : dans les sols frais, par exemple, et appliquée à des variétés naturellement pivotantes, l'opération sera sans profit, il en sera tout autrement sur des terrains secs cultivés en variétés dont les tubercules se forment à la surface du sol ; enfin le buttage rend l'arrachage plus facile.

La taille des fanes, jadis préconisée, est une opération désastreuse ; il suffit, pour en reconnaître l'inconvénient, de se rappeler que la majeure partie de la fécule accumulée dans les tubercules est fournie par les feuilles vertes. La suppression des fleurs serait meilleure et plus logique, parce qu'elle éviterait, au profit des parties souterraines, l'émigration de certains principes nutritifs ; mais cette ablation demande malheureusement trop de temps pour devenir rémunératrice.

L'arrachage normal des pommes de terre se fait quand les fanes sont complètement desséchées ou jaunies ; cependant, chez les maraîchers qui y trouvent leur profit, il est d'usage de fouiller aux pieds des touffes les plus avancées pour retrancher, avant la fin de la végétation, les plus gros tubercules qu'on vend comme pomme de terre hâtive ou forcée. L'arrachage complet se pratique à la fourche ou à la houe. La récolte après avoir séjourné un ou deux jours sur le sol pour se ressuyer, est mise en tas, recouverte de fanes ou de paille et rentrée au bout d'une semaine au plus.

Les pommes de terre que l'on conserve pour la consommation sont rentrées en silos, en cave, dans un cellier ou tout autre endroit obscur, ni trop sec, ni trop humide, ni trop froid. Dans la cave, avec une pelle en bois, on remue de temps en temps les tubercules, pour les empêcher de fermenter.

Pour mettre obstacle au développement des yeux qui se fait toujours au détriment de la pomme de terre, il est d'usage, en certains endroits, de chauffer modérément le four et d'y passer la récolte ; les germes périssent sous l'action de la chaleur et les tubercules conservent jusqu'à la fin leurs qualités nutritives ; il est vrai qu'au sortir du four ils sont légèrement ridés, et, pour cela, peu présentables, mais un court séjour à la cave suffit pour donner à l'épiderme cette apparence tendue qu'il avait avant l'opération.

Il sera logique de livrer les variétés à la cuisine par ordre de maturité.

Les tiges, les feuilles de cette plante et l'épiderme de ses tubercules verdis sous l'action de la lumière, renferment un principe alcalin, un poison, auquel on a donné le nom de solanine ; c'est pour empêcher le développement de ce principe dans les pommes de terre destinées à la consommation qu'on recommande de les conserver dans l'obscurité.

Rendement. — Le rendement varie entre 200 et 300 hectolitres par hectare, soit deux à trois litres par mètre carré.

Nous ne parlerons pas ici d'une culture, dite hivernale, qui consiste à planter la pomme de terre à l'automne pour la récolter au printemps; ce système n'a raison d'être que sous un climat méridional.

INSECTES NUISIBLES ET MALADIES.— Sauf un insecte, qui fort heureusement n'a pas encore reçu l'hospitalité chez nous, les autres sont peu dangereux ; le premier : *Courtilière* (Gryllotalpa vulgaris) est un gros Orthoptère, aux formes épaisses et disgracieuses. La *courtilière* attaque quelquefois la pomme de terre, mais n'est que demi-nuisible, en ce sens qu'elle se nourrit à la fois de végétaux et de larves d'insectes qu'elle trouve dans ses courses ou en creusant ses galeries : on la fait sortir en inondant son terrier et on la tue.

La larve du *hanneton* (Melolontha vulgaris). Coléoptère, malheureusement trop commun et trop connu en France, attaque aussi la pomme de terre.

Le *Doryphora* à *dix lignes* (Doryphora decemlineata) ou D. Colorado est un Coléoptère américain qui abonde dans les montagnes du Colorado où il cause, sur les plantations de solanées, des ravages comparables à ceux que le phylloxera exerce sur les vignes françaises. Fort heureusement, il n'est pas en Europe ; l'Allemagne seule, en 1879, l'a observé dans une culture où on a pu exterminer sa génération.

L'insecte ne s'attaque qu'au feuillage de la pomme de terre ; les Américains le combattent avec l'arseniure de cuivre.

Nous ne parlerons que des deux principales maladies ; la première : le *Peronospora infestans*, est le résultat d'un champignon portant le même nom et se développant sur tout le système organique de la pomme de terre.

Soit par l'intermédiaire de ses mycéliums déliés, soit par celui de ses spores imperceptibles et innombrables, ce champignon émigre avec une facilité étonnante et va, selon les circonstances, des plantes attaquées aux plantes indemnes, des parties souterraines aux parties aériennes de la même plante et réciproquement, des parties aériennes aux parties souterraines.

Sous son action, les feuilles dessèchent sur place, la végétation s'anéantit, les tubercules, dont la chair est d'abord tachée en brun, finissent par pourrir.

Cette maladie est sans remède. On l'empêche de se déclarer : 1° en ne cultivant que des variétés précoces ; 2° en brûlant tous les produits (feuilles et tubercules) provenant d'une récolte contaminée ; 3° en aspergeant les feuilles de la plantation avec de la bouillie bordelaise.

Cette bouillie est ainsi préparée et composée : 15 kilos de chaux grasse délayée dans 30 litres d'eau, le tout mélangé à 100 litres d'eau contenant 8 kilos de sulfate de cuivre.

Une autre maladie, la *Frisole*, se déclare moins souvent ; elle attaque les feuilles qui jaunissent et se recoquevillent.

La Frisole entraine aussi un anéantissement de la végétation et, par suite, un arrêt de la croissance des tubercules. Les terrains humides, l'emploi des fumiers trop frais provoquent cette maladie.

LA CAROTTE

Famille : OMBELLIFÈRES. — *Synonyme :* EAUX CHERVIS. GIROUILLE.

ORIGINE. DESCRIPTION. USAGE. — Plante indigène, commune dans les prés, les champs et sur les bords des routes ; bisannuelle. Racine en forme de fuseau et pivotante, de couleur jaune, rouge ou violette, selon les variétés. Tige de 1m,50 à 2 mètres, très rameuse, poilue. Feuilles multifides, c'est-à-dire infiniment divisées. Fleurs en ombelle de 30 à 40 rayons qui se dressent et s'unissent en faisceaux quand la graine est mûre. Rayons extérieurs plus longs que les rayons intérieurs. Corolles blanches ou rose pâle. Graines aromatiques ovales, concaves, d'un côté, convexes de l'autre, munies de cinq à six côtes saillantes sur la convexité, et seulement de trois à quatre du côté opposé. Toutes ces petites côtes sont pourvues de poils crochus qui facilitent leur dispersion naturelle.

La racine de la carotte est employée comme aliment. La médecine l'utilise quelquefois. On fait de la liqueur avec les graines.

Climat. Sol. Engrais. — La carotte s'accommode de tous les climats, sauf de ceux qui sont trop froids. Un climat tempéré, doux, brumeux, lui convient.

A Paris, sa racine ne peut passer les hivers qu'à condition d'être abritée. Dans le Midi, cette précaution est inutile, mais ce légume n'y est pas toujours aussi tendre et les jeunes plants, à cause de la sécheresse, ont quelque peine à se développer.

Les sols où la carotte vient le mieux sont les sols profonds et un peu frais (terres argilo-siliceuses, argilo-calcaires). Ces terres seront bien et profondément ameublies à cause de l'inconvénient que les racines ont de se ramifier quand elles poussent dans une terre compacte.

La carotte est épuisante ; elle demande un sol fertile, fumé quelque temps à l'avance avec des fumiers réduits en terreau ou très décomposés. Dans les terrains fumés récemment et avec des fumiers neufs, les racines se ramifient et durcissent.

Le sol sera préparé à la culture de la carotte par un labour d'hiver ou de printemps profond de 30 centimètres au moins.

Variétés. — Les carottes potagères se distinguent d'après la longueur de leur racine en : 1° *carottes courtes* ; 2° *carottes demi-longues*, et 3° *carottes longues*.

Dans la catégorie des carottes courtes, il y a :

1° La *carotte rouge courte de Hollande* (fig. 6) à racine. dont la longueur égale deux fois le diamètre. Elle est précoce ; on la cultive sous châssis et en pleine terre :

Fig. 6. — Carotte rouge courte de Hollande.
(Réduite au cinquième.)

Fig. 7. — Carotte grelot.
(Réduite au cinquième.)

2° La *carotte grelot* ou rouge, très courte, de Hollande (fig. 7), issue de la précédente ; sa racine est globuleuse; on la cultive surtout sous châssis.

Dans la seconde catégorie (demi-longues), on trouve. en fait de bonnes variétés :

1° La *carotte demi-longue de Hollande* ou carotte de Choisy, obtuse, très renflée, cultivée dans le centre et le Midi ;

2° La *carotte demi-longue Nantaise*, moins grosse que la précédente, mais plus précoce et plus tendre, parce qu'elle n'a point de cœur, c'est-à-dire de région centrale capable de se lignifier.

Dans la troisième catégorie (carottes longues), il faut nommer :

1° La *carotte rouge, longue, sans cœur* (fig. 8), ressemblant à la carotte demi-longue Nantaise, quant à la conformation interne de la racine, mais plus longue et de forme presque cylindrique;

2° La *carotte rouge, longue, de Saint-Valery*, à racine bien fusiforme, longue de 25 à 30 centimètres, large de 6 à 7 centimètres.

Fig. 8. — Carotte rouge longue sans cœur.

(Réduite au cinquième.)

MULTIPLICATION. CULTURE. — Il y a deux procédés de culture :

1° La culture de primeurs ou culture sous châssis à l'aide de la chaleur artificielle des couches ;

2° La culture en pleine terre ou ordinaire. — La carotte se multiplie par semis.

Culture de primeurs. — Depuis le 1er décembre jusqu'au 1er avril, on peut faire quatre saisons de carotte sous châssis, en espaçant les semis à un mois les uns des autres.

Les couches à carottes ont 40 ou 50 centimètres d'épaisseur et sont formées de fumier neuf mélangé à des feuilles ou à du fumier recuit.

La couche doit donner une température de 18 à 22°. Elle est garnie de coffres, de châssis. On a étendu dans les coffres une épaisseur de 12 à 15 centimètres de terreau pur ou de terre mélangée de terreau.

Le terreau pur donne des carottes plus précoces.

Le semis se fait à raison de 1 gramme de graines par

châssis. La graine a été persillée, c'est-à-dire débarrassée de ses poils crochus par un frottement vif entre les paumes des mains ; on emploie les variétés : grelot ou courte de Hollande.

Quand les jeunes plants ont quelques semaines, on en arrache une certaine quantité, de façon que ceux qui restent soient espacés à 5 et 6 centimètres entre eux.

On mouille avec un arrosoir à pomme fine chaque fois qu'il en est besoin, mais de préférence le matin. La nuit, les châssis sont couverts de paillassons.

La seconde saison est un peu plus précoce ; on peut la cueillir trois mois et demi ou quatre mois après l'ensemencement. Les autres saisons suivent.

Le rendement est de 250 à 300 racines par châssis.

La troisième saison se fait sous cloche.

La quatrième (en fin mars) se fait sur couche, sans autre abri que des paillassons étendus au-dessus du semis pendant la nuit.

Avec les dernières saisons, les maraîchers sèment des radis ou plantent des laitues, des romaines, etc.

Culture de pleine terre. — Les variétés les plus fréquemment employées sont les demi-longues et les longues. Parmi elles, on estime surtout la carotte demi-longue de Hollande.

Le premier semis peut se faire vers le 15 février, à la volée, mais seulement sur côtière bien exposée, en terrain léger, profondément ameubli, sain.

Semée trop tôt, la carotte pousse sa tige et fleurit la première année.

Par-dessus le premier semis, on peut repiquer des romaines ou des choux-fleurs et semer des radis.

Les semis de carotte se succéderont jusqu'en fin août.

L'ensemencement a lieu à la volée si le sol est propre ; il se fait en rayons si le sol est gâté de mauvaises herbes, parce que les façons (sarclage, binage), en ce cas, sont plus faciles à donner.

Le semis à la volée nécessite une dépense d'environ 50 grammes de graines par are. Dans le semis en rayons, 30 grammes suffisent pour la même surface. Les graines sont recouvertes d'une couche de 1 centimètre de terre ou de terreau, puis le sol est tassé à l'aide d'un dos de pelle dont on le frappe.

Si le semis est fait en rayon, on tasse le fond du rayon avec le dos d'un râteau. Cette opération est faite pour faciliter le contact de la graine avec le sol.

Les semis d'été sont recouverts, par-dessus le terreau, d'un léger paillis qui entretient la fraicheur. Il ne faudrait pas employer le paillis au printemps : c'est un réfrigérant, il attire les gelées blanches. A partir de l'ensemencement, on arrosera souvent, mais peu à la fois.

Quand les jeunes plants ont quelques feuilles, il faut sarcler et éclaircir, de façon que les plants conservés soient distancés à 10 ou 15 centimètres en tous sens. Le repiquage de carottes arrachées est une opération longue; son succès n'est pas certain.

La récolte se fait environ trois mois et demi ou quatre mois après le semis; elle peut durer trois semaines à un mois pour un même semis, mais les carottes les plus jeunes sont toujours les meilleures. Au moment de la récolte, on choisit toujours les plus grosses, les plus avancées.

Une récolte est suivie d'un arrosage.

En août, pour le dernier semis, on choisit de préférence la variété grelot.

Vers novembre, la planche où l'on cultive cette dernière saison est couverte, contre le froid, d'un paillis de 2 à 3 centimètres d'épaisseur. La carotte grelot, semée en août, est consommée au printemps; elle est plus tendre que les autres que l'on a conservées par les procédés ordinaires; elle passe quelquefois pour de la carotte nouvelle.

Les carottes destinées à la consommation d'hiver sont récoltées vers octobre ou novembre, après quatre mois à quatre mois et demi de semis ; leur bonne maturité, leur entier développement facilitent beaucoup la conservation.

Elles sont mises en jauge et couvertes de fumier pailleux, ou bien on les rentre en cave saines après les avoir laissées se ressuyer quelques heures en plein air et débarrassées de leurs feuilles.

Les racines sont dressées en meules, recouvertes de sable ou non. L'essentiel, c'est que leurs pousses ne se développent pas, ce qui rendrait la carotte creuse. On évite cet inconvénient en tenant la cave à une température basse ou en retranchant le collet des racines.

Rendement. — Il varie entre 300, 350 et 400 kilogrammes à l'are, soit 5 à 6 hectolitres pesant chacun 60 à 70 kilogrammes.

Production des graines. — On choisira, pour la reproduction, des racines tendres, ni dures, ni creuses, assez grosses, lisses, ayant bien les caractères de la variété originelle et présentant au sommet une petite cavité assez prononcée. Ces racines sont prises de préférence dans le semis de juillet.

Arrachez les porte-graines avant l'hiver, conservez-les dans un endroit sain. Plantez vers février, mars, pas plus tard, à 70 centimètres en tous sens. Tuteurez les tiges, coupez les ombelles faibles au profit des fortes.

En août, cueillez les ombelles, étendez-les à l'ombre, sur des toiles, pour qu'elles sèchent. Séparez la graine par un frottement des ombelles entre les mains.

Le rendement est de 60 à 70 grammes par pied.

La faculté germinative des graines dure quatre ans.

Maladies. Animaux nuisibles. — Une seule maladie attaque les carottes que l'on conserve l'hiver, c'est la *pourriture*. On la prévient en laissant ressuyer les racines dehors, pendant quelques heures, et en supprimant le collet.

Les animaux nuisibles sont : l'*Araignée rouge* qui attaque les plantules aussitôt après la germination des graines. On en a raison avec des bassinages fréquents. On combat les *limaces* par des épandages de cendre, de chaux ou de suie.

Les courtilières seront asphyxiées avec de l'huile.

Pour détruire la *Teigne de la carotte*, dont la chenille se tient sur les ombelles, enveloppée d'une toile, coupez et brûlez ces ombelles. La larve de la *Mouche des carottes* attaque les racines : détruisez ces racines.

LE PANAIS

Famille : OMBELLIFÈRES. — *Synonyme :* GRAND CHERVI CULTIVÉ.

ORIGINE. DESCRIPTION. USAGE. — Plante indigène, bisannuelle. Tige atteignant 2 et 3 mètres de haut, striée, anguleuse, très rameuse, feuilles pennatiséquées, rondes ou ovales, lobées, plus ou moins dentées. Fleurs jaunes, réunies en ombelles, graine orbiculaire, plate, légère, entourée d'une membrane. Racine fusiforme, d'un blanc jaunâtre.

Le panais est surtout une plante fourragère. Dans le nord, à cause de sa rusticité, on le cultive au potager et sa racine est utilisée comme celle de la carotte.

CLIMAT. SOL. ENGRAIS. — Plus rustique que la carotte, le panais s'accommode mieux des climats septentrionaux ; il lui faut aussi une terre meuble, profonde et fumée longtemps à l'avance avec des fumiers alcalins, c'est-à-dire riches en azote ammoniacal, comme celui que procurent les urines.

VARIÉTÉS. — Deux variétés sont cultivées : le *panais demi-long de Guernesey* (fig. 9) et le *panais rond hâtif*.

Fig. 9. — Panais demi-long de Guernesey.
(Réduit au cinquième.)

Le premier a une longueur moyenne de 0m,35, équivalente à trois ou quatre fois son diamètre ; il est plus productif, mais moins précoce que le panais rond ; celui-ci est plus recherché à cause de sa qualité supérieure et de sa précocité ; il a une forme de toupie.

MULTIPLICATION. — Semis.

CULTURE. — Elle ne diffère pas beaucoup de la culture de la carotte. On sème le panais dès le mois de février et jusqu'en juillet. La meilleure époque est le mois de mars. Le panais redoute la sécheresse : à cause de cela, dans le midi, on ne le sème qu'en septembre et octobre.

Les semis sont faits à la volée (50 grammes de graine à l'are) ou en lignes espacées de 30 à 40 centimètres (30 grammes de graines à l'are).

On hâte la germination, qui est capricieuse, par des bassinages légers et souvent répétés.

Environ deux mois après le semis, quand les jeunes plants ont quatre ou cinq feuilles, on éclaircit et l'on donne un sarclage, ou un binage si le semis a été fait en lignes.

Les autres soins d'entretien sont des arrosages et des sarclages donnés en temps utile.

En automne, se fait la récolte des panais semés en

mars, avril. Les panais issus des semis de juin et juillet passent l'hiver et se récoltent au printemps.

La conservation des racines peut se faire comme celle des carottes ; cependant la plante n'étant pas délicate, il n'est pris avec elle aucune précaution contre l'hiver.

Rendement. — Il peut atteindre 400 kilogrammes de racines à l'are.

Production des graines. — Choisissez les reproducteurs dans le semis de fin juin ; ils auront les caractères suivants : racine de la forme de la variété, tendre, grosse, lisse, ni fourchue, ni raboteuse.

Arrachez avant l'hiver et conservez en jauge ou en cave. Plantez en fin février, à 1 mètre en tous sens. A partir d'août, récoltez les ombelles, successivement, au fur et à mesure de la maturité des graines, un peu avant même, parce que, quand elles sont complètement mûres, elles se détachent et se perdent. Laissez sécher ces graines à l'ombre. Elles gardent leur faculté germinative deux ans.

Insectes nuisibles. — Le *puceron du pavot*, la *teigne de la carotte* attaquent le panais sans causer de grands dégâts.

Cette plante n'a point de maladies.

LE CERFEUIL BULBEUX

Famille : Ombellifères. — *Synonyme :* Cerfeuil tubéreux.

Origine. Description. Usage. — Du midi de l'Europe. Bisannuelle. Tige de 1m,50 à 2 mètres, striée, fistuleuse, rameuse, velue à la base, feuille très divisée, à nervures poilues ; fleurs blanchâtres réunies en ombelles petites. Graine oblongue, de couleur brune, se distinguant surtout par un petit sillon blanc qui existe sur une de ses faces. Racine fusiforme, de couleur grisâtre à chair blanche farineuse, sucrée, de grosseur très variable (fig. 10), comestible ; les petites sont les meilleures.

Fig. 10. — Cerfeuil bulbeux.
(Réduit de moitié.)

Climat. Sol. Engrais. — Le cerfeuil bulbeux vient mieux sous un climat froid que sous un climat chaud ; un sol frais, léger, convient de préférence à cette plante : il sera fumé longtemps à l'avance, avec des fumiers décomposés ou des terreaux ; il n'aura pas produit de cerfeuil bulbeux ni d'autres ombellifères depuis au moins un an.

Multiplication. — Semis.

Culture. — Le semis de cerfeuil bulbeux se fait en septembre et octobre avec de la graine d'un an. On sème à la volée, de préférence. à raison de 300 grammes de graine par are ; le semis est suivi d'un hersage, puis d'un léger terreautage (un demi-centimètre d'épaisseur) qu'on appuie avec le dos d'une pelle.

La germination s'opère en février, mars ; il faut, pendant cette période, au moyen de bassinages fréquents, tenir fraiche la surface ensemencée.

Si on sème au printemps de la graine ordinaire, elle ne germe qu'au printemps suivant. Pour éviter cette longue attente, on sème comme il a été dit, ou bien on sème au printemps de la graine stratifiée ; c'est de la graine germée, qui a été mise en octobre dans un pot de grès, par couches alternant avec des couches de sable fin, et conservée en cave ou enterrée au pied d'un mur.

Après le semis de graines stratifiées qui se fait en février, mars, on ne herse pas, de peur de rompre les germes ; on terreaute seulement.

Si, après la germination complète, les plants sont trop serrés, il faut éclaircir et laisser 4 à 5 centimètres entre les sujets réservés.

Les soins d'entretien consistent en arrosages fréquents et sarclages.

On récolte en juin, juillet, quand les feuilles commencent à se flétrir. Après l'arrachage, les tubercules demeurent sur le sol un ou deux jours pour qu'ils puissent perdre une partie de leur eau de végétation, ce qui rend leur conservation plus facile.

Les racines sont ensuite rentrées dans un endroit sain où on les garde jusqu'en mars et avril ; elles sont meilleures à cette époque qu'immédiatement après l'arrachage.

Rendement. — 200 kilogrammes à l'are ; ce faible rendement a fait rejeter le cerfeuil bulbeux de la culture maraichère commerciale.

Production des graines. — Choisissez pour reproducteurs les individus ayant les caractères suivants : racine lisse régulière, tendre, grosse. Au moment de la récolte ordinaire de cette plante, réservez une partie de la plantation qu'on arrachera seulement en septembre. A cette époque, choisissez les reproducteurs, conservez-les dans une cave saine. En mars, plantez à $0^m,70$ en tous sens. Récoltez les graines en juillet. Si vous avez beaucoup de reproducteurs, ne recueillez sur chacun que les premières ombelles ; elle procurent les meilleures graines. Ces graines ne gardent leur faculté germinative que pendant un an.

Animaux nuisibles. Maladies. — Le cerfeuil bulbeux est attaqué à son collet par le *puceron des laitues*. *L'araignée rouge* ravage aussi les jeunes plants. On combat ces deux ravageurs par des bassinages fréquents.

Pendant l'hiver, les racines sont quelquefois atteintes par une sorte de *décomposition sèche* qui exhale une odeur infecte. Cette décomposition est souvent due à ce que les racines ont été rentrées trop tôt après l'arrachage.

LE CÉLERI RAVE

Famille : Ombellifères.

Origine. Description. Usage. — Le céleri rave est une variation du céleri commun, variation chez laquelle on a produit, et conservé par sélection, un développement assez considérable des parties souterraines dont l'ensemble atteint souvent le volume des deux poings réunis. C'est cette partie souterraine et charnue qui est comestible. Les feuilles sont peu développées.

Le céleri rave se consomme surtout à l'état cuit et quelquefois à l'état cru comme le céleri commun.

Climat. sol. engrais. — Les céleris sont des plantes quelque peu délicates ; elles ne sauraient supporter nos hivers que sous un abri de terre ou de feuilles. Il leur faut des terres fraîches ou, à défaut, beaucoup d'eau pendant leur végétation. Les terres humifères douces, les terres du potager enrichies de terreau leur conviennent parfaitement. La culture du céleri rave dans le terreau pur donne des résultats extraordinaires.

Fig. 11. — Céleri rave ordinaire.
(Réduit au sixième.)

Le fumier à l'état de terreau est un engrais propre à cette culture ; on le donne à forte dose.

Les nitrates de soude et de potasse (1 à 2 kilogrammes par are) donneront d'excellents résultats, employés comme engrais complémentaires du fumier.

VARIÉTÉS. — On cultive surtout deux variétés de céleri rave :

1° Le *céleri rave commun* (fig. 11) ou ordinaire à ra-

pince ossuée, déprimée, large, en forme de bourse à quêter, portant à la base une quantité plus ou moins considérable de radicelles enchevêtrées.

2° Le *céleri lisse de Paris*, ses racines sont généralement de même forme, mais un peu plus volumineuses,

Fig. 12. — Céleri rave pomme.
(Réduit au sixième.)

à radicelles plus fines. On cultive aussi parfois le *céleri rave pomme* à racine ronde, mais petite (fig. 12).

Multiplication. — Semis.

Culture. — Le céleri rave se sème en mars et avril sur couche de 15 à 18° centigrades. Peu de temps après la levée, quand les plants ont deux ou trois feuilles, on repique à 3 ou 4 centimètres en tous sens, toujours sur couche et sous châssis.

Du 15 au 30 mai, ces plants sont arrachés et mis en place. La plantation se fait au plantoir, en lignes, à 30 centimètres en tous sens.

Les soins d'entretien consistent en sarclages et surtout en arrosages copieux et fréquents. La suppression des feuilles, recommandée par certains jardiniers, est une opération nuisible au grossissement des parties souterraines.

La récolte se fait à partir d'octobre ou fin septembre.

On conserve le céleri rave en terre pendant l'hiver. Il suffit pour le préserver des gelées de le recouvrir d'une couche de paillis ou de terreau. Les pieds se gardent ainsi jusqu'en mars. A partir de cette époque, ils recommencent à pousser et perdent leur qualité.

PRODUCTION DES GRAINES. — Les meilleurs reproducteurs auront la racine épaisse, charnue, volumineuse, à radicelles rares, à épiderme lisse ; leurs feuilles seront divergentes et peu fournies.

Il sera nécessaire de ne pas cultiver en même temps que ces porte-graines des porte-graines du céleri commun à côtes ; il en pourrait résulter un croisement préjudiciable aux descendants.

La durée moyenne de la faculté germinative des graines est de huit ans.

L'OIGNON

Famille: LILIACÉES. — *Synonyme :* OGNON.

ORIGINE. DESCRIPTION. USAGE. — Plante bulbeuse bisannuelle originaire de l'Asie occidentale. Tige creuse, fistuleuse, non ramifiée, ventrue, à la base atteignant 1 mètre, 1m, 50 et 2 mètres de haut ; feuille également creuse et fusiforme ; fleurs réunies en inflorescence compacte et ombelliforme à l'extrémité de la tige ; cette inflorescence est accompagnée d'une spathe.

Chez l'oignon rocambole, la tige se termine par une

agglomération de petites bulbilles qui reproduisent l'espèce.

Corolle verdâtre ou purpurine ; graine noire, triangulaire, convexe sur une de ses faces, ayant beaucoup de ressemblance avec la graine de poireau. Bulbe tuniqué, charnu, comestible, à tunique extérieure (pelure d'oignon) mince et transparente. Ce bulbe se forme rapidement et à la surface du sol.

Racines fibreuses, fasciculées.

Climat. Sol. Engrais. — L'oignon s'accommode mieux d'un climat chaud ou tempéré que d'un climat froid ; sous ce dernier, il acquiert un goût fort et âcre. Les sols secs et compacts lui sont contraires. Les terrains légers et frais sont ceux qui conviennent le mieux à sa culture.

Ce terrain sera labouré profondément quelques mois à l'avance, l'oignon ne venant bien que sur un sol relativement ferme. On aura incorporé au moment du labourage une forte fumure. Le fumier sera bien décomposé ; s'il était frais, il provoquerait la pourriture des bulbes. Le nitrate de soude, ajouté au fumier à la dose de 150 à 200 kilogrammes à l'hectare (15 à 20 grammes par mètre carré), augmente beaucoup le rendement.

Variétés. — Les variétés d'oignon, très nombreuses en raison de l'ancienneté de la culture, se distinguent entre elles à quatre caractères qui sont : la couleur, la forme, la taille, le goût.

Voici, parmi ces variétés, quelques-unes des plus recommandables :

1° *Oignon blanc, très hâtif de la reine.* — Bulbe petit, blanc, prenant une coloration verte si on le conserve ; collet fin ; variété très précoce, mais peu productive, se conservant mal.

2° *Oignon blanc hâtif de Paris* (fig. 13). — Bulbe déprimé, de taille moyenne ; collet fin ; précoce ; qualité supérieure ; conservation difficile.

Fig. 13. — Oignon blanc hâtif de Paris.
(Réduit au tiers.)

3° *Oignon blanc hâtif de Nocéra.* — Bulbe déprimé,

Fig. 14. — Oignon jaune paille des vertus.
(Réduit au tiers.)

de taille moyenne, blanc, strié de vert ; collet fin ; plus

hâtif que le précédent (variété propre au midi de la France).

4° *Oignon jaune paille des vertus* (fig. 14) ou jaune des vertus. — Bulbe gros, déprimé, de couleur jaune paille : collet assez fin ; bonne qualité ; conservation facile.

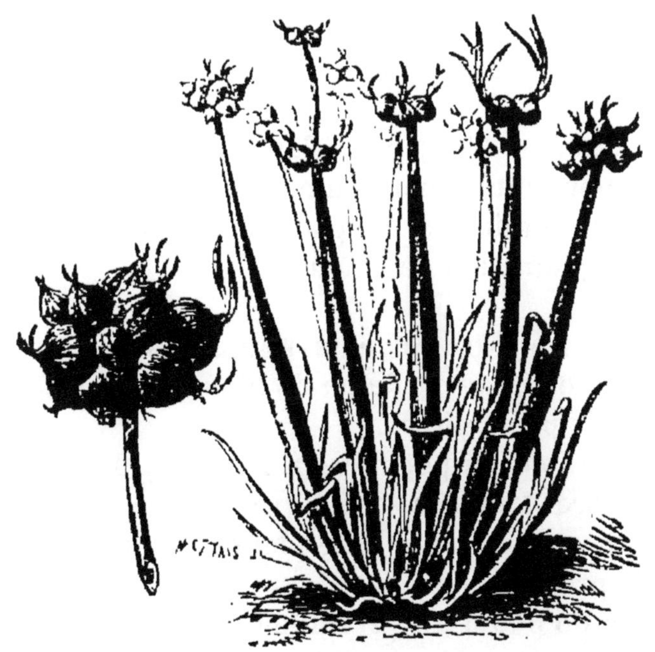

Fig. 15. — Oignon rocambole.
(Réduit au quinzième, bulbilles au tiers.)

5° *Oignon rouge pâle de Niort.* — Bulbe déprimé, moyen, très productif, rustique, hâtif, se conservant bien.

6° *Oignon rouge foncé.* — Bulbe très plat, moyen, rouge vif, très rustique, se conservant bien ; chair douce. Cultivé dans le nord.

7° *Oignon jaune de Cambrai.* — Bulbe moyen, légèrement déprimé, jaune roux. Cultivé dans l'est.

8° *Oignon poire.* — Bulbe piriforme : — on désigne sous cette appellation plusieurs variétés dont le bulbe a la forme allongée d'une poire. — Rien de remarquable.

9° *Oignon patate.* — Bulbe aplati, moyen, jaune cuivré ; chair très sucrée. Cet oignon ne donne ni graines ni bulbilles, mais ses bulbes produisent des caïeux (petits bulbes souterrains) qui servent à le multiplier.

10° *Oignon rocambole* (fig. 15). — Remarquable par cette particularité qu'il a de donner des bulbilles aériennes à la place de fleurs ; qualité médiocre.

MULTIPLICATION. — Trois procédés sont usités, suivant les variétés, pour multiplier l'oignon.

1° Semis de graines ; 2° plantation des bulbilles aériennes ; 3° plantation de caïeux.

CULTURE DE L'OIGNON DE PRINTEMPS. — Ce sont les variétés blanc hâtif de la Reine et blanc hâtif de Paris qu'on choisit de préférence.

Les semis se font en pépinière à la volée, du 15 août au 15 septembre. Les semis faits avant le 15 août donnent des oignons qui ont une tendance fâcheuse, celle de grainer la première année.

On emploie de 500 à 600 grammes de graines à l'are. Après le semis, le sol sera hersé au râteau, tassé, puis recouvert d'une épaisseur de 1 ou 2 centimètres de terreau léger.

La germination des graines se fait en une dizaine de jours. Il y a lieu de sarcler aussitôt après. Vers la fin d'octobre, le plant a 15 ou 20 centimètres de haut. On le soulève à la bêche, on l'habille et on le repique.

Ce repiquage se fait à 12 centimètres en tous sens, en sol léger, préparé comme il a été dit page 52.

Avant, le plant est habillé, c'est-à-dire que les extrémités de ses racines, de ses feuilles, sont raccourcies légèrement à la serpette. Le repiquage a lieu au plantoir, l'oignon est peu enfoncé, il est borné vigoureusement. Borner un plant, c'est presser la terre contre ses racines en se servant du plantoir. Cette pression a pour résultat de hâter la reprise du plant; en outre, elle lui permet de résister au soulèvement du sol par les gelées et à la traction des lombrics.

Si le terrain du jardin est exposé aux alternatives de gels et de dégels subits, on ne repique l'oignon qu'en février, mais seulement à 9 ou 10 centimètres en tous sens, parce que les plants seront moins vigoureux.

Les soins d'entretien consistent en quelques sarclages et en arrosages modérés.

L'époque de la récolte dépend de l'époque du repiquage.

L'oignon repiqué en fin octobre se récolte en avril. L'oignon repiqué en février est plus tardif.

Rendement. — Il est d'environ 1,000 kilogrammes de bulbes à l'are.

Culture de l'oignon d'été. — La variété la plus usitée, sous le climat de Paris, est l'oignon jaune paille des vertus.

Les semis se font en place ou en pépinière, à partir de février jusqu'en mars et avril (pas plus tard).

Dans une terre légère on sème plus tôt que dans un sol humide et froid.

En place, on sème à la volée ou en rayons espacés à 15 centimètres. Pour un semis à la volée, il faut 500 grammes de graines à l'are; pour un semis en rayon, 200 grammes suffisent.

En pépinière, les semis sont faits à raison de 900 grammes à 1 kilogramme de graines par are.

L'oignon élevé sur place, c'est-à-dire non repiqué, est moins gros, mais plus ferme, et se conserve mieux que l'oignon repiqué.

Après le semis, le sol sera hersé, tassé, terreauté, comme il a été dit à propos de l'oignon de printemps.

Des graines terreautées germent en quinze ou dix-huit jours ; des graines non terreautées ont besoin de vingt à vingt-cinq jours pour accomplir le même phénomène.

Quand l'oignon doit être élevé sur place, trois semaines environ après la levée du plant, il faut éclaircir de manière à réserver entre les plants 10 centimètres en tous sens.

L'oignon de pépinière est arraché comme nous avons dit plus haut et repiqué avec les mêmes soins à 12 ou 15 centimètres en tous sens. Avant de procéder à l'arrachage, on a mouillé fortement le sol de la pépinière pour rendre l'opération plus facile et moins préjudiciable aux plants. Aussitôt après le repiquage, on mouille également pour hâter la reprise et affermir le sol. Cet arrosage est presque le seul que l'on donne à l'oignon cultivé dans le nord. Dans le midi, l'eau est plus fréquemment distribuée. Il faut, en tous les cas, cesser tout arrosage dans la dernière période de végétation pour assurer la maturité des bulbes.

Dans la région septentrionale de la France, surtout par les années humides et quand les bulbes ont atteint à peu près leur volume normal, on a coutume de coucher toutes les tiges en se servant pour les abaisser, d'un râteau maintenu les pointes en l'air.

Cette opération a pour but d'avancer la maturité du bulbe et de le faire grossir un peu.

Les soins d'entretien sont les mêmes que ceux donnés à l'oignon de printemps.

La récolte se fait à différentes époques, selon les climats et les terrains ; elle a lieu en juin ou juillet dans le midi, en août et septembre dans le nord et toujours quand les feuilles commencent à jaunir.

L'arrachage se fait à la main dans les terres légères, à la fourche ou à la houe dans les autres terres.

Il est nécessaire de laisser les bulbes exposés sur le sol pendant plusieurs jours pour qu'ils puissent perdre la partie trop abondante de leur eau de constitution. Quand leur tunique extérieure commence à se détacher. les bulbes sont rentrés sous un hangar ; ils demeurent là encore quelque temps, puis on les réunit en bottes, en chaînes, qu'on suspend dans un grenier, une chambre. C'est le meilleur procédé de conservation quand la provision n'est pas trop grande.

L'oignon résiste bien aux froids ; il gèle et dégèle sans se gâter, pourvu qu'on n'y touche pas.

Rendement. — Les oignons d'été, jaune paille des vertus, rouge pâle de Niort, fournissent un produit de 950 kilogrammes à l'are, quand on les a cultivés sur place.

En culture repiquée, le rendement atteint facilement 1,000 kilogrammes à l'are.

Production du petit oignon. — Par une culture spéciale on obtient des oignons de la grosseur des noix et des noisettes, recherchés pour confire au vinaigre ou préparer certains mets. Voici cette culture :

Semez en fin mai, en place, sur terrain non fumé, à raison de 600 à 650 grammes de graines à l'are. Terreautez et tassez. Bassinez le semis pour activer la germination des graines. N'arrosez plus ensuite, mais esherbez, s'il y a lieu. En août, les oignons sont mûrs ; ils ont ce petit volume que nous disions plus haut. On les arrache et les conserve par les procédés ordinaires.

Au printemps, ces petits bulbes peuvent servir de plants ; traités comme tels, ils produisent en juillet suivant de très gros oignons, mais ceux-ci ne peuvent se bien conserver.

Production des graines. — On choisira pour porte-graines les individus ayant les caractères suivants :

Bulbe gros, sain, franc, c'est-à-dire possédant bien tous les caractères spéciaux de la race ; collet fin.

En février, mars, plantez ces bulbes à 50 centimètres en tous sens. En août, coupez les ombelles déjà mûres, liez-les par bottes que vous suspendez à l'ombre sous un hangar. Un peu plus tard, faites une seconde et dernière récolte. Les oignons issus des graines récoltées les premières sont légèrement plus hâtifs que les autres.

La graine d'oignon garde ses facultés germinatives deux ans quand elle est nue et trois ans quand elle est enveloppée dans sa capsule. On doit préférer la graine d'un an.

Insectes nuisibles. Maladies. — La larve du *hanneton* des jardins attaque les racines ; la *chenille de la teigne assectelle* ronge les feuilles et les ombelles.

La *mouche de l'oignon* produit une larve qui vit dans l'oignon dont elle provoque la pourriture.

Arrachez les bulbes attaqués et détruisez-les.

Les maladies sont :

1° La *rouille*, sorte de champignon peu commun et peu dangereux ;

2° La *graisse*, ou décomposition du bulbe, qui commence au niveau des racines ; cette maladie se déclare surtout dans les sols fraichement fumés, dans les terres humides, ou par les années pluvieuses.

LE POIREAU

Famille : Liliacées.

Origine. Description. Usages. — Originaire des Alpes où il croît spontanément. Plante bisannuelle, bulbeuse. Tiges de 1 à 1m,50. Feuilles linéaires, engainantes, pliées en forme de gouttière, épaisses, de couleur glauque. L'ensemble des feuilles est disposé en éventail autour de la tige. Fleurs réunies en ombelles globuleuses entourées d'une spathe. Corolle blanche veinée de rouge; graine noire triangulaire, généralement plus petite, moins régulière que celle de l'oignon. Bulbe étroit, formé d'un plateau aplati, portant à son sommet la partie tuniquée des feuilles et, à sa base, les racines.

Le bulbe et la tige du poireau sont comestibles; la plante s'emploie en médecine.

Climat. Sol. Engrais. — Le poireau aime un climat

Fig. 16. — Poireau gros court de Rouen.
(Réduit au sixième.)

doux et humide. Avec des soins, on le cultive pourtant à peu près partout.

Les terres profondes, substantielles et meubles, sont celles qui conviennent le mieux à cette plante. Comme pour l'oignon, les fumiers seront incorporés à l'état décomposé et longtemps à l'avance; le sol sera ameubli aussi quelque temps avant l'ensemencement.

VARIÉTÉS. — Elles sont peu nombreuses ; on les distingue par la couleur, le volume et la longueur de leur partie blanche comestible.

Fig. 17. — Poireau long de Paris.

(Réduit au sixième.)

Poireau gros court. — 15 à 20 centimètres de longueur, 3 à 4 centimètres de diamètre. Bonne variété, mais sensible aux gelées.

Poireau gros court de Rouen (fig. 16). — A peu près

les mêmes dimensions que le précédent, mais plus rustique et lent à monter à graine.

Poireau monstrueux de Carentan. — Un peu plus précoce, plus gros, mais moins ferme que le poireau gros court de Rouen.

Poireau jaune du Poitou. — Plus de 20 centimètres de longueur mangeable, feuillage vert jaunâtre. Saveur douce. Ne supporte pas toujours l'hiver sous le climat de Paris.

Poireau long d'hiver de Paris (fig. 17). — Plus de 25 centimètres de longueur mangeable. Tige mince (0^m,02 de diamètre); feuilles étroites. Variété très rustique.

MULTIPLICATION. — Semis.

CULTURE. — *Première saison.* — On peut faire un premier semis en janvier, sur couche de 15° centigrades, chargée de 10 centimètres de terreau. 40 grammes de graines par châssis suffisent. Après le semis, les graines sont recouvertes de 1 centimètre de terreau légèrement pressé.

Les variétés préférées sont le long d'hiver de Paris et le gros court de Rouen.

Les châssis restent couverts de paillassons jusqu'à la germination qui a lieu en huit jours. Aussitôt après la naissance des jeunes plants, on éclaire. Il faut éviter surtout le froid et l'humidité; c'est pour cela que les paillassons sont jetés sur les châssis pendant la nuit alors que le jour, quand la température extérieure n'est pas trop basse, les châssis sont levés pour que l'air humide puisse être chassé.

En mars et avril, le plant est arraché, préparé et habillé comme du plant d'oignon; on repique en pleine terre, sur planche labourée et dressée, comme il a été dit. Les plants sont distancés à 8 ou 12 centimètres (variété long d'hiver), à 12 ou 15 centimètres (variété court de Rouen). On se sert d'un plantoir; le poireau de cette saison sera peu enfoncé, 5 à 6 centimètres au plus. En général, il est bon de ne pas borner le poireau ou de le borner moins vigoureusement que l'oignon, parce que cette pression du bornage l'empêcherait de grossir.

Des sarclages, des binages constituent les soins d'entretien.

Le poireau de cette première saison se récolte en mai, juin, en même temps que le poireau de quatrième saison qui peut le remplacer.

Deuxième saison. — Le semis de la seconde saison se fait généralement en mars, en pépinière de pleine terre (500 grammes de graines à l'are).

Après le semis, herser, recouvrir la graine et tasser comme un semis d'oignon.

La mise en place a lieu au commencement de mai. On enterre à 10 ou 12 centimètres, le *gros court de Rouen* et à 15 ou 18 centimètres le *long de Paris*. Les distances entre les plants sont aussi un peu augmentées, car ce poireau deviendra plus volumineux que le poireau de première saison. Voici ces distances :

Gros court de Rouen . .	22 cent.	en tous sens.
Long de Paris . . .	16 —	—

Les soins d'entretien seront des sarclages, des binages et des arrosages souvent répétés.

La récolte qui commence fin août peut durer jusqu'en octobre.

Troisième saison. — Semis en mai, commencement de juin. Repiquage ou mise en place en juillet, août. — Arrosages. — Récolte depuis novembre jusqu'en mars, avril.

Quatrième saison, sur place. — Semis en septembre, 200 à 250 grammes de graines à l'are. Variété : long d'hiver de Paris. Eclaircie, sarclage, binage. — Récolte en mai, juin, en même temps que la récolte de la première saison qu'elle remplace économiquement. On peut, avec le poireau de quatrième saison, semer quelque peu de mâches.

Ce semis de quatrième saison gagnerait à être fait en rayons espacés à 12 centimètres; ceci permettrait à l'époque du dernier binage de butter les plants pour augmenter la longueur de leur portion comestible.

Rendement. — Il varie entre 650 et 700 kilogrammes à l'are.

Production des graines. — Choisissez, dans le semis de juin, des individus à tige volumineuse et tendre. Arrachez et enjaugez ces porte-graines avant l'hiver.

En février, mars, plantez à 50 centimètres en tous sens. Récoltez en fin août et septembre, comme la graine d'oignon.

La faculté germinative de ces graines persiste deux ans, rarement trois, même dans les enveloppes.

Insectes nuisibles et maladies. — A une exception près, les insectes et les maladies qui attaquent le poireau sont ceux déjà décrits, communs chez l'oignon.

La *teigne des ails* (papillon) attaque aussi le poireau et cause de grands ravages; cet insecte apparaît surtout. à la suite de sécheresses prolongées; quand les feuilles jaunissent et s'affaissent, les plantes sont généralement atteintes, rongées par les larves.

Pour sauver la récolte, on coupe les feuilles des poireaux à environ 10 ou 12 centimètres du sol. Cette coupe, enlevée avec soin, est brûlée et les larves avec elle. Après l'opération, le sol recevra avantageusement un peu d'engrais pulvérulent et un fort arrosage pour accélérer la pousse des plants traités.

AIL ET ÉCHALOTE

Nous rangeons ces deux légumes dans la classe des légumes condimentaires. (Voir plus loin.)

NAVET

Famille : Crucifères. — *Synonyme :* Rave, Navau.

Origine. Description. Usage. — Plante de l'Europe septentrionale. Tiges de 60 centimètres à 1 mètre. Feuilles oblongues plus ou moins découpées à la base du limbe. Limbe quelquefois glabre, plus souvent poilu et alors rude au toucher. Fleurs jaunes cruciformes réunies en grappes composées. Le fruit sec est une silique aplatie. Graine petite, ronde, brun clair ou brun foncé, quelquefois noire. Racine charnue, fusiforme, ronde ou aplatie, selon les variétés.

Ce sont ces racines qui se mangent à l'état cuit.

Climat. Sol. Engrais. — Le climat le plus convenable pour le navet est un climat tempéré, humide, à été pluvieux. Avec des soins, on le cultive partout, même dans les régions méridionales où il a besoin de beaucoup d'eau, sans quoi il devient coriace, presque ligneux. Le navet gèle à un faible abaissement du thermomètre au-dessous de 0°.

Il faut au navet une terre argilo-sableuse, plutôt un peu forte que trop légère.

Pour la culture, le sol sera ameubli profondément et fumé d'engrais promptement assimilables, tels que : purins, poudrettes, engrais humain, etc.

Variétés. — Elles sont nombreuses et se distinguent entre elles par la forme, la couleur, le volume et surtout la consistance des racines.

CLASSIFICATION DES MEILLEURS NAVETS

Races et variétés.

NAVETS TENDRES	NAVETS SECS
A RACINES BLANCHES LONGUES	
Long des vertus. Marteau. Rose de Palatinat.	Long de Meaux. De Freneuse.
A RACINES BLANCHES RONDES	
Rond des vertus ou de Croissy.	Des Sablons.
A RACINES BLANCHES PLATES	
Blanc hâtif plat.	»
A RACINES JAUNES, RONDES OU PLATES	
Jaune d'Écosse. Jaune de Malte. Boule d'or.	»
A RACINES LONGUES, GRISES OU NOIRES	
Noir long.	De Saulieu.
A RACINES GRISES OU NOIRES, RONDES OU OBLONGUES	
De Morigny.	Noir rond.

Le tableau précédent représente les meilleures variétés. On cultive surtout : le *long des vertus*, le *Marteau* (fig. 18), en forme de massue, plus hâtif et plus estimé que le précédent, le *Rose de Palatinat*, très productif.

Le *navet jaune d'Ecosse* supporte assez facilement 3° de froid.

Le *navet noir long* est plus rustique encore ; il résiste à — 4 et — 5 degrés.

Le *navet de Morigny* vient bien dans les terres sablonneuses.

Les navets secs : *de Meaux* (fig. 19), *de Freneuse*, se cultivent à l'arrière-saison ; ils se conservent mieux que les autres pendant l'hiver.

MULTIPLICATION. — Semis de graines.

CULTURE FORCÉE. — Elle est peu pratiquée de nos jours. Pourtant, on sème quelquefois le navet sur les couches de carottes en janvier ; on récolte en fin février, avant qu'ils aient nui aux carottes. Le rendement est d'environ 5 ou 6 kilogrammes de navets par châssis.

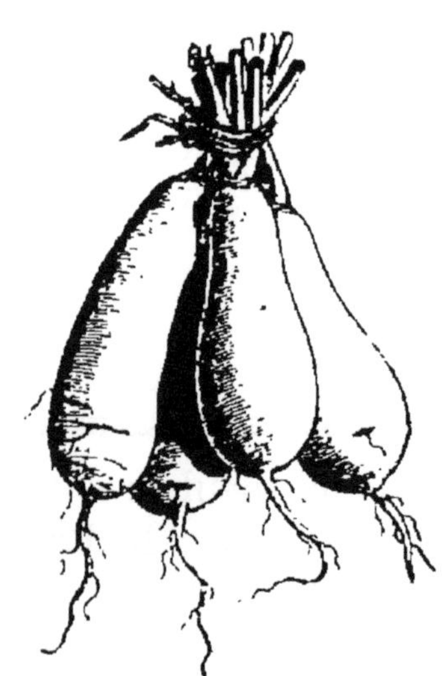

Fig. 18. — Navet Marteau.
(Réduit au cinquième.)

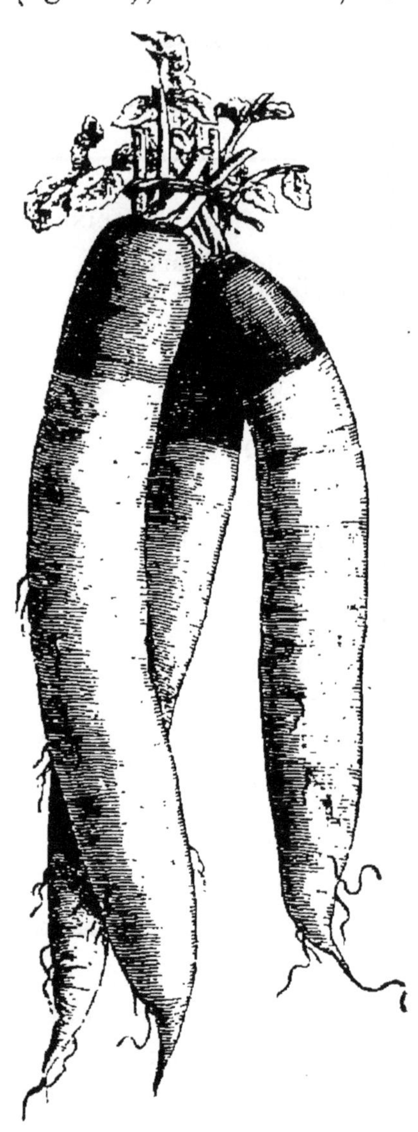

Fig. 19. — Navet de Meaux.
(Réduit au cinquième.)

Culture de pleine terre. — Les semis de pleine terre se font à deux époques bien distinctes de l'année.

1° Du 15 mars à la fin de mai pour la production des navets de première saison ;

2° De la fin de juillet à la fin d'août pour la production des navets de seconde saison ou d'hiver.

En première saison, on cultive les navets tendres : long des vertus, Marteau, etc. On sème à la volée ou en lignes, à raison de 30 à 40 grammes de graines par are. Les graines sont enterrées par un hersage au rateau suivi d'un roulage ou d'un piétinement qui tasse le sol et le fait adhérer à la graine. Il est important de bassiner souvent le semis pour activer la levée des graines qui peut alors s'opérer en quatre ou cinq jours. Cette croissance rapide met le navet à l'abri des attaques de l'altise, son plus dangereux ennemi.

Quand les plantules ont trois ou quatre feuilles, il est temps d'éclaircir. Les sujets conservés auront entre eux 3, 5, 8 ou 10 centimètres en tous sens, selon le développement qu'on voudra laisser prendre aux navets avant de les consommer, selon aussi les variétés cultivées.

Jusqu'au 1er juin, il sera bon, pour ne pas manquer de navets, d'échelonner les semis de quinze en quinze jours.

La pratique qui consisterait à ensemencer une grande surface pour ne point répéter les semis aussi souvent serait désastreuse, car, en cette saison, après qu'ils ont acquis leur volume normal, les navets se creusent et « grainent » avec une extrême facilité.

La meilleure époque pour faire les semis de seconde saison est comprise entre le 1er et le 15 août. On sème à raison de 30 grammes à l'are au lieu de 40, l'altise étant moins à craindre. Les navets secs : long de Meaux, de Freneuse, sont particulièrement propres à cette culture à cause de leur conservation facile. Les précautions signalées plus haut sont prises à l'égard de ces semis tardifs.

Quand ils ont pris trois ou quatre feuilles, les navets sont éclaircis en deux fois, espacées l'une de l'autre par une huitaine de jours. Cette manière de procéder permet de ne conserver pour la récolte que les plantes les mieux constituées; celles-ci seront écartées à environ 15 centimètres entre elles.

A ces cultures de première ou de dernière saison, on donne les mêmes soins d'entretien : binages, sarclages, arrosages.

Dans l'est de la France, on butte les navets d'hiver pour les préserver du froid. Alors les semis ont été faits en lignes.

Rendement. — Le rendement est très variable selon les saisons et les variétés employées; il peut aller de 250 à 500 kilogrammes de racines par are.

Conservation. — Les navets d'hiver sont arrachés après développement complet de la racine. L'arrachage se fait à la houe ou à la main. Par frottement, on débarrasse les navets de la terre adhérente, mais sans les blesser; il est important de ne pas les laver non plus, ce qui nuirait à leur conservation. Les racines sont décolletées, c'est-à-dire qu'on supprime le collet pour empêcher la pousse, au printemps, qui aurait pour résultat de rendre les navets creux.

Les navets ainsi préparés sont abrités dans une cave saine. Dans un silo peu profond et élevé, ils se conservent encore mieux.

Production des graines. — Le choix des porte-graines se fait en septembre-octobre. On préfère les racines tendres, de volume moyen, se rapprochant le plus du type.

Ces racines de choix sont conservées en cave ou en jauge avec couverture de feuilles pour garantir le collet.

En février-mars, on plante à 70 centimètres en tous sens; il faut éviter la culture simultanée des porte-graines de plusieurs races dans le même jardin à cause des entre-croisements qui pourraient en résulter.

Pendant la floraison, pincer l'extrémité des rameaux florifères au profit des graines inférieures qui se formeront mieux et grossiront davantage.

Les graines des fruits de la base mûrissent les premières, mais on attend que les graines du sommet de la tige soient mûres aussi pour couper toute l'inflorescence qu'on suspend à l'ombre où elle séchera. Le rendement varie de 80 à 100 grammes de graines par pied.

Maladies. Insectes nuisibles. — La pourriture attaque quelquefois les porte-graines et les navets d'hiver.

Parmi les insectes, les *altise pogatère* et *altise des bois* sont les plus redoutables; ce sont de tous petits coléoptères sauteurs, aussi les appelle-t-on puces de terre, pucettes, etc.; les adultes et les larves dévorent les feuilles des crucifères : navets, choux, radis. Pour les écarter, jeter à la volée sur les surfaces infectées un mélange de 50 kilogrammes de naphtaline et de 500 kilogrammes de sable (M. Girard).

Ont aussi la propriété d'éloigner cet insecte : les épandages de cendre de chaux et de crottin frais de cheval, mais les bassinages fréquents après les semis donnent encore les meilleurs résultats.

L'*athalie des épines* ou tenthrède, la *noctuelle des moissons*, à l'état de larve, attaquent aussi le navet; celle de la noctuelle est bien connue sous le nom de *ver gris*.

L'*anthomye* du chou est une mouche dont la larve (asticot) vit dans la racine. Cette mouche n'apparait pas autant par les années pluvieuses ou quand les navets sont suffisamment pourvus d'eau par les arrosages. La *Piéride du navet ;* ses chenilles rongent les feuilles. — Chassez les papillons.

RADIS

Famille : CRUCIFÈRES. — *Synonyme :* RAVE.

ORIGINE. DESCRIPTION. USAGE. — Plante annuelle et bisannuelle, originaire de l'Asie occidentale tempérée. Tige d'environ 80 centimètres de haut, rameuse, cylindrique et creuse ; feuilles demi-lyrées, demi-lancéolées plus ou moins velues. Fleurs cruciformes, pétales blanc violet ou violacés.

Fruits en siliques oblongues et ventrues. Graine volumineuse, grossièrement ronde, jaune grisâtre (petite race) ou jaune rougeâtre (grosse race). Racine charnue, fusiforme ou arrondie, de volume et de couleur variables. Cette racine est la partie comestible de la plante ; on la mange crue.

CLIMAT. SOL. ENGRAIS. — Le radis, avec quelques soins, peut venir sous tous les climats.

Les terres douces, friables, substantielles et profondes lui sont favorables. Ces terres seront fumées longtemps à l'avance.

Les terreaux, les fonds de couches constituent un excellent engrais pour ce légume qui doit, pour la qualité et la fermeté de sa racine, croître très rapidement.

RACES ET VARIÉTÉS. — Il y a deux races de radis bien distinctes : la petite et la grosse. La petite renferme des variétés à racines petites, roses, rouges, blanches, à saveur piquante. Les meilleures parmi ces variétés sont :

1° Le *radis rond rose hâtif;*

2° Le *radis rond rose à bout blanc* (fig. 20);

3° Le *demi-long rose;*

4° Le *radis demi-long écarlate* (fig. 21).

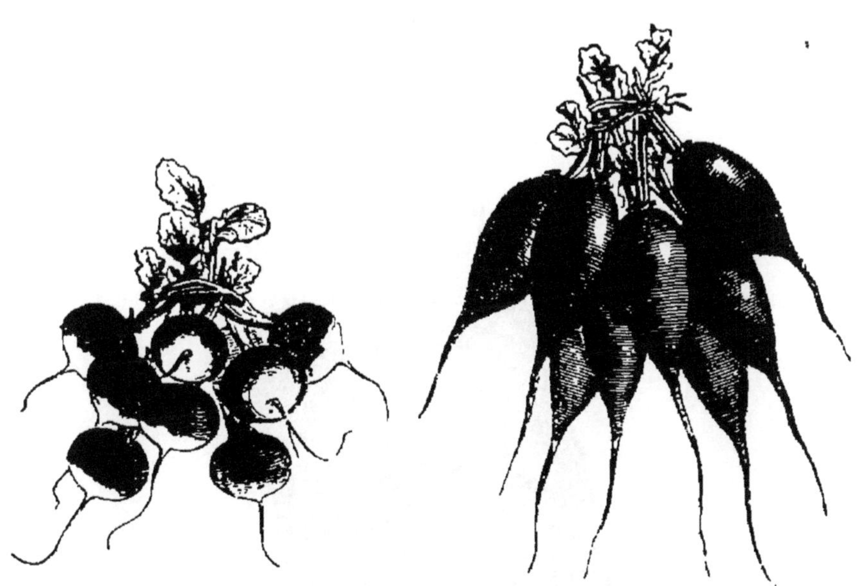

Fig. 20. — Radis rond rose à bout blanc.
(Réduit au tiers.)

Fig. 21. — Radis demi-long écarlate.
(Réduit au tiers.)

Ces radis sont de tous les mois; ils peuvent se cultiver toute l'année, en pleine terre ou sous châssis.

La grosse race contient les variétés à racines volumineuses, rondes ou longues, à goût âcre. Les plus cultivées parmi celles-ci sont :

1° Le *radis noir rond* : racine globuleuse de 7 à 8 centimètres de diamètre sur autant de haut; épiderme noir; chair blanche;

2° Le *radis noir long* (fig. 22) : même couleur de l'épiderme et de la chair; racine fusiforme de 20 centimètres de long sur 6 centimètres de diamètre en moyenne.

Ces radis, classés par M. de Vilmorin sous la dénomination de radis d'hiver, sont aux autres radis comme

Fig. 22. — Radis noir long.
(Réduit au cinquième.)

les navets secs par rapport aux navets tendres ; ils sont donc susceptibles de se conserver l'hiver ; c'est pourquoi on les cultive pour les consommer en cette saison.

Multiplication. — Semis.

Culture forcée. — Elle se fait peu d'une manière spéciale ; on se contente de semer clair le radis sur les couches déjà occupées par d'autres cultures : laitues, romaines, choux-fleurs. Ces semis peuvent se faire à partir de janvier. Après l'ensemencement, on tasse le sol, puis on répand une couche de 1 centimètre de terreau. Il faut couvrir la nuit, aérer le jour autant que possible et mouiller chaque fois que cela est nécessaire. On récolte au bout de trente ou quarante jours.

Culture de pleine terre. — En pleine terre, le radis se sème depuis février jusqu'en septembre. Les premiers ensemencements ont lieu sur côtières, parmi les laitues, les romaines, les choux-fleurs.

A partir de fin mars, on peut semer en plein carré à raison de 50 grammes de graines à l'are. Après les semis, il est utile de herser, puis de « plomber ». Le tassement qui résulte de cette dernière opération fait « tourner le radis » très vite, c'est-à-dire qu'il hâte la formation de la racine. Après avoir plombé, le jardinier répandra une couche de terreau épaisse de 1 à 2 centimètres. Le terreau empêche le sol d'être battu par les eaux d'arrosage.

Les semis se succèdent de quinze en quinze jours pour que ce légume ne fasse pas défaut de l'année.

Les soins d'entretien consistent en sarclages et arrosages ; ces derniers sont d'autant plus fréquents qu'il fait plus chaud ; ils empêchent les radis de monter à graine et combattent l'altise.

La récolte se fait vingt-cinq à trente jours après le semis. Les radis de la petite race ne peuvent pas se conserver au delà de vingt-quatre à quarante-huit heures, et encore faut-il qu'ils soient à l'abri des courants d'air et de la lumière.

Rendement. — Le rendement atteint environ 225 à 250 bottes à l'are.

Culture du radis noir. — Le radis noir ou d'hiver se sème de préférence dans un sol consistant, un peu argileux, depuis fin mai jusqu'à fin juin. Semé trop tôt, il devient creux. Les semis se font à la volée, à raison de 20 grammes par are, ou au doigt, et alors chaque graine est espacée des autres de 15 à 20 centimètres. Semer au doigt, c'est faire dans le sol, de distance en distance, et avec le doigt, des trous dans lesquels on dépose une ou deux graines.

Après le semis, on herse au râteau et on terreaute. Des bassinages fréquents sont nécessaires pour activer la germination.

Quand les jeunes plants ont quelques feuilles, le jardinier les éclaircit, de manière à laisser entre les pieds restants 15 à 20 centimètres en tous sens.

Après trois mois ou trois mois et demi de culture, on récolte. Pour la conservation, les racines sont traitées comme les navets et arrachées seulement aux approches des gelées.

Rendement. — Le rendement est, environ, de 100 bottes de 2 kilogrammes par are.

Production des graines. — Les meilleurs reproducteurs auront les caractères suivants : taille moyenne, type franc, collet fin. Ils seront choisis surtout dans les semis de septembre, pour ce qui est de la petite race.

Pendant l'hiver, on conserve les reproducteurs en jauge ou sous châssis à froid. En mars, on plante à 40 centimètres en tous sens.

En juillet, un peu avant la complète maturité des graines, le jardinier doit couper les tiges, les lier et les suspendre dans un endroit sain et aéré, où elles achèvent de mûrir.

On extrait la graine comme celle du navet : par le battage dans un sac clos.

Si on n'avait point fait de semis en septembre, on sèmerait sur couche, en février, des radis, parmi lesquels on choisirait des reproducteurs qui donneraient graine l'année même.

La durée moyenne de la faculté germinative de cette graine est de cinq ans.

Insectes nuisibles. — Les insectes qui attaquent le radis sont les mêmes que ceux qui attaquent le navet. Nous prions le lecteur de se reporter à cet article.

CHOU RAVE (Fig. 23).

Famille : Crucifères.
Synonyme : Chou de Siam.

CHOU NAVET (Fig. 24).

Famille : Crucifères.
Synonyme : Turneps. Rutabaga.

Ces deux plantes, que l'on confond quelquefois, diffè-

Fig. 23. — Chou-rave blanc hâtif.
(Réduit au cinquième.)

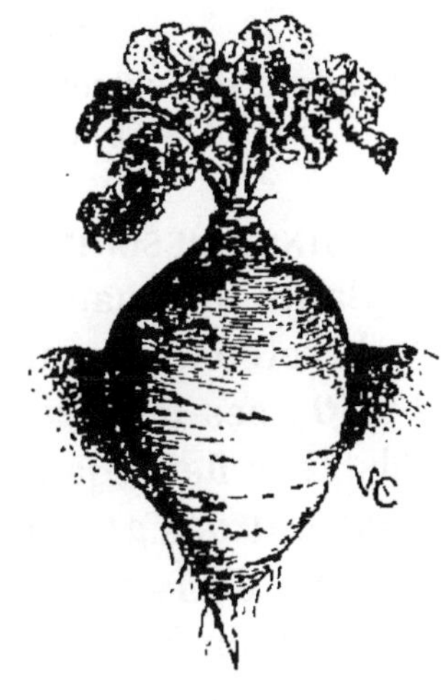

Fig. 24. — Chou-navet blanc.
(Réduit au dixième.)

rent complètement l'une de l'autre. En effet, dans le

chou rave, c'est la tige renflée et charnue qui est comestible; au contraire, dans le chou navet, c'est la racine seule qui a ces propriétés. Ces plantes sont peu cultivées au potager. Le goût du chou rave et du chou navet rappelle à la fois celui du chou et du navet.

Les *choux raves* se sèment de mars en juin, en pépinière. Un mois après le semis, on repique à 35 centimètres. La récolte commence dès le troisième mois après le repiquage, bien avant que la partie charnue du légume ait acquis tout son volume ; elle est alors plus tendre et meilleure.

Les *choux navets* ne se repiquent pas ; on les sème en place, en lignes espacées à 35 centimètres. Après la levée des graines, on éclaircit les plants de façon à laisser entre ceux qui restent 35 centimètres sur la ligne. Les choux navets résistent bien aux froids.

LA SCORSONÈRE ET LE SALSIFIS

Famille des Composées.

Synonyme de la scorsonère :	*Synonyme du salsifis :*
Salsifis noir.	Salsifis blanc.

Origine. Description. Usage. — La scorsonère est une plante originaire d'Espagne. Ses tiges, cannelées, un peu duveteuses, ramifiées au sommet, atteignent 1 mètre à $1^{m},50$; ses feuilles sont lancéolées, ondulées sur les bords ; ses fleurs jaunes, réunies en capitules terminaux, produisent des graines blanchâtres, minces et longues. La racine de la plante, haute de 30 à 35 centimètres, avec un diamètre de 1 à 1 centimètre et demi, est d'un noir très prononcé extérieurement (fig. 25). La chair est blanche.

On mange cette racine cuite. Les jeunes feuilles blanchies font d'excellentes salades.

Pour le distinguer de la scorsonère qu'on désigne

parfois sous le nom de salsifis noir, le salsifis est appelé salsifis blanc ; il a les fleurs violettes, les racines blanches ou jaunâtres (fig. 26) et les graines brunes. On ne

Fig. 25. — Scorsonère.
(Réduite au tiers.)

Fig. 26. — Salsifis.
(Réduit au tiers.)

le cultive pas, parce qu'il est bisannuel : ses racines, ne sont plus mangeables quand la plante a fleuri.

La scorsonère est vivace, on la considère en culture comme plante annuelle ou bisannuelle, c'est-à-dire qu'on la consomme avant qu'elle ait atteint trois ans. Elle se développe plus lentement que le salsifis, mais elle a l'avantage de rester comestible même pendant sa floraison. On devra donc toujours préférer la scorsonère au salsifis.

Climat. Sol. Multiplication. — Etant donné son origine, ce genre de légume semble devoir mieux se comporter sous un climat chaud que partout ailleurs. Néanmoins le climat de Paris lui est très favorable.

On préfère, pour cultiver la scorsonère, un terrain léger, bien meuble, sableux et frais, perméable à l'eau et à la chaleur. Dans un sol compact, mal ameubli, les racines se ramifient et perdent beaucoup de leur valeur. La multiplication de la plante se fait par le semis de ses graines.

Culture. — On sème parfois à la volée. Mieux vaut semer en lignes espacées de 20 centimètres entre elles. Il faut environ 120 grammes de graines à l'are. Ces semis se font en mars, avril et mai.

Les rayons au fond desquels on place les graines ne doivent pas avoir plus de 2 à 3 centimètres de profondeur.

Les graines confiées au sol en mars et avril germent naturellement ; celles semées en mai ont besoin d'être arrosées de temps en temps, le matin, à cause de la sécheresse du jour et du froid des nuits.

Quand les jeunes sujets ont trois ou quatre feuilles, on éclaircit et on laisse les plantes à 10 ou 12 centimètres entre elles, sur les lignes.

Après cette opération, il faut arroser assez copieusement.

Durant la végétation, on mouille de temps en temps, et beaucoup à la fois, si le besoin s'en fait sentir.

Vers le mois de juillet, il arrive que quelques tiges tendent à s'élever et à fleurir ; on les coupe au niveau du sol. Cette ablation des tiges a pour résultat de faire grossir les racines en les empêchant de devenir coriaces.

On récolte la scorsonère depuis octobre jusqu'au printemps. Ce légume est peu sensible au froid, aussi le laisse-t-on en terre tout l'hiver. On prend seulement la précaution de couvrir le sol de fumier pailleux, pour l'empêcher de se durcir par le gel, ce qui rendrait l'arrachage impossible.

La racine de la scorsonère conservant sa consistance charnue, on peut sans crainte ne la récolter que la seconde année ; elle est même plus grosse, quoiqu'un peu moins succulente.

Pour avancer un peu la récolte, c'est-à dire pour récolter en septembre au lieu d'octobre et aussi pour avoir des racines un peu plus grosses, on sème en août. Les semis de cette époque doivent être arrosés souvent, pour satisfaire le jardinier.

Rendement. — Un are de terre, cultivé en scorsonère dans ces conditions, peut produire 150 bottes contenant environ 40 ou 50 racines et pesant de 1 kilogramme et demi à 2 kilogrammes, ce qui représente un rendement de 225 à 300 kilogrammes par are.

Production des graines. — Beaucoup de personnes récoltent elles-mêmes leurs graines de scorsonère sur les premiers pieds venus, qui fleurissent la seconde année ; c'est un tort, ces personnes-là risquent de recueillir des graines sur des pieds défectueux, dont elles propagent les descendants défectueux aussi, par hérédité. Il est préférable d'arracher quelques racines, au mois de mars, de choisir les mieux conformées ; celles qui sont grosses, longues et tout d'une pièce font d'excellents porte-graines qu'on plante en avril.

La faculté germinative de la graine de scorsonère ne

persiste que pendant un an ou deux. Il y a intérêt à toujours avoir de la graine nouvelle.

LE CROSNES DU JAPON

Synonyme : STACHYS TUBERIFERA. — *Famille des* LABIÉES.

ORIGINE. DESCRIPTION. USAGE. — Les parties aériennes

Fig. 27. — Stachys ou crosnes du Japon.

(Tubercules de grandeur naturelle.)

de cette plante, formées d'une tige ramifiée dès la base, s'élèvent en touffe, à environ 25 ou 30 centimètres au-dessus du sol. Le stachys possède de nombreuses tiges souterraines gonflées, charnues ; ce sont de petits tubercules crénelés (fig. 27), comme ceux de l'oxalis. Ces tubercules blanchâtres sont la seule partie alimentaire du crosnes, on les fait cuire sans les éplucher, pendant huit ou dix minutes dans l'eau, puis on les enduit de pâte pour les faire frire, ou bien on les prépare à la maître d'hôtel. Quelques personnes les font frire au beurre sans les faire cuire à l'eau.

Climat. Sol. Multiplication. — Quoique originaire du Japon, le stachys est très rustique. Chez M. Paillieux, dans sa propriété de Crosnes (Seine-et-Oise), dont le nom a servi à franciser le légume japonais, il passe l'hiver en pleine terre, sans être incommodé.

Le crosnes du Japon est une plante vivace qu'on multiplie, comme la pomme de terre, par la séparation et la plantation de ses tubercules.

Si elle s'accommode mieux d'un sol frais, cette plante vient cependant dans toutes les terres sans exiger d'arrosages.

Culture. — Dès le mois de mars, les tubercules de stachys se mettant à végéter, on les plante en lignes à 30 ou 35 centimètres en tous sens, et à 4 ou 5 centimètres de profondeur ; dans un terrain bien ameubli et préalablement fumé de terreau.

Pendant toute la végétation, il n'y a aucun soin à donner, sauf quelques binages pour détruire les mauvaises herbes. Si pourtant il fait par trop sec, un arrosage donné de temps en temps sera favorable au développement et à la multiplication des tubercules.

Nous considérons le mois de mars comme l'époque normale de la plantation du stachys, mais, en réalité, on peut le mettre en terre à n'importe quel moment de sa végétation latente, de novembre à mars.

En octobre, quand les pousses aériennes du crosnes

sont fanées, on commence à récolter. Il ne faut arracher les tubercules que comme les scorsonères, au fur et à mesure des besoins. Arrachés plus tôt et laissés trop longtemps à l'air, ils se flétrissent et perdent leur qualité.

Le rendement de cette culture n'est pas encore bien défini. Certains amateurs disent que deux ou trois touffes fournissent la matière d'un bon plat; d'autres ont constaté que, relativement à la quantité, le stachys rend 40 à 50 pour 1.

Le seul grief qu'on puisse avoir contre les légumes que nous venons d'étudier : scorsonère et crosnes, auxquels on pourrait joindre encore le cerfeuil bulbeux, résulte de ces deux défauts que leur reprochent les maraîchers :

1° Ils occupent le terrain pendant trop longtemps, neuf mois à un an ou un an et demi ;

2° Leurs rendements ne sont pas assez élevés pour qu'on puisse dire de ces cultures qu'elles sont rémunératrices. En effet, les salsifis blancs ou noirs ne produisent au maximum que 300 kilogrammes de racines à l'are ; le cerfeuil bulbeux en donne 150 ou 200, le crosnes un peu moins (90 à 100), tandis que la carotte, qui n'occupe le terrain que pendant trois mois et demi et quatre mois, produit 400 kilogrammes de racine par 100 mètres carrés.

Mais si ces considérations ont de la valeur pour les maraichers, elles n'en ont pas pour l'amateur, l'amateur propriétaire surtout, qui a des loisirs, du terrain et le temps d'attendre.

On ne connait, jusqu'à présent, ni maladies ni insectes nuisibles au crosnes du Japon.

LA RAIPONCE

Famille des Campanulacées. — *Synonymes :* Baton de Jacob, Pied de sauterelles.

Origine. Description. Usage. — Plante bisannuelle indigène ; feuilles ovales, brièvement pétiolées, tige grêle, fleur violette, campanulée. Racine blanche, fusiforme, tendre, de la grosseur du doigt (fig. 28).

Par la nature de ses parties comestibles, la raiponce

Fig. 28. — Raiponce.
(Réduite au tiers.)

est à la fois un légume racine et un légume herbacé ; avec ses racines et ses feuilles, on prépare des salades.

Culture. — La raiponce vient bien dans les sols frais et substantiels. On sème à la volée en juin et juillet sur sol ensemencé en radis ou épinard.

Pour répandre plus régulièrement la graine qui est excessivement fine (25,000 graines dans un gramme [1]) on

[1] H. de Vilmorin. — *Les plantes potagères.*

la mélange intimement avec une certaine quantité de sable fin et sec.

Après le semis, le sol est tassé. La germination se fait au bout d'une semaine. Quand les plants ont quelques feuilles, on les éclaircit.

La récolte de la raiponce commence à partir de novembre, elle se prolonge jusqu'en février. Les plus beaux pieds sont réservés pour la production de la graine qui garde cinq ans sa faculté germinative.

LA BETTERAVE POTAGÈRE

Famille des Chénopodées. — *Synonyme :* Bette.

Origine. Description. Usage. — Plante bisannuelle, naturelle du midi de l'Europe. Feuilles ovales, pétiolées; tige dressée, cannelée, anguleuse, atteignant $1^{m},50$ de haut; fleur verdâtre; le calice persistant reste attaché à la graine qu'il renferme et avec laquelle on le sème. La betterave potagère est consommée cuite. D'autres races sont cultivées pour l'alimentation des bestiaux et l'extraction du sucre.

Climat. Sol. Engrais. Multiplication. — La betterave vient mieux sous un climat tempéré — celui du bassin de la Seine — que dans le midi de la France. Il lui faut un sol substantiel, riche et anciennement fumé. On multiplie la plante par le semis.

Variétés. — Les betteraves potagères sont généralement à chair rouge, de forme allongée ou obtuse. Voici les plus cultivées.

Betterave rouge longue (fig. 29) ou rouge grosse : sa racine de 30 centimètres de long sur 8 à 10 centimètres de diamètre est fusiforme et dépasse le niveau du sol d'un tiers environ ; sa chair est rouge sombre, c'est la variété la plus productive.

Betterave crapaudine, racine longue, de taille moyenne, à épiderme ridé longitudinalement.

Betterave rouge de Bassano (fig. 30), racine plate, poussant en partie hors du sol ; chair rouge cerclée de blanc. Bonne qualité.

Betterave plate d'Egypte. — Racine ronde légèrement aplatie, sortant beaucoup du sol, chair rouge foncé.

Cette variété est remarquable par sa précocité.

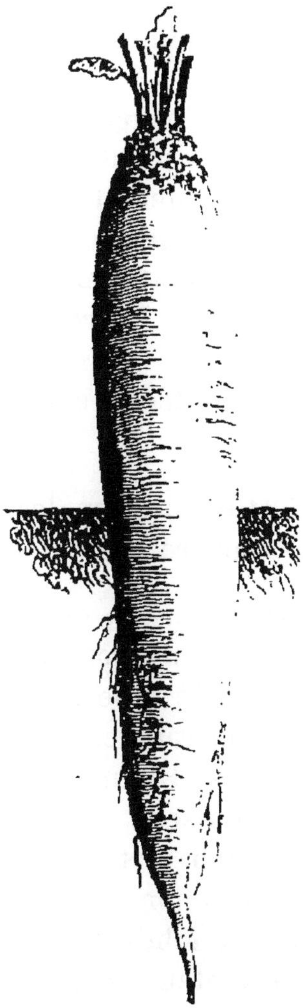

Fig. 29. — Betterave rouge longue.
(Réduite au cinquième.)

Fig. 30. — Betterave rouge plate de Bassano.
(Réduite au cinquième.)

Culture. — La betterave se sème en place, en rayons espacés de 30 ou 40 centimètres entre eux, selon les variétés. Les semis à la volée ne s'emploient plus à cause des difficultés qui surgissent lors des travaux de culture, à cause aussi de l'inégale répartition des graines.

C'est en avril que se commencent les semis de betteraves précoces ; les tardives seront ensemencées un peu plus tard. On emploie de 200 à 250 grammes de graines par are.

Les soins d'entretien consistent en binages, éclaircie des plants et arrosages. C'est quand les plants ont deux ou quatre feuilles qu'il y a lieu de procéder à l'éclaircie, au « démariage », comme disent les cultivateurs.

On laisse sur les lignes, entre les plants conservés, un écartement de 15 à 20 centimètres. La récolte se fait dès le mois d'août.

Pendant l'hiver, les racines « décolletées » sont conservées comme les navets.

Rendement. — Le rendement atteint, selon les variétés, de 250 à 300 kilogrammes par are.

Production des graines. — Avant l'hiver, on choisit parmi les betteraves les racines les mieux conformées, les plus régulières, représentant bien le type de la variété à laquelle elles appartiennent. Ces racines sont conservées comme les navets, les carottes. En mars, avril, on les plante à 70 centimètres en tous sens.

Pendant la floraison, pour avancer la maturation des graines et favoriser leur bonne constitution, il est avantageux de pincer l'extrémité des branches florifères. Quand les graines sont mûres, vers septembre, on coupe les tiges et on les suspend sous un hangar pour qu'elles sèchent.

Il est essentiel de ne pas cultiver deux variétés différentes dans le même jardin.

Insectes nuisibles. — Deux coléoptères, sans parler du hanneton, s'attaquent particulièrement à la betterave, ce sont :

1° *Le silphe opaque :* il vit sur la racine.

2° *L'antomaire linéaire :* il dévore les feuilles des jeunes plants.

Fort heureusement pour le maraicher, ces insectes sont rares dans les potagers ; ils apparaissent plus souvent dans les vastes plaines du nord de la France plantées en betterave à sucre.

L'IGNAME DE CHINE

Famille des Dioscorées. — *Synonyme :* Igname patate.

Origine. Description. Usage. — Plante vivace dioïque originaire de Chine, introduite en France par l'amiral Sessile, qui l'apporta au potager de Versailles en 1845 ; tige volubile de 4 à 5 mètres de développement ; feuilles alternes, cordiformes; fleur unisexuée, blanchâtre, odoriférante; graine assez semblable à une samare ou graine d'orme, plus petite cependant, mais à membrane plus large. Rhizome souterrain en forme de massue, long de 50 centimètres à 1 mètre, tendre, à chair blanche. Sur toute la surface de ce rhizome sont de nombreuses racines, petites et fasciculées (fig. 31). Sur les tiges des pieds de deux ans au moins, près de l'aisselle des feuilles, se trouvent des bulbilles sphériques, grosses comme des pois ou des noisettes; ces bulbilles tombent à l'automne et reproduisent l'espèce.

Chaque année, sur les plantes laissées en terre, le rhizome meurt. Il s'en reproduit un nouveau, ou deux, ou trois, rarement plus.

L'igname se consomme cuite à la façon des pommes de terre.

Climat. Sol. Engrais. — L'igname vient partout en France. Dans le sol, son rhizome est à l'abri des gelées de moins 15°, cependant, les expositions chaudes lui sont

Fig. 31. — Igname.
(Réduite au sixième.)

favorables. Tous les terrains conviennent à l'igname,

les argileux moins que les autres. Dans ceux-là, le rhizome a quelque peine à pénétrer et il s'y déforme presque toujours.

Jusqu'à présent, on a cultivé cette plante presque sans engrais, ce fait s'explique par la masse considérable de terre dans laquelle elle puise sa nourriture.

MULTIPLICATION. — En France, on multiplie l'igname par le semis de ses bulbilles ou par la plantation de la partie terminale et supérieure des tubercules.

CULTURE. — Les bulbilles ramassées à l'automne sont conservées dans la terre d'un pot de fleur rentré en cave.

Au mois de mars, on les sème en pépinière à 5 centimètres en tous sens. En mars suivant, les plants sont arrachés, ils portent de petits tubercules qu'il faut planter en place à 40 centimètres en tous sens et au plantoir. La première année, l'igname est laissée en liberté. La seconde année, un tuteurage des tiges aura pour avantage de favoriser le grossissement des tubercules, cependant, il n'est pas indispensable.

La récolte peut se faire à la fin de la première année de plantation, mais le rendement est médiocre ; il vaut mieux attendre la fin de la seconde année.

Pour arracher, il faut ouvrir, à l'une des extrémités du terrain planté, une tranchée profonde de 60 centimètres à 1 mètre, puis avancer en abattant le sol et le rejetant derrière comme pour un défoncement complet ; on se sert de la houe, de la bêche et de la pelle. Les tubercules débarrassés de terre sont exposés au grand air quelques jours, afin qu'ils puissent perdre une partie de leur eau de constitution qui, trop abondante, les empêcherait de se bien conserver. La récolte est rentrée dans une cave ou un grenier sain, les tubercules étendus en un lit peu épais sont couverts de paillassons.

Rendement. — Le rendement est très variable. Exceptionnellement, il peut s'élever à 600 kilogrammes par are, mais le plus souvent il ne dépasse pas 300 à 350 kilogrammes.

LA PATATE

Famille des Convolvulacées. — *Synonyme :* Batate.

Origine. Description. Usage. — Plante originaire de l'Amérique méridionale. Tige rampante de 1 à 2 mètres de long, feuille cordiforme, quelquefois lobée, fleur en entonnoir, comme celle du volubilis, violette ou purpurine, se montrant surtout sous un climat plus chaud que celui de Paris ; graine noire, rappelant aussi celle du volubilis. Racine vivace, renflée, féculente et sucrée. Cette racine se consomme comme la pomme de terre.

Climat. Sol. Engrais. — La patate s'accommode surtout d'un climat chaud ; elle exige pour végéter une température de + 12° centigrades. Au delà d'une ligne qui passerait par Rochefort et Trévoux, la patate ne se développe bien que par les années exceptionnellement chaudes. Sous le climat de Paris on la cultive sur couche à l'aide de cloches ou châssis. Le sol doit être léger, substantiel, fumé de terreau ou composé de terreau pur ; il est essentiel qu'il ne soit ameubli que superficiellement — 25 centimètres de profondeur — sans quoi les racines restent grêles.

Variétés. — Les variétés sont peu nombreuses, chez nous du moins. Voici les plus répandues avec leurs qualités et leurs défauts :

Rose de Malaga (fig. 32). — Tubercules ovoïdes, cannelés ; variété productive se conservant assez bien.

Hâtive d'Argenteuil. — Issue de la précédente, difficile à conserver.

Violette de la Nouvelle-Orléans. — Première qualité; peu productive.

Jaune de Malaga. — Chair bonne, fine; racines obtuses.

Patate Igname. — La plus rustique de toutes. Très productive. Elle donne des racines pesant 3 à 4 kilo-

Fig. 32. — Patate rose de Malaga.
(Réduite au huitième.)

grammes l'une; sa chair est d'un blanc grisâtre et de première qualité. — Conservation facile.

Multiplication. — Elle se fait par semis de graines, plantations de tubercules ou bouturages.

Le bouturage est le procédé le plus usité; il se pratique comme le bouturage du dahlia.

Culture. — En avril (première quinzaine), les tubercules sont placés sur une couche de 20 à 22° centigrades, enfouis sous 3 ou 4 centimètres de terre. Quand les pousses que donnent les racines tuberculeuses sont un peu développées, on les détache en conservant à leur base une petite portion de la partie charnue de la racine; elles sont bouturées dans des godets de 5 centimètres de diamètre et laissées sur couche jusqu'à la reprise.

Fin avril, le jardinier construit une couche sourde qu'il charge de 30 centimètres d'épaisseur de terre de potager mélangée de terreau ou de terre de bruyère; il pose sur cette couche chargée des châssis supportés par des coffres ou des cloches alignées à 80 centimètres les unes des autres. Les boutures reprises sont plantées définitivement sous ces châssis, sous ces cloches.

On aère progressivement et, vers juin, on laisse les plantes en plein air. Les soins d'entretien consistent en arrosages peu fréquents, mais copieux. Il faut aussi empêcher les tiges d'émettre des racines. On arrive à ce résultat en interposant entre elles et le sol une couche assez forte de paillis sec. En août, les arrosages sont supprimés. La récolte se fait fin septembre, ou commencement d'octobre, avant les premières gelées qui, frappant les tiges, auraient pour résultat d'empêcher une bonne conservation. La coupe des tiges avant les gelées permet de reculer l'arrachage de quelques jours.

Les racines tuberculeuses sont étendues sur des paillassons, en plein air, pour se ressuyer; on les couvre chaque soir. Au bout de deux ou trois jours, on les rentre. Leur conservation se fait dans des locaux dont la température ne descend pas au-dessous de + 5° centigrades. Les racines sont préalablement enfouies dans de la sciure de bois ou du sable sec que contiennent des boîtes.

La graine, dont on ne se sert pas sous notre climat, conserve ses facultés germinatives quatre ans.

Animaux nuisibles. Maladies. — Les rongeurs sont friands de patates : on leur tend des pièges. La pourriture atteint souvent les racines que l'on conserve; cette maladie a presque toujours pour origine un arrachage fait dans des conditions défectueuses.

II

LES LÉGUMES HERBACÉS

Définition. — On appelle légumes herbacés les plantes du potager dont on consomme toutes les parties aériennes, les fruits et les graines exceptés.

L'ASPERGE

Famille des Liliacées.

Origine. Description. Usage. — Plante vivace, originaire de l'Asie occidentale et de l'Europe. Racines cylindriques, charnues, nombreuses et traçantes; elles ne vivent qu'un temps déterminé et sont remplacées par d'autres racines adventives qui naissent sur une souche souterraine ou rhizome.

La disposition circulaire des racines autour du rhizome a fait donner à l'ensemble le nom de griffe (fig. 33).

La griffe de l'asperge s'accroît en surface et en épaisseur, en surface surtout : elle porte un certain nombre de bourgeons charnus ou turions : ce sont les asperges qui se développent au printemps et fournissent autant de tiges infiniment ramifiées et pouvant atteindre jusqu'à 2 mètres de hauteur.

Les feuilles sont des sortes d'écailles parcheminées,

dépourvues de fonctions physiologiques et ayant pour toute mission de protéger les yeux situés à leur aisselle.

Les petits ramuscules qu'on appelle improprement feuilles et qui jouent une partie du rôle de ces organes

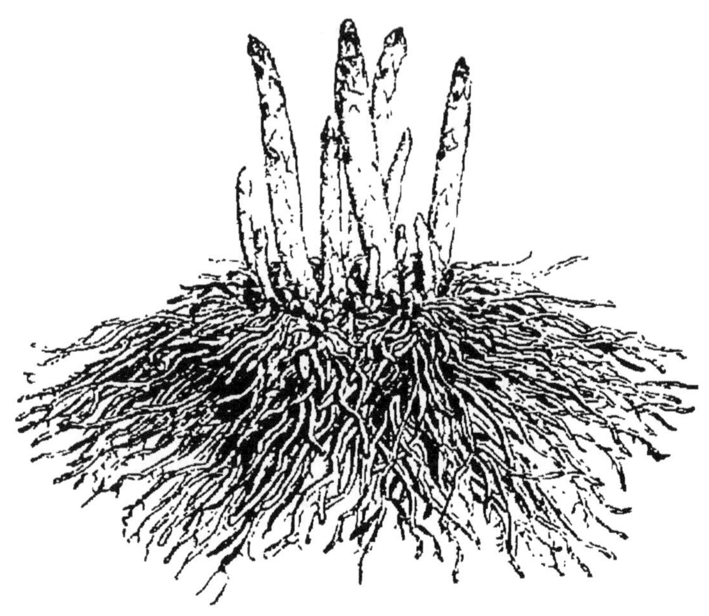

Fig. 33. — Asperge (plant de 7 ans).

(Réduite au dixième.)

ne sont que les subdivisions des divisions de la tige (fig. 34).

Les fleurs sont hermaphrodites ou plus souvent unisexuées par avortement; c'est ce qui fait dire qu'il y a des pieds mâles et des pieds femelles; ces derniers produisent les fruits; les premiers sont toujours très ramifiés.

Le fruit mûr est une baie, de la grosseur d'un fort pois, rouge, divisée intérieurement en trois loges renfermant chacune deux graines noires.

Qu'elle ait poussé en pleine lumière ou qu'elle se soit

développée incolore, dans l'obscurité d'une butte de terre. l'extrémité des tiges de l'asperge, encore à l'état de bourgeon, se fait toujours cuire et se consomme seule ou mélangée à d'autres aliments.

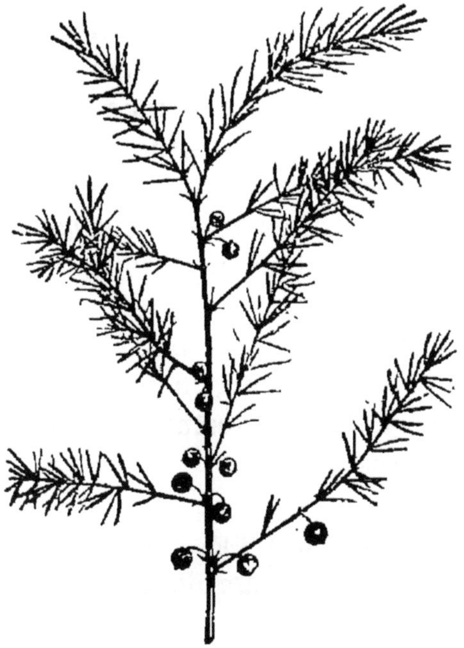

Elle développe l'appétit et favorise la sécrétion des urines.

Fig. 34. — Rameau d'asperge.

Climat. Sol. Engrais. — L'asperge est un légume rustique qui ne craint ni les froids intenses ni l'excessive sécheresse ; on peut donc la cultiver dans le midi et dans le nord de la France ; il lui faut un sol sain, friable, dépourvu de pierres ; un sable silico-calcaire serait excellent. Le calcaire concourt, avec la lumière, à la coloration rose des turions.

Avant d'être livrés à la culture de l'asperge, les terrains humides seront drainés, les sols arides seront amendés avec des gazons décomposés, des curures d'étangs ou de fossés.

Il est important que l'asperge ne soit pas plantée dans un endroit où elle a déjà été cultivée, surtout si l'ancienne culture a longtemps occupé le terrain et date de peu d'années.

Cette plante est avide d'engrais. Le terrain dans lequel on désire la cultiver ne doit pas recevoir moins de 1 mètre cube de fumier à l'are pesant en moyenne 500 kilogrammes. Pendant les années de culture qui suivent la plantation, on donne encore quelques fumures dont nous reparlerons quand il en sera temps.

VARIÉTÉS. — L'asperge cultivée, qu'elle s'appelle d'Orléans, de Hollande, de Vendôme ou d'Argenteuil, est une seule et même race. Cependant l'asperge hâtive et l'asperge tardive d'Argenteuil, toutes deux très volumineuses, forment des variétés bien distinctes; l'*asperge hâtive* d'Argenteuil est la plus précoce que l'on connaisse; elle produit beaucoup; les écailles de son bourgeon terminal de couleur variable sont bien appliquées les unes sur les autres.

L'asperge *tardive d'Argenteuil* est peut-être encore plus volumineuse que la précédente, mais elle produit moins; les écailles de son bourgeon terminal sont libres. écartées les unes des autres.

MULTIPLICATION. CHOIX DES GRIFFES. — Le semis est jusque-là le seul moyen qu'on ait employé pour la multiplication de l'asperge.

On sème la graine en mars, dans le sol bien ameubli d'une planche dressée exprès.

Quelques jardiniers sèment à la volée; il vaut mieux répandre la graine en rayons espacés de 20 centimètres entre eux. Au lieu de 75 à 80 grammes, on ne dépensera alors que 40 grammes de semence à l'are. Les rayons ont environ 4 centimètres de profondeur. Après les semis, on les comble de terre de bruyère ou de terreau et la planche est recouverte d'un léger paillis. Au bout de cinq ou six semaines, les graines germent; des tiges grêles sortent du sol. Quinze jours environ après cette germination, il faut éclaircir et ne laisser que les plants les plus robustes, séparés entre eux, sur le rayon, par une distance de 6 à 8 centimètres.

Des sarclages sont pratiqués, quand il y a lieu, pour la destruction des mauvaises herbes. Pendant les fortes chaleurs, des arrosages sont nécessaires ; il ne faut pas négliger de les donner, surtout le soir.

En octobre, les tiges de ces jeunes asperges doivent avoir de 40 à 50 centimètres de hauteur ; on les coupe à 25 centimètres du sol. L'année suivante au mois de mars, ce plant a juste un an ; il est bon à mettre en place.

On l'arrache à la fourche.

Les plants de deux ans et de dix-huit mois sont plus forts, plus trapus, mais d'une reprise plus difficile ; ils perdent, après la plantation définitive, la force qu'ils ont gagnée par leur séjour prolongé en pépinière.

C'est donc le plant d'un an qu'on doit adopter.

Si l'on a le choix, il faudra, pour planter, préférer les griffes qui présentent les caractères suivants : racines peu nombreuses, grosses, courtes et cylindriques, collet large, garni de trois ou quatre thurions (bourgeons), épatés, gros et arrondis. On rejettera comme débiles et impropres les griffes à racines grêles et longues, à thurions pointus et nombreux.

Culture forcée, sur place. — On plante en mars, avril.

Des expériences faites à l'Ecole d'Horticulture de Versailles ont démontré que les plantations de cette époque réussissent mieux que celles faites en septembre.

L'asperge hâtive d'Argenteuil est la variété préférable.

L'emplacement choisi, on divise le terrain en planches de $1^{m},25$ de large séparées par des sentiers ayant de 50 à 60 centimètres d'un bord à l'autre. Ces largeurs peuvent être modifiées si la conformation des coffres et des châssis l'exige. Les planches ont une longueur telle qu'on puisse y placer un nombre exact de châssis ($30^{m},20$ par exemple pour vingt-quatre châssis) ; en outre, elles sont dirigées de l'est à l'ouest.

Ces planches seront ameublies sur une profondeur de 35 à 40 centimètres. Lors de la plantation, on trace à leur surface, et d'un bout à l'autre, quatre lignes parallèles espacées à 25 centimètres entre elles.

Sur les lignes, les griffes seront plantées à 40 centimètres et toujours en échiquier. Etant donné ces distances, un châssis peut couvrir douze griffes. En plantant à 30 centimètres sur les lignes, on obtient seize griffes par châssis. Il n'est pas avantageux de planter à des distances plus grandes ou plus réduites.

La mise en place des griffes se fait avec toutes les précautions que nous indiquons un peu plus loin (culture de pleine terre). Après la plantation, il est étendu sur le sol une épaisseur de 2 ou 3 centimètres de paillis ou de terreau gras. Les soins d'entretien consistent en arrosages et sarclages donnés quand il convient.

Ordinairement, il est fait des récoltes dérobées sur ces planches d'asperges ; on y sème de la salade, des épinards, de la carotte, etc. Dans les sentiers, on plante des choux et des choux-fleurs.

Au mois d'octobre, les tiges des asperges jaunies et mortes sont coupées à 7 ou 8 centimètres au-dessus du sol. On étend ensuite sur les planches une fumure de terreau gras ou de fumier consommé.

Au printemps suivant, les tronçons de tiges qui restent, et marquent la place des griffes, sont arrachés ; il est donné avec la fourche une petite façon au sol, juste assez profonde pour enfouir la fumure. Les soins de culture pendant cette seconde année sont les mêmes que pendant l'année précédente.

On peut, si la grosseur des tiges et la vigueur des griffes le permettent, commencer la culture forcée dès la fin de cette seconde année (novembre) pour récolter au commencement de la troisième. Quand les griffes paraissent faibles, il vaut mieux attendre un an encore et même deux ans s'il le faut.

Donc, en novembre, on trace les bords latéraux des sentiers, puis on les creuse à une profondeur moyenne de 55 centimètres. La terre extraite est mise sur les planches. Les pierres, les corps durs étrangers sont soigneusement enlevés. Après avoir été ainsi creusés, les sentiers sont remplis jusqu'au niveau des planches avec du fumier frais de cheval, qu'on emploie tel que ou mélangé à un peu (un cinquième) de fumier consommé. Le fumier est bien tassé et mouillé pour qu'il puisse s'y développer une plus grande fermentation et par cela même une plus forte chaleur. On place ensuite les coffres sur les planches et l'on étend régulièrement la terre extraite, de manière qu'elle forme une épaisseur de 20 à 25 centimètres, ce qui permet d'obtenir des asperges de 25 à 30 centimètres de long. Il est nécessaire, après cela, d'emplir les sentiers de fumier jusqu'au niveau des coffres. On a également ouvert aux extrémités extérieures des planches une tranchée qui a été emplie du même fumier.

Enfin les châssis sont placés sur les coffres et recouverts de une ou deux épaisseurs de paillassons. Ces paillassons sont enlevés quand il fait soleil, afin que la masse de terre des coffres puisse s'échauffer.

La chaleur du fumier en fermentation pénètre le sol des planches et se communique de proche en proche jusqu'aux asperges.

Pour que cette chaleur ne s'amoindrisse pas tout à coup, au bout de quinze ou vingt jours, il est utile de remanier le fumier de la partie superficielle et, au besoin, de l'additionner d'une certaine quantité d'autre fumier frais.

Dans une culture bien dirigée, on doit avoir, au début, une température de 15 à 18°; un peu plus tard, elle peut s'élever jusqu'à 25-27°. Cette limite ne doit point être beaucoup dépassée; il en résulterait, il est vrai, une pousse rapide des tiges, mais celles-ci seraient d'un faible volume et souvent grêles.

Vingt à vingt-deux jours, c'est-à-dire trois semaines,

suffisent pour que les têtes d'asperge apparaissent à la surface de la terre dont on a recouvert les griffes.

Dès lors, il est utile d'enlever les paillassons pendant le jour afin que la lumière puisse colorer les bourgeons terminaux ; si on les laisse dans l'obscurité, les asperges restent uniformément blanches et subissent sur le marché ou à table une dépréciation sensible.

Il faut veiller aussi à ce que les écailles ne s'écartent pas, ce phénomène se produit si l'on retarde trop la cueillette.

La première récolte se fait le vingt-quatrième ou vingt-cinquième jour. On cueille les asperges comme il est indiqué plus loin.

Les cueillettes se renouvellent tous les deux ou trois jours pendant une période d'environ cinquante à soixante jours.

Rendement. — Le rendement varie beaucoup selon le sol, les soins de culture et la variété employée.

Un châssis de seize griffes peut produire une botte, mais plus souvent le rendement n'atteint qu'une demi, deux tiers ou trois quarts de botte par châssis, la botte pesant 2 kilogrammes et demi à 3 kilogrammes.

Après le forçage. — La récolte faite, on enlève les coffres et les châssis, puis on tire le fumier du fond des sentiers. Ce fumier peut être utilisé comme engrais. On l'emploie aussi, mélangé avec du fumier consommé, pour faire les couches à melons. La terre dont on avait chargé les planches est poussée dans les sentiers.

Toutes ces opérations ne sont faites que lorsqu'on suppose que le fumier est refroidi ; si l'on n'attend pas ce délai, il en résulte une brusque transition nuisible aux asperges.

Ordinairement, et dans l'intérêt même des récoltes, une plantation d'asperges n'est forcée que tous les deux ans. Cette condition entraîne la nécessité de créer deux plantations d'égale importance que l'on « chauffera » alternativement.

Deux cultures forcées consécutives, c'est tout ce qu'une plantation peut supporter; elle doit nécessairement se reposer la troisième année.

Une aspergerie soumise à la culture forcée dans ces conditions dure une douzaine d'années pendant lesquelles on fait six ou huit récoltes de primeurs.

Culture forcée sur couche. — Ici, l'important est d'avoir des griffes bonnes à forcer, c'est-à-dire âgées de trois ans au moins. Pour cela, on sème soi-même. Un an après, le jeune plant est repiqué à 20 ou 25 centimètres en tous sens. Les griffes sont enterrées à 3 ou 4 centimètres de profondeur et recouvertes de 2 centimètres de terreau. Au bout de trois ou quatre ans, ces griffes sont bonnes pour la culture forcée. A la rigueur, il serait possible d'entreprendre cette culture deux ans seulement après le repiquage, mais les asperges qu'on obtiendrait seraient grêles. Quelquefois, on utilise pour la culture sur couche de vieilles griffes d'une aspergerie détruite. Ce procédé est exceptionnel et ne donne pas toujours de bons résultats.

Quand arrive l'époque (de novembre à janvier), on construit une couche de 60, 50 ou 40 centimètres d'épaisseur, selon que la saison est plus ou moins rigoureuse. Cette couche est faite de fumier frais et de fumier consommé en mélange ou de fumier frais et de feuilles. La température qu'il faut tâcher de produire est 26 à 30° centigrades.

La couche étant dressée, les coffres placés, on étend tout d'abord au fond des coffres une épaisseur de 4 à 5 centimètres de terre, puis les griffes sont arrachées à la fourche, débarrassées de la terre adhérente et disposées dans le coffre à partir du haut. Les racines se recouvrent mutuellement. Chaque châssis doit contenir de trente-six à quarante griffes. Quand elles sont placées, on les recouvre de 22 à 25 centimètres de terre ou de terreau. Sur les bords de la couche, contre les côtés des coffres, des réchauds sont élevés pour maintenir la chaleur.

Au bout de douze, quatorze ou quinze jours, la récolte commence ; elle se prolonge pendant un à deux mois. Un peu avant la première cueillette, on a donné au sol un léger bassinage ; il empêche les asperges de « filer » et d'épanouir leurs bourgeons terminaux. Après une culture semblable, les griffes sont épuisées et par conséquent sacrifiées.

Culture forcée de l'asperge verte. — La culture pour l'obtention de l'asperge verte ne diffère pas sensiblement de la précédente ; elle s'entreprend sur couche ou avec le secours du chauffage au thermosiphon.

Nous dirons quelques mots du premier procédé.

La couche est faite ; les coffres sont placés dans les mêmes conditions que précédemment. Au fond des coffres, on répand quelquefois une faible couche de terre ou de terreau, mais ce n'est pas indispensable. Les griffes, âgées de trois, quatre ou cinq ans, obtenues par les procédés décrits plus haut, sont arrachées et placées au fond des coffres, les racines debout, posées sur le fumier ou sur une épaisseur de 2 ou 3 centimètres de terre. Ces griffes sont très rapprochées les unes des autres, les plus fortes sont vers le haut des coffres, les plus faibles se placent vers le bas. On en fait tenir une moyenne de cinq cents par châssis. Il est bon de faire glisser un peu de terreau entre les griffes. Si la température de la couche dépasse 35°, on écarte le fumier en quelques endroits pour refroidir par un courant d'air ; si, au contraire, cette température paraît insuffisante, on établit des réchauds.

La première récolte se fait dix, douze ou quinze jours

après le commencement du « chauffage » ; les autres se succèdent pendant six semaines environ.

Durant toute la culture, la lumière est constante, c'est-à-dire que les châssis sont maintenus découverts tout le jour. On donne peu d'air : une heure ou deux par jour, cela suffit. De temps en temps, selon les besoins, et de préférence le matin, il est donné de légers « bassinages ». Si l'eau employée est à la température de la couche, cela est préférable.

RENDEMENT. — Le rendement est de trente à cinquante bottes de 250 grammes par châssis, c'est-à-dire huit à dix asperges par griffe, soit cinq mille asperges pour un châssis.

CULTURE NORMALE. — Nous écartons tout à fait l'ancien système qui consistait à enfouir le plant d'asperge dans des fosses de 40 centimètres de profondeur, procédé déplorable qui rendait la plante inaccessible aux fumures, la maintenait dans un milieu humide et froid, absolument contraire à son tempérament, la soustrayait enfin à l'action du soleil seul capable de hâter sa pousse et d'en faire un produit consommable aux premiers jours du printemps.

La culture de l'asperge à *fleur de sol* est aujourd'hui un procédé indiscutable. La question de la distance entre les plants est pourtant controversée. Celui-ci veut planter dru, celui-là isole les griffes et donnerait volontiers un jardin à chacune. M. Hardy, notre vénérable professeur, nous disait dans son cours : « Sur un bon sol, il est avantageux de distancer les griffes ; dans une terre médiocre, on doit les rapprocher. »

Je crois que si on a beaucoup de terrain bon marché, il faut planter à de grandes distances, le sol fût-il médiocre, ou adopter cette mesure moyenne de 1 mètre, ce qui est peut-être encore le plus sage.

Plantation. Travaux de première année. — Avant ou pendant l'hiver, le terrain choisi, après avoir reçu en couverture 1 mètre cube de fumier à l'are, subit un simple labour à la bêche. Un ameublissement profond est inutilement coûteux, les racines de l'asperge étant superficielles.

Au printemps — mars, avril — si la consistance du sol l'exige, on donne un second labour ou simplement un hersage. Ensuite, dans le sens de la longueur, ou du nord au midi, si c'est possible, le terrain est divisé en bandes de 50 centimètres de large. Chaque bande portant un *numéro pair* est creusée au moyen de la binette jusqu'à 10 centimètres de profondeur au maximum.

La terre provenant de cette sorte de grattage est élevée en ados moitié sur la *bande impaire de droite*, moitié sur la *bande impaire de gauche*. Ainsi les planches numéros pairs sont devenues des *tranchées* par rapport aux planches numéros impairs qui sont des ados. On plante, sur la ligne du milieu des planches paires et de mètre en mètre. Ces lignes de milieu se trouvant nécessairement espacées à 1 mètre les unes des autres, il en résulte que les griffes seront plantées à 1 mètre en tous les sens.

Pour mettre la griffe en place, on ouvre à l'endroit qu'elle doit occuper un trou circulaire de 20 centimètres de diamètre sur 10 ou 12 centimètres de profondeur.

Au fond de ce trou, avec un compost préparé à l'avance, — moitié terre, moitié terreau — on élève un petit mamelon qui effleure presque le niveau du sol de la tranchée. C'est sur le sommet de ce mamelon que sera posée la griffe dont les racines rayonneront dans tous les sens. Le trou est comblé avec le compost déjà employé, qu'on appuie un peu des mains, pour faciliter son adhérence avec les racines. On marque l'emplacement des griffes par une petite butte de terre élevée au-dessus de chacune, ou mieux par un tuteur enfoncé à quelques centimètres des racines du plant, et incliné au-dessus de lui.

Les ados inutiles, pendant au moins les deux premières années, se cultivent en légumes peu volumineux : haricots nains, pommes de terre marjolin, salades, etc.

Pendant tout le courant de cette première année, les soins se borneront à biner pour entretenir la surface du terrain meuble, fraiche et libre de mauvaises herbes. On combattra les criocères par les procédés indiqués plus loin. En octobre, les tiges d'asperges, alors mortes et sèches, seront coupées à 20 centimètres de terre et le sol sera couvert d'une épaisseur de 2 centimètres de fumier qu'on enfouira au printemps.

A Argenteuil, on déchausse chaque griffe et on dépose sur les racines deux poignées d'engrais bien décomposé — terreau ou gadoue — qu'on recouvre aussitôt. Les engrais chimiques, si on les utilise, ne devront jamais s'employer de la sorte.

Deuxième année. — Dès le printemps de la deuxième année, il faut remplacer les griffes qui ont péri. On marque d'un signe les asperges nouvellement plantées. Ce remplacement des plants morts est suivi d'une façon donnée au sol. Durant l'année, des binages seront répétés autant de fois que la malpropreté du sol et la sécheresse l'exigeront.

Les tiges d'asperges qui, cette année, peuvent atteindre une hauteur de 80 centimètres à 1 mètre seront attachées solidement au tuteur dont est accompagnée chaque griffe.

En octobre, ces mêmes tiges sont coupées à 25 centimètres du sol : les griffes étant débuttées, des engrais bien décomposés sont appliqués sur toute la surface de l'aspergerie. Les tuteurs liés en bottes sont rentrés à l'abri des pluies d'hiver.

Troisième année. — Pendant deux ans, les plants d'asperges. copieusement nourris par l'abondance des fumures qu'on leur a données sans compter, ont grossi. Leurs turions maintenant sont gonflés et charnus. Ils pourront prendre encore du volume si la terre dont on les recouvrira contient des engrais promptement assimilables.

On commencera donc à cueillir, mais modérément, et pas autre part que sur les griffes déjà fortes.

En mars, on a ameubli le sol légèrement, dans les tranchées, profondément sur les ados. Ce labour a mélangé intimement à la terre la fumure répandue l'année précédente. En avril, il faut butter en amassant au-dessus de chaque griffe un dôme de terre ne dépassant pas 30 centimètres de hauteur.

Ce procédé de buttage est celui qu'il faut préférer. C'est lui qui, de tous, permet à l'asperge de recevoir le plus de chaleur ; il hâte la pousse, il augmente, en quelque sorte, la précocité des produits.

On récolte en fin avril, commencement de mai. Cette cueille ne se prolonge pas longtemps, puisqu'il est convenu qu'on ne détache pas plus de 2, 3 ou 4 asperges par pied, et sur les plus forts seulement.

Nous croyons utile de signaler ici deux effets absolument semblables, produits par des causes bien différentes.

Si on fait la première récolte trop tôt, ou si on cueille trop longtemps sur un jeune plant, celui-ci, excité par ces suppressions trop précoces ou réitérées à l'excès, produit dans la suite et en très grand nombre des asperges petites.

Le volume inférieur des asperges de certaines cultures se trouve ainsi expliqué : par le fâcheux empressement avec lequel on a fait une première récolte, ou par la cueillette trop considérable, qu'on a réalisée en une seule année.

L'obtention des grosses asperges, avec des plants de bonne race, n'est donc plus une question d'engrais spéciaux appropriés à la plante, mais surtout une affaire de modération et de proportion dans la cueillette.

Voici un autre phénomène, encore inexpliqué : — Sur une griffe entrant dans sa troisième année, forte et produisant de beaux turions, si on ne récolte pas, les asperges sont, l'année suivante, plus petites et plus nombreuses. On concevrait mieux que la griffe qui n'a pas été épuisée par une cueillette, la troisième année, produisit de grosses asperges et en produisit même beaucoup la quatrième.

Mais revenons à notre culture ; les autres soins sont semblables à ceux qu'on a prodigués les années précédentes : binages répétés, tuteurage des tiges. — Dans les grandes exploitations, au lieu de tuteurer les tiges, on se contente de les rogner à 1m,50 du sol, ou bien, après la récolte, on coupe le sommet du bourgeon terminal de l'asperge au moment où celle-ci sort de la butte. Dans le premier cas, l'action de la sève concentrée sur la partie inférieure de la tige, lui donne la vigueur nécessaire pour résister aux vents. Dans le deuxième cas, en plus du précédent résultat, on obtient, sur toutes les asperges traitées, une sorte de nanisme artificiel bien fait pour diminuer la prise des grands vents. — Coupe de ces tiges en octobre, débuttage en novembre et épandage d'engrais, en couverture, immédiatement après.

Les fragments de tiges qui restent sur les souches seront arrachés plus tard ; on en laissera cependant un, celui qui paraît indiquer le centre de la touffe. Il servira de point de repère lors du buttage et ne sera enlevé que pendant cette opération.

Quatrième année. — Mêmes travaux que l'année précédente. La récolte devient un peu plus importante ; elle ne doit pas cependant durer plus d'un mois.

Les griffes trop faibles seront à peine buttées, et, pour favoriser leur développement, on ne cueillera pas sur elles.

Cinquième année. — A la fin de l'année, fumure. Répétition des travaux de la quatrième année. La récolte peut durer de cinq à six semaines.

Sixième année. — L'aspergerie est en pleine production. On cueille, à partir de ce moment, pendant deux mois tous les ans, toujours en ayant quelque égard pour la faiblesse des griffes en retard.

A l'automne, après le débuttage, fumure.

La cueillette. — Il faut récolter les asperges avec la main seulement, sans le secours d'aucun outil. Quand un turion est bon à cueillir, on le dégage depuis la terre jusqu'à sa base ; puis, le prenant à pleine main, on lui fait subir un mouvement de rotation sur lui-même ; il se détache alors de sa souche et on le possède dans toute sa longueur.

Dans les aspergeries de dix ans et plus, il faut cueillir une fois par jour, le matin. Par les fortes chaleurs de juin, à la récolte du matin, il est souvent nécessaire d'en ajouter une le soir.

Engrais. — Sans exagération, on peut dire que l'asperge est une plante avide d'engrais. Il lui en faut d'autant plus qu'elle prend toute sa nourriture dans les parties superficielles du sol. Une fumure tous les ans, — c'est ce que nous avons recommandé de donner — n'a donc rien d'exagéré. Cependant on peut, à partir de la sixième année, ne fumer que tous les deux ans.

La terre des ados a autant besoin d'être fertilisée que celle où reposent les racines. Destinée à recouvrir les plants pendant huit mois de l'année, cette terre, par diffusion, leur abandonne les engrais dont on l'a enrichie.

A partir du jour où elle végète en pleine lumière, à dater du moment où elle a dépassé la terre fertile qui la recouvrait, l'asperge s'allonge, mais ne grossit plus.

Rendement. — Le rendement oscille, à l'hectare,

pour une plantation de dix mille griffes, entre 7 et 9,000 kilogrammes par année, à partir de la sixième, et pour une récolte de soixante jours.

M. Lhérault dit qu'une plantation d'asperges d'un hectare peut, à partir de la sixième année, rapporter, bon an mal an, 5,000 francs, desquels il faut défalquer 1,000 francs de frais. Admettons que ces chiffres soient un peu forcés et prenons en poids le rendement moyen d'un hectare; c'est 8,000 kilogrammes à 50 centimes le kilogramme, cela fait 4,000 francs, moins 1,000 francs de frais, reste 3,000 francs de bénéfice net.

Durée. — Une aspergerie, si elle est toujours bien cultivée et fumée, peut être avantageusement exploitée pendant quinze à dix-huit ans.

Conservation. — L'asperge doit se consommer aussitôt après qu'on l'a cueillie. Si on ne peut la faire cuire de suite, il est bon de la garder dans un endroit frais, une cave, la tige piquée dans du sable fin et humide. Par ce procédé, elle se conserve huit jours, pas beaucoup plus.

Production des graines. Durée germinative. — Les meilleurs reproducteurs d'asperges sont les pieds âgés de sept à dix ans, pas moins, pas davantage; ils doivent donner des asperges grosses et peu nombreuses. Leurs tiges seront à mérithalles allongés.

On arrache les souches choisies et on les plante à part ou bien on se contente de les marquer. Il ne faut point récolter d'asperges sur elles parce que les premières asperges sont les plus belles et les plus franches. On tuteure les tiges. En novembre, on cueille les fruits en choisissant de préférence ceux qui occupent la partie médiane des rameaux. Ces fruits sont écrasés entre les doigts et dans l'eau. La graine ainsi débarrassée de sa pulpe est recueillie et étendue à l'ombre pour sécher; elle garde ses facultés germinatives pendant cinq ans.

Animaux nuisibles. — Outre les *Limaces*, les *Escargots*, les *Vers blancs* qui attaquent l'asperge, il y a encore un insecte tout spécial, dont la larve peut commettre dans les pépinières et les jeunes plantations des dégâts incalculables. C'est le *Criocère de l'asperge*: sa larve, sorte de petit ver gluant muni de pattes à peine visibles, apparaît au mois de mai. Douée d'un appétit insatiable, cette larve s'attaque aux pousses fines et tendres de l'asperge, les ronge jusqu'à la dernière et fait périr le plant.

Pour tuer beaucoup de ces fâcheux ravageurs, il faut répandre sur le sol de la cendre de bois, puis passer doucement un balai sur les tiges d'asperges.

Les larves se détachent, tombent et meurent, brûlées par la potasse de la cendre.

LE CHOU

Famille des Crucifères.

Origine. Description. Usage. — Indigène dans le nord de l'Asie et en Europe, très anciennement cultivé. Plante bisannuelle. Tige de dimension variable atteignant, selon les races, 40 centimètres à 1^{m},20. Ces tiges sont robustes, épaisses, souvent charnues, glauques, dépourvues de poils et enduites d'une matière cireuse recouvrant aussi les feuilles et empêchant l'eau d'adhérer à ces organes. Feuilles inférieures pétiolées, feuilles supérieures sessiles et amplexicaules, c'est-à-dire embrassant la tige. — Fleurs cruciformes, jaunes ou blanches, quelquefois veinées de rouge ou de jaune, réunies en grappes composées.

Les fruits sont des siliques aplaties, allongées, présentant superficiellement des nervures flexueuses qui les font paraître bosselées. Graine ronde, noire ou rougeâtre, plus ou moins grosse selon les espèces et les variétés. La graine du chou commun, par exemple, est bien plus grosse et plus régulière que la graine du chou-fleur.

Le chou est un légume azoté, très nutritif. Dans l'espèce commune, c'est la pomme qui est consommée à l'état cuit. Cette pomme n'est autre chose qu'un énorme bourgeon terminal encore non épanoui et formé d'une infinité de feuilles repliées les unes par-dessus les autres. Chez le chou de Bruxelles, les parties consommées sont de petites pommes, sortes de bourgeons latéraux qui naissent tout autour de la tige à partir de la base. Enfin, dans le chou-fleur, on mange l'inflorescence, c'est-à-dire les fleurs agglomérées, encore à l'état naissant.

Races et variétés. — On distingue en culture :

1° Les *choux pommés* ou capités ; ils comprennent

Fig. 35. — Chou à côtes.
(Réduit au douzième.)

toutes les variétés du chou commun et du chou de Bruxelles ;

2° Les *choux à côtes* ou sans pomme (fig. 35), peu cultivés ;

3° Les *choux-fleurs*, comprenant les choux-fleurs communs et les *brocolis*. Ceux-ci ne pomment pas non plus, mais leur inflorescence, dès sa jeunesse, ressemble à une excroissance large, blanche et tendre. C'est cette partie qui est comestible.

Il y a aussi le chou navet et le chou rave, nous les avons étudiés dans la classe des légumes racines.

Voici le tableau des deux races les plus cultivées et de leurs meilleures variétés :

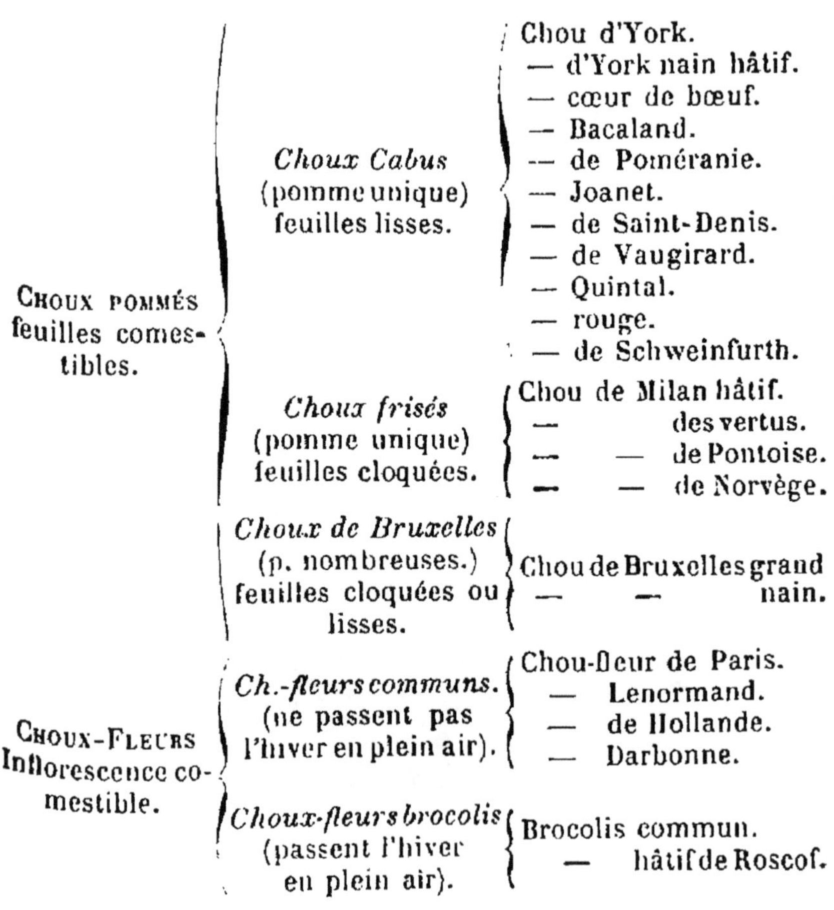

CHOUX POMMÉS feuilles comestibles.	*Choux Cabus* (pomme unique) feuilles lisses.	Chou d'York. — d'York nain hâtif. — cœur de bœuf. — Bacaland. — de Poméranie. — Joanet. — de Saint-Denis. — de Vaugirard. — Quintal. — rouge. — de Schweinfurth.
	Choux frisés (pomme unique) feuilles cloquées.	Chou de Milan hâtif. — des vertus. — — de Pontoise. — — de Norvège.
	Choux de Bruxelles (p. nombreuses.) feuilles cloquées ou lisses.	Chou de Bruxelles grand — — nain.
CHOUX-FLEURS Inflorescence comestible.	*Ch.-fleurs communs.* (ne passent pas l'hiver en plein air).	Chou-fleur de Paris. — Lenormand. — de Hollande. — Darbonne.
	Choux-fleurs brocolis (passent l'hiver en plein air).	Brocolis commun. — hâtif de Roscof.

Dans ce tableau, nous choisirons de préférence :

Parmi les choux cabus :

1° Le *chou d'York nain hâtif de Paris* (fig. 36), à

pomme aplatie, précoce. Malheureusement cette variété résiste peu aux froids.

2° Le *gros cœur de bœuf* et le *chou de Poméranie* sont très rustiques tous les deux ; le dernier est plus tardif que le premier, sa pomme est également plus pointue dans sa forme ovoïde. Ces deux choux acquièrent un goût plus fin que les autres cabus, surtout dans les terrains de bonne qualité ;

Fig. 36. — Chou d'York nain hâtif.
(Réduit au douzième.)

3° Le *petit Joanet* ou *nantais*. — Il se cultive comme le nain hâtif et se récolte à la même époque, au printemps. Comme lui, il résiste mal aux froids et ne peut être cultivé partout à cause de cela. C'est surtout sur le littoral que sa culture donne de bons résultats ;

Fig. 37. — Chou de Vaugirard.
(Réduit au douzième.)

4° Le *chou de Saint-Denis ou de Bonneuil*. — Cette variété serait, dit-on, issue de la précédente ; elle est très cultivée et mérite de l'être ; on la récolte en dernière saison, fin d'automne, commencement de l'hiver.

Les variétés suivantes, toujours prises dans la race des choux cabus, sont des variétés d'hiver :

5° Le *chou de Vaugirard* (fig. 37) est le plus rustique connu ; il résiste à tous les froids, surtout quand sa pomme n'a pas encore acquis son entier développement ;

6° Le *chou Quintal*, à pomme aplatie, énorme, pesant 8 ou 10 kilogrammes, très rustique aussi ; il est cultivé en Allemagne où on l'utilise pour préparer la choucroute ;

7° et 8° Les *choux rouges gros* et *petits* sont, comme les précédents, assez rustiques ; ils sont cultivés pour être confits au vinaigre.

Les choux à feuilles frisées ou cloquées ont en général un goût moins musqué, plus fin que celui des choux cabus ; leur pomme est aussi mieux faite, plus serrée. Les meilleurs sont :

1° Le *chou de Milan hâtif* (fig. 38), préférable au *chou Milan des vertus* et au *Milan de Pontoise*. Ce dernier est un peu délicat.

Fig. 38. — Chou de Milan hâtif.

(Réduit au douzième.)

2° Le *chou de Milan de Norvège ;* il est rustique et résiste assez bien aux hivers rudes.

Les choux de Bruxelles comptent deux variétés :

1° Le *chou de Bruxelles grand*, dont la tige, garnie de pommes axillaires, atteint 75 centimètres à 1 mètre (fig. 39) ;

2° Le *chou de Bruxelles nain*, haut de 50 centimètres seulement ; ses pommes sont plus grosses et par suite plus rapprochées entre elles que les pommes de la première variété. Le chou de Bruxelles nain est aussi un peu plus hâtif que l'autre (fig. 40).

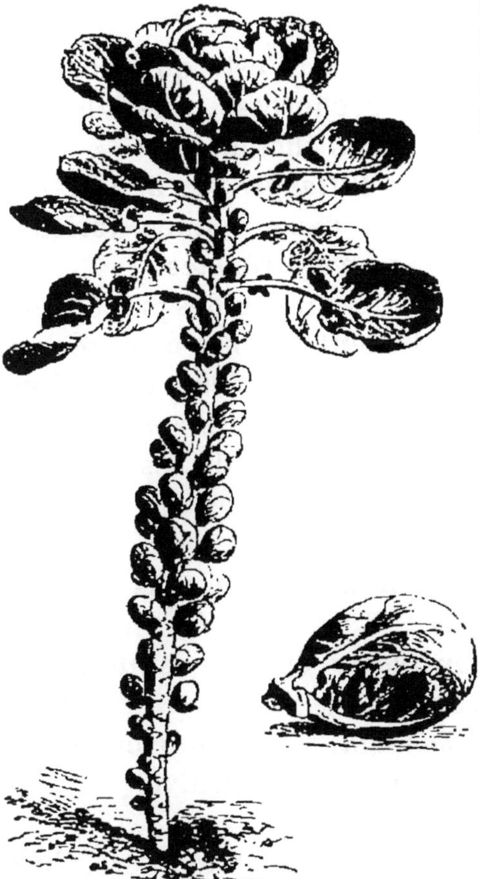

Fig. 39.
Chou de Bruxelles grand.

(Réduit au dixième ; pomme réduite de moitié.)

Fig. 40.
Chou de Bruxelles nain.

(Réduit au dixième.)

Le *chou à grosses côtes* ou fraise de veau, ne pomme pas ou à peine ; ce sont ses feuilles que l'on consomme ; elles sont très tendres, surtout après qu'elles ont subi une gelée. Ce chou est très rustique.

Parmi les choux-fleurs proprement dits, nous recommandons :

1° Le *demi-dur de Paris;*

2° Le *demi-dur anglais*, propre surtout à la culture de primeur;

3° Le *Lenormand à pied court;* c'est, que nous sachions, le plus résistant à la sécheresse; aussi le préfère-t-on pour la culture dans les champs;

4° Le chou-fleur *demi-dur Bellanger*, et 5° le chou-fleur *dur Darbonne* sont aussi deux bonnes variétés; elles ont besoin d'arrosages souvent répétés.

Les choux-fleurs brocolis diffèrent peu des précédents; leurs feuilles sont généralement moins nombreuses, plus étroites que les feuilles des choux-fleurs ordinaires; en outre, le brocolis résiste aux gelées hivernales, ce que ne saurait faire l'autre, et le grain de ses inflorescences est plus grossier.

Trois variétés sont surtout cultivées :

1° Le *brocolis blanc hâtif de Roscoff*, le plus rustique et le plus hâtif des brocolis;

2° Le *brocolis blanc ordinaire* ou de Saint-Brieux, moins précoce que le premier;

3° Le *brocolis blanc mammouth*, à pomme très grosse, d'excellente qualité. Cette variété est tardive.

Climat. Sol. Engrais. — Un climat tempéré, brumeux, à pluies fréquentes, est favorable à la culture des choux. Dans le midi, à cause des sécheresses de l'été, cette culture est hivernale ou bien elle se pratique sur un terrain irrigué. Il faut au chou une terre riche, fraîche et forte, argilo-siliceuse. Les tourbes assainies, les étangs desséchés sont aussi d'excellents milieux pour la culture de ce légume.

Le chou supporte les fortes fumures azotées; les fumiers, les composts, la matière fécale, sont les engrais qui lui conviennent.

Multiplication. — Elle se fait presque toujours par semis, bien qu'on puisse bouturer les jeunes rameaux qui naissent sur les tronçons des pieds décapités pour la récolte.

Chaque race de chou a une culture spéciale. Ces cultures sont combinées pour que la consommation du chou puisse se faire pour ainsi dire quotidiennement, sans interruption.

Culture des choux cabus. — C'est dans cette race que se trouvent les choux de printemps et quelques choux d'hiver.

Variétés de printemps. — Le chou d'York nain hâtif est le plus précoce ; sa culture doit être combinée pour que la récolte se fasse en avril et mai, la voici :

En fin août, commencement de septembre, il est semé dans un sol frais, bien préparé, à raison de 100 à 120 grammes de graine à l'arc. On n'emploie pas davantage de graine, de crainte que les plants trop nombreux, trop serrés ne s'étiolent et se coudent par une déviation de la tige. Le sol légèrement hersé est couvert d'une couche de 1 ou 2 centimètres de terreau. Quelques bassinages sont donnés pour activer la germination.

Quand les plants ont deux ou trois feuilles, on les repique en pépinière sur plate-bande ameublie, dressée et recouverte de 1 à 2 centimètres de terreau maigre. Les .plants, deux heures après un arrosage copieux, ont été arrachés avec précaution à l'aide d'une bêche ou d'une fourche à dents plates. Ils sont repiqués au plantoir, à 10 ou 15 centimètres en tous sens.

Chaque chou, avant d'être planté, sera soigneusement examiné, car son bourgeon terminal peut faire défaut. Tous les plants qui ont ce vice de conformation sont rejetés, les maraîchers les appellent des « choux borgnes ».

En repiquant, il faut *borner* le chou, c'est-à-dire qu'après avoir introduit sa racine dans le trou préparatoire il faut, par un second coup de plantoir donné à côté, appuyer vigoureusement la terre contre cette racine.

Après le repiquage, un copieux arrosage en pluie est donné.

Du 15 novembre au 15 décembre, ces plants sont enlevés et définitivement mis en place, soit en plein carré ou mieux sur côtière orientée au midi. Le terrain étant fumé, ameubli et nivelé, on rayonne à 10 centimètres de profondeur avec l'outil appelé rayonnoir; ces rayons sont à 25 ou 30 centimètres entre eux. La neige qui s'amasse dans leur profondeur, pendant l'hiver, constitue un véritable abri pour les choux. La plantation se fait encore au plantoir, à 35 ou 40 centimètres dans les rigoles. On bornera rigoureusement en faisant le trou du bornage du côté du soleil. Cette plantation se fait par une journée brumeuse. Après, le sol est mouillé au pied de chaque chou. Au printemps, les rayons sont comblés par un binage.

Le passage des choux hâtifs par la pépinière est indispensable; sans cette opération, beaucoup de plants montent à graine.

Récolte. — Elle se fait à partir de fin avril et pendant le courant de mai. Trois ou quatre semaines avant la récolte, on a lié les feuilles avec quelques brins de paille pour attendrir la pomme. Les choux, bons pour la consommation, sont coupés un peu au-dessous de la pomme.

Rendement. — Il est d'environ 700 kilogrammes, c'est-à-dire 700 pommes de 1 kilogramme par are.

Les autres variétés de printemps se cultivent à peu de choses près comme la précédente; nous allons énumérer rapidement les principales avec les légères différences qui caractérisent leur culture.

Chou cœur de bœuf. — Se cultive comme le chou d'York, sauf qu'on le plante à 40 sur 50 centimètres.

Chou pain de sucre. — Même culture que pour le précédent ; il est environ quinze jours de plus précoce que lui. On fait parfois, en mars, une seconde plantation de chou pain de sucre ; l'écartement est alors 40 sur 60 centimètres. La récolte de cette seconde culture se fait en juin.

Chou de Saint-Denis. — Il se cultive :

1° Comme le chou d'York : semis fin août, repiquage en septembre, octobre, et plantation en fin novembre, à 50 centimètres entre les lignes et 60 centimètres sur les lignes. Récolte en mai et juin ;

2° Semis première huitaine d'avril, plantation en mai à 50 sur 70 centimètres. Récolte en juillet ;

3° Semis en mai, plantation en juin, récolte en août et septembre. C'est surtout pour les plantations de choux faites en cette saison qu'il faut choisir un temps brumeux. On favorise aussi beaucoup la reprise du plant en plongeant ses racines, avant de planter, dans une bouillie de terre glaise et de bouse de vache délayées ;

4° Semis fin juillet, plantation fin août, récolte en octobre et novembre.

Variétés d'hiver. — 1° *Chou de Vaugirard* (fig. 37). Le chou de Vaugirard très robuste est cultivé pour que sa récolte puisse se faire pendant tout l'hiver. On le sème en mai et juin. Il est planté en juillet à 50 sur 75 centimètres ; sa récolte qui commence en décembre se prolonge jusqu'en mars ; le rendement est de 650 à 700 kilogrammes à l'are.

Le *chou quintal* ou *chou d'Alsace.* — Très rustique aussi, se cultive de la même façon ; il est moins répandu dans les potagers à cause du volume considérable de ses pommes. Dans la plantation, les pieds sont espacés à 80 centimètres en tous sens.

Culture des choux frisés d'été et d'hiver. — Les choux frisés : Milan, Milan de Paris, Milan des vertus se sèment d'avril à juin. Quelques jardiniers sèment dès le mois de mars, mais il arrive souvent que ces semis précoces fournissent des sujets disposés à grainer dès la première année. Enfin, les semis de mars ne peuvent se faire sans abri, châssis, cloche, côtière.

Un mois ou un mois et demi après le semis, le plant est mis en place sans passer par la pépinière.

La plantation a lieu à 60 ou 75 centimètres en tous sens. On récolte depuis août jusqu'en mars.

D'une manière générale, pour forcer les choux à pommer on les « cerne » ; cette opération consiste à donner un coup de bêche au pied du chou de façon à retrancher une partie du pivot de sa racine. Quelques jardiniers pour arriver au même but se contentent d'entailler la tige sous la pomme et du côté de l'ouest.

Par les années chaudes et pluvieuses, il arrive parfois que la pomme blanchit et se crevasse ; ce phénomène est provoqué par les alternatives de pluie et de soleil. Pour empêcher que le chou pourrisse, on le couvrira d'une feuille. Si les froids de l'hiver sont faibles, les choux de Milan y résistent, mais il est prudent de les abriter ou tout au moins de les coucher sur le sol en les orientant la pomme vers le nord.

Le rendement est un peu moins élevé que celui du chou cabus ; il varie entre 550 et 600 kilogrammes à l'are.

Conservation. — Les choux supportent assez bien le froid pourvu qu'il ne soit pas trop prolongé, ni trop entrecoupé de dégels brusques. Pour éviter les effets de ces dégels, on rentre les choux dans la cave à légumes, ou bien ils sont arrachés, puis enjaugés le long d'un mur orienté au nord.

Quand la quantité de choux est considérable, on les

dispose en plusieurs jauges parallèles, de manière que les pommes de la seconde jauge reposent sur les racines de la première, les pommes de la troisième sur les racines de la seconde, ainsi de suite. S'il y a lieu, il est facile de recouvrir les pommes en se servant de longue litière ou de feuilles. Le plus souvent, les jardiniers se contentent d'arracher les choux en les renversant sur place, la tête dirigée vers le nord pour la soustraire le plus possible à l'action du soleil, c'est-à-dire aux alternats des gels et des dégels.

Culture du chou de Bruxelles. — Ce chou, comme nous l'avons vu précédemment, a une constitution à part. Son tempérament aussi est tout à fait particulier ; ainsi il ne se comporte pas bien, comme les autres choux, dans un terrain très riche ; sa tige s'élève, ses mérithalles s'allongent, ses pommes deviennent lâches, distantes et mal conformées.

On choisira donc, pour cette espèce, un sol de fertilité moyenne et, au besoin, on le fumera peu.

Le semis se fait en pépinière, à raison de 80 à 100 grammes de graines par are, à la fin de février, si l'on désire récolter de bonne heure ; en avril et mai, si c'est aux approvisionnements de l'hiver qu'on destine le chou de Bruxelles.

Sans passer par une seconde pépinière, le chou de Bruxelles est planté au plantoir environ un mois après le semis. La distance conservée entre les plants est 50 centimètres entre les lignes sur 60 centimètres dans les lignes.

Quand la tige a une certaine hauteur, la pomme terminale est enlevée au profit des latérales et, si la végétation paraît trop vigoureuse, on casse les feuilles latérales sur la moitié inférieure de la tige, en laissant le pétiole.

La récolte se fait à partir d'octobre jusqu'en fin mars.

On choisit toujours les pommes les plus fermes, laissant les autres pour qu'elles profitent. Le chou de Bruxelles résiste assez bien aux gelées.

Rendement. — Il varie avec les variétés. Le chou de Bruxelles grand produit davantage que le chou de Bruxelles nain, à cause de la hauteur de sa tige. La récolte moyenne est de 320 à 350 litres de pommes par are.

Production des graines. Durée germinative. — Les bons reproducteurs pour graines, à part les caractères de la variété à laquelle ils appartiennent, doivent avoir une pomme très dure et le pied court. Dans la race dite de Bruxelles, on choisit les individus à tige haute, à pommettes nombreuses et compactes.

Il est indifférent, pour avoir des graines, de conserver les choux entiers ou seulement les tronçons.

Si l'on conserve les choux entiers, au printemps il faudra fendre les pommes en quatre pour aider leur épanouissement et favoriser l'élongation des tiges. Ces tiges seront tuteurées et l'on pincera les extrémités des branches pour faire profiter les graines de la base; celles-là sont les premières mûres et les meilleures.

La récolte est faite en juillet; les siliques ou fruits sont cueillis un peu avant leur complète maturité.

Dans le chou de Bruxelles, ce sont les pommes de la base qui produisent les graines les plus franches ; aussi la pomme terminale et les quelques-unes qui sont dessous doivent-elles être enlevées avant que la végétation ne se soit manifestée.

On évitera toujours de cultiver en même temps pour leurs graines deux races de choux dans le même jardin.

Les choux-fleurs.

Culture forcée. — C'est le chou-fleur proprement

dit qui est cultivé en primeurs. Les variétés tendres ou demi-dures sont généralement préférées : ce sont le gros et le petit Salomon et le chou-fleur anglais.

Le semis a lieu du 5 au 20 septembre sous cloche ou sous châssis, à raison de 80 grammes par are. La terre a été préalablement ameublie. Après le semis, un hersage est donné, puis une couche de 2 centimètres de terreau fin est répandu par-dessus les graines.

Des bassinages fréquents sont donnés jusqu'à la germination.

Quand les jeunes plants ont deux feuilles, sans compter les cotylédons, on les repique sous cloches ou sous châssis, au doigt, sur ados incliné au midi. La terre des ados est riche, bien ameublie, tassée et recouverte de terreau avant le repiquage. Le jeune plant a été copieusement mouillé avant l'arrachage qui se fait à la bêche et avec précaution. On peut repiquer par cloche une vingtaine de plants et par châssis de 200 à 250. Ces jeunes choux-fleurs sont laissés à l'air libre jusqu'aux gelées, époque à laquelle ils sont couverts de cloches ou de châssis. Vers le mois de novembre, les plants sont arrachés de nouveau, puis repiqués dans les mêmes conditions à des distances un peu plus considérables (130 à 140 par châssis) ; on a soin aussi, lors de ce second repiquage fait au plantoir, d'enfoncer chaque sujet jusqu'aux premières feuilles.

Le second repiquage procure des individus plus robustes, plus trapus, munis de racines plus nombreuses. Cependant, beaucoup de jardiniers l'évitent, mais alors ils ne mettent, lors du premier repiquage, que 140 plants par châssis au lieu de 200.

Les châssis sont maintenus tout l'hiver ; cependant, tous les jours, quand la température le permet, il faut les tenir levés pour aérer et corser le plant. Par un froid intense, on entoure les coffres de fumier ou de feuilles mortes et les châssis sont couverts de paillassons.

Si plusieurs journées très froides ou neigeuses se sont suivies pendant lesquelles on n'a pu aérer ni éclairer, il ne faut rendre l'air et la lumière que progressivement; une lumière trop vive et beaucoup d'air donnés tout à coup nuiraient.

Jusqu'ici, les choux-fleurs ne sont qu'en pépinière d'attente. La plantation définitive pour culture forcée est généralement commencée en décembre et janvier. A cet effet, on a préparé une couche de 40 à 50 centimètres d'épaisseur et capable de donner 18 à 20° de chaleur. Les coffres étant placés, on charge la couche d'environ 20 centimètres de terreau. Le plant est arraché à la bêche. Tous les individus « borgnes », piqués d'altise ou faibles, sont rejetés. La plantation se fait à la houlette ou à la main sur deux rangs parallèles, chaque rang étant à 25 centimètres du bord inférieur ou supérieur selon sa position.

L'espacement réservé entre les choux-fleurs sur le rang se modifie avec les variétés.

La race tendre se plante à raison de quatre, et la race dure à raison de trois par châssis.

Les choux-fleurs anglais se plantent souvent jusqu'à huit par châssis, mais le développement de cette variété est médiocre. Entre les deux rangs de choux-fleurs, on plante ordinairement trois rangs de laitues ou bien on sème des radis. Quelques jardiniers, avant de planter les choux-fleurs, ont préalablement semé des carottes. Le meilleur système est encore celui qui consiste à réunir seulement choux-fleurs et laitues gottes. La nuit, les châssis sont couverts de paillassons; le jour, ils sont maintenus soulevés pour l'aération. La laitue se récolte au bout de six semaines environ; les choux-fleurs, plus développés, plus amples, demeurent seuls. Quand ils sont sur le point de toucher le verre des châssis, on déchausse les coffres et on les élève en mettant un tampon de paille sous chaque pied. Dès la fin de mars ou le commencement d'avril, les coffres et les châssis peuvent être enlevés ; ils s'emploient plus utilement à la culture du melon. On choisit pour cette opération un temps doux, humide et couvert pour éviter aux choux une transition trop brusque. Comme les gelées nocturnes sont encore à craindre, on fixe au-dessus des choux-fleurs deux rangs de gaulettes sur lesquelles il est facile d'étendre quelques paillassons. Des arrosages sont donnés chaque fois qu'il y a lieu et pied par pied.

Vers le 15 avril, les choux commencent à pommer. Quand la pomme a acquis la grosseur du poing, on la recouvre d'une feuille cueillie sur le pied même, à la base. Cette précaution conserve la blancheur et la finesse du grain de la pomme. De temps en temps, ces feuilles sont changées parce qu'elles pourrissent quelquefois et servent souvent de refuge aux limaces. Enfin, quand les pommes ont presque leur volume normal, on les couvre en rabattant sur elles les feuilles qui les entourent, brisées à cet effet.

Récolte. — On reconnaît que les pommes de choux-fleurs sont bonnes à récolter quand leurs branches s'écartent et que le grain perd de sa finesse, alors on les coupe au-dessous de trois ou quatre feuilles.

Seconde saison. — Cette saison se fait aussi avec des choux semés en septembre et hivernés sous châssis; seulement, les plants ne sont mis en place que vers la première quinzaine de février. Les soins de culture sont les mêmes. Les châssis, les coffres sont enlevés à la même époque, mais la récolte ne se fait qu'à partir de fin mai.

Culture de plein air. — Dans la culture de plein air, il faut distinguer trois saisons qui nécessitent chacune des soins distincts, ce sont les saisons ou cultures de printemps, d'été et d'automne ; nous allons les étudier successivement :

Choux-fleurs de printemps. — Les premiers choux-fleurs de printemps se plantent en mars sur côtière exposée au levant ou au midi ; quelques jardiniers, pour hâter la reprise, couvrent de coffres et de châssis pendant une quinzaine.

Les plants employés proviennent des semis de septembre, hivernés sous châssis ; nous avons étudié plus haut leur obtention.

Le plus généralement, la culture ne se fait pas seule ; elle est combinée avec celle des carottes, des laitues rouges ou des romaines vertes.

La carotte se sème avant la plantation du chou-fleur, le semis est recouvert d'un léger paillis.

Ordinairement, ces choux se cultivent sur des planches de $1^m,20$ de large ; on les plante sur deux rangs espacés à 65 centimètres et, dans les rangs, on distance les plants à 75 centimètres. La plantation se fait au plantoir ; les jeunes choux sont enterrés jusqu'aux premières feuilles.

Après la plantation, on donne aux choux les arrosages, binages et sarclages nécessaires. L'altise, les limaces sont détruits comme il convient. En avril, quand les pommes apparaissent, on les couvre et on les protège par les procédés indiqués plus haut à l'article : *culture forcée*.

La récolte se fait dans la première quinzaine de juin et peut commencer dès la fin du mois de mai.

Quinze jours après la plantation sur côtière, une seconde plantation est faite en plein carré sur planche préparée, terreautée. On plante à 80 centimètres ou 1 mètre entre les rangs et à 60 centimètres sur le rang. Les entre-lignes se plantent en romaine verte. Les soins d'entretien sont ceux indiqués pour la culture sur côtière. On récolte en fin juin.

Dans le centre et le midi de la France, quelques jardiniers sèment le chou-fleur en fin janvier, sous châssis, sur couche tiède et plantent directement, à demeure, en avril, pour récolter en juin.

Choux-fleurs d'été. — Pour cette saison, il est important de disposer d'une terre riche, consistante et fraîche. On devra, à défaut, pouvoir arroser beaucoup ; car les fortes sécheresses prédisposent les choux-fleurs à la floraison immédiate, sans formation préalable d'une pomme.

Les variétés qu'il est bon de préférer sont : le *chou-fleur Lenormand* et sa sous-variété *Lenormand à pied*

Fig. 41. — Chou-fleur Lenormand à pied court.
(Réduit au dixième.)

court (fig. 41) ; elles résistent mieux que les autres aux fortes chaleurs.

Les semis se font en avril, mai, sur côtière en bonne terre ou sur quelque coin d'une vieille couche usée. Il faut semer clair pour éviter le repiquage qui cause un temps d'arrêt dans la végétation et prédispose les choux à montrer trop tôt une pomme toujours trop petite ;

60 grammes de graines à l'are suffisent. On bassine souvent le semis pour éloigner l'altise et hâter la germination.

Dès qu'ils ont trois ou quatre feuilles, c'est-à-dire un mois après le semis, les jeunes plants sont mis en place. On plante au plantoir en bornant avec vigueur et enfonçant les plants jusqu'aux premières feuilles.

Les soins d'entretien sont les mêmes que dans les précédentes cultures. Pendant cette saison d'été, les choux-fleurs exigent beaucoup d'eau.

On fera bien de ménager au pied de chaque individu un petit bassin circulaire pour faciliter les arrosages.

Choux-fleurs d'automne. — On emploie les races demi-dures et dures afin que l'une succède à l'autre. Les premiers se sèment pendant la première quinzaine de juin, les autres, pendant la seconde moitié du même mois.

Les semis seront clairs, les plants ne devant pas passer par la pépinière. Ils se font en un endroit demi-ombragé parce que les ravages de l'altise y sont moins à craindre. On bassine souvent pour hâter la germination des graines et le développement des plants.

A partir des premiers jours de juillet jusqu'à la première quinzaine d'août, on met immédiatement en place. Pour cela, le terrain destiné aux choux-fleurs, après avoir été fumé, ameubli, est divisé en planches de 2 mètres de large dans lesquelles on trace d'un bout à l'autre trois rangs. Les deux extérieurs sont à 20 centimètres de chaque bord, le troisième est entre les deux autres, à 80 centimètres de chacun. Sur chaque ligne, les choux sont plantés à 70 centimètres; on les dispose en quinconce.

Quelques maraichers ne plantent que deux rangs en choux-fleurs et l'entre-deux en scarole ou chicorée de Rouen, ou bien ils sèment soit des épinards, soit des mâches. Dans les deux premiers cas, le sol est paill avant la plantation ; dans le dernier, il est seulement terreauté.

La plantation se fait avec les précautions que nous avons indiquées déjà ; les soins de culture ne diffèrent pas non plus de ceux précédemment décrits.

La récolte se fait : celle des demi-durs, de la seconde quinzaine de septembre jusqu'aux premiers jours d'octobre, et celle des durs, depuis fin octobre jusqu'en fin novembre.

Il arrive parfois que, quand les premières gelées se font sentir, les choux-fleurs ne marquent pas encore ou à peine. Dans ce cas, il faut leur enlever les quatre ou cinq plus mauvaises feuilles à la base, puis les arracher en motte et les planter serrés dans un coffre, sous châssis (12 à 15 par châssis). On donnera beaucoup d'air. Les pommes qu'on obtient par ce procédé sont petites, mais elles se succèdent jusqu'en janvier.

Rendement. — Le rendement varie. La plantation étant de 120 à 150 pieds par are selon les variétés et chaque pied donnant une pomme du poids de 1 kilogramme à $1^{k},500$, cela fait un rendement moyen de 175 kilogrammes par are.

A cause de son prix de vente fort élevé, la culture du chou-fleur est une des plus rémunératrices, surtout lorsqu'elle est faite à la charrue.

Conservation des choux-fleurs. — Un seul procédé est connu et encore ne peut-on l'employer qu'en dernière saison avec des variétés dures. Voici en quoi il consiste. Dès la fin de novembre, on coupe les pommes de choux-fleurs en leur conservant un tronçon de 15 centimètres environ. Toutes les feuilles, excepté celles qui embrassent la pomme, sont enlevées. Ainsi préparées, ces pommes sont suspendues la tête en bas dans un local sain, abrité des gelées et de l'humidité que l'on combat par une grande ventilation. Il est possible de les garder ainsi jusqu'à la fin de février. Au moment de les consommer, comme ils se sont flétris un peu, on rafraîchit la coupe du tronçon, on fait de part en part quelques incisions, puis on met la pomme tremper dans l'eau, sans immerger la tête. Après vingt-quatre heures. les choux ont recouvré une partie de leur fraîcheur, mais ils ont perdu quelque peu de leur qualité.

PRODUCTION DES GRAINES. FACULTÉ GERMINATIVE. — On prendra toujours les reproducteurs parmi les individus issus des semis de septembre élevés sous châssis et plantés en mars. Ce sont, vers les mois de mai et juin, les individus munis de pommes bien développées, franches, larges, à grain fin, qui sont préférés. Pendant quelques jours, on couvre l'inflorescence d'une feuille pour que les tiges ne soient pas incommodées par le soleil. Il faudra arroser souvent afin d'activer la végétation. Les fleurs très sujettes à pourrir seront inspectées de temps en temps et débarrassées de tout ce qui pourrait les gâter; on pince, au moment de la floraison, l'extrémité des rameaux florifères afin d'avantager les fruits inférieurs de ces rameaux qui donnent les meilleures graines.

Des abris disposés en conséquence évitent bien des inconvénients et annulent les mauvais effets des intempéries, mais s'il est aisé d'abriter d'une cloche la pomme des jeunes choux-fleurs, cet abri devient bientôt insuffisant; c'est alors au jardinier à imaginer l'abri le plus commode et en même temps le plus économique.

Les graines se récoltent en août, septembre et commencement d'octobre, selon l'époque de plantation. Les siliques coupées un peu avant leur maturité sont réunies en bottes et suspendues à l'ombre pour achever de mûrir.

L'extraction des graines se fait par un battage des

siliques dans un sac fermé. Leur faculté germinative se conserve cinq ou six ans.

Insectes nuisibles et maladies. — Les insectes qui attaquent les choux sont nombreux; les plus dangereux sont l'*Altise*, pucette ou puce de terre; c'est un petit Coléoptère qui s'attaque aux jeunes plantules dès leur apparition; pour la destruction, voir la culture du navet.

La *Piéride du chou* est un Lépidoptère; c'est le papillon blanc si commun dans nos jardins au printemps. Les chenilles rongent les feuilles du chou, on devra les rechercher et les écraser.

La *Noctuelle* est encore un papillon dont la larve commet les mêmes dégâts; on la détruit par les mêmes procédés.

Le *ver gris* est aussi une larve de papillon (*Noctuelle des moissons*), qui s'attaque aux racines. En fouillant le sol au pied des choux malades, on trouve cette larve qu'il faut tuer.

Le *puceron* également s'attaque au chou, au chou-fleur surtout; on le détruit par des ablutions au jus de tabac étendu de vingt-cinq à trente fois son volume d'eau.

Parmi les maladies, la plus redoutable est due à un champignon qui s'attaque particulièrement aux choux-fleurs; elle est appelée *blanc* ou *meunier*; comme ce champignon est, jusqu'à présent, indestructible, il faut sacrifier les individus qui en sont atteints et les détruire pour éviter la propagation du mal.

Culture du chou-fleur. Brocolis. — Cette race est vigoureuse et possède sur l'autre l'avantage de résister en pleine terre aux froids de la mauvaise saison.

Les meilleures variétés ont été citées et décrites au commencement de ce chapitre. Le chou Brocoli Mammouth (fig. 42) est un des plus recherchés.

Le brocolis se sème à partir de février, jusqu'à la

seconde quinzaine de juillet, en commençant toujours par les variétés précoces. Le semis sera clair, pour éviter un repiquage.

La plantation est faite environ un mois après le semis à 75 ou 80 centimètres en tous sens. Les soins d'entre-

Fig. 42. — Chou-fleur Brocoli Mammouth.

(Réduit au dixième.)

tien sont exactement semblables à ceux recommandés dans la culture des choux-fleurs, sauf les précautions contre les gelées.

Les récoltes se font à partir de septembre, pendant l'automne, l'hiver et le commencement du printemps; pour assurer les dernières, il faut enjauger les plants ou bien les couvrir de litière, de paillassons, etc. On peut aussi retarder la plantation. Dans ce cas, les brocolis buttés à l'automne pour mieux supporter l'hiver donnent au printemps, après avoir été débuttés.

LE CHOU MARIN

Famille : Crucifères. — *Synonyme :* Crambé maritime.

Origine. Description. Usage. — Le chou marin est indigène ; il est commun sur les bords de l'Océan et

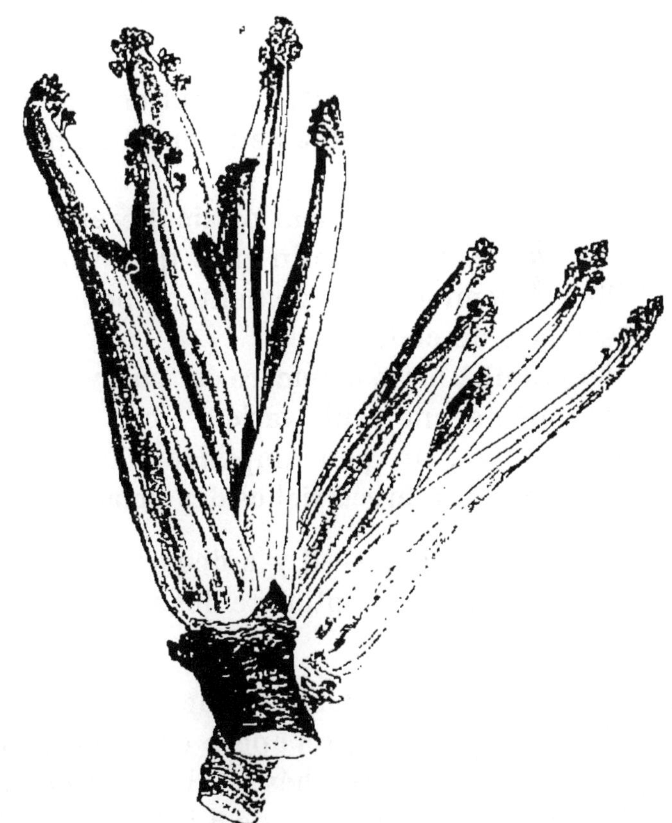

Fig. 43. — Chou marin (pétioles blanchis).
(Réduit au tiers.)

particulièrement à Noirmoutiers. C'est une plante herbacée à rhizome persistant, émettant tous les ans des tiges de 50 à 70 centimètres de haut ; les feuilles sont charnues, à limbe plus ou moins découpé et d'une couleur vert glauque caractéristique. Les fleurs réunies en grappes composées sont blanches, larges, cruciformes.

Le fruit presque drupacé est sphérique mais, finalement, sec et *indéhiscent*, c'est-à-dire incapable de s'ouvrir pour abandonner la graine unique qu'il renferme.

Les pétioles charnus du chou marin (fig. 43) blanchis par une culture dans l'obscurité, sont consommés à la façon de l'asperge.

Climat. Sol. Engrais. — Tout ce que nous avons dit du chou relativement à cette question peut s'appliquer au chou marin.

Les engrais azotés sont particulièrement favorables à cette plante. M. Vilmorin croit qu'un peu de sel marin employé comme amendement ne peut que favoriser la végétation de ce légume [1].

Le crambé n'a pas encore été cultivé au point de produire même une seule variété ; c'est l'espèce sauvage qu'on cultive, un peu amplifiée dans sa forme par la culture sur les terres riches des potagers.

Multiplication. — Il y a deux moyens de multiplier le chou marin : le bouturage des racines et le semis des fruits.

Culture. — La plantation de tronçons de racines est le meilleur procédé ; on opère en mars. Les vieux pieds de crambé sont arrachés et leurs racines détachées, puis coupées en tronçons de 8 à 10 centimètres de long. On préfère toujours les racines qui ont un diamètre de 6 à 10 millimètres. La plantation de ces tronçons se fait en lignes à 60 centimètres en tous sens. Les plants sont mouillés. L'année suivante, ils peuvent être traités pour une première récolte. Alors, dès le printemps, chaque plant est couvert d'un large pot à fleur dont on a bouché

[1] Vilmorin-Andrieux. — *Les plantes potagères.*

les trous de drainage pour avoir autour des crambés une obscurité complète. Si l'on a entouré ces pots de fumier ou de feuilles, le développement des pousses est avancé de quelques jours.

La cueillette se fait quand les bourgeons foliacés ont atteint une longueur de 10 à 15 centimètres.

Quand l'on n'a pas de vieux pieds pour en bouturer les racines, on multiplie le crambé en semant, au mois de mai, ses fruits, ou graines non décortiquées. Les semis se font en pépinière ou en place, aux distances auxquelles on aurait planté définitivement (60 centimètres en tous sens) et en poquets, à raison de trois ou quatre graines par poquet. La graine est de l'année précédente, pas plus vieille, parce qu'elle serait mauvaise.

Il faudra arroser souvent pour chasser l'altise, biner, sarcler, quand ce sera nécessaire. Les crambés issus de semis se développent lentement et ne peuvent produire une récolte avant la deuxième ou la troisième année de leur plantation. A cet âge, on les traite pour faire blanchir les pousses comme il a été décrit tout à l'heure.

Lors de la récolte, on doit toujours réserver sur chaque pied au moins un bourgeon ; il y appelle la sève et fortifie la plante pour la récolte suivante.

Après la récolte, les pots à fleurs sont enlevés et les choux marins laissés à l'air libre. Pendant cette végétation normale, on doit fumer et empêcher les crambés de fleurir parce que la floraison les affaiblit.

Une plantation de crambé peut persister une dizaine d'années et produire une récolte tous les ans.

Quand, à la suite de récoltes successives, les rhizomes se sont élevés au-dessus du sol, on apporte de la terre ou du terreau pour les rechausser. Du reste, l'élévation de ces rhizomes peut être beaucoup réduite quand la coupe des bourgeons comestibles est faite près du sol, sur la souche même.

Culture forcée. — La culture forcée suppose que l'on possède en pleine terre une plantation déjà d'un certain âge, car elle se fait avec des pieds adultes, soit en janvier soit en février.

Ces pieds, âgés de trois ou quatre ans, sont arrachés et plantés sur couche dans une épaisseur de 18 à 20 centimètres de terre ou de terreau.

La couche a 50 centimètres d'épaisseur ; elle est faite de fumier neuf mélangé à du fumier recuit ou à des feuilles.

On plante habituellement 120 à 130 pieds de crambé par coffre. Ces coffres sont couverts de châssis et les châssis de paillassons ou de feuilles qui concentrent la chaleur et font l'obscurité autour des plants. On ne découvre pas tant que dure la culture.

La récolte peut commencer au bout de deux ou trois semaines.

Un autre procédé consiste à traiter les planches de crambé en pleine terre comme l'asperge, avec coffres, châssis par-dessus et couches sur les côtés, dans les sentiers creusés.

La multiplication par bouturage des racines étant de beaucoup la plus expéditive, il est rare qu'on cherche à produire des graines. Ces graines d'ailleurs ont cela de fâcheux qu'elles ne conservent leur faculté germinative que pendant un an.

Animaux nuisibles. — On ne connaît pas de maladies au crambé maritime et l'insecte qui l'attaque le plus communément est l'altise, que nous avons eu occasion de décrire (Voyez *Navet, Choux.*)

Les limaces, les escargots sont friands de chou marin ; on les cherche et on les écrase.

CRESSON DE FONTAINE

Famille : Crucifères. — *Synonyme :* Cresson d'eau, Santé du corps.

Origine. Description. Usage. — Plante indigène amphibie, c'est-à-dire demi-aquatique et demi-terrestre (fig. 44). Tiges de 25 à 30 centimètres de long, couchées, portant des racines adventives ; feuilles d'un

Fig. 44. — Cresson de fontaine.
(Réduit au tiers.)

vert sombre, composées, imparipennées ; fleurs blanches, cruciformes, réunies en grappes terminales. Les fruits sont des siliques un peu arquées. La graine est excessivement fine.

Le cresson se consomme à l'état cru, en salade ou

haché et cuit, à la façon des épinards ; il est antiscorbutique.

Climat. Sol. Engrais. — Le cresson indigène est absolument rustique, mais il est plus aquatique que terrestre, aussi vient-il particulièrement sur les bords des ruisseaux et sur les sols légèrement submergés par les eaux courantes; ces terres seront fumées de terreau ou de fumier décomposé.

Multiplication. — Elle se fait par bouturage des tiges et par semis. Le bouturage est préférable en ce sens qu'il produit plus tôt des pousses bonnes à récolter.

Culture. — Le vrai milieu pour la culture du cresson, c'est un fossé dont le fond de bonne terre meuble et fumée est submergé par une eau courante, limpide, potable, c'est-à-dire non calcaire et sans cesse renouvelée.

La terre ayant été préparée comme il est dit ci-dessus, on y repique des fragments de cresson à 12 centimètres en tous sens, puis, au moyen d'une vanne, l'eau est envoyée, submergeant la cressonnière.

La récolte se fait à partir du moment où le cresson est suffisamment développé.

En hiver, à l'aide d'un système de vannes, le cresson est submergé complètement afin d'être abrité de la gelée.

La récolte peut être ininterrompue pendant l'hiver si l'eau utilisée est à une température assez élevée pour couler d'un bout à l'autre de la cressonnière sans se glacer. Pour qu'il en soit ainsi, il est utile que cette eau soit à couvert jusqu'à son entrée dans les fosses.

Pendant la végétation, il faudra veiller à ce que les plantes aquatiques étrangères ne se développent pas dans la cressonnière. Si le cresson est attaqué par l'altise, une submersion complète de quelques jours suffit pour l'anéantir.

L'ARTICHAUT

Famille : COMPOSÉES

ORIGINE. DESCRIPTION. USAGE. — Plante vivace de l'Europe méridionale. Tiges droites, cannelées, de 80 centimètres à 1^{m},20 de haut. Feuilles pennatifides teintées d'un vert grisâtre. Fleurs nombreuses, bleues ou violacées, réunies en grappes de capitules. Ces capitules (pommes d'artichaut) sont d'un volume variable et entourés d'un involucre dont les bractées vulgairement appelées feuilles d'artichaut sont serrées, imbriquées et charnues à la base, comme le réceptacle. Le fruit est un akène surmonté d'une aigrette plumeuse. La graine est oblongue, grise, obtuse à l'une de ses extrémités et rayée régulièrement de stries foncées.

La graine du cardon, qu'on pourrait confondre avec celle de l'artichaut, est légèrement plus petite et striée, d'une façon moins régulière, moins apparente.

Dans le capitule floral, on mange, cru ou cuit, le réceptacle (fond d'artichaut), ainsi que la partie charnue et basilaire des bractées.

CLIMAT. SOL. ENGRAIS. — L'artichaut n'est pas une plante rustique. Dans la région occidentale de la France, il exige certains soins et un abri pendant l'hiver.

Les sols argilo-siliceux, les terres humifères, les sables frais sur sous-sol tourbeux conviennent à cette plante qui s'accommode surtout d'une terre profonde, substantielle, riche et fraiche dans laquelle ses racines très épuisantes puissent trouver en abondance une nourriture convenable.

Dans les terres légères, l'artichaut acquiert une certaine précocité, mais ses produits diminuent sensiblement de volume.

Comme à tous les légumes foliacés, ce qui convient à l'artichaut, ce sont les engrais azotés, le fumier à haute dose, l'engrais humain, etc., et aussi quelque peu de phosphates minéraux (5 kilogrammes à l'are) pour accélérer la formation des pommes.

Variétés. — Il existe quatre ou cinq variétés d'artichaut couramment cultivées; ce sont :

Fig. 45. — Artichaut de Laon.

(Réduit au tiers.)

L'*artichaut gros vert de Laon* (fig. 45). — C'est la meilleure variété, la plus recommandable par sa vigueur et son haut rendement ; ses capitules terminaux ou têtes atteignent souvent le poids de 1 kilogramme à 1 kilogramme et demi. Les écailles de ces têtes sont larges, charnues à la base et divergentes. L'agglomération des fleurs naissantes qu'on appelle le *foin* constitue une masse peu considérable comparativement à ce qu'elle est chez les autres variétés.

L'*artichaut camus de Bretagne.* — Chez cette variété, les têtes sont déprimées et arrondies ; les écailles serrées, collées les unes contre les autres, ont une couleur vert pâle légèrement brunie sur les bords. L'artichaut camus de Bretagne est un peu plus précoce que le précédent.

Les variétés *Vert de Provence*, *Violet de Provence*, *Gris*, sont propres à la région méridionale et au climat de l'Algérie.

MULTIPLICATION. — On multiplie l'artichaut par division des souches ou *œilletonnage* et par semis.

CULTURE. — Pour multiplier l'artichaut, on emploie rarement le semis, parce que les individus issus de graines sont lents à fleurir et que leurs produits sont relativement peu abondants. Par contre, les artichauts provenant de semis sont très robustes, très vigoureux et propres à planter dans un mauvais terrain où l'on voudrait quand même essayer cette culture.

Les semis se font encore dans un autre cas : quand l'on cherche de nouvelles variétés. — Il y a trois manières de semer : 1° en pépinière ; 2° sur place ; 3° sur couche. Le semis sur place est le plus pratique ; aussi nous le décrivons seul.

Parmi les individus nés de graines, il s'en présente parfois dont les feuilles sont armées d'épines ; ces individus-là sont mauvais, il faut les rejeter.

Semis sur place. — Il se fait en avril et mai, afin de soustraire les plants à l'action des gelées tardives. On sème dans de petits poquets alignés et écartés à 1 mètre les uns des autres sur la ligne alors que les lignes sont espacées entre elles à 80 centimètres.

Dans chaque poquet, il est placé quatre ou cinq graines distancées de quelques centimètres, puis couvertes légèrement de terre. Par des bassinages répétés, on hâte la germination.

Quand les plants ont une ou deux feuilles, il faut, dans chaque poquet, choisir le plus beau plant et arracher les autres. Celui qu'on choisira sera souvent le premier né. S'il se présentait des plants épineux, on devrait les détruire.

Œilletonnage. — Le procédé de multiplication le plus expéditif, celui qui conserve le plus sûrement les caractères de chaque variété est l'œilletonnage, c'est-à-dire la plantation d'œilletons ou bourgeons munis de racines, qui ont été préalablement détachés sur d'anciens pieds. L'opération se fait en avril sous le climat de Paris, et dès le mois de mars ou en automne dans les régions méridionales. A cet effet, les anciens pieds sont déchaussés jusque sur leurs racines et les œilletons sont éclatés tous, à l'exception des deux plus beaux, conservés alignés sur le rang, si possible, et à 15 ou 20 centimètres l'un de l'autre. L'œilletonnage est toujours utile, même quand on ne se propose pas de multiplier l'artichaut. Il résulte de cette opération que les produits sont plus volumineux, plus beaux ; quand la culture est établie sur un terrain très pauvre, il est bon de ne laisser qu'un seul œilleton par pied, au lieu de deux.

Parmi les œilletons arrachés, on choisit de préférence, pour planter, ceux qui, portant de quatre à six feuilles, ont une taille moyenne, sont munis d'un fragment de rhizome à la base, et portent, sur ce fragment ou « talon », quelques racines blondes. Les œilletons tout petits sont rejetés, ils fructifieraient trop tardivement. Les gros œilletons ne sont pas bons non plus, ils poussent lentement à cause de la grande difficulté avec laquelle ils émettent des racines sur leur souche trop dure.

Les œilletons définivement choisis sont « habillés »,

c'est-à-dire que chaque plaie produite par l'éclatage est rafraîchie à la serpette pour que la cicatrisation se fasse plus facilement.

Les feuilles gâtées sont aussi enlevées.

Ainsi préparés, ils peuvent se conserver en jauge ou voyager au loin après avoir été bien emballés dans de la mousse humide.

HIVERNAGE DES ŒILLETONS. — Dans la région occidentale de la France, si l'on dispose d'un grand nombre de coffres et de châssis, il est avantageux d'œilletonner à l'automne et de conserver les œilletons reproducteurs sous châssis, en pots d'un diamètre de 8 à 10 centimètres, à raison d'un œilleton par pot. Ces œilletons, abrités du froid par les paillassons, sont éclairés et aérés dans le jour. Ils procurent des plants vigoureux que l'on met en place vers le 15 avril.

PLANTATION. — Le terrain fumé, labouré à l'avance, est rayé de lignes parallèles, espacées à 80 centimètres ou 1 mètre les unes des autres. Sur les lignes, on plante de mètre en mètre et en quinconce ; cette opération est faite au plantoir, à la main ou à la houlette. Le plant ne doit pas être trop enfoncé au-dessus de la souche.

La terre est appuyée autour des plants.

Si l'on craignait que quelques plants périssent, on planterait par place deux œilletons au lieu d'un seul, quitte à retirer le plus faible quelque temps après. A défaut de cette plantation, une pépinière d'œilletons, installée provisoirement, permet de remédier au même inconvénient. Une petite cuvette ménagée autour de chaque plant facilite la distribution de l'eau des arrosages d'une façon plus profitable. Après la plantation, on donne le premier arrosage au goulot.

Jusqu'à la récolte, il y a lieu de prodiguer l'eau, on

binera, si cela est nécessaire. Cette dernière opération associée à un léger buttage des pieds d'artichaut peut tenir lieu d'arrosage.

RÉCOLTE. — Les récoltes sont multiples ; elles se succèdent depuis fin mai jusqu'en septembre et octobre.

Il est nécessaire que l'artichaut donne au moins une récolte l'année de la plantation ; sa conservation pendant l'hiver dépend un peu de cette récolte.

Depuis fin mai jusqu'en juillet, on cueille les têtes d'artichaut sur les vieux pieds et les œilletons qui furent hivernés. — En fin août, septembre et octobre, se fait une seconde récolte sur les vieux pieds et une première sur les jeunes, issus de l'œilletonnage du printemps.

RENDEMENT. — Il est, par pied, de huit à dix têtes, dont une grosse, deux ou trois moyennes et quatre à six petites, cela fait par hectare, en admettant qu'il y a de 10 à 12,000 pieds, une quantité de 100,000 têtes d'une valeur de 3,000 à 5,000 francs. Le volume des grosses têtes peut être encore augmenté par une perforation de la tige faite immédiatement au-dessous des écailles.

CONSERVATION. — Pour conserver pendant quelques jours et à l'état frais les pommes d'artichaut, il est un moyen qui consiste à couper les têtes avec un assez long pédoncule et à les piquer en cave dans du sable frais.

SOINS D'ENTRETIEN APRÈS LA RÉCOLTE. BUTTAGE. — Après la dernière récolte, c'est-à-dire à l'automne, on coupe sur les artichauts toutes les vieilles tiges et les trop longues feuilles. En fin novembre, quand les premières gelées se font sentir, toutes les feuilles sont raccourcies à 25 ou 30 centimètres au-dessus de la souche, le sol est labouré profondément et chaque touffe d'artichaut est buttée jusqu'à l'extrémité des feuilles raccourcies, mais sans les couvrir et sans couvrir le cœur.

Si les froids deviennent très vifs, on garnit le sommet de chaque butte d'artichaut d'une fourchée de vieux fumier ou de feuilles de fougères. Les feuilles d'arbres ont le défaut de se disperser au moindre vent. Quand la température s'adoucit, on enlève ces abris mobiles pour les replacer s'il y a lieu.

Les cultivateurs de la région méridionale de la France ne couvrent pas l'artichaut, ils se contentent de le butter. Quelquefois même, ils ne buttent que du côté du nord, pour que le soleil puisse toujours frapper la partie exposée au midi. Dans certaines contrées du nord, au contraire, on butte complètement la plante sans laisser d'ouverture au sommet. Ce procédé réussit dans un sol léger et sain; ailleurs les artichauts pourrissent faute d'air renouvelé et par excès d'humidité.

Le mieux en ce cas est encore d'hiverner des œilletons sous châssis, comme nous l'avons indiqué, et de sacrifier le vieux plant.

Production des graines. Faculté germinative. — Au printemps, parmi les pieds protégés du froid par un buttage, on choisit les individus les plus beaux, les plus vigoureux, les plus fertiles. Ils sont œilletonnés de manière à ne conserver plus qu'un seul œilleton ; cet œilleton donnera une tige sur laquelle on retranchera toutes les ramifications, ne conservant que la tête terminale, qui s'épanouit en juillet et août. A cette époque, s'il y a pluie, on peut garantir la fleur par un capuchon de papier huilé ou bien la maintenir inclinée légèrement, de façon que l'eau tombe sur les écailles et s'écoule comme sur les tuiles d'un toit.

Quand la graine est mûre, en août, septembre, le capitule est cueilli et suspendu à l'air pendant plusieurs jours pour sécher; après quoi la graine est séparée, nettoyée et mise en flacons ou en sacs pour la conservation. Elle garde sa faculté germinative pendant cinq ans.

Animaux nuisibles. Maladies. — Les oiseaux s'attaquent aux graines. Les souris, les campagnols, rongent les racines pendant l'hiver. Tendez des pièges à ces animaux. Effrayez les oiseaux par des épouvantails ou des coups de fusil.

Le *puceron des racines* vit sur le collet des artichauts qu'il épuise de ses succions.

On le détruit par des ablutions avec des décoctions de tabac ou de racines de pyrèthre.

La *Casside verte* est un Coléoptère dont la larve se nourrit des feuilles de l'artichaut : elle vit à la surface de ces feuilles, protégée par ses excréments, dont elle se fait une cuirasse; l'adulte a le même régime que la larve. Aspergez les feuilles atteintes avec la composition suivante :

Jus de tabac.......	1 volume.
Eau...............	25 —

Si les insectes sont peu nombreux, écrasez-les à la main.

LE CARDON

Famille : Composées. — *Synonyme* : Cardonnette.

Origine. Description. Usage. — Le cardon est naturel du midi de l'Europe et du nord de l'Afrique. Certains botanistes font du cardon et de l'artichaut une seule espèce dont les descendants auraient été modifiés dans deux sens différents par la culture : ces deux plantes d'ailleurs se ressemblent, sauf que, chez le cardon, la tige est plus élevée et les feuilles sont très développées. Le pétiole des feuilles, ainsi que la nervure principale qui le continue, sont particulièrement charnus et deviennent la partie comestible de la plante. Les fleurs ressemblent à celles de l'artichaut, mais les capitules sont plus petits, et l'involucre est épineux ; la graine est

Fig. 46. — Cardon de Tours.
(Réduit au quinzième.)

grosse, oblongue, anguleuse et tachetée de brun foncé. Bien que vivace, le cardon, en culture, est traité comme une plante annuelle.

On mange les côtes des feuilles après les avoir fait blanchir dans l'obscurité. La racine aussi est comestible.

Climat. Sol. Engrais. — Nous pourrions répéter ici ce que nous avons dit de l'artichaut ; cependant, plus qu'à ce dernier légume, il faut au cardon un sol profond, substantiel, et des engrais à dominante d'azote.

Dans les terres pauvres ou insuffisamment pourvues d'eau, le cardon devient creux.

Fig. 47. — Cardon plein inerme.
(Réduit au quinzième.)

Variétés — On cultive plusieurs variétés de cardons qui diffèrent entre elles par leurs feuilles ; celles-ci sont épineuses ou inermes; leurs côtes (pétiole et nervure principale de la feuille) sont pleines, c'est-à-dire composées d'un tissu charnu compact ; ou demi-pleines, ou creuses.

Voici les principales variétés :

1° *Cardon de Tours* (fig. 46). — Côtes grosses, larges, épaisses, charnues et toujours pleines. Ces qualités font préférer ce cardon aux autres, malgré son développement en hauteur qui est relativement restreint.

2° *Cardon d'Espagne.*— Variété inerme à port élevé ; côtes aplaties, larges et creuses, se cultive dans le midi, monte facilement à graine.

3° *Cardon plein inerme* (fig. 47). — Côtes plus larges et moins pleines que celles du cardon de Tours, port élevé ; variété presque sans épines.

MULTIPLICATION. — Le cardon se multiplie par semis.

CULTURE. — On peut semer le cardon de trois façons : 1° *en pépinière sous châssis avec repiquage en godets ;* 2° *en pépinière sans repiquage ;* 3° *en place.* C'est cette dernière qui est la plus pratique.

SEMIS EN PLACE. — Du premier au 8 ou au 15 mai, on sème en pleine terre profondément ameublie. Aux distances de 1 mètre à 1^{m},20 en tous sens, il est creusé de petites cuvettes ; au fond de chacune, le jardinier sème quatre à six graines qu'il recouvre de 2 centimètres de terre ou terreau.

Au bout de douze à quatorze jours, les plants sont nés ; il faut éclaircir et ne laisser dans chaque cuvette que le meilleur pied. La cuvette est conservée ; on l'établit aussi dans les autres cas pour faciliter les arrosages.

La croissance du cardon étant excessivement lente pendant sa première période de végétation, on devra utiliser la grande surface de sol, qu'il laisse libre durant près de trois mois, en y cultivant des *salades* ou des *haricots nains*.

A partir de la plantation, le sol n'exige plus que des binages et des arrosages copieux donnés pied par pied.

Dès la fin d'août, on commence à lier les cardons, puis à les empailler. Ces deux opérations ont pour but de provoquer le blanchiment des côtes qui ne deviennent comestibles que si elles ont acquis cette couleur.

Liage. — Les cardons, à cause de leurs épines, n'étant pas faciles à manier, pour réunir leurs feuilles en faisceaux, on se sert de deux bâtons de 2 mètres chacun et unis vers le tiers de leur longueur par une corde de 35 centimètres de long. Pour opérer, deux hommes sont nécessaires : l'un, tenant les bâtons parallèles, les glisse de chaque côté du cardon sous les feuilles en tendant au second ouvrier les extrémités les plus longues ; celui-ci les saisit, les croise, et enserre ainsi le cardon pendant que le premier homme place à l'endroit serré un premier lien de paille. Par le même procédé, on pose un peu plus haut un second, puis un troisième lien. Le lien supérieur est moins serré que le lien intermédiaire et celui-ci moins serré que le lien inférieur. Il faut qu'il en soit ainsi pour que l'air puisse pénétrer le cardon et empêcher la pourriture des feuilles. Les cardons liés résistent facilement à — 4° centigrades.

Blanchiment. — Quand, sans l'arracher, on entoure le cardon de fougère ou de paille, on provoque le blanchiment sur place et cela en l'espace de quinze à vingt jours. La paille est maintenue au moyen de liens peu serrés. Les cardons se conservant moins bien quand ils sont étiolés, on ne devra les faire blanchir que successivement, au fur et à mesure des besoins.

Récolte. — Elle se fait à partir de fin septembre, commencement d'octobre ; le cardon est arraché, on lui conserve 15 à 18 centimètres de racine, puis il est nettoyé, débarrassé des feuilles gâtées.

Blanchiment en cave. — La cave sera bien aérée, pas trop chaude. On étend, sur une certaine surface, une épaisseur de 30 centimètres de sable dans lequel on plante les cardons, les uns près des autres, mais sans contact, afin qu'on puisse facilement les inspecter et les nettoyer au besoin. En aérant la cave, en évitant les gelées, on pourra conserver les cardons jusqu'au mois de février.

D'autres procédés de conservation et de blanchiment consistent à enterrer les cardons au pied d'un mur, puis à les couvrir de paillassons.

Dans le centre, les cardons sont enjaugés comme des pieds de céleri. Les cultivateurs du midi les couchent et les recouvrent de terre, comme l'on fait avec les figuiers à Argenteuil.

RENDEMENT. — Le rendement est d'environ 80 pieds à l'are. Ce n'est pas beaucoup, mais il faut considérer qu'outre cela, et par une culture intercalaire, le même terrain a produit d'autres légumes tels que des haricots, des pois nains ou des romaines.

PRODUCTION DES GRAINES. DURÉE GERMINATIVE. — Les bons reproducteurs sont choisis en septembre; ils doivent avoir les caractères suivants : pied de forte taille ; feuilles à pétiole épais, large, charnu et plein autant que possible.

A l'approche de l'hiver, il faut couper les grandes feuilles des pieds marqués pour la reproduction. On les abrite comme des pieds d'artichaut. Au printemps, ils sont découverts et débuttés ; leur tige florale apparaît, sur laquelle on supprime les petits capitules qui donneraient des graines médiocres.

Au moment de la floraison, on préserve les capitules de la pluie, comme il est dit au chapitre artichaut.

En octobre, la graine est généralement mûre, on coupe les capitules et les suspend à l'ombre sous un hangar

Animaux nuisibles. — Les animaux nuisibles au cardon sont ceux qui attaquent l'artichaut. (Voir cette plante.)

LES LAITUES

Famille des Composées.

Origine. Description. Usage.—Plante type, très probablement originaire du midi de l'Europe ou de l'Asie, annuelle, 60 centimètres à 1 mètre de haut. Tiges glabres, rameuses, pleines et feuillues. Feuilles obovales, dentées, larges, minces, molles, de couleur variable, tantôt vert pâle ou brun foncé, quelquefois striées ou maculées, planes ou convexes, plissées ou cloquées et formant dans le jeune âge de la plante une pomme ronde (*laitue pommée*) ou ovoïde (*laitue romaine*), de taille variable, plus ou moins ferme.

Quelques rares variétés ne pomment point.

Fleurs jaune clair réunies en un panicule terminal.

Les graines sont des akènes allongés, plats, striés de blanc ou de noir.

La graine de laitue pommée est plus plate, moins allongée et moins pointue que la graine de laitue romaine.

Les feuilles de cette plante se consomment en salade. Le suc de laitue est utilisé en médecine pour ses propriétés narcotiques et calmantes.

Climat. Sol. Engrais. — La laitue est une plante rustique ou du moins il existe des variétés assez robustes pour supporter nos hivers. Selon les races, on choisit de préférence des terres légères (laitues d'hiver) ou fraîches et un peu consistantes (laitues d'été). Ces terres seront ameublies, enrichies de terreau, c'est-à-dire de fumier décomposé, c'est le meilleur engrais qu'on puisse donner à ces plantes.

ESPÈCES ET VARIÉTÉS. — Toutes les laitues cultivées appartiennent à deux espèces distinctes et forment alors les deux groupes suivants :

1° *Laitues pommées* : feuilles généralement cloquées, obovales, molles, réunies en une tête ronde plate, plus ou moins volumineuse.

2° *Laitues romaines* ou *chicons* : feuilles dressées, ovales, rigides, réunies en une tête ovoïde.

Chacun de ces groupes renferme des variétés d'hiver, des variétés d'été et des variétés de printemps.

Laitues pommées de printemps. — Elles sont naines et recherchées à cause de leur développement rapide; les plus estimées sont :

La *laitue crêpe*, à graine noire, appelée encore petite crêpe ou petite noire.

La *laitue gotte* ou *gau* à *graine blanche* (fig. 48), moins hâtive que la précédente, mais plus volumineuse.

La *laitue gotte à graine noire*, moins estimée que la gotte à graine blanche, à pomme moins ferme.

La *laitue Georges*, sous-variété tardive de la laitue gotte et plus grosse qu'elle.

Laitues pommées d'été et d'automne. — On a choisi, pour les réunir dans ce groupe, les laitues qui résistent le mieux aux sécheresses de l'été et les supportent sans monter à graine.

Fig. 48. — Laitue Gotte.
(Réduite au sixième.)

Les variétés les plus cultivées sont :

La *laitue palatine* (fig. 49) ou laitue rousse, à pomme moyenne, colorée de rouge brun au sommet; feuilles cloquées.

La *laitue grosse brune paresseuse*. — Pomme plus grosse que chez la variété précédente, colorée de brun au sommet, feuille d'un vert plus foncé, graine noire, variété robuste, propre à la culture dans les champs.

La *laitue blonde d'été*. — Pomme petite, mais serrée, feuilles d'un vert blond, graine blanche, variété recommandable à cause de sa précocité.

Fig. 49. — Laitue palatine.
(Réduite au sixième.)

On cultive aussi, mais moins que les trois précédentes variétés, les laitues *grosse blonde paresseuse* (fig. 50), *blonde de Versailles*, *Batavia*, *chou de Naples*, *Besson*, *sanguine améliorée*, etc.

Fig. 50. — Laitue blonde paresseuse.
(Réduite au sixième.)

Laitues pommées d'hiver. — La rusticité de ces variétés nous permet de les planter à l'air libre avant l'hiver pour les récolter au commencement du printemps suivant.

La *laitue de la Passion* (fig. 51). — Pomme moyenne lavée de rouge au sommet, graine blanche. Cette variété ne saurait être cultivée autrement que comme laitue d'hiver, c'est la plus recherchée avec la suivante.

Fig. 51. — Laitue de la Passion.
(Réduite au sixième.)

La *laitue Morine.* — Pomme moyenne, assez ferme, un peu plus petite que dans la laitue de la Passion, feuilles d'un vert uniforme, cloquées, plissées; graine blanche.

Fig. 52.
Romaine blonde maraîchère.
(Réduite au sixième.)

Laitues romaines ou chicons. — Trois variétés de cette espèce sont surtout cultivées; les voici :

La *romaine verte maraîchère.* — Pomme ovoïde, feuilles vert foncé, graine blanche. On l'emploie surtout pour la culture forcée sous châssis (fig. 52).

La *romaine blonde maraîchère* (fig. 52). — Pomme ovoïde, feuilles d'un vert blond, graine blanche. La romaine blonde se cultive spécialement au printemps.

La *romaine grise* est d'un volume un peu plus faible. Dans beaucoup de circonstances, elle a donné en été de meilleurs résultats que la laitue blonde; sa graine est blanche.

La *romaine verte d'hiver* et la *romaine rouge d'hiver*, faciles à distinguer l'une de l'autre par leur couleur, sont assez rustiques pour passer l'hiver en plein air.

CULTURE DE LA LAITUE DE PRINTEMPS SOUS CHASSIS ET EN PLEIN AIR. — La laitue crêpe, la laitue gotte et la laitue Georges sont employées. Leurs cultures diffèrent quelque peu; nous les traiterons séparément.

Laitue crêpe. — Dès les premiers jours de septembre, cette variété est semée sous cloche ou sous châssis, sur vieille couche chargée de 3 centimètres de terreau fin. Le semis sera ombré par les temps de soleil. Quand le plant a deux feuilles et ses cotylédons, il faut le repiquer en pépinière d'attente. A cet effet, un ados est préparé, incliné au midi et chargé d'une couche de 3 centimètres de terreau. Sur cet ados, trois rangs de cloches sont disposés; sous chaque cloche on repique au doigt trente laitues. Ce repiquage ayant été bassiné, la cloche posée, il n'est plus donné d'air. Du 8 au 15 octobre, on peut planter définitivement la laitue crêpe sous cloche ou sous châssis, sur une couche ancienne ou froide. Sous cloche, trois rangs sont tracés; il est planté une laitue sur le rang du bas, une sur le rang du haut et deux autres sur le rang intermédiaire.

Sous châssis, les laitues seront plantées sur sept rangs à raison de six ou sept par rang. La terre des coffres ne sera pas à plus de 10 centimètres du verre pour que les salades reçoivent beaucoup de lumière. Il n'est point donné d'air non plus. La récolte se fait en décembre.

Des précautions sont prises contre les froids : on abrite

au moyen de paillassons et de fumier répandu entre les cloches.

Au 15 novembre, il est planté une seconde saison, sur couche tiède de 40 centimètres d'épaisseur et chargée de 10 centimètres de terreau. On doit enlever les feuilles inférieures qui se gâtent et communiqueraient leur pourriture aux feuilles saines.

Pour beaucoup de jardiniers qui ont semé leur laitue crêpe dans la première quinzaine d'octobre, cette saison n'est que la première.

D'autres saisons successives seront plantées tous les quinze ou vingt jours soit par-dessus les semis de carottes, soit à part. La saison plantée au 15 novembre, se récolte, en janvier. Les autres succèdent. Les dernières laitues crêpes s'élèvent ordinairement sur une couche de 30 centimètres d'épaisseur chargée de terreau. On plante sous cloche à raison de quatre laitues et une romaine, celle-ci occupant le milieu. La récolte de la laitue est faite en février, mars.

Laitue gotte à graine blanche. — Cette variété est moins hâtive que la laitue crêpe, mais elle est plus grosse et s'accommode d'un peu d'air.

On sème la laitue gotte du 15 au 20 octobre dans les mêmes conditions que la laitue crêpe ou sur ados exposé au midi. La germination des graines a lieu en six jours. Dès qu'ils ont deux feuilles, plus les cotylédons, les jeunes plants sont repiqués sur desadosorientés au midi et sous cloche, à raison de 30 par cloche, ou sous châssis, à raison de 240 plants par châssis.

La plantation définitive commence en janvier, un peu plus tôtou un peu plus tard, c'est selon les circonstances. Les saisons se succèdent de quinze jours en quinze jours ou de trois semaines en trois semaines.

Le mode de culture est celui décrit pour la laitue crêpe, sauf que la laitue gotte se plante dans un mélange de deux tiers terreau et un tiers terre de potager, sauf que cette salade se plante à raison de trois par cloche ou de trente-six par châssis, sauf enfin que ces plantations sont aérées quand la température le permet.

Vers février, mars, dans un sol léger, on peut planter en pleine terre, mais les plants seront abrités de cloches ou châssis. On fortifie peu à peu les laitues en les aérant de plus en plus tous les jours jusqu'à ce qu'on enlève définitivement tout abri. Par un soleil trop ardent, il faudra ombrer les cloches.

En général, la récolte de ces laitues se fait un mois et demi ou deux mois après la plantation, suivant la saison. Il est possible de prolonger chaque saison en ne cueillant d'abord que les laitues les plus fortes et les plus pommées.

Laitue Georges. — Plus grosse et plus robuste que la précédente, la laitue Georges résiste assez bien aux froids; elle se sème du 1er au 15 novembre dans les mêmes conditions que les autres.

Le repiquage en pépinière a lieu environ un mois après, à raison de 24 laitues par cloche. Il est nécessaire d'aérer chaque fois que la température extérieure le permet. La plantation sur couche se fait à partir de fin février à raison de trois par cloche; on récolte du 1er au 15 avril. Après le 15 mars, la laitue Georges peut se planter sur côtière, à condition que les plants aient été préalablement préparés au plein air par des aérages progressifs suivis d'un « déclochage » complet. La récolte se fera vers le 15 mai. Les soins d'entretien consistent en binages, sarclages, arrosages.

CULTURE DES LAITUES D'ÉTÉ ET D'AUTOMNE. — Les variétés préférées à cause de leurs qualités sont les trois suivantes : *laitue palatine rouge*, *laitue brune paresseuse* et *laitue Batavia*.

Laitue palatine. — Les premières laitues palatines se sèment du 15 au 31 octobre sur ados ou côtière. Le repiquage des jeunes plants se fait comme celui des laitues de printemps sur ados, sous châssis, à environ 10 centimètres en tous sens, ou sous cloche à raison de 19 plants par cloche. Ces plants, pendant la mauvaise saison, seront protégés contre le froid et aérés autant que possible.

La première plantation définitive a lieu *sur côtière*, du 15 février au 15 mars par un temps doux. Les jeunes salades ont été préalablement habituées à la température extérieure par des aérages progressivement croissants.

Il est important de ne pas enterrer le collet du plant qui doit rester libre pour que la pomme se forme bien et acquière de la largeur à la base. Les lignes sont espacées à 25 centimètres, et sur elles on plante à 35 centimètres.

En plein carré, la plantation a lieu de la fin de mars au commencement d'avril; le sol, comme toujours, doit être bien meuble; on le recouvre d'une couche de terreau de 2 à 3 centimètres d'épaisseur.

Des arrosages seront donnés après la plantation, et plus tard, si le temps est sec.

La *récolte* se fait vers le 15 mai sur côtière et un peu plus tard, fin mai, commencement juin, sur les planches non abritées.

En échelonnant les semis et les plantations de cette laitue de quinze jours en quinze jours, on peut la cultiver tout l'été.

Laitue brune paresseuse. — On sème généralement depuis fin janvier sur couche froide et sous châssis. De fin mars jusqu'en fin septembre, les semis ont lieu en pleine terre. Les jeunes plants issus des semis de janvier se repiquent en pépinière du 1er au 8 mars à froid, sous châssis, à raison de 49 laitues par châssis (sept rangs, sept plants par rang). Ils sont conservés jusqu'à la plantation de pleine terre qui a lieu en avril.

Les plants issus des semis faits à partir de mars ne

passent pas par la pépinière. En prévision, le jardinier a clairsemé. On répète ces semis tous les quinze jours, aussi la quantité de graine semée à la fois est-elle faible.

Le terrain destiné à recevoir cette salade étant labouré et paillé, on profite du moment où les jeunes plants ont trois ou quatre feuilles bien développées pour planter à 40 ou 45 centimètres sur les lignes espacées à 25 centimètres entre elles. Quand on a l'intention de faire une contre-plantation, c'est-à-dire une seconde plantation entre les premières salades, lorsque celles-ci sont sur le point d'être récoltées, on réserve un peu plus de distance sur les lignes.

La *récolte* a lieu de sept à neuf semaines après la plantation. D'ici là, les salades sont fréquemment arrosées afin que le sol demeure frais. Il est bon que les arrosages ne se donnent point alors que les plantes sont exposées au soleil, il en résulterait sur les feuilles des sortes de taches toujours très désagréables et capables de déprécier les salades sur le marché.

Laitue Batavia. — La culture de cette laitue ne diffère pas de celle de la laitue brune, sauf qu'elle se sème plus tard, en avril et mai. Comme elle prend un volume relativement considérable, on la plante à de grandes distances ; (50 centimètres sur 35). La laitue Batavia se récolte deux mois et demi après la plantation ; c'est une excellente salade de fin d'été et d'automne.

Culture des laitues d'hiver. — Les deux meilleures variétés de cette race sont : la *laitue morine* et la *laitue de la Passion* ; cette dernière est la plus cultivée. On la sème fin août, commencement de septembre au plus tard. Le semis sera clair pour éviter un repiquage. Quand le plant a trois ou quatre feuilles bien développées, il est mis en place à demeure sur côtière bien exposée.

On ne couvre généralement pas, sauf le cas de froids exceptionnellement rigoureux ; alors il suffit d'étendre sur les salades un peu de longue paille. Au printemps, le sol durci par les alternats de sécheresse et d'humidité a besoin de recevoir un binage assez profond.

La *récolte* se peut faire de fin mars en avril ; elle est plus ou moins avancée, selon le sol, l'exposition de la côtière, l'année, etc.

Laitues à couper. — On appelle ainsi non une variété particulière, mais le résultat de la culture d'une variété hâtive, la laitue gotte à graine blanche surtout.

On sème cette variété très dru en janvier et février, sous cloche ou sous châssis. On récolte en coupant au niveau du sol, quand les plants ont quatre ou cinq feuilles.

En pleine terre, cette culture se fait peu ; si on l'entreprend, c'est pour utiliser les parties libres d'un terrain qu'occupent déjà d'autres légumes : choux, oignons, etc.

RENDEMENTS. — Les rendements des différentes cultures étudiées dépendent de la quantité de pieds plantés par unité de surface et aussi du poids moyen de la *pomme* dans chaque variété. Ce poids est pour les variétés suivantes :

Petit crêpe.	70	grammes.	Brune	400	grammes.
Gotte. . . .	80	—	de la Passion.	400	—
Ceorges . .	120	—	Batavia . . .	600	—
Palatine . .	300	—	Bossin	800	—

CULTURE DE LA ROMAINE. — Cette culture diffère peu de la culture des laitues.

La romaine se peut cultiver : 1° en primeur ; 2° en pleine terre.

Pour la culture forcée, on préfère la romaine verte maraichère ; elle pomme vite et n'acquiert pas une aussi grande hauteur que les autres. Cette variété est semée du 1er au 15 octobre sur ados ou vieille couche et sous cloche, le semis est recouvert d'un demi-centimètre de terreau. Au bout de quatre ou cinq jours, les jeunes plantules apparaissent; il faut les protéger contre le soleil qui les grillerait.

Quinze jours environ après la germination, les plants sont repiqués au doigt, sur ados, à raison de 24 à 30 par cloche. Les choches sont placées aussitôt après le repiquage. A partir du cinquième ou sixième jour, elles sont levées légèrement pendant le jour pour l'aérage.

Si les romaines ainsi repiquées s'étiolent, on les replante une seconde fois, vers fin novembre, toujours sur ados et sous cloche, à raison de 19 plants par cloche. Après la reprise, on aère pendant le jour. Par les fortes gelées, les cloches sont couvertes de paillassons; une couche de litière est glissée entre elles.

La plantation définitive des romaines sur couche se fait à partir du 15 décembre et se continue jusqu'au 15 ou 20 février. Les couches, les premières surtout, sont faites d'un mélange d'une partie de fumier frais avec une partie de fumier recuit; elles ont 45 à 50 centimètres d'épaisseur et fournissent une température de 18 à 25° centigrades. — Cette chaleur qui serait peu favorable à la laitue convient à la romaine. Le fumier est chargé d'un lit uniforme de terreau épais de 18 à 20 centimètres.

Si c'est de coffres et de châssis que la couche est couverte, on plante 10 romaines et 10 laitues gottes par châssis, en alternant; sous châssis, la romaine prospère peu, elle se comporte mieux à l'abri d'une cloche.

Les cloches, quand on les préfère aux châssis, sont disposées en trois rangs sur la couche.

Si la température souterraine est élevée, il n'est planté qu'une romaine par cloche, mais alors il faut pratiquer des « ventouses », c'est-à-dire donner un coup de poing sur la circonférence tracée par la cloche et la replacer de manière que son bord repose en travers, sur le trou formé.

Quand la température initiale de la couche est trop élevée, on est forcé, en outre, de donner un coup de plantoir aboutissant de la partie extérieure de la cloche sous la plante; c'est la « ventouse souterraine » ; elle est faite toujours du côté du sud et a pour but d'empêcher les racines d'être brûlées. Aussitôt d'ailleurs que ces racines apparaissent dans le trou, il faut le boucher d'une poignée de terreau.

On devra couvrir par les gelées, aérer et découvrir le jour, ombrer légèrement si le soleil est ardent.

Quand la pomme se « coiffe », on l'entoure d'un lien de paille, peu serré pour l'empêcher de s'ouvrir, sans arrêter son grossissement.

Disons en passant que souvent la culture de la romaine est combinée avec la culture de la carotte ou du radis semé d'abord.

Récolte. — Elle se fait environ deux mois après la plantation.

Culture de pleine terre, au printemps. — Les plants de romaine issus du semis d'octobre décrit plus haut peuvent se garder sous cloche jusqu'au 15 février et au delà. Vers cette époque (15 février) et à condition qu'on les ait habituées peu à peu à l'air libre, ces romaines peuvent se planter en pleine terre, sur côtière, au sud, par-dessus un semis de carottes demi-longues ou de radis. L'écartement adopté pour cette plantation est 30 centimètres entre les rangs et 40 centimètres sur le rang. La récolte se fait vers le 15 mai.

Culture d'été et d'automne. — La première plantation en plein carré se pratique du 1er au 15 mars ; on emploie les plants qui restent des semis d'octobre ou bien ceux provenant d'un semis fait dans la première huitaine de février, sur couche. Les romaines, cette fois, sont espacées à 35 centimètres entre les lignes et 50 centimètres sur les lignes. Des arrosages sont donnés quand il y a lieu, le matin surtout.

La romaine est liée comme il a été dit plus haut. mais toujours quand la pomme est sèche pour éviter la pourriture.

En semant successivement et plantant de même, tous les quinze jours, depuis avril jusqu'en août, on peutrécolter des romaines pendant tout l'été. Dans ce cas, ces salades sont plantées à 45 sur 50 centimètres pour qu'on puisse contre-planter, c'est-à-dire planter une seconde saison quand la première est à demi développée. Afin que ces contre-plantations ne se fassent pas dans un sol trop compact, il est indispensable que la surface en soit, dès le début, garnie d'un épais paillis qui l'abritera du battement des eaux de pluie ou d'arrosage.

La *Récolte* se fait six ou sept semaines après la plantation.

Rendement. — Le rendement se calcule d'après le nombre de pieds récoltés par unité de surface et le poids moyen d'une pomme. Ce poids varie ainsi pour les variétés qui suivent :

Romaine verte. . . .	550 à 600	grammes.
Romaine grise. . . .	650 à 700	—
Romaine blonde. . .	700 à 750	—

Production des graines. Faculté germinative. — Les individus choisis pour la reproduction seront conformés selon la description de chaque race (laitues ou romaines). La pomme sera pleine, bien faite, aussi compacte que possible.

Tous les porte-graines des laitues de printemps sont levés et plantés individuellement sous cloche à 60 centimètres en tous sens. En avril, mai, les cloches peuvent être enlevées. Pendant la végétation, on tuteure les tiges. En juillet, la graine est mûre, les tiges sont coupées, exposées à l'ombre pour y sécher, puis battues.

Les reproducteurs des races d'automne et d'hiver passent la mauvaise saison dehors, protégés par des abris mobiles : paille, châssis, fumier, feuilles sèches, etc. Au printemps, les porte-graines, déplantés en motte, sont replantés à de plus grandes distances. La graine mûrit en juillet.

Les porte-graines des romaines, choisis parmi les premiers individus plantés au printemps, sont traités comme les laitues.

La faculté germinative des graines de laitue et de romaine se conserve de quatre à cinq ans.

Animaux nuisibles et maladies. — Les plus redoutables ennemis des laitues sont le *ver blanc* et le *ver gris* : ce dernier est la larve de la Noctuelle, dont il existe plusieurs espèces.

La *Noctuelle des moissons*, la *Noctuelle fiancée*, la *Noctuelle point d'exclamation* sont communes dans les potagers. Il faut faire la chasse aux vers blancs et aux vers gris qui s'attaquent surtout aux racines.

Les pucerons (*puceron noir*, *puceron vert*, *puceron de pavot*, *puceron de laiteron*) attaquent aussi les laitues et les romaines.

Les trois premiers vivent sur les parties foliacées des pommes et des branches des porte-graines ; le dernier (puceron du laiteron) s'attaque aux racines d'où on le fait disparaître par des arrosages copieux.

Pour détruire le puceron des parties foliacées, on emploierait le jus de tabac étendu de vingt-cinq fois son volume d'eau, si ce mélange n'avait pas l'inconvénient d'imprégner d'une façon désagréable les parties comestibles des salades.

Les *limaces*, les *escargots* sont encore des ennemis de la laitue.

Deux maladies attaquent fréquemment les laitues : ce sont le *meunier* ou *blanc* et la *rouille*.

Le meunier est dû à un champignon du genre *Peronospora*, le *Péronospore ganglioniforme*.

Cette maladie se manifeste sous forme de taches blanches qui s'étendent à la façon des taches d'huile. Des horticulteurs affirment prévenir les ravages du blanc par le « soufrage » donné au moment de la plantation. Une fois déclaré, le mal est incurable parce que le champignon qui le produit est un parasite interne.

Les plants atteints seront détruits par le feu pour empêcher la propagation du mal.

La rouille est aussi le résultat du parasitisme d'un champignon du genre *Uredo ;* elle se déclare à la face inférieure des feuilles et paraît trouver dans les saisons humides des conditions favorables à son développement.

LES CHICORÉES

Famille : Composées.

Origine. Description. Usage. — Nous rangeons dans ce chapitre deux espèces botaniques bien distinctes :

1° La *chicorée endive*, originaire de l'Inde et annuelle, à feuilles glabres ;

2° La *chicorée amère*, indigène et vivace, à feuilles pubescentes.

La chicorée endive se divise elle-même en deux races :

1° La *chicorée frisée*, à feuilles très découpées, frisées sur les bords ;

2° La *chicorée scarole*, à feuilles larges, légèrement découpées, irrégulièrement contournées.

Les tiges de la chicorée endive atteignent de 1m,50 à 2 mètres ; elles sont rameuses ; les fleurs sont bleues, rarement blanches, réunies en capitules terminaux ou axillaires. La graine (akène) est blanche dans la chicorée frisée et grisâtre chez la scarole.

Les feuilles blanchies de la chicorée endive sont mangées en salade ou cuites, à la façon des épinards.

La chicorée amère ou sauvage, outre son caractère de plante vivace à parties aériennes pubescentes, possède une tige cannelée qui atteint souvent 2m,50 ; ses feuilles sont lancéolées et généralement entières. Elle croît spontanément en France ; ses feuilles vertes ou blanchies sont consommées en salade ; sa racine torréfiée est employée en guise de café, ou préparée et consommée comme celle des salsifis. La plante entière jouit de propriétés toniques dépuratives.

Climat. Sol. Engrais. — Ce que nous avons dit des laitues peut s'appliquer aux chicorées. Cependant, il est certain qu'en raison de son origine la chicorée endive est moins rustique, plus délicate que la chicorée amère. Celle-ci passe l'hiver dehors et croît jusque dans les terrains les plus incultes.

Variétés. — Elles diffèrent entre elles par la forme et surtout par les aptitudes.

A. Chicorées endives. — 1° La *chicorée d'Italie* ou *fine d'été* (fig. 53) comprend deux sous-races : 1° la chicorée de Paris ; 2° la chicorée d'Angers ; celle-ci est préférable à la première pour sa rosette de feuilles plus épaisse, mieux fournie. On la cultive surtout en première saison. A l'arrière-saison elle pourrit souvent.

2° La *chicorée de Rouen* ou *rouennaise* est cultivée dans le nord et sous le climat de Paris. Elle se distingue par sa résistance à l'humidité des automnes pluvieux.

3° La *chicorée de Meaux*, peu différente de la précédente, sauf par son cœur qui est moins plein ; elle est assez rustique ; aussi la cultive-t-on souvent pour les approvisionnements d'hiver.

4° La *chicorée de la Passion*, variété robuste qui peut passer l'hiver dehors, sauf dans les terres humides.

5° La *chicorée de Bordeaux*, variété intermédiaire

entre la chicorée frisée et la scarole ; semée à l'automne,

Fig. 53. — Chicorée d'Italie.
(Réduite au huitième.)

elle passe l'hiver en plein air sous le climat girondin.

B. **Chicorées scaroles.** — 1° *Scarole verte maraîchère*

Fig. 54. — Scarole ronde.
(Réduite au huitième.)

ou *scarole ronde* (fig. 54), c'est la plus cultivée ; ses

Fig. 55. Chicorée grosse racine de Bruxelles.

feuilles cloquées, contournées, forment un bourgeon en rosette large de 35 à 40 centimètres ; les feuilles intérieures sont bouclées, c'est-à-dire repliées en dedans.

2° *Scarole blonde à feuilles de laitues;* on la recherche à cause de la couleur pâle de ses feuilles larges. Elle est moins robuste et a le cœur moins plein que la scarole verte. La scarole est plus robuste que la chicorée frisée et peut supporter quelques degrés de froid; aussi la préfère-t-on pour la culture automnale.

C. **Chicorées sauvages.** — On cultive surtout l'espèce ordinaire, puis :

1° La *chicorée sauvage à feuilles panachées*, un peu moins amère que la précédente ;

2° La *chicorée sauvage améliorée;* ses feuilles très larges sont assemblées en une sorte de pomme. Cette variété est utilisée pour la culture forcée en cave.

3° *La chicorée à grosse racine de Bruxelles* (fig. 55); ses racines sont volumineuses; ses feuilles, dont la nervure principale est très développée, épaisse et charnue, se réunissent en une petite pomme ovale, compacte et tendre.

Culture de la chicorée frisée.

Primeur. — C'est la chicorée rouennaise qui est la plus employée, puis la demi-fine d'Italie. Les semis se font depuis le 25 janvier jusqu'au 15 février.

Pour que les plants ne poussent pas à graine après leur mise en place, il est important que la germination se fasse rapidement en vingt-quatre ou trente heures au plus. On obtient ce résultat en semant sur une couche chaude de 15 à 20° centigrades, au moins, recouverte de 15 centimètres de terreau. Après le semis, la graine est appuyée légèrement et un bassinage est donné. Ce semis est ensuite couvert de châssis et de paillassons jusqu'à la germination; alors les jeunes plantules sont éclairées et saupoudrées d'un peu de terreau qui recouvre les racines naissantes.

Dix ou quinze jours après le semis, quand les plants ont quatre ou cinq feuilles, ils sont repiqués au doigt à 6 ou 8 centimètres en tous sens, en pépinière d'attente, sur couche chaude de 20 à 25°. On peut repiquer 250 à 300 plants par châssis. Après avoir mouillé, il est utile d'ombrer pendant deux ou trois jours consécutifs pour aider l'enracinement.

Au bout de trois semaines, les chicorées sont définitivement plantées à demeure sur couche de 45 centimètres d'épaisseur, c'est-à-dire donnant 18 à 20° centigrades et recouverte de 15 centimètres de terreau légèrement pressé. Il doit y avoir du niveau de ce terreau au verre du châssis une hauteur de 15 à 18 centimètres pour permettre de lier les chicorées.

La chicorée demi-fine d'Italie se plante à raison de six rangs par châssis et cinq plants par rang.

La chicorée rouennaise, plus forte, est disposée sur cinq rangs par châssis à quatre par rang. Dans ce dernier cas, on contre-plante quinze jours après, entre les rangs, pour produire une seconde saison.

La plantation faite, il faut ombrer et tenir les châssis clos durant trois ou quatre jours. Après ces trois jours nécessaires à la reprise, il sera urgent d'éclairer constamment et d'aérer au moins une demi-heure par jour.

Quand le cœur de la chicorée est bien épanoui, le jardinier rassemble les feuilles en un seul faisceau et les lie aux deux tiers de leur hauteur; cinq à six jours après, la chicorée est suffisamment blanchie pour être consommée. On récolte donc. Cette récolte se fait en fin avril ou commencement de mai.

D'autres saisons se font à l'aide de semis répétés de quinze jours en quinze jours jusqu'au commencement de mars. Les saisons éloignées de la première n'ont pas besoin d'une température de couche aussi forte.

Pleine terre. — C'est la chicorée rouennaise qui est cultivée presque exclusivement pendant toute la saison. Pourtant, au printemps et en été, la chicorée d'Angers convient très bien.

La chicorée rouennaise sera toujours préférée pour la culture d'automne.

Le semis se fait dans la première quinzaine de mars, sur couche, comme il a été indiqué précédemment. Le repiquage a lieu aussi dans les mêmes conditions

Après que l'enracinement est achevé, il est nécessaire de donner beaucoup d'air pour obtenir un plant plus robuste. On peut enlever les châssis dès les premiers jours d'avril. A la fin de ce même mois, une planche est préparée. On y plante la chicorée au plantoir à 40 centimètres sur des lignes qui sont écartées entre elles de 25 centimètres. Le « liage » se fait quand la chicorée est bien pleine, et en deux fois, généralement. Le premier lien est fixé au tiers de la hauteur totale. Un second lien sera placé un tiers plus haut, au bout de huit à dix jours.

Dix à quinze jours après la pose du premier lien, la chicorée peut se récolter; c'est généralement vers le milieu de juin que se fait cette récolte.

Quand on ne lie qu'une fois, il faut décrire avec le lien une spirale autour des feuilles réunies en faisceau.

Les semis sont continués pendant avril, mai, sur couche, à l'air libre. Ils se font assez clairs pour que le repiquage en pépinière ne soit pas nécessaire. Les graines sont recouvertes d'une couche de terreau épaisse de un centimètre et demi. La plantation est faite environ un mois après le semis, sur planche préparée et recouverte de paillis. Les plants doivent être espacés à 30 centimètres entre les lignes et 45 centimètres sur les lignes.

Comme toujours, un arrosage est donné après la plantation. D'autres arrosages seront appliqués en temps voulu, pour maintenir le sol frais.

Si la consommation de cette salade est faible, le « liage » ne doit être pratiqué que sur une petite quantité de pieds à la fois.

A partir de juin jusqu'à fin juillet, les semis se font en pleine terre, au soleil ou à mi-ombre, à moins que la terre soit argileuse et humide, auquel cas les semis se pratiquent sur couche froide, à l'air libre.

Un seul semis peut fournir des sujets pour deux plantations à dix ou quinze jours d'intervalle.

Dès l'approche des premiers froids d'automne, les chicorées sont liées, c'est un moyen préservatif. On a aussi les couvertures de paillassons ou l'arrachage et la replantation côte à côte sous châssis.

Culture de la scarole.

Pleine terre. — Pour la culture d'été, la scarole blonde est préférée, mais c'est la scarole verte qui l'emporte pour la culture d'arrière-saison.

Cette salade ne se cultivant pas en primeur, les premiers semis ne se font guère avant juin, sur couche froide et à l'air libre, ou plus simplement en pleine terre sur côtière.

Les procédés, les soins de culture sont ceux décrits à

l'article précédent (culture de pleine terre de la chicorée frisée).

Pour la succession continue des récoltes, les semis de scaroles se font de quinze jours en quinze jours jusqu'à fin août. Les plantations ont lieu vingt à vingt-cinq jours après le semis à 35 centimètres entre les rangs et 50 centimètres sur le rang.

Il est toujours très utile, surtout en été, de pailler le sol avant de planter.

A l'arrière-saison, au lieu de les faire blanchir en les liant, on couvre les scaroles de litière.

Les dernières scaroles sont arrachées en mottes et plantées côte à côte sous châssis, Il est indispensable de mouiller copieusement après cette plantation et d'aérer beaucoup.

La conservation de ces scaroles peut se prolonger jusqu'en janvier. Par les hivers doux, les scaroles se conservent aussi bien alors qu'elles sont simplement recouvertes de feuilles mortes.

Rendements. — Ils varient avec les distances adoptées, celles que nous donnons pouvant être modifiées par certaines circonstances, nous nous contenterons de donner le poids fort des races cultivées.

Chicorée demi-fine.....	0k,150 gr.
— Rouennaise...	1 kil.
— de Meaux.....	0k,800 gr.
Scarole................	1 à 2 kil.

Conservation. — Le meilleur procédé est celui que nous avons indiqué — conservation sous châssis. — Les chicorées frisées et les scaroles se gardent aussi sans se gâter, replantées côte à côte et en motte, dans le sable frais d'une cave, d'un sous-sol, d'un cellier sain et aéré.

Production des graines. Faculté germinative. — Les meilleurs reproducteurs pour la grenaison devront présenter une touffe bien feuillée ayant tous les caractères particuliers de la race. Le choix des reproducteurs est fait en octobre, novembre, parmi les individus provenant des semis du mois d'août.

On arrache en mottes les plants choisis et on les replante sous châssis à froid pour les conserver. En mai, ils sont arrachés de nouveau et plantés à 70 centimètres en tous sens à l'air libre. On peut abriter de cloches pendant quelques jours pour la reprise, mais ce n'est pas indispensable.

Pendant la floraison, pincer les extrémités des pousses florales pour concentrer l'action de la sève dans les graines. La récolte a lieu en septembre ; elle consiste à couper les tiges qui achèveront de sécher dans un endroit ombragé.

Pour séparer la graine de son enveloppe, il suffit de mettre les tiges dans un sac et de battre vigoureusement au fléau.

La graine de chicorée frisée conserve sa faculté germinative pendant huit ans ; celle de scarole est moins vivace ; au bout de cinq ou six ans, elle ne germe plus. En culture, la jeune graine est toujours la meilleure à cause de la rapidité relative de sa germination.

Animaux nuisibles. Maladies. — Deux insectes causent des dégâts : le *puceron de la racine*, qu'on détruit par des arrosages copieux et le *ver gris* dont nous avons parlé à propos des laitues.

Sauf une sorte de pourriture qui atteint surtout le cœur de la chicorée frisée pendant les automnes humides et dans les sols imperméables, on ne connaît pas de maladies des chicorées endives.

Culture de la chicorée sauvage.

De toutes façons, la culture est telle que les feuilles

de la chicorée sauvage sont blanchies, étiolées, quand on doit les récolter.

Culture de pleine terre. — Le semis se fait du 15 au 30 mai en planches de 1m,20 de large et à la volée à raison de 300 grammes de graines à l'are. Si la végétation était trop forte, une coupe partielle des feuilles la réduirait. L'année suivante, aussitôt que la végétation commence à se manifester, on nettoie et on recouvre uniformément les planches d'un lit de 4 à 5 centimètres de terre bien meuble prise dans les sentiers.

La récolte commence en fin février ou mars par une coupe entre deux terres des pousses étiolées de chicorées. Une seule planche peut donner, la même année, quatre récoltes ou coupes successives et durer trois ans. Quand la chicorée est cultivée en bordure, pour provoquer le blanchiment de ses pousses, on la butte en ados continu, ou on la couvre de litière, de paillassons, etc.

Barbe de capucin. — On appelle ainsi les feuilles de chicorée longues, étiolées, tendres et jaunes (fig. 56) qui se mangent en salade et sont le résultat de la culture suivante.

On emploie l'espèce ordinaire et surtout la chicorée améliorée. Les semis ont lieu successivement, l'un du 15 avril au 1er mai, l'autre du 10 au 20 juin ; ils se font en rayons espacés à 20 centimètres les uns des autres ; 200 à 250 grammes de graines est la quantité employée à l'are. Une terre de fertilité moyenne, plutôt moins bonne que meilleure, et profondément ameublie, convient pour cette culture dans laquelle les racines doivent conserver une forme longue, droite, mince et non ramifiée. Dans le courant de la végétation, un ou deux sarclages sont nécessaires. Quand la végétation foliacée est puissante, la coupe des feuilles à 3 ou 4 centimètres au-dessus du collet fournit un produit supplémentaire.

A partir du mois d'octobre et successivement jusqu'en février, les racines de chicorées sont arrachées à la fourche et en quantité suffisante pour constituer une véritable provision d'hiver ; ce sont les racines issues du premier semis qui sont extraites les premières.

Une surface d'un are peut produire en moyenne de

Fig. 56. — Barbe de capucin.
(Réduite au sixième.)

25 à 40 bottes de racines mesurant 30 centimètres de diamètre.

Les meilleures racines sont celles constituées comme nous avons dit plus haut ; elles auront, en plus, un collet et un bourgeon terminal accentués.

Pour la culture, ces racines sont nettoyées, débarrassées de la terre adhérente et de leurs feuilles, puis réunies en bottes de 30 à 35 centimètres de diamètre dont les collets et les bourgeons terminaux effleurent le même niveau. Il s'agit de faire développer ces bourgeons terminaux des racines en pousses blanches et tendres. Pour cela, trois facteurs sont indispensables : l'*obscurité*, la *chaleur*, l'*humidité*.

L'*obscurité :* la culture se fait dans une cave, saine autant que possible, dont on a aveuglé les issues.

La *chaleur :* les bottes sont placées debout les unes contre les autres, sur une couche épaisse de 30 à 35 centimètres et donnant une température de 18 à 25° C.

L'*humidité :* deux fois par jour des bassinages légers sont donnés aux racines soit à l'aide d'une seringue, soit au moyen d'un arrosoir à pomme fine. Quand les feuilles sont quelque peu développées, les bassinages n'ont pas besoin d'être aussi fréquents.

La récolte se fait quand les feuilles ont 12 à 18 centimètres de long environ, 18 ou 20 jours après la mise en cave.

Une même couche peut servir à forcer plusieurs séries de bottes de racines ; cependant, si la cave est froide, il vaut mieux réchauffer préalablement la couche ancienne par une addition de fumier frais, ou en élever une seconde qui permet d'avoir une récolte ininterrompue.

Quand on introduit du fumier frais dans une cave où de la barbe de capucin a atteint un degré de végétation avancé, il faut bassiner légèrement les feuilles de chicorée pour éviter sur elles l'action désorganisatrice des vapeurs ammoniacales de ce fumier.

Un autre système de culture consiste à disposer les racines horizontalement en les superposant de manière à en former une sorte de meule dont la surface est comme hérissée de tous les bourgeons terminaux des racines. Ces dernières sont placées par lits qui alternent avec des lits de terre. Cette méthode donne des résultats moins bons, moins rapides que la précédente.

La barbe de capucin ne se conserve pas ; elle se garde

tout au plus quarante-huit heures, enveloppée dans une serviette mouillée.

Production des graines. Durée germinative. — Les reproducteurs, pour cette culture, ne sont généralement pas choisis et ce sont les plants réservés à l'extrémité d'une plate-bande qui, la seconde année de leur végétation, fleurissent et grainent sans qu'on en prenne soin. En septembre, les graines sont mûres; on coupe les tiges et on les rentre en un lieu sec et aéré.

La graine conserve pendant cinq ou six ans ses facultés germinatives.

Culture de la witloof.

On donne le nom anglais de witloof (en français *feuilles blanches*) à la *chicorée à grosses racines de Bruxelles* et plus particulièrement au bourgeon terminal, sorte de pomme blanche et turgescente (fig. 57) qui est le résultat de la culture.

Fig. 57. — Witloof. (Réduite au tiers.)

Tous nos soins ici doivent tendre à produire de grosses, très grosses, et longues racines, c'est-à-dire qu'une terre riche et profondément ameublie convient à cette chicorée.

Il faut semer du 15 mai au 1er juin en rayons espacés de 20 à 25 centimètres. Quand les jeunes plants ont quelques feuilles, on éclaircit et conserve entre les plants réservés une distance de 15 à 25 centimètres, suivant que le terrain est de fertilité moyenne ou riche. En éclaircissant, il y a souvent lieu de faire une sorte de sélection, réservant tous les sujets dont les feuilles dressées et contournées latéralement font prévoir un bourgeon terminal pommé ; détruisant, au contraire, les individus aux feuilles lâches et tombantes.

Les soins d'entretien consistent en un sarclage et quelques mouillures.

A partir d'octobre jusqu'en avril successivement, les racines sont arrachées, nettoyées, préparées comme les racines de la chicorée ordinaire ; elles pourraient être cultivées de la même façon, mais il est préférable de les planter sous châssis, sur une couche sourde, recouverte d'un lit de 18 centimètres de terre. La plantation à raison de 150 racines par châssis étant achevée, on étend par-dessus une couche uniforme de 20 centimètres de terreau usé, puis les coffres sont placés, recouverts de châssis et de paillassons.

Au bout de trois semaines, quand les premières feuilles de chicorée apparaissent à la surface du terreau, récoltez ; pour cela, glissez un couteau sous terre et coupez chaque bourgeon à 3 ou 4 centimètres au-dessous du collet. Ces bourgeons ont 16 ou 20 centimètres de long et un diamètre minimum de 3 centimètres.

PISSENLIT

Famille : Composées. — *Synonyme :* Dent de lion.

Origine. Description. Usage. — Plante indigène, vivace. Racine pivotante, feuilles radicales, roncinées et disposées en une rosette au niveau du sol. Fleurs jaunes, en capitule, graine aigrettée d'un jaune terne.

Les feuilles de pissenlit se mangent en salade ou cuites ; elles sont dépuratives, rafraichissantes.

Races. — Deux races surtout sont connues : l'une à rosette touffue, à cœur plein, l'autre à larges feuilles.

La première (fig. 58) est préférée ; elle est plus feuillue et monte plus lentement à graine.

CULTURE. — Le pissenlit diffère peu de la chicorée sauvage quant au mode et aux exigences de la culture.

Le plus souvent il se sème d'avril en juin, à demeure, en rayons profonds de 12 centimètres et espacés entre

Fig. 58. — Pissenlit à cœur plein.
(Réduit au cinquième.)

eux de 25 centimètres. Quand les plants ont quelques feuilles, ils sont éclaircis ; une distance de 6 à 8 centimètres est ménagée entre les sujets réservés.

Les soins d'entretien consistent en arrosages et sarclages. Pour faire blanchir, on enlève les plus fortes feuilles et on comble le rayon en abattant la terre des côtés. Dès novembre ou décembre, la récolte peut commencer. Les feuilles blanchies sont coupées entre deux terres.

Par un autre procédé, le pissenlit semé en pépinière est repiqué en planche à 15 centimètres en tous sens ; le blanchiment est obtenu par une couche de terre prise dans les sentiers dont on recouvre uniformément la planche (Voyez *Culture de la chicorée sauvage.*)

Le pissenlit se cultive aussi en cave comme la chicorée ordinaire et fournit une barbe de capucin estimée.

RENDEMENT.— Le rendement atteint le chiffre de 150 à 280 kilogrammes de feuilles à l'are.

PRODUCTION DES GRAINES. DURÉE GERMINATIVE. — Il suffit, pour avoir de la graine, de réserver sans les arracher, sans cultiver spécialement, les pieds bien francs à cœur plein. La graine sera récoltée de fin mai au 15 juin, en plusieurs fois, au fur et à mesure de sa maturité, à cause de la facilité avec laquelle elle se disperse naturellement.

Cette graine garde sa faculté germinative trois ans.

ÉPINARD

Famille des CHÉNOPODÉES.

ORIGINE. DESCRIPTION. USAGE. — Plante annuelle, dioïque, originaire de Perse, d'après de Candole. Tige dressée, rameuse, cannelée, de 80 centimètres à 1 mètre; feuilles alternes pétiolées, triangulaires entières, fleurs verdâtres. La graine demeure enfermée dans le calice renflé ou comprimé, inerme ou armé de deux, trois, quatre épines divergentes.

CLIMAT. SOL. ENGRAIS. — L'épinard se comporte mieux sous notre climat septentrional qu'au midi ; il résiste assez bien aux faibles gelées de —5° ou —6° C. La sécheresse de l'été, l'humidité des hivers pluvieux lui sont préjudiciables ; aussi le sème-t-on en été dans les terrains frais et en hiver dans les sols bien perméables.

Cette plante s'accommode surtout des engrais azotés : matière fécale, poudrette, nitrate de soude.

Le nitrate de soude s'emploie surtout au printemps, à raison de 3 ou 5 kilogrammes par are et concurremment avec le fumier décomposé ou un autre engrais complet.

Espèces et variétés. — Il existe deux espèces distinctes d'épinards.

L'épinard *inerme* ou de *Hollande*, dont les fruits sont inermes; il renferme les variétés suivantes :

Epinard rond ou de *Hollande* : feuilles larges, cloquées, vert foncé: c'est la variété la plus répandue.

Epinard monstrueux de Viroflay (fig. 59) : feuilles très larges, variété vigoureuse et robuste, avide d'engrais.

Fig. 59. — Épinard monstrueux de Viroflay.
(Réduit au sixième.)

Épinard lent à monter : variété excellente pour la culture de printemps et d'été, parce qu'elle monte à graine plus tardivement que les autres, ce qui permet une prolongation de récolte[1].

La seconde espèce d'épinard est l'épinard *cornu* ou *ordinaire* : ses fruits sont garnis d'épines.

Les deux variétés principales de cette espèce sont :

L'épinard *ordinaire* : feuilles étroites rappelant un fer de flèche (peu cultivé).

L'épinard d'*Angleterre* (fig. 60) : feuilles plus larges, plus nombreuses que dans la variété précédente. Bonne variété pour la culture de printemps et d'été.

[1] Vilmorin (Andrieux). — *Les plantes potagères.*

MULTIPLICATION. SEMIS. CULTURE. — Il se fait par année deux séries de semis séparées entre elles par les trois mois les plus chauds (juin, juillet et août).

Les semis de fin août, commencement de septembre, donnent leurs produits en automne, hiver et printemps;

Fig. 60. — Épinard d'Angleterre.
(Réduit au sixième.)

ils se font à la volée à raison de 300 grammes de graines par are sur terrain ameubli peu profondément. Après le semis, il est donné un hersage au ratcau, puis le sol est tassé et terreauté légèrement. La germination s'accomplit en huit ou dix jours. Par un temps sec, on l'empêche d'être retardée en donnant des bassinages. Quand les plants ont une ou deux feuilles, il y a lieu d'éclaircir et de sarcler au besoin.

Quand les feuilles ont de 7 à 10 centimètres de long,

il faut récolter ; ces feuilles se cueillent avec les ongles et une à une de manière que les folioles du cœur de la plante soient protégées pour une autre récolte.

Les cueillettes se succèdent ainsi jusqu'au printemps. L'hiver, par les fortes gelées, les épinards sont abrités au moyen de longue litière, de feuilles ou de paillassons maintenus par des gaulettes. D'ailleurs, les feuilles gelées ne sont pas perdues ; avant de les préparer, il suffit de les laisser dégeler dans de l'eau froide.

Au commencement de l'année, les semis se font à partir de février jusqu'en mai, tous les quinze jours successivement ; cette succession rapide est nécessaire parce que l'épinard de printemps monte très promptement à graine. On emploie l'épinard lent à monter et l'épinard d'Angleterre. Ces semis sont faits en rayons espacés de 25 à 35 centimètres. Beaucoup de jardiniers sèment l'épinard entre les lignes d'artichauts et de choux ; ils s'en trouvent bien.

Rendement. — L'épinard d'automne produit de 250 à 300 kilogrammes de feuilles par are. L'épinard de printemps est loin de fournir un rendement aussi fort à cause de son peu de durée.

Production des graines. Faculté germinative. — Voici généralement comment procèdent les jardiniers pour avoir de la graine d'épinard ; ils réservent toute une extrémité de planche sur laquelle ils enlèvent au printemps les touffes les moins feuillées ou mal constituées. En mai, les pieds conservés émettent une tige, puis des fleurs. Après la fécondation, les pieds mâles devenus inutiles sont arrachés. En août, la graine est mûre, les tiges sont coupées et disposées à l'ombre pour sécher. La graine est séparée de la plante par un battage au fléau. elle garde sa faculté germinative quatre ou cinq ans.

Insectes nuisibles. Maladies. — Le *puceron vert* et

une certaine chenille se rencontrent quelquefois sur l'épinard.

La *chlorose* ou *jaunisse* atteint souvent cette plante par les fortes chaleurs de l'été.

La *fonte* sévit en hiver dans les terrains gras imperméables, humides ; alors les feuilles, au lieu de rester vertes, prennent tout à fait un aspect visqueux et mou et puis disparaissent tout à fait ; on ne connait pas de remède à cette maladie.

LE CÉLERI A CÔTES

Famille : Ombellifères. — *Synonyme :* Ache.

Origine. Description. Usage. — Plante bisannuelle, indigène des prés humides du midi de la France. Racines fasciculées, fleurs petites, jaunâtres, réunies en ombelles ; graine fine, triangulaire. Toutes les parties de la plante sont aromatiques.

Les pétioles des feuilles blanchis par un procédé de culture sont consommés à l'état cuit ou cru.

Climat. Sol. Engrais. — Ce que nous avons dit de ces questions à l'article céleri rave s'applique au céleri commun.

Variétés. — Il convient de distinguer les céleris qui blanchissent naturellement de ceux qui ont besoin pour blanchir de subir l'étiolement par empaillage ou buttage. Parmi ces dernières on cultive surtout :

Le *céleri plein blanc :* feuilles à côtes vertes, quoiqu'en dise son nom. C'est une plante vigoureuse dont les feuilles pressées en faisceau et dressées atteignent 45 centimètres de haut.

Le *céleri turc :* plus vigoureux encore que le précédent dont il descend. — Port plus élevé; côtes moins larges.

Les deux principales variétés de céleri à côtes naturellement blanches sont :

1° Le *céleri doré de Chemin* : il est relativement petit,

Fig. 61. — Céleri plein blanc d'Amérique.
(Réduit au sixième.)

ses côtes ont une teinte pâle un peu jaunâtre. On leur reproche d'être un peu coriaces.

2° Le *céleri plein blanc d'Amérique* (fig. 61) : de dimensions un peu plus faibles que le précédent, mais très précoce ; ses côtes ont une blancheur, une tendreté qu'on ne trouve nulle autre part. L'hiver, il se conserve moins bien que les autres.

Multiplication. Semis. Culture. — Les premiers semis de céleri se font de fin février au 15 mars sur couche. Quand les jeunes plants ont deux ou trois feuilles, ils sont repiqués toujours sur couche et sous châssis de 4 à 5 centimètres en tous sens. On ne les plante définitivement en pleine terre que du 15 avril au 15 mai, et *en carré* à 30 ou 35 centimètres en tous sens, selon les variétés. La plantation *en quinconce* a l'inconvénient de rendre le buttage difficile.

Après la plantation, il est nécessaire de mouiller copieusement. D'autres arrosages sont donnés pendant la végétation. Le céleri est très avide d'eau.

Cette première plantation peut fournir des produits en septembre. Pour provoquer le blanchiment des variétés naturellement vertes, on les butte : la terre, prise dans les sentiers, de chaque côté de la planche, est glissée entre les lignes transversales des céleris, d'abord jusqu'au tiers de leur hauteur, puis, huit jours après, jusqu'aux deux tiers, et enfin, jusqu'à quelques centimètres de l'extrémité des feuilles.

Il est possible de faire blanchir le céleri autrement : en l'entourant de paille, de feuilles mortes, en couvrant les plates-bandes de paillassons, en arrachant les pieds et en les enjaugeant de manière que les limbes des feuilles saillissent seuls au dehors.

En ce qui concerne les premiers céleris, on ne butte que par portion de planche, de manière à ne pas avoir une trop grande quantité de pieds blanchis à la fois.

Les seconds semis se font du 15 avril au 15 mai en pleine terre, sur côtière. On sème clair et, après la germination, les plants sont éclaircis au besoin, car on ne repique pas en pépinière d'attente.

Les jeunes céleris demeurent où ils ont germé jusqu'au moment de la plantation définitive ; celle-ci se fait comme nous avons dit plus haut. Les soins d'entretien sont aussi les mêmes.

Les céleris *doré de Chemin* et *plein blanc d'Amérique* ne se buttent pas, mais ils ont besoin encore plus que les autres d'être mis à l'abri des froids. On les rentre en cave ou sous châssis, on les protège aussi d'une couche de litière, de feuilles mortes, etc.

PRODUCTION DES GRAINES. FACULTÉ GERMINATIVE. — Vers le mois de novembre, il faut choisir les reproducteurs; ceux-ci auront les caractères de leur variété et les feuilles dressées, à côtes aussi pleines, aussi larges que possible. Les individus de choix sont arrachés et plantés en motte à 60 centimètres en tous sens. A l'approche des froids, ces céleris sont protégés par un buttage et un peu de litière. Au printemps (fin mars), les céleris sont débuttés et nettoyés, débarrassés de leurs feuilles pourries.

En août, les graines sont mûres; il faut couper les tiges et les laisser sécher à l'ombre. La graine, séparée des branches par un frottement des ombelles entre les doigts, peut garder pendant sept ou huit ans sa faculté de germer.

OSEILLE COMMUNE

Famille : POLYGONÉES. — *Synonyme* : SURETTE, VINETTE.

ORIGINE. DESCRIPTION. USAGE. — Plante vivace indigène. Racine pivotante. Tige dressée de 30 à 80 centimètres de haut. Feuilles oblongues, pétiolées. Fleurs dioïques, réunies en grappe composée terminale. Graine contenue dans une enveloppe membraneuse. Les feuilles se mangent cuites.

CLIMAT. SOL. ENGRAIS. — Il n'est peut-être pas de légume s'accommodant mieux de conditions de culture mauvaise.

Néanmoins, si la plante est rustique, elle croît bien surtout dans un terrain frais, meuble, riche en humus et sous l'influence d'engrais azotés.

Variétés. — On cultive trois variétés :

L'*oseille de Belleville* (fig. 62). — C'est la plus répandue ; ses feuilles sont très amples et d'un vert blond.

Fig. 62. — Oseille de Belleville.
(Réduite au sixième.)

L'*oseille ronde*. — Feuilles arrondies, petites et courtes ; elle est précoce et résiste à la sécheresse.

L'*oseille vierge*. — Feuilles moyennes. Cette plante monte très lentement à graine, elle est propre à faire des bordures.

Multiplication. — La multiplication de l'oseille se fait par semis et division des souches.

Culture. — Au printemps (mars, avril), on arrache les vieilles touffes et on les divise ; chaque brin est formé d'une racine et d'un bourgeon au moins ; les brins sont plantés en bordure de 15 en 15 centimètres ou en planches, à 20 centimètres en tous sens.

Le semis est pratiqué pour une culture importante,

à la même époque, en rayons écartés de 25 centimètres. Quelques jours après la germination, il est fait des éclaircies à la suite desquelles il ne doit rester qu'une partie des plantules, écartées à 20 centimètres les unes des autres.

Environ soixante-dix ou soixante-quinze jours après l'ensemencement, la première récolte peut être faite. Toujours l'oseille se cueille feuille par feuille et non au couteau ou à la faucille. Avec ces outils, on coupe aussi les feuilles naissantes : le rendement annuel en est sensiblement réduit.

En plaçant des coffres et des châssis sur les planches d'oseille, puis, entourant les coffres de fumier et protégeant de paillassons la nuit, on peut récolter l'hiver.

Le plus souvent, cette culture forcée n'est pas faite parce que les ménagères préparent des conserves d'oseille, qui se gardent très bien d'une année à l'autre.

Production des graines. Faculté germinative. — Si l'on veut de la graine, il suffit de laisser fleurir un certain nombre de pieds.

A l'époque de la maturité, on récolte sur les pieds femelles dont le feuillage était le plus ample et le plus abondant. Cette graine vit de quatre à sept ans.

Insectes nuisibles.—L'*apion violet* est un petit coléoptère qui vit sur les feuilles de l'oseille et à leurs dépens.

La *pégomye* est une sorte de mouche qui attaque aussi cette plante.

Les dégâts de ces insectes ne sont jamais bien grands.

LA MACHE POTAGÈRE

Famille : Valérianées. — *Synonyme :* Bourseтте. Doucette.

Origine. Description. Usage.—Plante annuelle, indigène; tige d'abord simple se divisant plus tard en deux rameaux égaux dont chacun se divise lui-même en deux et ainsi de suite. Feuilles sessiles et spatulées, les inférieures réunies en rosette. Fleurs d'un bleu très pâle, réunies en glomérules terminaux. Graines petites, rondes, grisâtres.

On mange la mâche en salade.

Climat. Sol. Engrais. — Cette plante, excessivement robuste, végète pendant l'hiver et vit dans tous les sols même les plus pauvres.

Variétés. — Il existe six ou sept variétés de mâches. Sous le climat de Paris, on cultive surtout :

Fig. 63. — Mache ronde.
(Réduite au sixième.)

La *mâche ronde* (fig. 63), à feuilles plus courtes, plus larges que celles de la mâche commune.

Dans le midi de la France, la *mâche d'Italie* est préférée à cause de l'ampleur et de la couleur blonde de ses feuilles et aussi parce qu'elle monte à graine plus lentement que la mâche ronde. Cette variété ne résiste pas toujours à la température hivernale du climat de Paris.

Multiplication. — Semis.

Culture. — La mâche ne se repique pas; elle est semée à demeure.

Les ensemencements se font à la volée, depuis le 15 août jusqu'au 15 octobre sur un terrain préparé à cet effet. On emploie 100 grammes de graines à l'are. Le semis est légèrement hersé au râteau, puis tassé à l'aide d'une batte ou d'un rouleau. Des bassinages sont donnés s'il fait sec.

Quelque temps après la germination, un sarclage est utile et très profitable aux jeunes plants.

Les semis faits en septembre et octobre sont traités exactement de la même façon, mais ils ne produisent qu'en hiver et au commencement du printemps, tandis que sur le terrain ensemencé au mois d'août, on peut récolter dès l'automne.

Quand le potager a une surface restreinte, on sème la mâche sur une planche où il sera repiqué du poireau en septembre.

Production des graines. Faculté germinative. — Il faut marquer en hiver les pieds formant les touffes les plus larges et les mieux feuillées; on les arrache en motte au printemps et on les plante à 30 centimètres en tous sens. La floraison s'effectue en mai, les graines mûrissent au mois de juin. Il faut observer les pieds pour ne pas les arracher trop tard, car les fruits s'ouvrent et la graine s'épand facilement.

Après avoir séché à l'ombre, les pieds sont battus pour en séparer la graine; celle-ci garde ses facultés germinatives depuis cinq jusqu'à dix ans. En culture, la graine de deux et trois ans est la meilleure; elle germe sensiblement plus vite que la graine nouvelle.

III

LES LÉGUMES FRUITS

DÉFINITION.—Dans l'esprit des jardiniers, les légumes fruits sont ces plantes potagères dont on consomme le fruit (melon, tomate), ou la graine (petit pois, fève), ou seulement certaine partie de la fleur devenue charnue, succulente et comestible (fraise).

LE MELON

Famille : CUCURBITACÉES.

DESCRIPTION. ORIGINE. USAGE.—Le melon est une plante monoïque, c'est-à-dire qu'elle possède des fleurs mâles et des fleurs femelles sur le même individu. Les mâles paraissent les premières par fascicules de trois ou quatre. Les femelles, plus tardives, sont toujours solitaires; on les reconnaît à l'ovaire globuleux qu'elles portent au-dessous de leur corolle. En culture, les fleurs femelles prennent le nom de *maille;* ce sont elles qui produisent les fruits. Les corolles sont toutes monopétales et à cinq divisions. Les anthères — poches renfermant le pollen — ont une forme particulière : celle d'un caractère d'imprimerie qui représenterait une N grossièrement sculptée. Le fruit est une baie globuleuse ou oblongue divisée en un nombre variable de côtes. La chair du fruit est comestible, fondante, juteuse, plus ou moins sucrée et parfumée, jaune, verte ou rougeâtre. La graine est plate, obovale et blanchâtre. La graine du cornichon est plus mince, plus allongée, plus pointue.

Les tiges du melon sont couchées ou grimpantes par leurs vrilles quand elles ont des rames à leur portée. Les racines sont traçantes, leur extrémité s'écarte, quelquefois, à $1^{m},50$ et 2 mètres du pied.

Les botanistes admettent, par hypothèse, que les melons cultivés descendent de deux espèces, l'une découverte dans l'Inde anglaise, l'autre trouvée en Guinée sur les bords du Niger.

Les fruits mûrs se mangent à l'état cru. Tout petits, on peut les confire à la façon des cornichons ; un peu plus gros, ils se consomment préparés comme des concombres.

Climat. Sol. Engrais. — L'origine du melon indique des qualités rustiques peu développées chez la plante qui exige pour mûrir son fruit une somme considérable de chaleur.

Toujours, dans nos départements septentrionaux et, la plupart du temps, sous le climat de Paris, cette plante exige la chaleur artificielle d'une couche et la protection d'un châssis ou d'une cloche.

Les terres argilo-sableuses, terres de potager, fraîches, meubles, substantielles et fertiles, sont celles qui conviennent au melon.

Jusqu'à présent, il n'a été employé comme engrais dans la culture du melon que du terreau, c'est-à-dire du fumier tout à fait décomposé. Les engrais chimiques, riches en superphosphastes, pourraient, croyons-nous, assurer d'une façon plus certaine la fructification et la qualité des fruits.

VARIÉTÉS. — Les variétés du genre melon sont nombreuses, mais très instables. Toutes ont été classées en trois groupes :

1° *Groupe des cantaloups.* — Fruits déprimés ou globuleux, côtes larges bien accentuées, écorce épaisse, verruqueuse, charnue, tendre.

2° *Groupe des brodés.* — Fruits globuleux ou allongés, côtes peu apparentes, écorce recouverte d'un enchevêtrement de lignes grisâtres, saillantes, formant broderie.

3° *Groupe des melons lisses.* — Fruits de forme variable, ayant pour caractère principal le poli de leur surface.

Les pastèques ou melons d'eau appartiennent au genre cucurbita — citrouille ; — cultivées surtout dans le midi de la France où leur chair sert à la fabrication du résiné, elles mûriraient difficilement chez nous.

Les cantaloups, d'une qualité généralement supérieure, sont les plus cultivés. Les plus méritants, par ordre de précocité, sont les suivants :

Fig. 64. — Cantaloup noir des Carmes.

(Réduit au cinquième.)

Cantaloup noir des Carmes (fig. 64). — Fruit déprimé, vert noirâtre, écorce mince, à peine verruqueuse. Il pèse de 1 kilogramme à 1^{k}, 500. Fleurs nouant facilement. Plante vigoureuse, se recommande pour la culture forcée ;

Cantaloup Prescott hâtif. — Fruit sphérique, pesant de 800 à 1,000 grammes. Epiderme gris pâle, verruqueux, garni de taches vert foncé, qui brunissent à la maturité ; moins vigoureux que le noir des carmes et quelquefois meilleur. Egalement admis en culture forcée.

Cantaloup gris Prescott (fig. 65), ou cantaloup Prescott

à fond blanc; le meilleur dans la classe. Il varie beaucoup de forme, est déprimé ou élevé selon les localités. Côtes saillantes, peau verruqueuse, écorce épaisse devenant jaunâtre à la maturité du fruit qui pèse de 2 à 4 kilogrammes.

Ces appréciations sont relatives et s'appliquent aux variétés pures. Le cantaloup gris Prescott, qui est ici

Fig. 65. — Melon cantaloup gris Prescott.
(Réduit au cinquième.)

considéré comme le meilleur melon, peut s'abâtardir au point de devenir mauvais.

Multiplication. — Elle se fait par le semis des graines et le marcottage ou le bouturage des rameaux de troisième génération qui, dit-on, auraient la propriété de donner des fruits sans avoir besoin de se ramifier. Néanmoins, ce procédé est peu usité.

Culture. — Elle est dite *forcée* ou *ordinaire*. — La culture forcée se fait au moyen d'une chaleur factice fournie, dans un local clos et éclairé, par un thermosyphon ou par une couche chaude.

La culture ordinaire s'entreprend au printemps, en pleine terre et sans abri dans le midi, sur couche sourde, sous cloches ou châssis dans le nord.

C'est de la culture naturelle que nous nous entretiendrons; les personnes qui voudront entreprendre la culture forcée trouveront dans celle-là des principes pour celle-ci. Disons, cependant, que pour avoir des primeurs, la première saison peut se semer du 15 novembre au 1er décembre. La récolte se faisant du 15 mars au 1er avril, c'est quatre mois entre le semis et la cueillette.

Le plus souvent, cette première saison ne se fait qu'à partir de janvier, sur couche chaude épaisse de 60 centimètres et donnant une température de 22 à 25°. Les variétés préférées sont le Noir des carmes et le Prescott hâtif.

Pour *première saison ordinaire*, on sème dans les premiers jours de mars, sur couche sourde, autant que possible, et dans une terrine bien drainée, emplie de terreau pur ou additionné d'un tiers de terre franche criblée. Chaque pépin est isolé de ses voisins pour ne pas leur communiquer la pourriture, s'il en est atteint.

La graine d'un an donne une plante vigoureuse, moins fertile que celle fournie par une graine de deux ans; mais, paraît-il, avec des graines jeunes, la levée est plus assurée et le fruit plus précoce.

Il est d'usage d'employer la graine d'un an pour la culture forcée, et celle de deux ans pour la culture ordinaire.

Le semis est couvert d'un demi-centimètre de terreau. On doit entretenir autour, sous le châssis qu'on a couvert d'un paillasson, une température de 25 à 27° C.

Après quatre jours, les graines ont germé; on donne de la lumière, et de l'air si la température le permet. Quand les deux cotylédons sont bien apparents, on repique chaque plant sur la même couche ou sur une autre et dans un petit godet de 7 à 8 centimètres de diamètre. Les cotylédons ne doivent pas toucher le sol, ils pourriraient. Après un mouillage modéré, le châssis est placé; il reste fermé jusqu'à la reprise, — pendant trois ou quatre jours, — avec une température de 25 à 27° C. dans le sol et 22° C. dans l'air ambiant.

Les maraîchers des environs de Paris, au lieu de se servir de godets, repiquent leurs jeunes plants dans des vases en litière qu'ils ont moulés sur des pots à fleurs de petites dimensions. La transplantation, plus tard, se fait avec la litière qui entoure chaque pied ; elle est moins dangereuse et la reprise plus facile.

Environ une semaine après ce repiquage, les jeunes pieds ont chacun 2, 3, ou 4 feuilles, c'est au-dessus des deux premières qu'on taille, par un beau temps, pour que le soleil puisse aider à cicatriser les plaies. Cette première amputation est appelée *étêtement*.

Certains jardiniers étêtent les jeunes melons au-dessus de la troisième feuille, en retranchant l'œil qui se trouve à son aisselle. De cette façon. la coupure se cicatrise promptement, l'épanchement de la sève est vite calmée, la pourriture est moins à craindre.

La mise en place se fait dix-huit ou vingt jours après le semis et deux ou trois après la première taille, sur une couche sourde qu'on a établie comme il suit. La couche sourde repose dans une tranchée de 75 centimètres de large et 30 centimètres de profondeur. La longueur indéterminée ne doit cependant pas aller au delà de 15 ou 20 mètres. Le fumier de la couche ne dépasse pas le niveau du sol ; il est garni de coffres, puis recouvert de 15 centimètres de bonne terre provenant d'une tranchée ouverte parallèlement à la première.

On plante, par châssis, « trois pieds » si ce sont des variétés précoces et naines, deux seulement si la variété adoptée est géante. Aussitôt après la plantation, on place les châssis et l'on jette dessus, plié en deux, un paillasson qui préserve les melons du soleil, sans empêcher la terre d'être échauffée par ses rayons. Chaque paillasson, si le ciel est découvert, est maintenu jusqu'à la reprise parfaite des plants. Pour éviter l'encombrement, la plantation — à 2 par châssis — doit être établie sur une ligne passant par le milieu du coffre, dans le sens longitudinal.

Deuxième taille. — A la suite de l'étêtement qu'il a subi, chaque plant fournit deux ramifications ou bras opposés que l'on conduit dans le sens de la pente du châssis : l'un montant cette pente, l'autre la descendant. Ces bras constituent la première génération de branches. Lorsqu'ils ont développé chacun quatre ou cinq feuilles, ils sont taillés au-dessus de la troisième. Après cette seconde taille, il est pratique de répandre un paillis sur toute la surface qu'occupera plus tard la ramure du melon. Le paillis, nous le savons, économise quelques arrosages.

La seconde taille a eu pour effet de donner naissance à une seconde génération de branches dont le nombre, à moins d'accident, égale toujours, sur chaque bras, celui des feuilles conservées.

Troisième taille. — Dès qu'il est possible, chacune de ces branches — six par pied — se coupe encore au-dessus de trois feuilles : c'est la troisième taille.

Les fleurs mâles sont épanouies depuis longtemps.

Quatrième taille. — Après la troisième taille, il naît, sur les branches qui l'ont subie, des rameaux de troisième génération qui portent simultanément des fleurs des deux sexes. Ces rameaux sont arrêtés dans leur élongation à une feuille au-dessus d'une *maille* ou fleur femelle fécondée : c'est la quatrième taille. Quand les jeunes melons ont acquis le volume d'une noix, on en choisit deux ou quatre par pied, selon que la variété est à fruit plus ou moins volumineux ; tous les autres sont supprimés. A la suite de ces tailles répétées, le melon, très souvent, émet sur sa tige des bourgeons adventifs plus ou moins vigoureux. Il faut les enlever radicalement. Les cotylédons ont été retranchés lors de la seconde taille.

Quelques maraîchers ne conservent qu'un fruit par pied, surtout en culture forcée. Ils ont raison d'agir ainsi, mais cela ne les empêche pas de ménager un « regain », s'ils le peuvent.

Dès qu'un fruit est noué, il ne lui faut pas plus de quarante-cinq à cinquante jours pour se développer et mûrir.

Les soins de culture : ce qu'on appelle ombrer, aérer, arroser, bassiner, pourraient donner lieu à tout un chapitre ; il nous suffira de les signaler avec une petite note à l'appui de chacun.

Ombrer par un grand soleil les trop jeunes plants et surtout ceux nouvellement plantés. Ombrer aussi quand, sans transition, le soleil apparaît après une période brumeuse de plusieurs jours.

Arroser chaque fois qu'il en est besoin, toujours à une assez grande distance autour du pied et avec de l'eau à la température de l'air dans lequel les melons vivent.

Aérer quand la température extérieure n'est pas trop basse et toujours à l'opposé du vent.

Bassiner : (c'est répandre de l'eau sur les parties aériennes d'une plante en se servant d'une seringue). C'est souvent à l'insecticide qu'on bassine les melons pour les débarrasser d'insectes nuisibles. Nous reviendrons plus à propos sur cette question.

Pendant juin, juillet, août, comme on traverse une phase de beaux jours, les melons peuvent être mis à l'air libre, débarrassés de tout abri.

En cas de pluies froides, persistantes, et pour la dernière saison surtout, les châssis, les cloches redeviennent de rigueur. Assez fréquemment, la tablette d'une serre chaude est nécessaire pour compléter la maturité des derniers fruits.

La récolte se fait quatre mois ou quatre mois et demi après le semis. Pour vingt pieds plantés simultanément, elle peut durer un mois et davantage, surtout si les individus ne sont pas de même variété, parce qu'alors ils n'ont pas le même degré de précocité. On pourra se guider sur ces faits pour échelonner les semis et avoir constamment des fruits pendant la saison.

Considérons une culture par série de vingt pieds : le premier semis fait au 15 mars fructifiera du 15 juillet au 15 août. Le second se fera nécessairement le 15 avril pour fructifier du 15 août au 15 septembre, le troisième aura lieu au 15 mai et donnera récolte depuis mi-septembre jusqu'à mi-octobre.

Les cinq sens ne sont pas de trop pour juger qu'un melon est mûr et bon. Il est à point pour la récolte lorsque son pédoncule est cerné et que la teinte herbacée de son épiderme s'efface pour faire place à une couleur plus pâle, plus jaunâtre.

Il est bon, s'il pèse beaucoup, si son parfum frappe agréablement l'odorat, s'il rend un son mat, sous un coup de doigt, si la partie avoisinant son pédoncule est élastique.

Cueilli mûr, le melon peut être consommé de suite, après avoir été refroidi dans une cave. Récolté un peu avant maturité, il peut s'expédier, toujours après avoir été refroidi, ou bien se conserver de trois à quatre jours, au frais.

Production des graines. Faculté germinative. — Les graines doivent se choisir dans les fruits possédant bien tous les caractères de la race et nés sur des pieds qu'on reconnaît pour ne pas avoir eu de relations avec d'autres espèces ou variétés. Elles sont lavées, séchées à l'ombre et conservées par les procédés ordinaires ; leur faculté germinative persiste six et dix ans.

Animaux nuisibles. — La *grise* : petit acarien, vit à la partie inférieure des feuilles, auxquelles il nuit par ses succions répétées. On détruit la grise par des bassinages à l'eau de tabac au vingtième, ou des fumigations. Les bassinages seront donnés sous les feuilles où se tient la grise. Pour faciliter l'opération, il suffit de retourner les branches sens dessus dessous; on les replace ensuite dans leur position normale.

Le *puceron noir* vit indistinctement sur le pavot, la fève et le melon ; on le détruit en « seringuant » les parties attaquées avec du jus de tabac, étendu de quinze ou vingt fois son volume d'eau.

Maladies. — C'est d'abord le *blanc*, champignon que l'on combat avec la fleur de soufre ; puis le *chancre*, sorte de décomposition des tissus qui porte indifféremment sur les tiges et les fruits. — Enlever jusqu'au vif toutes les parties affectées ; recouvrir la plaie de cendre, de plâtre en poudre, voire même de collodion.

Enfin, c'est la « *nuile* » qui, sur les fruits, est la cause d'ulcères très difficiles à guérir. On préserve les melons de cette dernière maladie en les protégeant contre les pluies froides et les brouillards qui en sont la principale cause déterminante.

LES COURGES

Famille : Cucurbitacées
Synonyme : Potiron, Giraumon, Citrouille.

Origine. — Description. — Usage. — Plantes annuelles à tiges herbacées, couchées ou grimpantes, très rameuses, munies de vrilles. Feuilles pétiolées à limbe orbiculaire, dont les bords sont découpés plus ou moins profondément. Fleurs jaunes, unisexuées, les mâles et les femelles séparées les unes des autres sur le même pied. Fruits charnus, globuleux, aplatis, piriformes ou ovoïdes et généralement côtelés.

D'après M. Naudin, les courges cultivées appartiennent aux trois espèces suivantes :

1° *Courge potiron :* fruit globuleux, déprimé aux extrémités ; feuilles réniformes, ridées, garnies de poils rudes ; origine incertaine ;

2° *Courge musquée :* feuilles découpées, pédoncule épaté dans sa partie qui adhère au fruit ; chair parfumée ; originaire de l'Inde ;

3° *Courge pépon* ou *citrouille :* fruit ovoïde ou oblong ; feuilles profondément lobées, à lobes découpés ; cette espèce serait américaine.

Ces trois espèces renferment chacune un assez grand nombre de variétés, nous en étudierons quelques-unes tout à l'heure.

Les courges se mangent généralement à l'état cuit, dans le potage. Assez souvent on en fait des pseudo-confitures d'abricot.

Climat. Sol. Engrais. — Les courges ne supportent pas les gelées ; aussi, en France, ne les livre-t-on à la pleine terre qu'à partir du mois de mai. Un sol léger, riche et très profondément ameubli leur est favorable, mais certaines variétés, si ce n'est toutes, croissent et fructifient jusque sur les sols secs, pierreux et en pente des vignobles. Néanmoins, comme la plante est avide d'engrais et d'eau, le jardinier provoquera une excellente végétation sous tous les rapports en arrosant les pieds avec des engrais liquides, tels que purin coupé d'eau et additionné de 20 à 30 grammes de superphosphate de chaux par décalitre de liquide.

Variétés. — Au point de vue pratique, nous devons considérer surtout le volume et la qualité du fruit de chaque variété.

Dans les maisons bourgeoises, on adoptera, de préférence, les variétés à fruits petits ou moyens ; ils se prêtent mieux que les gros fruits à la conservation hivernale.

Parmi les courges potirons, il faut surtout recommander :

Le *potiron gris de Boulogne* (fig. 66), fruit déprimé, mesurant près de 1 mètre de diamètre, à épiderme

Fig. 66. — Potiron gris de Boulogne.
(Réduit au dixième.)

garni et comme enveloppé d'un réseau de lignes en relief formant une broderie compacte et grisâtre ; chair jaune, de bonne qualité : conservation facile et prolongée tant que le fruit n'est pas entamé ;

Le *potiron turban* ou *giraumon*. — Variété dont le fruit généralement rouge panaché de vert et jaune rappelle la forme du bonnet turc dont on lui a donné le nom. Ce fruit relativement petit pèse de 3 à 7 kilogrammes ; il fournit une chair excellente ;

La *courge de l'Ohio* (fig. 67). — Fruit en forme de toupie, rouge clair, légèrement côtelé, pesant de 3 à 8 kilogrammes.

Fig. 67. — Courge de l'Ohio.
(Réduite au sixième.)

Les fruits des variétés appartenant aux espèces musquées et pépon, bien que consommés aussi, ne sont pas utilisés de la même manière.

Ainsi, dans la première espèce (Courges musquées) :

La *courge de Yokohama*, qui rappelle par sa forme et sa couleur un fort melon Prescott, la *courge Carabacette*, à fruits longs et étroits, sont employées surtout pour la confection des confitures.

Parmi les courges pépon, les variétés : *courge à la moelle*, *courge non coureuse*, *courge d'Italie*, fournissent des fruits qui, cueillis avant maturité, sont consommés en salade à la manière des concombres.

MULTIPLICATION. — Semis.

CULTURE. — Les courges se sèment du 1er au 15 mai,

sur couche tiède et en pot de 10 centimètres ; on les conserve jusqu'à l'époque de la plantation (fin mai).

On a semé deux ou trois graines par pot, mais après la germination un seul plant a été conservé.

Le procédé le plus pratique consiste à semer sur place dans la seconde quinzaine de mai. A cet effet, sur chaque point que doit occuper une courge, on ouvre un trou de 50 centimètres de profondeur, sur 40 centimètres de côté ; ce trou est rempli de fumier décomposé, tassé, mouillé et recouvert en butte avec la terre extraite. On sème dans un petit poquet, au sommet de cette butte, deux ou trois grains.

Après germination, un seul plant est gardé.

Les distances auxquelles on établit ces plantations dépendent du développement des parties aériennes des variétés ; 2 mètres sur 1 mètre sont des mesures fréquemment adoptées.

Comme chez le melon, les fleurs fructifères de la courge apparaissent sur les branches de troisième génération ; aussi a-t-on conseillé de soumettre cette plante à une taille analogue. Disons qu'elle n'est pas nécessaire.

Quand les fleurs femelles sont nouées, c'est-à-dire quand les fruits sont apparents, il faut en choisir une certaine quantité et supprimer les autres. — Sur les variétés à très gros fruit (*potiron gris de Boulogne*), on n'en conserve qu'un.

Sur les variétés à petits fruits (*courges turban, de l'Ohio*), il en est gardé jusqu'à trois ou quatre, également répartis sur l'ensemble des branches.

L'éclaircie des fruits étant faite, il faut raccourcir de quelques centimètres toutes les branches stériles et pincer les branches fertiles à deux feuilles environ au-dessus du fruit.

Le marcottage de ces mêmes branches, pratiqué à une faible distance au-dessous du fruit, favorise encore l'accroissement de celui-ci à cause du supplément d'engrais que procurent à la plante les racines adventives de la partie marcottée.

Quelques arrosages seront donnés.

Il est facile de reconnaître la maturité des fruits à leur volume, à l'aspect des feuilles qui jaunissent. En tous les cas, on les récolte avant les premières gelées; ils sont conservés dans les caves saines, dans les celliers.

Production des graines. Faculté germinative. — Les graines seront choisies comme celles des melons, dans les fruits les plus beaux, les mieux faits, ayant bien la forme typique de la variété. Ces graines sont lavées et séchées à l'ombre.

Elles gardent trois ans leur faculté germinative. Les graines des courges *musquées* et *pépon* sont plus vivaces; après six et sept ans, elles germent encore.

LE CONCOMBRE

Famille : Cucurbitacées. — *Synonyme :* Cocombre.

Origine. Description. Usage. — Plante annuelle originaire de l'Inde. Tige rampante, herbacée, garnie de poils rugueux. Feuilles alternes, cordiformes, lobées, rugueuses aussi. Fleurs unisexuées, portées par le même pied et se succédant pendant longtemps. Fruits allongés, irrégulièrement cylindriques, à épiderme lisse ou verruqueux.

Les fruits du concombre sont consommés à l'état cru, en salade, lorsqu'ils ont cessé de grossir, ou cueillis encore jeunes et confits au vinaigre sous le nom de cornichons.

Climat. Sol. Engrais. — Sous ces rapports, les exigences du concombre sont à peu près celles de la courge. Cependant ici les arrosages à l'engrais liquide ne sont pas aussi utiles.

VARIÉTÉS. — Le *concombre à cornichon* (fig. 68), variété spécialement cultivée pour la préparation des cor-

Fig. 68. — Concombre à cornichons.
(Jeunes fruits, grandeur naturelle.)

nichons. Fruit verruqueux, jaune quand il est mûr, mais toujours cueilli à l'état vert, alors qu'il atteint le volume du petit doigt.

Le *concombre blanc gros de Bonneuil.* Fruit très gros, de forme allongée, ovoïde, portant en général trois faces légèrement aplaties reliées entre elles par des surfaces rondes.

Le *concombre blanc hâtif.* Fruit précoce, cylindrique ou à peu près, dont le diamètre est environ le tiers de la longueur; sa couleur d'abord verte devient d'un blanc crème lors de la maturité.

Le *concombre Rollisson's Telegraph* (fig. 69). Fruit vert, long, précoce, bien cylindrique, légèrement cannelé, à chair abondante et compacte. Cette variété d'origine anglaise est utilisée pour la culture des primeurs.

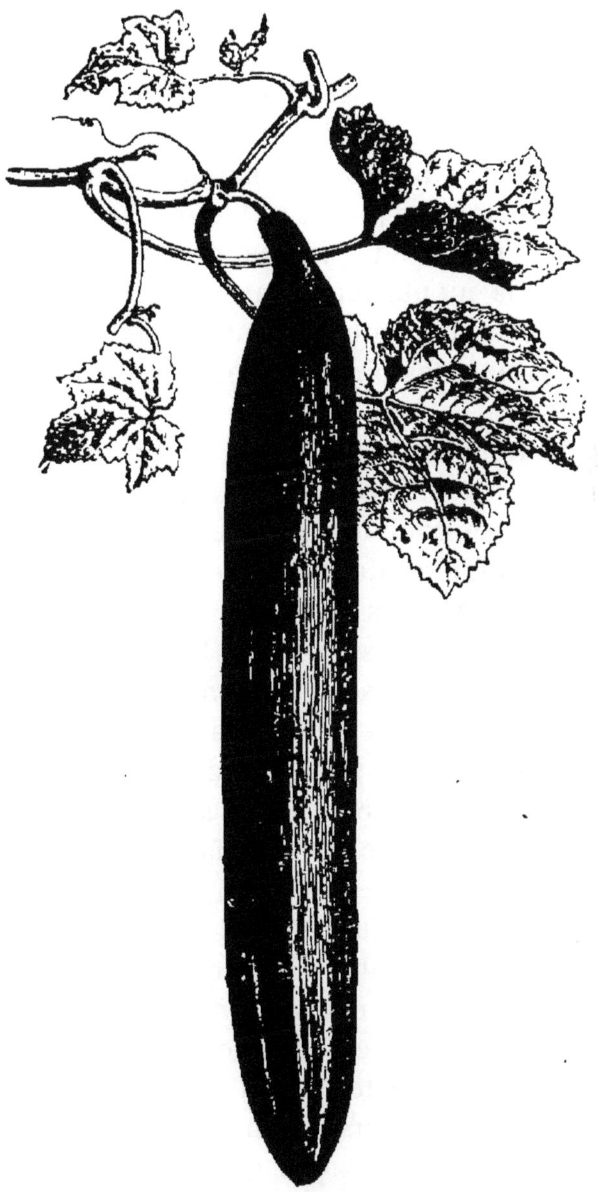

Fig. 69. — Concombre Rollison's Telegraph.
(Réduit au cinquième.)

Multiplication. — Semis.

Culture forcée. — Elle se fait avec les variétés blanc hâtif et Rollisson's.

Le premier semis peut être fait au 15 décembre sur couche chaude de 15°, mais, le plus souvent, en maison bourgeoise surtout, il est retardé et se pratique seulement pendant la première moitié du mois de février sous châssis, et sur couche chaude de 20 à 22° C.

Quand les jeunes plants ont deux feuilles normales, ils sont repiqués en pépinière d'attente, toujours sous châssis et à la même température de couche.

Lorsque les concombres sont remis de cette transplantation, il faut les pincer à deux feuilles au-dessus des cotylédons.

Deux ou trois semaines après ce premier repiquage, les concombres, enlevés en mottes, se plantent définitivement sur une couche semblable recouverte de 0m,20 de terreau mélangé de terre; cette plantation se fait à raison de deux ou trois plants par châssis et sur une seule ligne tracée à égale distance des bords supérieurs et inférieurs du coffre. Les plants sont mouillés, les coffres fermés et les châssis ombragés pour hâter la reprise. La nuit, on couvre de paillassons.

A la suite de la taille de la tige à deux feuilles, chaque plant émet deux branches qu'il faut diriger perpendiculairement à la ligne de plantation, l'une vers le sommet, l'autre vers la base du coffre. Ces branches sont pincées au-dessus de quatre ou cinq feuilles environ, il en résulte l'émission d'autres branches appartenant à la seconde génération. Ce sont elles qui portent les fleurs femelles, c'est-à-dire les fruits.

Dans le choix de ceux-ci, on procède par élimination et en plusieurs fois de façon que tous les concombres d'un même pied ne mûrissent point en même temps ni dans un laps de temps trop court.

Un seul pied peut produire huit ou dix fruits qui, choisis successivement, mûrissent de même.

La branche sur laquelle on choisit un fruit est toujours pincée à deux feuilles au-dessus de l'insertion de celui-ci.

Les soins d'entretien consistent en arrosages, bassinages et aérages.

La récolte commence environ trois mois après le semis, soit vers fin avril.

CULTURE DE PLEINE TERRE. — Les variétés employées sont le blanc hâtif, le vert à cornichon et le blanc de Bonneuil.

Les semis se font sur couche tiède en fin avril avec repiquage sur couche semblable quelques jours après la germination. La plantation en motte est faite vers le 15 mai sur côtière. Les plants disposés sur une seule ligne sont espacés à 60 centimètres les uns des autres.

A défaut de côtière, on cultive le concombre sur couche sourde établie avec le fumier d'anciennes couches au fond d'une tranchée large de 50 centimètres, profonde de 30 centimètres. La couche étant recouverte d'une épaisseur de 20 centimètres de terre, la plantation se fait sur une ligne comme il vient d'être dit.

Pendant quelques jours, les plants seront abrités de cloches qui hâteront la reprise.

On évite l'emploi des cloches en élevant les concombres sous châssis, à raison de un par pot à fleur de 10 centimètres de diamètre.

Lors de la plantation, si l'on a opéré avec soin, sans briser la motte de terre que retiennent les racines, la végétation des plants ne subit aucune secousse, aucun arrêt, les feuilles ne se flétrissent pas.

Les personnes qui n'ont point de couches pourront semer en place, sur côtière, aux distances indiquées, à raison de trois ou quatre graines par place et sous cloche si c'est possible. Sans cloches, les semis devraient être retardés au moins jusqu'au 15 mai. Après la germination, il est conservé seulement un pied par place.

La taille est celle indiquée à l'article *Culture forcée*. Des arrosages sont fréquemment donnés.

Production des graines. Faculté germinative. — Les fruits pleins, lourds, bien formés, issus de plants vigoureux et sains sont ceux qu'il faut spécialement choisir pour la production des graines ; on les laisse bien mûrir ; leur graine extraite est traitée comme celle du melon ; elle se conserve vivante une dizaine d'années.

Parasites animaux. — Un acarien, la *grise*, et un insecte, le *puceron*, attaquent le concombre. Nous avons indiqué (*culture du melon*) comment il faut combattre ces deux parasites.

LE HARICOT

Famille : Légumineuses. — *Synonyme* : Phaséole.

Origine. Description. Usage. — Les données qui présentent le haricot comme originaire de l'Amérique du Sud sont hypothétiques, un peu moins pourtant que celles qui tendent à lui assigner une origine indienne. C'est une plante annuelle à tiges de hauteur variable très élevées et alors volubiles, ou courtes et dressées, ou demi-naines.

Feuilles trifoliolées à folioles ovales terminées en pointe. Fleurs papilionacées, réunies en petites grappes axillaires courtes, à pédicelles géminés. Ces fleurs sont blanches, roses, violacées ou bicolores. Le fruit est une gousse rectiligne ou arquée, terminée en pointe, cylindrique ou méplate, unicolore, marbrée de rouge ou de violet. Quand la gousse n'est point tapissée intérieurement d'une membrane parcheminée, le haricot est dit *mange-tout*.

Graine généralement réniforme ou ronde, de couleur variable.

Les parties comestibles de ce légume sont les fruits encore verts et les graines que l'on consomme à l'état frais ou sec.

Climat. Sol. Engrais. — Le haricot ne peut résister à la gelée, si faible qu'elle soit ; aussi sème-t-on cette plante tard en saison et protège-t-on les derniers semis des gelées tardives ; néanmoins, on peut cultiver le haricot en toute la France. Il lui faut, pour mûrir, une somme de 1500 ° C., un peu plus ou un peu moins, selon que les variétés sont tardives ou précoces.

Les climats chauds et humides (climats marins) lui sont favorables ; la sécheresse excessive du sol et de l'atmosphère est contraire au haricot.

Quand ils sont sains et bien ameublis, tous les sols conviennent à ce légume ; les meilleurs sont ceux de nature siliceuse et fraîche. Les sols calcaires, sableux, gypseux ou glaiseux ne sont pas convenables.

Comme la plupart des représentants de la famille des légumineuses, le haricot n'éprouve point, de la part des engrais azotés, une poussée de végétation remarquable. Le fumier employé en trop forte proportion provoque surtout un grand développement foliacé ; aussi, à cause de cela, il est dans les habitudes des jardiniers de ne semer le haricot que sur un sol anciennement fumé et ayant déjà produit une récolte. Les cendres de bois, les engrais chimiques complémentaires (sels de potasse et superphosphates) conviennent à cette plante. Concurremment avec le fumier incorporé un an à l'avance, on pourrait employer, à raison de 40 ou 50 grammes par mètre carré, le mélange suivant :

Superphosphate de chaux. . .	2 parties.
Chlorure de potassium.	1 partie.

GROUPES ET VARIÉTÉS. — Tous les haricots cultivés

Fig. 70. — Haricot de Soissons.

(Réduit au douzième.)

pour l'alimentation peuvent se classer en quatre groupes

comprenant chacun un grand nombre de variétés dont nous nommerons les meilleures.

1er *Groupe :* **Haricots grimpants à parchemin.** — Il comprend : le *haricot blanc à longue cosse*, très apprécié pour la production des haricots verts. — Le *haricot de Soissons* (fig. 70), plus élevé que le précédent, cultivé surtout pour la production du grain qui, très gros, à pellicule peu épaisse, se consomme à l'état frais ou sec. — Le *haricot de Liancourt*, cultivé dans le même but que le haricot de Soissons ; son grain est plus petit. — Le *haricot Sabre*, très vigoureux, très élancé, se consomme à l'état vert et à l'état sec. Sa taille élevée (3 mètres) nécessite l'emploi de rames très longues. — Le *haricot de Chartres ;* il est demi-nain et pourrait à la rigueur se passer de rames ; son grain est de couleur vineuse.

2e *Groupe :* **Haricots à rames sans parchemin.** — Le *haricot Prédome ;* il passe pour être le meilleur de ce groupe ; ses gousses absolument tendres se consomment quand le grain atteint une demi-grosseur ; elles ne s'épluchent pas. Le grain seul se consomme aussi à l'état frais. — Le *haricot Princesse*, un peu plus productif, plus vigoureux que le précédent, duquel il se rapproche par les autres caractères. — Le *haricot de Prague blanc*, variété tardive, mais très fertile, à rendement élevé. — Le *haricot Coco rosé* ou *châtaigne ;* son grain se mange à l'état sec. — Le *haricot* d'*Alger* ou *beurre* (fig. 71); ses gousses sont bien charnues et restent dans cet état même quand la graine a cessé de grossir.

3e *Groupe :* **Haricots nains parcheminés.** — Le *haricot de Soissons nain*, peu fertile, à grains plus petits que ceux de la variété grimpante. — Le *haricot flageolet*, dont il existe plusieurs variétés parmi lesquelles : le *haricot flageolet nain hâtif de Hollande*, employé pour la culture forcée. — Le *haricot flageolet Chevrier*, à grains verts, dont les grains restent verts même quand ils sont secs, à condition d'avoir été cueillis un peu avant leur maturité absolue. — Le *haricot flageolet à feuilles gau-*

Fig. 71. — Haricot d'Alger.

(Réduit au douzième.)

frées, très nain, rustique, cultivé sous châssis et en plein champ. — Le *haricot flageolet très hâtif d'Etampes*, (fig. 72), précoce ; il peut donner des produits après cent-dix jours de végétation.

Citons aussi les haricots : *Noir de Belgique*, *Bagnolet*, et *Chocolat Vavin*, cultivés exclusivement pour la production en vert.

Fig. 72. — Haricot flageolet, très hâtif d'Etampes.
(Réduit au huitième.)

4e Groupe : **Haricots nains sans parchemin.** — Les haricots nains sans parchemin sont beaucoup moins productifs que les haricots grimpants ; cependant, comme ils sont plus précoces, on en cultive quelques-uns que nous nous contentons de citer : le *haricot Prédome nain*, le *haricot Princesse nain*, le *haricot de Prague marbré*, le *haricot Beurre nain noir* (fig. 73).

MULTIPLICATION. — Semis.

CULTURE

Le haricot se cultive en primeur et en pleine terre. La culture de primeur varie un peu, selon qu'elle est faite en *bâche à forcer*, *sur couche et sous châssis*, en *serre dans des pots* ou *en pleine terre sous châssis*. Les produits de ces cultures sont mangés à l'état de haricots verts ou de grains frais.

Les variétés préférées sont : le *haricot flageolet d'Etampes*, à cause de son étonnante précocité, le *haricot*

Fig. 73. — Haricot beurre nain.
(Réduit au huitième.)

flageolet à feuilles gaufrées et le *noir de Belgique*, à rendement plus élevé.

Culture forcée. — A. *Bâche*.

La bâche est une sorte de coffre fixe, construit en maçonnerie au niveau du sol ou en contre-bas et couvert d'un châssis ; la bâche à forcer se chauffe par un thermosiphon.

Il est inutile d'insister beaucoup sur cette culture presque luxueuse à laquelle les importations algériennes et espagnoles font dès le mois de février une rude concurrence.

La première saison se sème du 1er au 3 décembre ; la seconde, du 23 au 25 décembre ; la troisième et dernière, du 10 au 12 janvier.

La récolte commence environ quarante-cinq à cinquante jours après le semis ; elle dure en moyenne une vingtaine de jours.

Le rendement varie de 300 à 1,000 grammes par châssis, selon que la saison est première ou dernière.

CULTURE FORCÉE. — B. *Couche.*

Moins coûteuse, plus rémunératrice que la précédente, cette culture se fait couramment dans les potagers. On la commence du 15 au 30 janvier. Le semis se fait en pépinière, sur couche chaude de 25° C. ; les graines sont recouvertes de 2 centimètres de terreau, les châssis placés et garnis de paillassons.

En quatre ou cinq jours, la germination s'accomplit, les paillassons sont enlevés le jour et il est donné un peu d'air. Dix ou douze jours après le semis, les plants sont à point pour la plantation qu'il ne faut pas retarder. On plante sur couche semblable à la précédente, chargée de 15 centimètres de terre légère ; les plants sont disposés sur trois rangs, à 15 centimètres sur le rang ; le premier rang à 40 centimètres du bord supérieur du coffre, le second à 30 centimètres du premier ; le troisième à 30 centimètres du second.

Chaque pied de haricot sera enfoncé jusqu'aux cotylédons.

Après la plantation, il est donné un bassinage, les châssis sont placés et recouverts de paillassons ; cet enveloppement des plants dans un air limité et obscur favorise leur reprise. Au bout de deux, trois ou quatre jours, il faut donner de l'air et de la lumière.

Lorsque les tiges mesurent environ 25 centimètres on les incline vers le haut du coffre en commençant par le rang supérieur. L'inclinaison est maintenue par des baguettes ; elle empêche le contact des feuilles avec les vitres et favorise la pénétration de la lumière. La floraison s'accomplit environ trente ou trente-cinq jours après le semis. Un effeuillage modéré et raisonné, fait à ce moment, favorise la fécondation et empêche la pourriture de se déclarer. Dix à douze jours après l'épanouissement des premières fleurs, les gousses ont 8 centimètres de long ; il est fait une première récolte. Les autres suivent à deux ou trois jours d'intervalle. Chaque fois que la chose est utile, il faut arroser, mais de préférence après une cueillette.

Les récoltes, sur une culture soignée, peuvent se succéder pendant cinq à six semaines, à condition qu'elles soient régulièrement faites ; quelquefois les dernières gousses sont réservées pour la récolte en grain.

Les saisons se continuent jusqu'en fin mars. Les derniers semis seront surveillés attentivement à cause des arrosages, qui doivent être plus fréquents, et du soleil contre lequel il faut ombrager plus souvent.

Culture a froid sous chassis ou sous cloche. — Elle s'entreprend en avril ; les châssis ou cloches sont placés quelques jours à l'avance sur le sol à ensemencer pour qu'il puisse s'échauffer.

Le semis se fait dans le courant d'avril, sur couche, avec plantation cinq jours après la germination, ou bien il se fait à demeure. Dans le courant de mai, les gelées n'étant plus à craindre, les châssis, les cloches sont enlevés. La récolte commence vers le 15 juin ; elle dure un mois et demi.

Culture de pleine terre. — En pleine terre le haricot devient une plante potagère de moyenne et de grande culture.

Nous avons dit quel est le sol qui convient à ce genre de légume ; il devra être ameubli profondément plutôt deux fois qu'une.

Les premiers semis se font dès le commencement d'avril dans le midi. Sous le climat de Paris et dans le nord de la France, ces semis ont lieu un mois plus tard (commencement de mai).

Les semis se succèdent plus ou moins longtemps selon la nature des produits qu'ils sont appelés à donner.

Ainsi, sous le climat de Paris, l'époque la plus tardive des derniers semis est ainsi fixée :

Pour récolter en sec		15 juin
—	en grain frais .	15 juillet
—	en vert	fin août.

Il est juste de dire que les semis de fin août ont quelquefois besoin d'être abrités des premières gelées.

Les haricots nains se sèment en poquets ou touffes; les haricots grimpants sont, de préférence, semés en rayons ou lignes.

Dans les semis en touffes, celles-ci sont écartées à 45 et 50 centimètres entre elles; chaque poquet (sorte de petite cuvette) a une profondeur de 5 centimètres; on y jette en les espaçant aussi régulièrement que possible cinq ou six graines qu'on recouvre de 3 centimètres de terre au maximum.

Quand on sème en rayons, ceux-là doivent être écartés à 40 ou 60 centimètres s'il s'agit de variétés naines, et à 70 ou 80 centimètres s'il s'agit de variétés à rames.

On dispose les graines à la main ; elles sont distantes de 10 à 12 centimètres.

Le haricot grimpant doit être cultivé de préférence en planches séparées par des sentiers larges de 60 centimètres, ou alternant avec des planches de légumes nains qui n'empêcheront pas la circulation de l'air et la pénétration de la lumière.

De toute façon d'ailleurs, chaque planche ne portera que deux rangs de haricots et la récolte sera plus facile, le rendement plus abondant, les soins d'entretien plus commodes à donner.

La quantité de grains nécessaire varie de 1 litre et demi à 2 litres par are.

La germination s'effectue au bout de onze à quatorze jours; quand les graines ont plus d'un an, elles mettent davantage de temps, à moins qu'avant de les semer on ne les ait préalablement laissées tremper dans l'eau pendant quelques heures.

Les soins d'entretien consistent en deux binages qui sont donnés, l'un après la germination, quand les plants ont 10 ou 12 centimètres de haut, l'autre plus tard, quelques jours avant la floraison.

En même temps, et chaque fois, la terre est attirée, réunie en butte autour des pieds, pour y maintenir une bienfaisante fraicheur.

Les rames s'enfoncent avant le second binage. On les dispose sur le bord interne du rang en les inclinant toutes vers le milieu de la planche, de façon qu'en s'unissant, elles se prêtent un mutuel appui.

L'époque de la récolte dépend du sol, de la température estivale, de la variété et de l'espèce de produit exigé.

Le haricot semé au commencement de mai se cueille vert à partir du 15 juillet; si on voulait récolter les grains, frais, il faudrait attendre encore dix ou quinze jours pour faire une première cueillette.

On reconnait qu'il est temps de cueillir les haricots secs quand les feuilles et les gousses jaunissent; on choisit pour cette récolte un temps sec.

Pour favoriser la durée de la production en vert, les récoltes doivent être souvent répétées (deux ou trois fois par semaine) et faites de façon à ce qu'il ne soit point oublié de gousses développées dans lesquelles les graines ne tarderaient pas à se former, entrainant la cessation de la floraison et de la production.

Sur les haricots à rames, la récolte se fait en deux fois : une première fois, on cueille les gousses inférieures, mûres avant les autres ; une seconde fois, ce sont les gousses des parties élevées que l'on enlève, en arrachant les plants.

La récolte sèche des haricots nains se fait en une seule fois, par l'arrachage des plants, quand les gousses sont jaunes, pas trop sèches, pour éviter leur déhiscence et la dissémination des graines. La variété à grains verts *Chevrier* doit se cueillir quand ses gousses sont encore vertes et alors que ses feuilles inférieures commencent à jaunir; à cette condition, les grains gardent leur couleur verte si appréciée.

Après qu'elles ont bien séché à l'ombre, les gousses sont battues au fléau pour que la graine en soit extraite. Les variétés à gros grains, telles que le haricot de Soissons, s'écossent à la main. Il serait bon de n'écosser ou de ne battre les haricots qu'au fur et à mesure des besoins; la conservation des grains, la pureté de leur coloration y gagneraient.

Rendement. — Un seul semis peut produire par are 50 kilogrammes de haricots verts et 13 litres de haricots à écosser frais ou secs.

Production des graines. Faculté germinative. — Il n'est pas d'usage de cultiver spécialement des individus porte-graines; cela pourtant aurait sa raison d'être, surtout en ce qui concerne les variétés exclusivement cultivées pour la production en vert, parce qu'alors il serait facile de perpétuer par sélection la propriété qu'ont certains pieds de donner beaucoup de gousses.

Pour propager les variétés exclusivement récoltées en grain sec, on choisit les graines les plus belles et les plus mûres, provenant des semis de mai.

La faculté germinative du haricot est très persistante;

on parle de ces graines qui ont germé cent ans après leur récolte. Quoi qu'il en soit, les graines de un à trois ans seront toujours les meilleures à cause de leur germination plus rapide.

Maladies et parasites animaux. — Il est rare que les plantations de haricots soient mises en danger. Par les fortes sécheresses, si cette plante n'est pas arrosée, il arrive que ses fleurs tombent. Enfin la *grise* attaque parfois les feuilles, mais sans conséquence grave.

LES POIS

Famille : Légumineuses.

Origine. Description. Usage. — L'origine asiatique qu'on assigne au pois est encore hypothétique et, si l'on admettait qu'elle fût exacte, cela laisserait à penser que depuis son introduction en Europe, le pois a été profondément modifié, car il résiste assez bien aux gelées hivernales.

Le pois est une plante annuelle à tige grimpante atteignant jusqu'à 2 mètres de haut ou seulement 30 centimètres dans les variétés naines. Les feuilles composées de deux ou trois paires de folioles sont terminées par des vrilles qui servent à attacher et soutenir la plante; chaque feuille porte à sa base une paire de larges folioles qui embrassent la tige. Les fleurs blanches sont solitaires ou réunies par deux ou trois à l'extrémité de pédoncules simples ou divisés.

Le fruit est une gousse méplate, glabre et pendante; elle est coriace et parcheminée, ou charnue et succulente (fig. 74). Cette gousse contient des graines globuleuses (*pois*) au nombre de cinq à douze, suivant les variétés.

La graine se consomme cuite sous le nom de petit pois. Dans les variétés dites mange-tout à gousses charnues (fig. 74), on consomme la gousse et le grain tout à la fois. Les Septentrionaux emploient les jeunes pousses pour préparer un potage particulier. Certaines variétés cueillies à l'état sec sont décortiquées et consommées sous le nom de pois cassés.

Climat. Sol. Engrais. — Le pois est un légume rustique qui peut croître dans toute ou dans presque toute l'Europe. Chez nous, il se comporte bien surtout sous l'influence d'un climat tempéré. Le centre et le nord de la France lui sont plus avantageux que le midi. Dans cette dernière région, la sécheresse, la chaleur ardente lui nuisent; aussi l'y sème-t-on exclusivement en automne pour récolter au printemps.

Le sol, pour cette culture, sera de consistance moyenne, calcaire, argilo-calcaire ou argilo-siliceux. Les tourbes assainies et amendées avec des phosphates minéraux (500 kilogrammes à l'hectare), conviennent aussi. Les autres terres sont peu propres.

Les engrais azotés restent sans effet sur les pois. On pourra employer pour leur culture l'engrais chimique tel qu'il est composé (formule n° 6, page 20). A défaut, on utilisera un peu de fumier additionné de cendres de bois et de poudre d'os.

Un terrain qui a porté une culture de pois n'en doit porter une seconde, autant que possible, que deux ou trois ans après.

Variétés. — Le pois très anciennement cultivé a fourni beaucoup de variétés qui ont été subdivisées en deux grands groupes : 1° les *pois à rames* auxquels on est forcé de donner des rames ou tuteurs pour soutenir leurs tiges très hautes; 2° les *pois nains* dont les tiges peu développées n'ont point besoin de rames. A leur tour, les pois à rames et les pois nains se subdivisent chacun en *pois parcheminés* ou *à écosser* et en *pois mange-tout* ou *sans parchemin*.

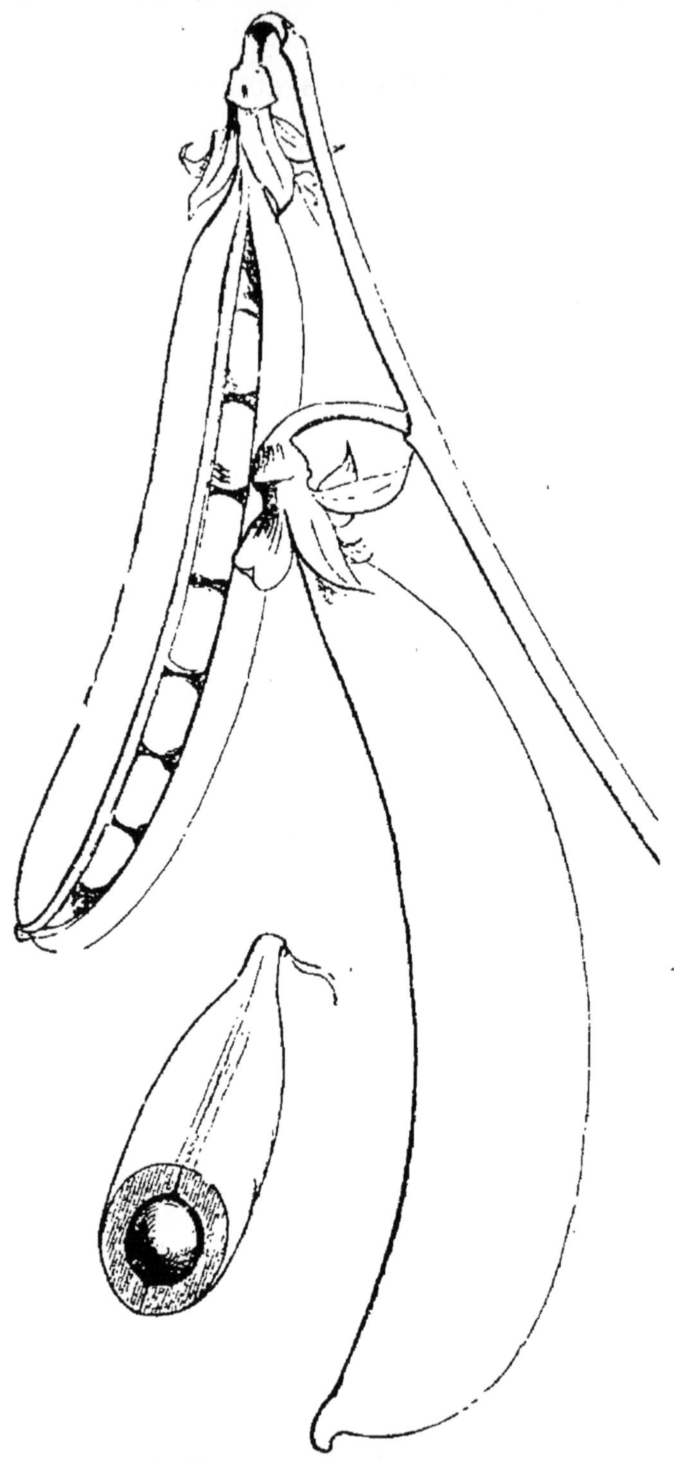

Fig. 74. — Pois mange-tout.

(Grandeur naturelle.)

TABLEAU DES MEILLEURES VARIÉTÉS DE POIS

Classées par ordre de précocité pour chaque division et subdivision.

POIS A RAMES		POIS NAINS	
Pois parcheminés ou à écosser	Pois mange-tout	Pois parcheminés ou à écosser	Pois mange-tout
Shah de Perse (grain ridé). Caractacus. Prince Albert. Express (fig. 75). Michaux de Hollande. Sainte-Catherine. Serpette. De Clamart. Ridé de Knight (grain ridé). Vert normand. (Ce dernier est récolté à l'état sec, il est vendu pour la préparation des purées.)	Sans parchemin de 40 jours. Corne de bélier.	Nain hâtif. Merveille d'Amérique (grain ridé)[1]. Nain de Hollande.	Nain hâtif à châssis.

MULTIPLICATION. — Semis.

CULTURE. — Le pois se cultive en primeurs et en pleine terre.

Le culture forcée du pois est celle qui a été le plus profondément atteinte par les exportations méridionales d'une part et par le commerce des conserves d'autre part.

Nous n'insisterons donc pas sur ce genre de culture

[1] On sait que tous les pois ridés passent pour être plus sucrés que les autres.

qu'on pourrait entreprendre, pourtant, en utilisant une

Fig. 75. — Pois express.
(Réduit au dixième.)

variété naine, précoce, et en observant, quant aux généralités, ce qui a été dit des autres cultures forcées, notamment de celle du haricot.

Culture de pleine terre. — Le sol destiné à la culture du pois sera exempt de mauvaises herbes. Pour les semis de première saison, il est utile de le disposer en ados orientés au midi.

Dans les champs, on utilise spécialement pour ces cultures, les coteaux orientés au sud ou au sud-est. Les pois nains peuvent être cultivés sur de grandes surfaces, sans interception, mais les pois à rames ne peuvent se cultiver qu'en planches séparées par des cultures intercalaires d'un faible développement ou, à défaut, par de larges sentiers qui rendront plus facile l'accès de la lumière et la circulation de l'air.

Les premiers semis de pois se font en fin novembre. On emploie alors, surtout si l'on sème en plein carré, les variétés rustiques : *Michaux*, *Sainte-Catherine*.

Dans les terrains froids, humides et sous le climat de Paris, les premiers semis ne se font qu'en février, à bonne exposition, et successivement tous les quinze ou vingt jours jusqu'au 15 juillet.

Un semis fait du 15 au 25 août aura le temps de donner sa récolte avant l'apparition des froids. Dans le cas où le jardinier cultive exclusivement pour récolter le grain sec, il doit semer dès la première huitaine de mai au plus tard, les semis trop tardifs étant souvent atteints par le blanc.

Pour la culture hivernale il sera fait usage, si on en dispose, des côtières bien orientées sur lesquelles seront tracés des rayons de 10 à 12 centimètres de profondeur écartés de 25 ou 30 centimètres entre eux. Dans ce cas particulier, les variétés précoces, telles que *Shah de Perse*, *Caractacus*, *Express* ou, mieux encore, les naines *Merveille d'Amérique* (fig. 76) sont semées de préférence aux autres. Le semis est fait fin novembre et les graines étant espacées à 3 ou 4 centimètres les unes des autres, on les couvre d'environ 3 centimètres de terre, puis on abat les rayons du côté du soleil pour rendre plus facile l'échauffement du sol.

En culture printanière ou estivale, les rayons dans lesquels se fait l'ensemencement sont écartés à 40 et

Fig. 76. — Pois merveille d'Amérique.

(Réduit au dixième.)

50 centimètres, les graines y sont répandues aux mêmes distances, mais on les recouvre un peu plus pour les préserver de la sécheresse et des oiseaux. En outre, dans les terrains légers, les rayons après l'ensemencement sont piétinés ou battus et le terreau est avantageusement substitué à la terre pour couvrir les graines.

Sous le climat du midi, les cultivateurs prétendent que, semés en poquets distants entre eux de 30 centimètres, les pois résistent mieux à la sécheresse.

Nous avons dit que les pois à rames se sèment en planches. Celles-ci ont 80 centimètres, 1 mètre ou $1^{m},20$ de large. Quelle que soit cette largeur, chaque planche ne portera que deux rayons écartés à 70 ou 80 centimètres l'un de l'autre. Le semis se fait comme il a été dit.

Quand les jeunes plants atteignent 5 centimètres, il

est temps de leur donner un premier binage. Quand ils ont 25 ou 30 centimètres, un second binage est nécessaire. C'est aussi à ce moment que les rames (sortes de branches ramifiées) sont enfoncées selon chaque rayon en dedans et à 35 centimètres entre elles sur le rayon.

Les rames du premier rayon sont inclinées vers les rames du second rayon et réciproquement, de manière à ce qu'elles se joignent en forme de toit par leurs sommets et se soutiennent mutuellement.

La hauteur des rames varie avec la vigueur des variétés.

Dans la culture champêtre, au lieu d'être ramés, les pois sont écimés.

Au jardin, qu'ils soient ramés ou non, il faut toujours pincer les pois de première saison au-dessus de la quatrième ou cinquième fleur et les autres au-dessus de la septième ou huitième fleur. Ce pincement n'est fait qu'après le parfait développement des fleurs à conserver. Il a pour résultat de hâter le développement des gousses.

Récolte. — L'époque de la récolte dépend de l'époque de l'ensemencement, du climat, de la température, de l'exposition et des variétés. Sous le climat de Paris, semées à la fin de l'hiver et écimées, les variétés Shah de Perse, Caractacus, Express, Prince Albert et les variétés naines se récoltent après trois mois et demi ou quatre mois de culture. Les pois géants sont les plus tardifs ; on les récolte après quatre mois et demi et cinq mois de culture.

Enfin, entre le semis et la récolte du pois *vert normand*, qui se cueille à l'état sec, il s'écoule cinq mois à cinq mois et demi.

Pour la consommation immédiate, les pois sont cueillis deux ou trois fois par semaine par un temps sain et en commençant par la base des pieds.

Le pois mange-tout se cueille quand il a atteint le tiers ou la moitié de son développement.

Quand les pois sont cultivés pour la production de la semence, il faut arracher les plants après la maturité des dernières gousses; on les laisse sécher ainsi, puis ils sont rentrés à l'abri des pluies.

Les pois verts ne se conservent pas; ils sont consommés de suite.

Rendement. — Le rendement est variable; en moyenne il atteint 10 décalitres de gousses pesant ensemble 50 kilogrammes et produisant 13 à 15 litres de pois écossés.

Production des graines. Faculté germinative. — Il est rare que dans un jardin particulier il soit fait une culture spéciale pour la production des semences. Le mieux est de réserver, sur les cultures, les gousses les plus belles et les plus franches que l'on récoltera lors de leur parfaite maturité. Si on voulait produire une grande quantité de semences, alors on sèmerait en fin mars et récolterait en fin août.

Dans sa gousse, la graine garde cinq ans ses facultés germinatives; nue, cette même graine ne vit plus que deux ans.

Maladies et animaux nuisibles. — Les pois sont sujets à deux maladies cryptogamiques, la *rouille* qui se déclare par une humidité persistante et le *blanc* qui trouve dans la sécheresse de l'été un milieu favorable à sa multiplication.

Deux insectes sont particulièrement à craindre, ce sont : la teigne et la bruche du pois dont les larves vivent dans les gousses, rongeant les pois.

FÈVE

Famille : Légumineuses. — *Synonyme :* Gourgan.

Origine. Description. Usage. — La culture de ce légume est tellement ancienne que son origine n'a point d'histoire ; on le croit venu de l'Asie occidentale. C'est une plante annuelle à tige dressée quadrangulaire, à feuilles alternes imparipennées, à fleurs réunies sur l'axe en glomérules de deux à cinq, violacées, maculées de noir. Le fruit est une gousse contenant de trois à cinq graines. La graine se consomme surtout à l'état frais.

Climat. Sol. Engrais. — La fève est relativement rustique et résiste assez bien aux températures de trois ou quatre degrés au-dessous de zéro. Les sols qui lui conviennent sont les sols ameublis, frais et humifères.

Variétés. — Deux variétés sont surtout cultivées :

1° La *Fève des marais :* tige de 80 centimètres de hauteur, gousses généralement réunies par deux ou trois et renfermant deux, trois ou quatre graines.

2° La *Fève de Windsor :* tige atteignant jusqu'à 1 mètre, gousses généralement isolées les unes des autres et ne renfermant que deux graines.

3° La *Fève Windsor verte* (fig. 77) : sous-variété de la précédente, à gousses plus longues, graines vertes même après maturité.

Multiplication. — Semis.

Culture. — Dans le midi de la France, on sème la fève en automne, elle produit au printemps.

Sous le climat de Paris, on ne confie la graine au sol qu'à partir de fin février. L'ensemencement est fait en lignes espacées de 30 à 35 centimètres sur les lignes, il est déposé une graine de 20 en 20 centimètres. Ces graines sont enterrées à 3 ou 5 centimètres de profondeur.

Pendant la végétation, un binage est donné et les extrémités des tiges sont pincées pour hâter la formation des gousses et prévenir les attaques du puceron.

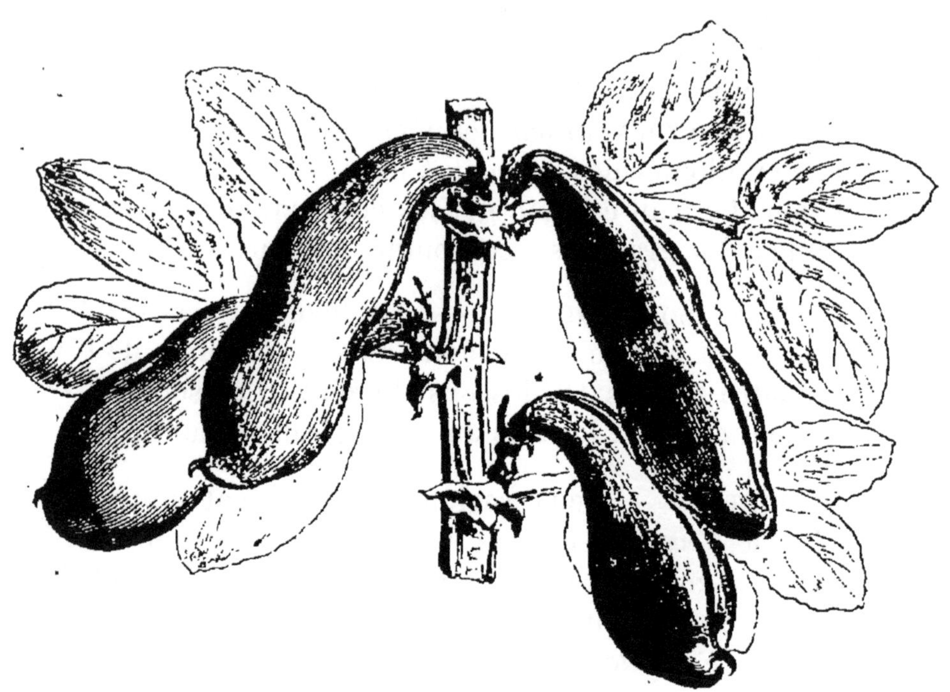

Fig. 77. — Fève Windsor verte.
(Réduite au tiers.)

Les semis peuvent se succéder jusqu'en mai, seulement les derniers sont souvent atteints par le puceron, qui est le plus grand ennemi de la fève.

La récolte se fait quand les grains ont acquis les trois quarts de leur volume si on veut les consommer frais; ou plus tard, quand les feuilles commencent à se flétrir, si les grains sont destinés à la consommation en sec.

Production des graines. Faculté germinative. — Ce sont les pieds les plus robustes et les plus fertiles que l'on réserve pour la production de la semence. Ils sont arrachés quand leurs feuilles commencent à jaunir.

La graine garde six ans sa faculté germinative.

SOJA

Famille : Légumineuses. — *Synonyme :* Pois de Chine.

Ce légume qui se rapproche du haricot n'en a pourtant pas toutes les qualités, et nous n'en parlerions pas s'il n'était appelé à un avenir important à cause de sa richesse nutritive et de son emploi dans le régime des diabétiques.

Origine. Description. Usage. — Plante chinoise annuelle; feuilles composées trifoliolées; fleurs verdâtres ou incolores; fruits en gousses velues; grains petits, jaunâtres. Ces grains se consomment à l'état frais ou secs; ils sont plus riches que la viande en azote et en matière grasse et servent à préparer un pain spécial utilisé avec succès dans l'alimentation des diabétiques[1].

Climat. Sol. Engrais. — De récente introduction, cette plante ainsi que les exigences de sa culture sont encore peu connues. On est porté à croire que, quant au climat, au sol et aux engrais, elle se comporte comme le haricot.

Variétés. — Deux variétés de soja sont connues en France :

1° Le *soja ordinaire*, de 25 à 40 centimètres de haut, dont les fruits peuvent se récolter trois ou quatre mois après le semis;

[1] Dujardin-Beaumetz. — *L'Hygiène alimentaire* (Doin, éditeur).

2° Le *soja d'Etampes* (fig. 78), plus élevé, plus productif que la précédente variété, à grains plus gros mais d'une maturité beaucoup moins précoce.

Fig. 78. — Soja d'Etampes.

(Plante réduite au huitième ; cosses au tiers.)

CULTURE. — La culture se fait comme celle des haricots nains. La récolte a lieu au fur et à mesure de la maturité des gousses.

On ne connaît à cette plante très robuste ni parasites animaux ni maladies.

Production des graines. Faculté germinative. — Les plants destinés à la production des graines pour semence sont laissés intacts et arrachés quand les dernières gousses sont mûres. On les laisse sécher à l'ombre. La graine est extraite des gousses par le battage; elle garde ses facultés germinatives de deux à quatre ans.

LA TOMATE

Famille : Solanées. — *Synonymes :* Pomme d'amour, Pomme d'or.

Origine. Description. Usage. — Plante venue de l'Amérique du Sud. Tige demi-herbacée, souvent couchée. Feuilles composées, imparipennées, à folioles lobées. Fleurs jaunâtres réunies en une cime ramifiée. Fruit charnu, baxiforme, plus ou moins gros, rouge dans l'espèce ordinaire, violet ou jaune dans certaines autres, à surface uniformément globuleuse, ou irrégulièrement côtelée.

Ce fruit acidulé se mange cuit ou cru.

Climat. Sol. Engrais. — Sous le climat de Paris, la tomate ne se peut cultiver sans le secours d'abris qui lui sont nécessaires au moins pendant la première phase de son développement.

C'est dans les terrains fertiles, meubles, perméables, frais, enrichis d'une forte proportion de terreau, que les tomates produisent les plus beaux fruits.

Variétés. — Les variétés les plus cultivées sont :

1° La *tomate rouge grosse*, très fertile, à fruits très gros, côtelés, à maturité tardive;

2° La *tomate rouge hâtive*, à fruits moins gros, mais très précoces;

3° La *tomate rouge naine hâtive* (fig. 79), de deux ou trois jours plus précoce que la précédente, moins dé-

Fig. 79. — Tomate rouge naine hâtive.
(Réduite au douzième.)

veloppée, employée aussi de préférence pour la culture forcée.

Multiplication. — Semis.

Culture. — Sous le climat de Paris, la tomate se sème sur couche, dans la seconde quinzaine de mars. Quand les jeunes plants ont trois ou quatre feuilles, ils sont repiqués sur une autre couche, à 12 centimètres en tous sens.

Ils sont maintenus là jusqu'en mai, arrosés et aérés comme il faut.

Dans la seconde quinzaine de mai, les tomates arrachées en motte sont mises en place ; on plante en lignes, sur côtière ou en plein carré, de 60 en 60 centimètres. Si l'on a un mur inoccupé à l'exposition de l'est, de l'ouest ou du midi, il ne faut pas hésiter à y planter des tomates; on pourra d'abord planter plus tôt, la maturation des fruits sera avancée par la chaleur du mur et la maladie sera moins à craindre.

TAILLE. — Chaque pied de tomate a besoin d'un tuteur au moins ou d'un treillage contre lequel les branches sont maintenues droites par le palissage. (Culture en espalier.)

A cause du nombre considérable de rameaux que

Fig. 80. — Pied de tomate muni d'un tuteur.

produit la tomate, il est urgent d'en supprimer beaucoup et de réduire chaque pied à une quantité limitée. Par ce procédé, on obtient une fructification plus prompte. Voici le système de taille le plus généralement employé.

Quelques jours après la mise en place, les pieds de tomate se ramifient naturellement, s'ils ne le sont pas déjà. Alors le jardinier choisit deux rameaux et supprime tous les autres. — Sur les deux rameaux choisis et palissés verticalement (fig. 80), il apparaîtra des fleurs et d'autres ramifications; ces ramifications seront toutes enlevées, mais les feuilles et les fleurs seront protégées le plus possible. En résumé, chaque pied de tomate sera composé d'une tige courte surmontée de deux branches fructifères non ramifiées et arrêtées à environ 60 centimètres de haut par un pincement.

La récolte de la tomate est successive; elle dure depuis le commencement d'août jusqu'aux premières gelées. Quand celles-ci menacent, tous les fruits qui restent sont cueillis et rentrés. A l'Ecole d'horticulture, les fruits imparfaitement mûrs sont placés au soleil, dans un coffre, sur un lit de paille, abrités par un châssis entre-bâillé; ils achèvent de mûrir.

Production des graines. Faculté germinative. — Il faut choisir, pour en conserver la graine, les fruits volumineux et caractérisés des pieds sains et fertiles. Ces fruits cueillis à maturité parfaite sont écrasés dans l'eau. La graine lavée, puis recueillie, est étendue à l'ombre pour y sécher. On la garde par les procédés ordinaires; elle conserve sa vitalité pendant quatre ans.

Maladie. — Le *Peronospora infestans*, ce champignon dont nous avons eu occasion de parler à propos de la pomme de terre, attaque aussi la tomate, plante et fruits; on l'évite presque toujours par la culture en espalier de variétés précoces; les ablutions de solutions cupriques au quatre millième (4 grammes de sulfate de cuivre par litre d'eau) ont été recommandées comme préventives.

LE FRAISIER

Famille : ROSACÉES.

ORIGINE. DESCRIPTION. USAGE. — Les fraisiers types connus sont classés, d'après leur origine géographique, en espèces *européennes*, *asiatiques* et *américaines*. Les espèces indigènes : fraises des bois, fraises des Alpes, se distinguent par la saveur fine et parfumée de leurs fruits. Voici la description de ce légume fruit : plante herbacée, vivace, le fraisier a des feuilles trifoliolées, des fleurs blanches, hermaphrodites, groupées, par collection de trois à onze, en cimes irrégulières ; ses souches produisent des tiges rampantes qui ont nom *filets*, *coulants*, *stolons*. Ces tiges, nues dans presque toute leur longueur, portent cependant, de distance en distance, des bourgeons qui ont la faculté d'émettre naturellement des racines adventives. Les filets ou coulants sont donc, en somme, des sortes de marcottes naturelles.

La partie comestible du fraisier est le *réceptacle* de la fleur devenu gros, succulent, charnu, sucré et parfumé. Ce réceptacle, qu'on appelle improprement le fruit, se mange quand il est mûr ; il possède alors une forme variable, se rapprochant plus ou moins de celle du globe ou de l'œuf ; sa couleur est rouge, brune, ou blanc rosé.

Les graines, de la grosseur du millet, sont ces petits corps qui se trouvent comme disséminés à la surface du pseudo-fruit, incrustés dans sa chair ou en relief sur elle.

CLIMAT. SOL. ENGRAIS. — Il faudrait que la terre d'un jardin fût bien mauvaise pour qu'on ne pût y cultiver le fraisier. Cependant, comme toutes les autres, cette plante à ses préférences. Les variétés à gros fruits aiment les sols frais, substantiels, les sols d'alluvions argilo-siliceux ou argilo-calcaires.

Le fraisier quatre-saisons vient partout; on en voit pousser dans les prairies humides, d'autres se développent dans les anfractuosités des murs et y vivent malgré l'aridité de la pierre.

Cette plante est de celles qui demandent des engrais bien décomposés, réduits en terreau. Les superphosphates ont la propriété d'augmenter son rendement et de développer les qualités de ses fruits. On en emploiera sans préjudice pour les autres engrais de 40 à 50 grammes par mètre superficiel, répandu sur le sol en hiver ou avant le bêchage qui précède la plantation.

Le fraisier est rustique; il résiste bien aux froids de l'hiver.

Espèces et Variétés. — Le nombre des variétés connues est fabuleux. Il devient de plus en plus difficile de faire un choix parmi ces nombreux individus qui ont chacun des mérites si divers.

La *fraise des bois* n'est connue qu'à l'état d'espèce, on ne la cultive plus.

Le *fraisier des Alpes*, adopté dans nos jardins, produit quelques bonnes variétés, entre autres, le fraisier des *quatre-saisons*, le fraisier *Gaillon*, moins productif que le précédent, mais sans coulants, le fraisier *Gilbert* à fruits bruns, et, tout récemment, le fraisier *Belle de Meaux* (fig. 81), mis au commerce par la maison Vilmorin.

Le *fraisier Capron* est une espèce européenne; elle a donné deux variétés, le *Capron framboisé* et le fraisier *Bordelais* qui ne sont pas autrement recommandables, sauf aux grands amateurs du goût musqué qui caractérise leurs fruits.

Les variétés à gros fruits que nous possédons sont,

presque toutes, des gains d'horticulteurs ou d'amateurs qui, pour les obtenir, ont semé les graines d'espèces

Fig. 81. — Fraise Belle de Meaux.

(Grosseur naturelle.)

américaines. Nous allons citer, par ordre de maturité, huit variétés des meilleures :

1° *May-Queen* ou Reine de Mai (fig. 82). — Variété anglaise très fertile. Fruits moyens, ronds, rouge foncé, à graines incrustées, mûrissant dès la fin de mai;

2° *Vicomtesse Héricart de Thury.* — Fruits assez gros, coniques, rouges, à graines demi-incrustées;

3° *Marguerite Lebreton.* — Très productive, d'une fertilité constante. Fruits très gros, coniques, rouges, à graines profondément incrustées;

4° *Docteur Morère* (fig. 83). — Productive, mais moins rustique que la précédente. Fruits très gros, souvent difformes, rouge

Fig. 82.
Fraise May-Queen.
(Grosseur naturelle.)

Fig. 83. — Fraise Docteur Morère.
(Grosseur naturelle.)

foncé, à graines brunes et bien en relief;

5° *Châlonnaise.* — Fruits d'un volume dépassant la moyenne, à graines demi-saillantes.

6° *Jucunda.* — Fruits dépassant la moyenne, abondants, à graines saillantes;

7° *Docteur Hogg.* — Fruits gros, rouges, à graines demi-incrustées;

8° *Eléanor* (fig. 84). — Fruits gros, rouge foncé, à chair rouge, à graines inscrustées.

Fig. 84. — Fraise Eléanor.
(Grosseur naturelle.)

Pour la culture forcée, nous recommandons Héricart de Thury, Marguerite et Docteur Morère, celle-ci ne réussit bien qu'en dernière saison ou culture avancée.

Pour la culture commerciale, on préférera les variétés, dont les graines, nombreuses et saillantes sur les fruits, constituent pour ceux-ci une sorte de protection naturelle. Ces fraises-là, seules, peuvent subir de longs transports sans se détériorer, ce sont : *Héricart de Thury*, *Docteur Morère*, *Jucunda*, etc.

Multiplication. — Semis, division des souches et séparation des stolons.

Culture des fraisiers quatre-saisons. — Le fraisier quatre-saisons a la propriété de se reproduire identiquement par le semis de ses graines. Et pour peu qu'on exerce, sur les individus reproducteurs, une sévère sélection, la multiplication par le semis apportera toujours de nouvelles améliorations dans l'espèce. En outre, le fraisier quatre-saisons se multiplie encore par la séparation de ses filets, sortes de marcottes naturelles qu'il suffit de détacher du pied-mère et de planter à part pour en faire des sujets nouveaux et indépendants. Lorsque les pieds-mères sont vieux et affaiblis par une culture de plusieurs années, il faut s'abstenir de leur emprunter des filets; semer est meilleur. Le fraisier Gaillon sans filets se multiplie par la division de ses souches ou par semis.

On sème en pleine terre, au mois de mai, sur un sol bien dressé et préalablement battu. La graine est répandue en grande quantité et couverte d'une faible épaisseur de terreau. Il faut arroser souvent et peu à la fois ou bien, après le premier arrosage, jeter sur le semis un paillasson qu'on enlèvera seulement dix ou douze jours après, alors que les graines commencent à germer. Le semis, pour donner des résultats plus prompts, eût pu se faire en mars, sur couche et sous châssis.

Au bout de six semaines, les plants ont leurs trois ou quatre premières feuilles, on les arrache et les repique deux par deux, en pépinière, à 15 centimètres en tout sens. Ils restent là deux mois pendant lesquels on doit les débarrasser soigneusement des fleurs et des filets qu'ils peuvent émettre.

En automne, au moment de la mise en place définitive, on dresse des planches de 1 mètre de large, sur lesquelles il est tracé trois rangs espacés à 32 centimètres, les deux extérieurs étant chacun a 18 centimètres d'un des bords de la planche. Les fraisiers sortis de pépinière sont plantés sur ces lignes et en motte à tous les 35 centimètres.

Au lieu d'agir comme nous venons d'indiquer, beaucoup de cultivateurs créent ce qu'ils appellent une *fabrique de filets;* les jeunes fraisiers issus de semis sont plantés à 20 centimètres sur une seule ligne au milieu d'une planche de 1 mètre de large. Ces fraisiers donnent des filets qui, dirigés de chaque côté de la ligne, sur le terrain libre, s'enracinent. Au bout de deux mois les filets sont des plants vigoureux bons à mettre en place. Ce procédé donne des sujets mieux constitués et plus fructifères que le précédent.

Après la plantation définitive, les soins d'entretien se réduisent à ceci : suppression des filets pendant toute l'année, binage du sol au printemps et application d'un paillis après que les gelées ne sont plus à craindre. Le paillis a pour effet de tenir le terrain frais; il empêche la croissance des mauvaises herbes et préserve les fraises des éclaboussures de la pluie.

On utilise, pour pailler, le fumier de couche, la paille hachée, les feuilles de fougères, la tannée, les aiguilles de pins recueillies dans les bois, etc., etc.

La récolte des fraises quatre-saisons commence au premier juin, elle finit avec le mois d'octobre. La production des fruits se ralentit un peu en juillet et en août, à cause des fortes chaleurs. On peut empêcher ce ralentissement préjudiciable par des arrosages copieux.

Rendement. — Selon les terrains, le rendement annuel varie de 325 à 400 kilogrammes à l'are. Une planche de fraisiers ne produit plus autant à partir de la troisième année, il faut la remplacer au bout de deux ans, trois ans au plus.

Production des graines. Faculté germinative. — Les sujets reproducteurs ou porte-graines seront des pieds à feuillage peu touffu, à hampes florales nombreuses, rigides et dépassant les feuilles de toutes leurs fleurs, à fructification abondante et continue. *Pendant la période remontante*, en août et septembre, on choisit sur ces pieds les plus beaux fruits, d'une forme allongée et conique. Les fraises cueillies sont écrasées, à la main, sur une planche. La pulpe résultant de cette opération doit sécher à l'ombre. Quand elle est au degré de dessiccation voulu, on la frotte entre les doigts pour en séparer la graine; celle-ci est nettoyée, puis conservée jusqu'à l'époque du semis; elle garde ses facultés germinatives pendant trois ans. Le procédé qui consiste à écraser les fraises dans l'eau influe sur la vitalité des graines qui se conservent moins longtemps.

Culture des fraisiers a gros fruits. — Par le semis. les fraises *macrocarpes* ne transmettent pas intégralement à leurs descendants les qualités, la forme, l'aspect qui les caractérisent ; on a recours à ce mode de multiplication seulement dans le cas où on veut obtenir de nouvelles variétés. Dans les autres circonstances, on propage le fraisier par les moyens artificiels connus : division des touffes, plantation des filets préparés.

Il se présente deux cas particuliers :

1° On ne possède pas la variété qu'on désire cultiver et on ne peut s'en procurer que quelques pieds chez un ami ou chez un marchand. Ces pieds sont plantés au milieu d'une planche de 1 mètre de large, sur une seule ligne à 25 ou 30 centimètres les uns des autres. On les arrose souvent. Si, au printemps, ils font mine de fleurir, il faut les en empêcher en coupant les hampes florales dès qu'elles apparaissent. Les filets qui ne tardent pas à se montrer sont seuls conservés et dirigés latéralement sur le terrain libre. De distance en distance, à chaque point qu'occupe un bourgeon, ces filets s'enracinent. Il est facile d'activer l'enracinage en enterrant un peu la partie sujette à ce phénomène ou en la fixant bien au sol, au moyen d'un brin d'osier plié en deux et piqué à califourchon sur elle. Chaque pied-mère ainsi traité peut donner de huit à dix filets et chaque filet au moins deux bourgeons enracinés. Au mois de juillet, vers le 15, ces bourgeons sont sevrés, c'est-à-dire séparés de leur pied-mère, arrachés, nettoyés et plantés deux à deux sur une planche préparée exprès.

2° Dans le second cas, on possède et cultive déjà la variété qu'on veut multiplier; alors, au printemps, il faut choisir une planche de ces fraisiers, une planche de vingt mois de plantation sur laquelle il a été fait une récolte l'année précédente. Si cette planche compte trois ou quatre rangs de fraisiers, on arrache celui ou ceux du milieu pour ne conserver que les deux extérieurs. L'espace entre ces deux rangs étant libre, il est ameubli. Les fraisiers réservés ne devront pas produire de fruits, mais les filets qu'ils émettent en masse seront conduits sur la partie ameublie du sol, puis fixés au moyen de brins d'osier pliés en Λ. Grâce aux arrosages ou seulement à un simple paillis, ces stolons[1] s'enracineront promptement. Au mois de juillet, il sera temps de les arracher; pour cette opération, le sol est copieusement mouillé et l'on se sert d'une fourche à dents fines.

Les bourgeons enracinés débarrassés de leurs filets, puis réunis deux à deux, sont plantés au plantoir, sur une planche, et en quinconce. Les distances auxquelles on espace les fraisiers varient depuis 45 centimètres

[1] Synonyme de filet.

jusqu'à 80 centimètres, selon la vigueur des variétés. Il sera bon, en tous les cas, de ne pas tracer des planches trop larges et de n'installer sur chacune que trois rangs au maximum ; de cette façon, les récoltes se feront facilement sans qu'il soit nécessaire de pénétrer dans l'intérieur de la plantation, ce qui lui nuirait.

Après leur mise en place définitive, les fraisiers doivent être arrosés souvent, jusqu'à leur reprise parfaite. Il suffit ensuite de les débarrasser de leurs filets, et de tenir le terrain propre. Telle planche de fraisier ainsi créée en juillet fructifiera abondamment au printemps suivant. Il est un moyen d'augmenter les espérances de la récolte, c'est de faire passer les plants par la pépinière et de ne les mettre définitivement en place qu'au mois de septembre ou octobre.

Récolte. — En cultivant des variétés dont les fruits respectifs mûrissent successivement, on peut récolter la grosse fraise pendant plus de deux mois. *May-Queen*, *Marguerite*, *Docteur Morère*, *Jucunda*, *Eléanor*, pourront successivement nous donner des fruits depuis la fin de mai jusqu'au commencement d'août.

Après la récolte, les planches de fraisiers sont binées, puis terreautées ; les hampes et les filets sont coupés. On ne touche pas aux feuilles qui préservent les pieds pendant l'hiver. Au printemps suivant, il faut donner au sol un nouveau binage. On paille comme tous les ans, puis on attend la récolte.

Cueillette. — Elle se fait quand les fruits sont bien rouges, signe de maturité. On laisse aux fraises leur pédoncule. Comme tous les fruits, la fraise ne doit pas être cueillie à midi, alors qu'elle est surchauffée par le soleil, sinon elle perd de sa qualité et ne peut se conserver.

Les fraises récoltées et non lavées peuvent se garder

quarante-huit heures, étendues sur des claies préalablement placées sur des tonneaux plein d'eau. Les fraises lavées seront vendues ou consommées de suite.

Rendement. — Le rendement annuel, par are, oscille entre 325 et 350 kilogrammes. La facilité de la cueillette, l'abondance des fruits, font préférer le fraisier macrocarpe pour la culture.

Durée d'une plantation. — En général, la première et la troisième année, la récolte d'une plantation de fraisier est moyenne; la seconde année, elle est à son maximum de rendement. Après deux ans, il faut créer une nouvelle plantation ; après trois ans, on détruit l'ancienne.

En somme, la culture des fraisiers macrocarpes se résume dans ces quelques mots :

Avoir des plants vigoureux — on les obtient sur des pieds-mères privés de leurs fleurs. — Planter à de grandes distances, pailler le sol en temps convenable et, condition essentielle à la beauté des fruits, supprimer les filets.

Culture forcée. — Nous ne pouvons donner ici que des notions succinctes, vu le cadre étroit de notre livre.

La culture forcée peut se commencer dans la seconde quinzaine de janvier, sur couche épaisse de 60 centimètres, faite de moitié fumier frais mélangé à moitié fumier recuit et dépassant le coffre de 40 centimètres sur les côtés.

Les plants, pour cette culture, proviennent d'une plantation de filets réunis deux par deux et élevés à partir de fin juillet en pépinière à 25 centimètres en tous sens ; on active leur première croissance par des bassinages fréquents.

En fin septembre et octobre, ils sont arrachés en

mottes, toujours deux par deux, et plantés dans des pots de 16 centimètres de diamètre.

On emploie, pour cet empotage, de la terre de potager mélangée d'un quart de terreau, un quart de terre de bruyère ou d'une moitié de terre seulement.

Ces pots de fraisiers, en attendant l'époque de la culture forcée, sont abrités dans des coffres, sous châssis entre-bâillés le jour, fermés et couverts la nuit. On les mouille quand il y a lieu.

En janvier, une couche ayant été construite comme il a été dit et les coffres étant placés, on charge le fumier d'une épaisseur de 20 centimètres de terre légère.

Les fraisiers en pots sont choisis à cœur bien plein et gros, à feuillage ample, ils sont apportés et les pots sont enterrés à demi sur la couche.

Plus tard, quand la température de fond baissera un peu, les pots seront enterrés tout à fait, mais au début de la culture il est essentiel que la chaleur ne dépasse pas 12° C.

Les châssis sont placés, maintenus plus ou moins levés pendant le jour et couverts contre les froids nocturnes. Les fraisiers devront être mouillés et bassinés de temps en temps ; les bassinages seront supprimés pendant la période de floraison et repris ensuite.

La récolte se fait environ deux mois et demi après le début de la culture.

En pleine terre, il est possible d'avancer la cueillette de quelques semaines en posant sur les fraisiers plantés, et dès la fin de février, des coffres et des châssis ; ces châssis sont tenus plus ou moins levés pendant le jour, pour l'aérage.

Ravageurs animaux. — Les oiseaux et les rongeurs tels que *rats*, *loirs*, attaquent les fraises. On les effraye à coups de fusil ou on leur tend des piéges.

Il faudra aussi faire la chasse aux *limaces*, aux *vers*

blancs ; on trouve facilement ceux-ci en fouillant aux pieds des fraisiers flétris à la suite de leurs dégâts.

La *tipule potagère* attaque également cette plante ; on cherchera sa larve (ver gris) au pied des fraisiers dont elle ronge la souche.

Le *mille-pieds des fraises* attaque surtout les variétés à fruits volumineux. Il perce les fraises, se réfugie à l'intérieur du fruit et en ronge la pulpe.

LE CHAMPIGNON DE COUCHE

Classe des CRYPTOGAMES ; *Famille des* CHAMPIGNONS.

Synonymes : CHAMPIGNON COMESTIBLE, AGARIC CHAMPÊTRE.

ÉTUDE GÉNÉRALE. — La fécondation qui précède toujours la formation des graines chez les autres végétaux est ici cachée aux regards ; la plante tout entière est formée par une collection de cellules réunies dans un ordre variable. De là le nom de *cryptogames cellulaires* donné aux champignons. Ces végétaux que, pour l'imperfection de leurs organes, l'on a qualifiés d'inférieurs, se distinguent des autres, d'un ordre plus élevé, par les caractères suivants : ils n'ont ni tige, ni fleurs, ni feuilles, ni chlorophylle ; ils absorbent l'oxygène de l'air à la lumière comme dans l'obscurité.

Ce que nous appelons le champignon n'est pas la plante entière, ce n'en est qu'une partie que les botanistes ont désigné sous le nom de porte-fruits ou *réceptacle*, parce que c'est sur elle que se forme la semence.

Ces porte-fruits naissent sur un système de ramifications qui tient à la fois des racines et des branches d'une plante supérieure : on a donné à l'ensemble de ces ramifications le nom de *mycélium* ou *blanc*. Le mycélium est donc la partie du champignon qui naît la première, elle sert de support au réceptacle.

Origine et description du champignon de couche. — Dans l'agaric de couche (fig. 85), sorte de champignon indigène, le réceptacle, dès sa naissance, a l'apparence d'un petit ballon. Sous la force de croissance du champignon, l'enveloppe ou ballon qu'on appelle *volva* se crève et laisse apparaître une colonne courte, trapue,

Fig. 85. — Champignon de couche.

(Grandeur naturelle.)

surmontée d'un dôme ou chapeau. La colonne s'allonge, le dôme s'élargit, et, au bout d'un temps généralement très court, un voile, placé sous le chapeau, se déchire et reste par lambeaux attaché autour de la colonne. On peut voir alors, à l'intérieur du chapeau, des lamelles violâtres sur lesquelles naîtront les organes reproducteurs.

MULTIPLICATION. — La reproduction, chez ces cryptogames, se fait par la propagation d'organes spéciaux, sortes de graines imperfectionnées du nom de *spores*.

Lorsque la spore se trouve dans un milieu propre à sa germination, elle augmente d'abord de volume, puis sa membrane extérieure se déchire en deux points opposés d'où sortent deux fils. Ces deux fils aboutés en quelque sorte par la spore, qui leur sert de lien, constituent le premier rudiment du mycélium ou blanc.

Souvent le mycélium périt après avoir développé des fruits, c'est-à-dire après avoir préparé sa descendance par de nombreuses spores qui, pour germer, attendent un milieu et une température favorables. Chez d'autres de ces végétaux, dans le champignon de couche notamment, le mycélium persiste, il conserve ses propriétés vitales et fructifiantes, au moins d'une année à l'autre, et sert à multiplier la plante.

SOL. ENGRAIS. — Les champignons empruntent aux substances sur lesquelles et au milieu desquelles ils se développent les éléments tout formés de leur constitution ; c'est pourquoi ils ne pourraient croître dans un sol pur, composé de ses seuls éléments minéraux. Il leur faut des détritus, des débris animaux ou végétaux en décomposition. Ils se développent en parasites sur une plante vivante, sur un animal malade, sur du fumier en fermentation, partout où il y a abondance de débris organiques.

CULTURE. — On ne cultive en grand aujourd'hui, parmi les champignons, que la truffe et l'agaric champêtre.

M. Geflin, d'après le Dr Cordier, aurait obtenu des morilles dans une cave, sur une couche où il répandit des épluchures de la plante.

Conditions de milieu. — L'agaric champêtre qui, aujourd'hui, par la culture, est devenu l'*agaric de couche*, peut seul se cultiver pendant toute l'année. Au lieu de le semer comme cela pourrait se pratiquer, on a recours, pour le multiplier, à son mycélium vendu dans le commerce sous le nom de *blanc de champignon*.

Les conditions essentielles à cette culture sont : une température relativement élevée, une humidité modérée, mais constante, un sol artificiel formé en partie de fumier arrivé à un certain état de décomposition.

Les carrières, les mines, les caves, sont des endroits favorables au développement des champignons. A défaut de ces locaux, on peut en choisir d'autres, peu importe leur nom ou leur forme, pourvu qu'ils aient une température supérieure à 10° centigrades, inférieure à 30°.

Fumier. La préparation. — Le meilleur fumier est celui qui provient des gros chevaux de trait bien nourris ; un fumier riche en crottin et, si c'est possible, bien imprégné d'urine.

Quelques amateurs emploient le fumier à l'état frais, mais ils doivent alors le mélanger à une certaine quantité de terre pour éviter une fermentation trop forte et nuisible. Il est préférable de laisser passer la première période de fermentation, qu'on modère par un ou deux remaniements. — Le remaniement est une démolition du tas de fumier refait aussitôt à la même place. On prend la précaution, en reconstituant le tas, de placer au centre les parties extérieures non encore décomposées.

Si l'on n'opère pas sur un volume assez considérable, au moins 1 mètre cube, la fermentation devient impossible. Quand le fumier est trop sec, on l'arrose.

Construction des meules. — Au bout de quinze jours ou trois semaines, le tas de fumier qu'on a défait et refait de une à trois fois est bon à employer ; il doit avoir alors une couleur noirâtre, être facilement divisible et onctueux au toucher. On le transporte dans les locaux indiqués et il sert à établir des meules de formes et de dimensions variables.

Le long d'un mur, on donne aux meules la forme d'un talus à pente rapide ayant 60 centimètres de large à la

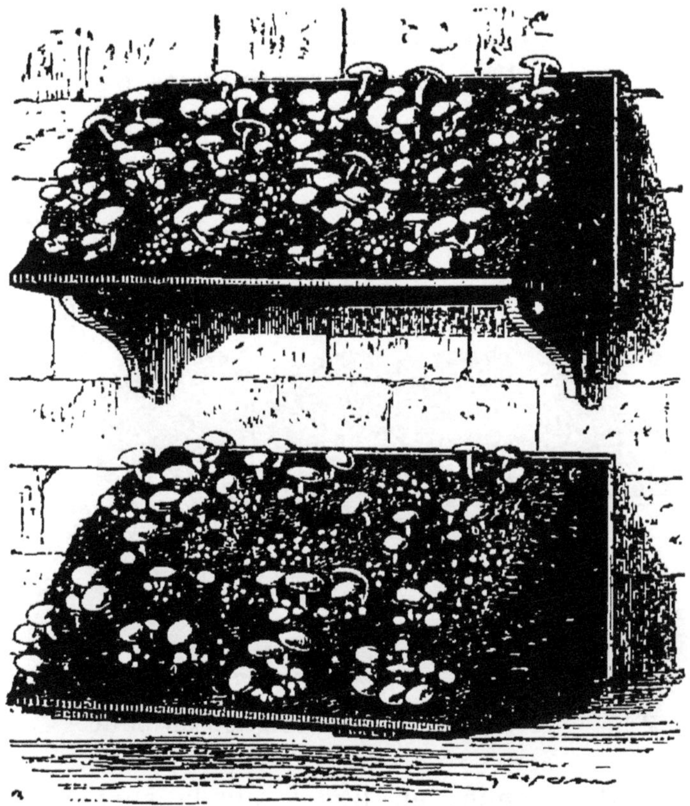

Fig. 86. — Meules de champignons adossées contre un mur.

base et 60 centimètres de haut (fig. 86). Le fumier des meules doit être bien pressé, bien tassé.

Etablie sur une surface sans obstacle, la meule prend la forme d'un billon ou dos d'âne ; elle conserve sa largeur de 60 centimètres, une hauteur égale et une longueur indéfinie.

Le blanc s'achète en boite (fig. 87) chez les marchands grainiers ou les champignonnistes ; avant de l'employer, on augmente ses propriétés vitales en l'exposant quelques jours dans une cave, au milieu d'un air tiède et humide.

Lardage. — Deux jours après leur construction, si les meules accusent une température inférieure à 30°, on place le blanc ; cette opération s'appelle *larder;* voici en quoi elle consiste. Le blanc est divisé en lardons de 5 centimètres de large sur 15 centimètres de long. Les

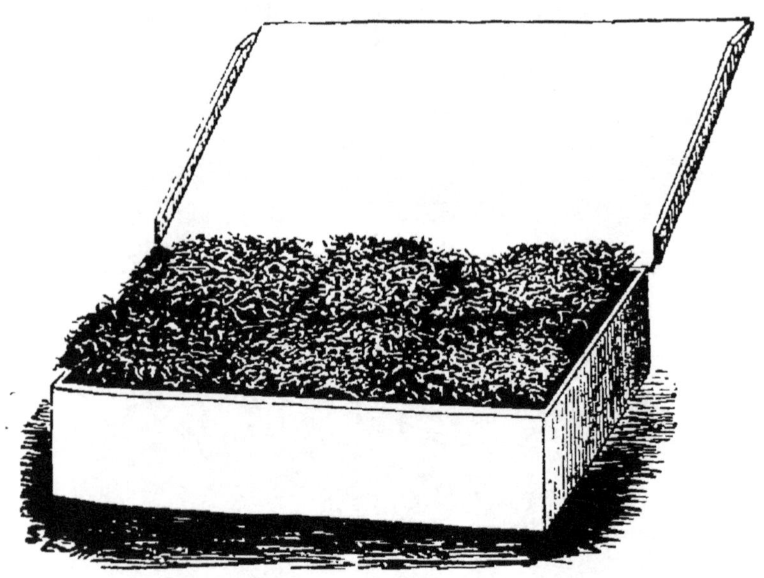

Fig. 87. — Blanc de champignon en boîte.

lardons sont enfoncés en lignes sur la surface de la meule ; ces lignes, espacées de 30 centimètres entre elles, sont plantées en quinconce, chaque lardon étant enfoncé à 30 centimètres de son voisin de ligne et 2 centimètres de profondeur.

« *Goptage* ». — Huit jours après avoir lardé, on reconnaît que la plantation est reprise à l'apparition de filaments blancs nouveaux qui, s'échappant des lardons, se développent, s'allongent et, au bout d'un temps variable, — un à trois mois — occupent toute la meule. Il y a alors une autre opération à pratiquer : le *goptage*.

Gopter une meule à champignons, c'est répandre et

fixer sur toute sa surface une couche de terre épaisse d'environ 2 centimètres. La terre qu'on emploie est de préférence légère, sableuse, salpêtrée et fraiche sans être humide.

Soins d'entretien. — Dans les caves, dans les carrières, on n'arrose pas ou peu. En plein air, les meules sont recouvertes d'un lit de paille qu'on appelle *chemise*. La chemise des meules est utile, autant pour éviter la sécheresse que pour empêcher une perdition de chaleur. Malgré l'action protectrice d'une telle couverture, il est bon d'arroser de temps à autre, mais peu à la fois. On se sert d'eau à la température de la couche.

Récolte. — La cueillette doit se faire avant que le champignon n'ait déchiré le voile qui ferme son chapeau. Trop avancé, l'agaric de couche peut causer des indispositions heureusement sans gravité. On détache chaque réceptacle en lui faisant subir sur lui-même un mouvement de rotation ; ce procédé évite la perte de nombreux germes qui suivent toujours le pied quand on le tire sans précautions.

Les récoltes se succèdent pendant trois mois consécutifs et on peut les prolonger, dit-on, par des bassinages à l'eau salpêtrée.

Les couches ordinaires, couches à ananas, couches à melons, marquant moins de 30° et plus de 10° peuvent, si elles sont lardées, produire des champignons sans préjudice pour les autres légumes.

Production du blanc vierge. — En pratique, on appelle couche vierge celle faite à environ 35 ou 40 centimètres dans le sol et recouverte d'une épaisseur de terre suffisante pour empêcher les champignons de se former. Cette couche, lardée dans les conditions requises, fournit le blanc vierge, celui dont on se sert pour planter les meules.

IV

LES LÉGUMES CONDIMENTS

Définition. — On a donné ce nom aux plantes telles que l'ail, le persil, le cerfeuil, etc., qui ne sauraient constituer un aliment à elles seules et sont utilisées pour aromatiser ou relever le goût des aliments proprement dits.

Les légumes condiments ayant une importance relative, nous les étudierons très succinctement.

AIL (fig. 88).

Famille : Liliacées.

Origine. Description. Usage. — Plante vivace, originaire du midi de l'Europe; sa tige, souterraine, est un bulbe composé d'un nombre variable de caïeux réunis sous une même enveloppe.

Les caïeux et les feuilles vertes s'emploient comme condiments, surtout dans la France méridionale.

Variété. — L'ail rose hâtif est le plus cultivé et le meilleur.

Climat. Sol. Engrais. — Assez rustique, l'ail croît mieux dans les terres saines et ameublies que dans les

15.

sols humides où il pourrit souvent ; le fumier dont on aura fumé le sol sera toujours à l'état de terreau bien décomposé.

CULTURE. — Depuis le 15 février jusqu'au 15 mars, sous le climat de Paris, et dès octobre dans le midi, on divise les bulbes d'ail en caïeux qui sont plantés à 5 centimètres en tous sens.

Fig. 88. — Ail rose hâtif.
(Réduit au quart.)

A part un sarclage qui est parfois nécessaire, l'ail n'a pas besoin de soins d'entretien.

Vers fin juillet se fait la récolte quand les feuilles jaunissent et sèchent ; ces feuilles ont été préalablement nouées. Cette opération, selon certains jardiniers, favoriserait le grossissement des bulbes. Après l'arrachage, les bulbes ou têtes d'ail sont laissés sur le sol pendant quelques heures pour ressuyer, puis ils sont liés en bottes et conservés dans un local sec.

ÉCHALOTE

Famille : Liliacées. — *Synonyme :* Ail stérile.

Origine. Description. Usage. — Plante vivace, introduite de Palestine, où elle croît spontanément ; souche souterraine formée de plusieurs bulbes fixés sur le même plateau et recouverts individuellement d'une pellicule

Fig. 89. — Echalote ordinaire.
(Demi-grandeur.)

rougeâtre ; feuilles fistuleuses ; les fleurs réunies en ombelles ne se montrent pas sous le climat de Paris. — Les bulbes et les feuilles sont employés comme condiments.

Variétés. — *Echalote ordinaire* ou *petite* (fig. 89). Bulbes petits, en forme de poire ; pellicule jaunâtre. Conservation facile et bonne ; maturité précoce.

Echalote de Jersey. Bulbes gros, ovoïdes ; pellicule jaune roux, se conserve moins bien que la première ; maturité très précoce.

Climat. Sol. Engrais. — Ce que nous avons dit de

l'ail relativement à ces questions s'applique exactement à l'échalote.

Multiplication. — Séparation et plantation des bulbes.

Culture. — De février en avril, on plante dans une terre anciennement fumée et ameublie.

Les jeunes bulbes sont espacés à 18 ou 20 centimètres en tous sens. Il faut 15 litres de bulbes pour planter un are. Dans la région méridionale de la France et même sous le climat de Paris, mais en terrain léger et avec la variété Jersey seulement, on plante à l'automne. Les bulbes formés dans ces conditions se conservent mieux.

La récolte se fait quand les feuilles jaunissent, en juillet, août. Elle ne doit point être retardée, à cause de la pourriture qui gagnerait les bulbes. Les bulbes arrachés à la main sont laissés quelque temps exposés au soleil pour se ressuyer; ils sont conservés comme les bulbes d'ail.

Le rendement atteint 150 à 170 litres par are.

Insectes et maladies. — Les insectes et les maladies communes chez l'oignon et le poireau attaquent aussi l'échalote.

CIBOULETTE (fig. 90).

Famille : Liliacées. — *Synonyme :* Appétit, Cite, Civette.

La *ciboulette* ou *civette* est une plante indigène vivace, dont les feuilles nombreuses forment sur les vieux pieds comme des touffes épaisses de gazon vigoureux; les fleurs sont violâtres; les feuilles fistuleuses ont le goût d'oignon, elles s'emploient comme condiment, hachées menu dans une foule de mets.

La ciboulette peut faire d'excellentes et solides bordures, surtout dans les terrains un peu frais qui lui conviennent particulièrement. On la cultive beaucoup dans

Fig. 90. — Ciboulette.
(Réduite au huitième ; pied détaché, au quart.)

ces conditions. Elle se multiplie au printemps par la division des touffes; ces divisions sont plantées en lignes de 5 en 5 centimètres.

LE PERSIL

Famille : Ombellifères.

Origine. Description. Usage. — Le persil nous est venu d'Italie et de Sardaigne; c'est une plante bisannuelle à racine pivotante, à feuilles trois fois divisées, à folioles profondément dentées. Sa tige atteignant jusqu'à 1 mètre est terminée par des ombelles de fleurs blanchâtres.

Les feuilles sont employées cuites ou crues pour aromatiser les mets.

Climat. Sol. Engrais. — Cette plante, insensible aux froids, vient bien dans toute la France; tous les sols lui sont bons, ceux fumés à l'avance lui conviennent surtout.

Variétés. — Deux variétés de persil sont particulièrement cultivées :

1° Le *persil commun*, dont la description vient d'être donnée;

2° Le *persil frisé* (fig. 91), dont les feuilles crispées

Fig. 91. — Persil frisé.
(Réduit au cinquième.)

sont recherchées autant pour garnir les plats que pour aromatiser les mets.

Multiplication. — Semis.

Culture. — Le persil peut se cultiver en bordure, c'est même ainsi qu'on l'obtient dans les petits jardins où il n'est pas nécessaire d'en avoir de grandes quantités.

Dans d'autres conditions, on l'élève en planches.

Les semis se font depuis mars jusqu'en fin août, en rayons; les graines sont couvertes de 1 centimètre de terreau. Deux mois et demi après le semis, il est possible de commencer la cueillette des feuilles; celles-ci sont détachées une à une et non coupées par paquets.

L'hiver, un châssis placé sur l'extrémité d'une planche plantée de persil suffit pour protéger la plante et permettre une récolte ininterrompue. Au lieu d'agir ainsi, des jardiniers se contentent d'arracher quelques racines qu'ils plantent sur couche parmi d'autres légumes.

La graine de persil garde trois ans sa faculté germinative.

CERFEUIL

Famille : Ombellifères

Origine. Description. Usage. — Cette plante est indigène dans le midi de l'Europe; elle est annuelle; ses feuilles composées sont à folioles découpées; ses fleurs sont réunies en ombelles; ses graines sont minces, longues, fusiformes et noires.

Les feuilles, très aromatiques, s'emploient surtout pour assaisonner les salades.

Climat. Sol. Engrais. — Ce qui a été dit du persil s'applique à cette plante.

Variétés. — Le *cerfeuil commun* et le *cerfeuil frisé* (fig. 92) sont les deux variétés cultivées; le dernier est au premier ce que le persil frisé est au persil commun.

Culture. — Le cerfeuil étant une plante annuelle, il devient nécessaire, pour en avoir toute l'année, de faire plusieurs semis; les premiers auront lieu à partir de mars sur côtière. Les semis suivants se feront en pleine terre. Le dernier est fait dans les premiers jours de septembre, les individus qui en naissent fournissent le cerfeuil d'hiver et de printemps, ainsi que les porte-graines.

Pendant les fortes chaleurs, sous le climat de Paris,

Fig. 92. — Cerfeuil frisé.
(Réduit au quart.)

les semis doivent se faire sur des emplacements demi-ombragés.

Deux mois environ après le semis, les premières feuilles peuvent être cueillies et employées.

La graine de cerfeuil garde sa vitalité pendant deux ou trois ans.

L'ESTRAGON (fig. 93).

Famille : Composées. — *Synonyme :* Dragon, Dragone.

Origine. Description. Usage. — Plante sibérienne vivace, à tiges annuelles de 80 centimètres en moyenne;

feuilles étroites, lancéolées. Toutes les parties vertes de la plante sont aromatiques ; les feuilles s'emploient dans la salade, les sauces, le vinaigre, etc.; les fleurs sont insignifiantes et stériles.

Fig. 93. — Estragon.

(Réduit au sixième ; feuille grandeur naturelle.)

Multiplication. Culture. — L'estragon ne produisant pas de graine, on ne peut le multiplier que par la division des souches ; ce procédé réussit bien, on l'emploie au printemps. Pendant l'hiver, pour les abriter, il est utile de couvrir les souches de feuilles sèches ou de fumier pailleux.

LA SARRIETTE

Famille : Labiées.

Description. Origine. Usage. — Il existe deux sarriettes cultivées, la sarriette annuelle (fig. 94) et la sarriette vivace, toutes deux indigènes, la première plante atteignant 30 centimètres de haut, la seconde 40 centimètres. Les feuilles de ces plantes très odorantes servent surtout à aromatiser les plats de petits pois et de fèves.

Fig. 94. — Sarriette annuelle.

(Plante réduite au huitième.)

Multiplication. Culture. — La sarriette annuelle se sème au printemps, en fin avril et à demeure sur un sol exposé au soleil où elle se ressèmera naturellement.

La sarriette vivace se multiplie aussi de la même façon, mais plus souvent on la propage au printemps, par division des souches.

LE THYM

Famille : Labiées. — *Synonyme :* Pouilleux.

Origine. Description. Usage. — C'est une petite plante naine, buissonnante, à ramifications ligneuses, à feuilles minimes, lancéolées et odorantes. Elle est indigène ; ses branches servent à aromatiser les sauces.

Multiplication. Culture. — Le thym fait d'excellentes bordures qu'il faut cependant renouveler tous les trois ou quatre ans ; il croit dans les sols les plus arides.

On le multiplie par division des souches ou semis en pépinière, vers avril. En bordure, les brins se plantent de 5 en 5 centimètres.

V

NOTIONS THÉORIQUES

SUR LA

CULTURE DES PORTE-GRAINES

Nous avons indiqué spécialement, pour chaque légume, ce qu'il faut faire, c'est-à-dire quels sont les soins à prendre pour avoir des graines les meilleures possibles. Ce que nous avons dit n'est pas suffisant et nous ajoutons ici des renseignements généraux que nous n'avons pas voulu répéter en traitant chaque espèce.

Quand nous cultivons des légumes ou des fleurs pour la production des graines, notre but est celui-ci : *Propager les races et variétés en les conservant pures, c'est-à-dire avec la forme, la configuration, la vigueur, la précocité, la fécondité, le volume, la couleur propres à chacune d'elles.*

Or, ce résultat ne pourra être obtenu que par l'observation des règles suivantes :

1° Pratiquer une sévère sélection, c'est-à-dire choisir les plus beaux, les plus purs reproducteurs et en prendre *au moins deux* pour que les semences ne soient pas, autant que possible, le résultat d'une *auto-fécondation*, ou fécondation de la plante par elle-même ;

2° Planter ces individus à l'époque voulue ;

3° Les tenir approchés les uns des autres pour favoriser l'entre-croisement;

4° Les écarter, au contraire, des individus d'espèce semblable, mais non de même race; les écarter surtout de l'espèce sauvage, pour éviter toute mauvaise influence d'un fécondant étranger;

5° Donner à ces plants les soins de culture usuelle : arrosage, binage, sarclage, tuteurage.

DEUXIÈME PARTIE

ARBORICULTURE FRUITIÈRE

NOTIONS GÉNÉRALES

SUR LE JARDIN FRUITIER

Et la Taille des arbres.

L'ARBRE, LE JARDIN FRUITIER. — L'arboriculture est cette partie de l'horticulture qui s'occupe de la culture des arbres, arbrisseaux et arbustes. On entend par arbre un végétal dépassant la hauteur d'un homme et dont certaines parties prennent la consistance du bois.

L'arboriculture fruitière enseigne l'art d'élever les arbres fruitiers et de les exploiter.

Les surfaces cultivées en vue de la production fruitière portent diverses dénominations, ce sont :

1° Le *Verger* : endroit clos, planté en plein vent d'arbres fruitiers à hautes tiges ;

2° Le *Pré-Verger* : qui n'est autre chose que le verger établi sur un pâturage. Il est très commun en Normandie, en Picardie et en Flandre ;

3° Le *Jardin fruitier* proprement dit : lieu clos, présentant des conditions particulières d'établissement, de disposition et de distribution intérieure. Il est exclusivement consacré à la culture des arbres fruitiers qui y subissent chaque année un traitement particulier et y sont soumis à des formes spéciales ;

4° Le *Potager fruitier* où l'on cultive simultanément les légumes et les arbres fruitiers. C'est le plus répandu ; on le trouve en effet dans toutes ou presque toutes les propriétés particulières.

CLASSIFICATION DES FRUITS. — Le fruit, tel que nous le considérons ici, est l'ovaire grossi et devenu comestible. Il renferme du sucre, des acides, des sels, des matières grasses, etc., et possède sur les légumes l'avantage de se manger cru.

Au point de vue horticole, la classification des fruits est complètement arbitraire.

Voici celle que nous adoptons :

1° *Fruits baxiformes* ou BAIES :	Raisin, groseilles diverses.
2° *Fruits drupacés* ou DRUPES :	*Drupes à noyaux :* pêche, prune, cerise, abricot. *Drupes à pépins :* poire, pomme, nèfle, coing.
3° *Fruits secs* des horticulteurs ou GRAINES :	Amande, noix, châtaigne, noisette.

Les poiriers, les pommiers sont très souvent désignés sous le nom d'arbres à fruits *pomacés*.

CRÉATION DU JARDIN FRUITIER. — Le jardin fruitier est un espace exclusivement consacré aux arbres fruitiers soumis à des formes diverses ; ces formes sont adoptées moins au point de vue de l'agrément, bien qu'on doive chercher des formes élégantes, qu'au point de vue de l'utilité ; elles permettent de rapprocher les arbres entre eux (espalier, contre-espalier, etc.) et rendent plus facile l'utilisation des murs et treillages.

A l'aide des formes bien comprises, on garnit vite un terrain et on obtient dans le moins de temps possible, sur un espace relativement restreint, le plus de fruits qu'il soit donné d'obtenir. De plus, ces formes permettent aux fruits d'acquérir, toutes choses égales d'ailleurs, le maximum de leur volume et de leur qualité sapide.

Le jardin fruitier est préférable au potager fruitier avec lequel on le confond très souvent. Il vaut mieux, quand faire se peut, que les légumes et les arbres soient complètement séparés. Dans le potager fruitier, en effet, les arbres, par leurs racines et l'ombrage qu'ils projettent, nuisent aux légumes ; les labours que ceux-ci réclament sont funestes aux arbres.

Un autre inconvénient se présente dans les terrains naturellement humides, c'est que, par les arrosages qu'il est nécessaire de donner aux légumes, on s'expose à faire pourrir les racines des arbres. Pourtant, dans le Midi, il peut y avoir avantage à associer les légumes à quelques natures d'arbres qui exigent l'irrigation ; de plus, dans ces contrées chaudes, l'ombrage est utile aux plantes potagères dont la croissance est souvent gênée par le soleil et les sécheresses. Quoi qu'il en soit, on aura soin de séparer les arbres des légumes par des sentiers assez larges.

Au point de vue horticole, la France appartient à deux climats : le climat tempéré et le climat tempéré chaud : aussi la culture fruitière peut-elle être faite avec avantage sur tout le territoire national.

A peu près partout, on peut cultiver les principaux arbres fruitiers, à l'exception toutefois de la vigne et du figuier qui ne peuvent fructifier dans le nord. Il faut reconnaitre que souvent certaines essences se plaisent mieux dans une contrée que dans une autre : ainsi le poirier et le pommier qui craignent la sécheresse réussiront difficilement dans le Midi ; la vigne qui demande de la chaleur ne mûrira pas ses fruits dans le nord. Mais, au moyen de murs et d'abris, on parvient à créer des sortes de climats artificiels et il arrive que partout en France, sauf quelques rares exceptions, on réussit à cultiver la plupart des essences fruitières.

Suivant le but dans lequel il a été créé, le jardin fruitier peut être considéré de deux façons :

1° Comme *Jardin de spéculation* qui, ayant pour objet la production à peu de frais, est créé dans des conditions économiques. Il contient une ou deux espèces seulement et trois ou quatre variétés de chacune, tout au plus. Ainsi, à Montreuil, il y a la spéculation sur les pêchers et le pommier Calville blanc. Certains cultivateurs, avec trois ou quatre variétés seulement, font un commerce considérable de pêches.

A Thomery, on fait la spéculation sur le raisin avec deux variétés : le chasselas de Fontainebleau et le Franckental.

2° Il est considéré comme *Jardin privé* lorsque son but est de satisfaire aux besoins d'une famille : on y recherche avant tout la beauté, la qualité des fruits, la diversité des espèces et des variétés. On exige de ce jardin des produits frais au moins pendant dix mois, quoiqu'il soit possible d'en avoir pendant toute l'année.

Ces deux sortes de jardins sont donc très distinctes ; ce sont des conditions toutes particulières qui doivent présider à leur organisation.

Il faut considérer : le choix de l'emplacement, la position, la nature du sol, l'exposition, l'étendue ; une fois ces questions étudiées, on s'occupe des suivantes : clôtures (murs et espaliers), distribution du terrain, préparation du sol et plantation des arbres.

Choix de l'emplacement. — Le choix de l'emplacement n'est pas toujours facile à faire surtout pour la création d'un jardin privé. On est guidé par l'étendue de la propriété, par son relief, c'est-à-dire la configuration du sol. Comme les arbres fruitiers n'exigent ni une surveillance active ni de nombreux arrosages, on peut éloigner plus ou moins le jardin fruitier de l'habitation du jardinier.

C'est surtout la nature du sol qui devra guider dans ce choix.

Position. — Là il faut apporter la plus grande attention. On évitera un terrain bas, un fond de vallée où les brouillards sont fréquents et persistants, où les gelées blanches tardives sont habituelles. Les brouillards nuisent beaucoup à la fécondation et compromettent la récolte. Les gelées blanches aussi sont funestes à la floraison. La gelée si intense de l'hiver 1879-1880 a été beaucoup plus désastreuse dans les endroits bas, comme l'École d'Horticulture de Versailles où environ dix mille arbres fruitiers ont péri, que sur les terrains élevés. Il faut éviter également l'excès contraire, c'est-à-dire les plateaux trop découverts où la fécondation est contrariée par les hâles de mars, où les vents violents des équinoxes abattent les fruits encore verts.

Les vents secs d'est et nord-est ne sont nuisibles à la fécondation des fleurs que s'ils sont accompagnés d'abaissement de température au-dessous de moins 2° C. (Jamin). On choisira donc un endroit abrité, situé à mi-côte ou au pied d'un coteau, dans une plaine à l'abri des grands vents ou dans une vallée largement ventilée, très ouverte sans être exposée aux grands vents.

Nature du sol. — Toutes les essences fruitières aiment un bon terrain, mais toutes ne l'exigent pas au même degré. En principe, les espèces à noyau (prunier, pêcher) sont moins difficiles sur la nature et la qualité du sol que les espèces à fruits pomacés (pommier, poirier). Ainsi les premières et la vigne spécialement se contentent de terrains légers, relativement peu épais, peu substantiels, siliceux ou calcaires, tandis que les autres demandent un sol riche, fertile, profond. Dans tous les cas, pour ces deux catégories d'arbres, les terres compactes trop argileuses, trop humides, qui se prennent en masse plastique l'hiver et durcissent par la sécheresse l'été, ne valent rien, ou du moins conviennent très peu. Dans les terres compactes, pendant les premières années, les arbres poussent bien, quelquefois trop ; ils sont rebelles à la fructification ; les fruits, quand il y en a, sont gros mais insipides. Enfin les racines ne tardent pas à pourrir, lorsqu'elles arrivent à la couche imperméable du sous-sol. Dans les terres sèches légères, les arbres poussent très peu au début, moins encore par la suite ; ils sont fertiles et meurent vite : leurs fruits sont petits, mais savoureux et sucrés.

Il faut donc choisir un sol tenant le milieu entre ces extrêmes, un sol de moyenne consistance, sans excès de sécheresse ni excès d'humidité, un sol substantiel, argilo-siliceux ou argilo-calcaire, mélangé d'un peu d'humus.

Exposition. — Presque toutes les expositions sont bonnes, aussi leur choix est-il relativement secondaire. Pourtant, dans les régions septentrionales, les arbres souffrent et laissent tomber leurs boutons au printemps, s'ils sont orientés au nord. Le nord peut être bon et le midi mauvais, cela dépend de la nature du sol et de la latitude du pays. Si le sol est perméable, facile à s'échauffer au printemps et sous une latitude méridionale, son exposition au nord n'est pas désavantageuse. Cette exposition étant sèche, les arbres y mûrissent davantage leur bois, ce qui rend la gelée moins à craindre. Ainsi en 1879, c'est surtout dans les jardins exposés au nord que la terrible gelée des 9 et 10 décembre a fait le moins de ravages ; cela tient aussi à ce que, ne recevant pas le soleil, les arbres n'étaient pas exposés aux *gélivures*.

D'une manière générale, les meilleures expositions à choisir sont comprises entre l'est et le sud-ouest. L'ouest est une exposition assez bonne, mais le terrain y souffre beaucoup de l'humidité à cause des pluies très abondantes.

Etendue. — C'est une question difficile à résoudre que celle de l'étendue ; elle varie selon que le jardin est commercial ou privé ; elle dépend aussi des besoins et de la nature des essences fruitières qui devront prédominer, car les unes demandent plus de travail que les autres. Le mode de plantation adopté peut aussi influer sur l'étendue. Pour que les arbres ne soient pas gênés, il leur faut un maximum d'étendue qui ne doit pas être dépassé, et encore moins réduit. Un homme habile, connaissant bien son métier, peut diriger, avec un aide, un demi-hectare à trois quarts d'hectare au plus, les essences étant mélangées. Il pourra entretenir un hectare à un hectare et demi, s'il n'y a qu'une seule essence. En tous les cas, l'étendue devra être telle que le jardinier puisse faire par lui-même tout ce qui concerne la direction de ses arbres, afin qu'ils ne soient point abimés par son aide ou apprenti.

Si la spéculation porte sur le pêcher et la vigne, un hectare sera la surface maximum de la plantation, tandis que, si elle a en vue la culture du poirier, elle pourra s'étendre sur un hectare et demi.

Clôtures. — Une clôture est indispensable, autant pour éviter les maraudeurs et l'indiscrétion des passants que pour cultiver en espalier certaines espèces qui réclament cette précaution. La meilleure clôture est le mur, surtout sous le climat de Paris et du centre ; dans le midi, où l'espalier n'est pas indispensable, le mur, comme clôture, est moins nécessaire.

La direction selon laquelle il est préférable de disposer les murs est celle du nord au sud ; elle permet d'avoir, sur les faces de ces murs, les soleils levant et couchant. La face exposée au levant est préférable à celle exposée au couchant, quoiqu'elle reçoive parfois un peu trop tôt les rayons du soleil. La face située au couchant a le grand inconvénient, à cause des pluies qu'elle reçoit, d'empêcher l'aoûtement du bois des arbres. Pour ces raisons et aussi pour que les murs ne nuisent pas beaucoup par leur ombrage, leur plus grande longueur devra donc être du nord au sud et la plus petite de l'est à l'ouest. On pourra aussi établir des murs entre le nord-est et le sud-ouest; ces directions intermédiaires procurent des espaliers à des expositions favorables.

La hauteur des murs n'est pas absolue, mais il faut autant que possible l'élever jusqu'à 3 mètres, ceci permet d'avoir des arbres de grandes dimensions et d'adopter toutes les formes propres à l'espalier. Si l'on établit les murs plus bas, on ne peut plus employer les cordons verticaux, et, s'ils sont plus haut, ils nécessitent la culture d'arbres à très haut développement qui réclament beaucoup plus de soins que des arbres à développement moindre; enfin ces murs élevés donnent trop d'ombre.

Les *murs de refend* sont ceux qui, placés intérieurement, partagent le terrain ; ils permettent d'avoir plus d'arbres en espalier ; ce sont des abris pour le terrain qu'ils morcellent et sur lequel ils emmagasinent, en quelque sorte, la chaleur.

Par rapport aux murs de clôture, on leur donne une hauteur moindre de 40 à 50 centimètres. Il faut les écarter d'une distance égale à trois fois leur hauteur. Ces murs si utiles dans le nord et dans le centre pour la beauté et la qualité des fruits, sont nuisibles dans le midi en ce qu'ils emprisonnent l'air et occasionnent une trop forte concentration de chaleur.

Les meilleurs murs et les plus solides sont ceux bâtis en pierre et chaux. Les murs en briques sont très favorables s'ils sont crépis en plâtre pour le palissage à la loque. L'enduit de plâtre doit avoir au moins 3 centimètres d'épaisseur. Si ces murs ne sont pas crépis, il faut au moins que les joints soient bien cimentés pour qu'ils ne puissent servir de refuge aux insectes. Les murs devront être tenus très propres ; ils auront 55 centimètres d'épaisseur à la base.

Les murs en pisé construits d'argile gâchée avec de la paille hachée sont très chauds et, sous ce rapport, excellents pour la culture en espalier, mais ils sont peu solides et leurs nombreuses anfractuosités sont des repaires de quantité d'insectes nuisibles.

Chaperons. Auvents (fig. 95). — Quelle que soit la façon des murs, il faut les surmonter d'un chaperon A,

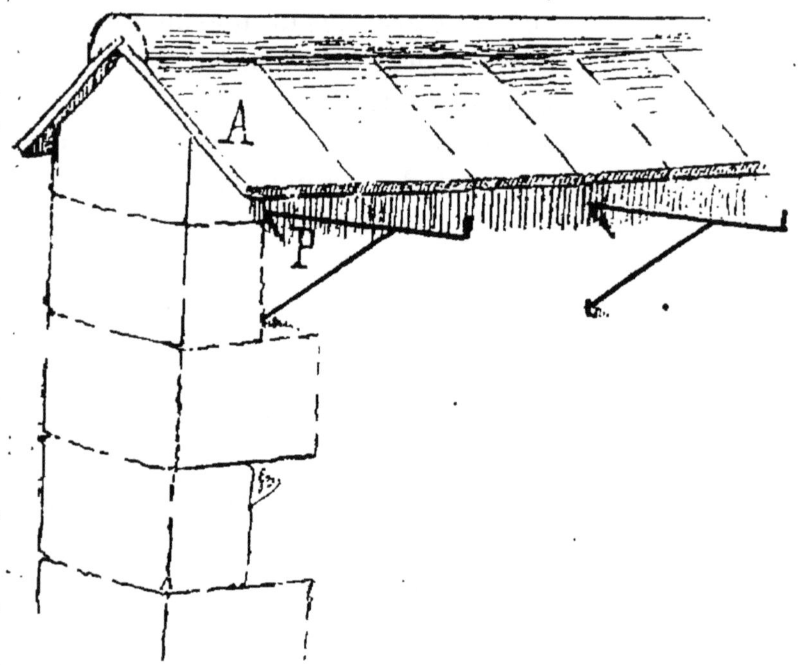

Fig. 95. — Mur pourvu d'un chaperon A, et de potences P destinées à supporter des auvents.

c'est-à-dire d'une portion de construction placée au haut du mur et le débordant légèrement, à la façon d'un toit. Les chaperons protègent le mur et les arbres de l'humidité en rejetant les eaux au delà des branches ; ils ont en outre l'avantage de modérer, de maintenir la végétation et d'empêcher sa tendance à se manifester exclusivement dans la partie supérieure de l'arbre.

Les chaperons se font en tuiles, en briques, en plâtre, en chaume sur les pisés. Autrefois on donnait au chaperon 28 à 30 centimètres de saillie ; c'était une mesure exagérée, car, indépendamment de leur peu de solidité, ils avaient l'inconvénient, au point de vue cultural, d'empêcher trop l'action de la lumière et de la rosée sur les parties élevées des branches, d'arrêter la végétation sur ces mêmes parties et de protéger les insectes nuisibles.

Une saillie de 18 à 20 centimètres est bien suffisante même aux expositions les plus humides, à condition de sceller à 7 ou 8 centimètres au-dessous de la saillie du chaperon des *potences* en fer P, destinées à supporter des auvents tout à fait indispensables à la bonne venue des arbres fruitiers. Ces auvents auront une largeur de 30, 50 centimètres ou plus, suivant l'essence de l'arbre et la hauteur du mur. Ils se font en paille ou bien ils sont en planches minces de sapin, ce qui est plus économique et d'un maniement plus facile.

Couleur des murs. — En théorie, la couleur noire serait préférable, car c'est elle qui absorbe le plus vite la chaleur, mais, en revanche, elle perd plus vite également cette chaleur acquise. En pratique, on donne la préférence aux murs blancs. D'abord cette couleur permet les chaulages annuels qui détruisent les insectes, les mousses et les lichens ; de plus, il est préférable que les murs s'échauffent moins vite et se refroidissent de même, car il n'est pas utile qu'au printemps la végétation se manifeste trop tôt à cause des gelées tardives qui sont, à cette époque, toujours dangereuses aux jeunes pousses et aux fleurs. Enfin, pendant la végétation, il est encore utile, à certaines expositions, que le mur ne soit pas échauffé trop vivement à cause des perturbations qui en résulteraient dans la santé des arbres.

Treillages. — Rarement on palisse à la loque, il faut pour cela des circonstances tout à fait spéciales. Si on n'adopte pas ce mode de palissage, il faut nécessairement recouvrir le mur d'un treillage. Le treillage est un assemblage de lattes dont les unes dites *montants* sont verticales et se fixent sur les autres dites *traverses* qui ont une direction horizontale. Celles-ci sont distancées à 40 ou 50 centimètres et se fixent sur le mur au moyen de crochets. Les lattes se font ordinairement en bois de châtaignier, de chêne, d'acacia et de sapin ; les meilleures sont celles de châtaignier ou de sapin non saigné.

Les treillages se font aussi en fils de fer. D'autres ont les traverses en fil de fer et les montants en bois. Ces derniers, appelés treillages mixtes, sont économiques et très solides. Il faut les préférer.

L'écartement des montants est très important ; il varie suivant l'essence des arbres et la forme, 25 centimètres pour la vigne en cordons, 15 centimètres pour la vigne en palmettes, 10 centimètres pour le pêcher, quelle que soit la forme, et 25 ou 30 centimètres pour le poirier.

Murs de terrasse. — On appelle mur de terrasse ou de soutènement un mur qui appuie et soutient une levée de terre. Les murs de terrasse, au point de vue de la production fruitière, ne valent rien, excepté pour la vigne qui s'y plaît assez bien. Il faut donc les éviter, car ceux de l'est, du sud et de l'ouest, trop chauds en été et trop humides en hiver, facilitent l'accès des gelées. A part la vigne, les autres essences s'y plaisent mal ; si on veut planter contre eux, le seul moyen est d'isoler le treillage à 10 ou 12 centimètres du mur pour éviter la trop forte chaleur qu'il fait tout contre la maçonnerie. Si on y cultive le pommier, il faut, pendant les grandes chaleurs, tendre une toile devant les arbres pour empêcher, sur les pommes, l'effet déplorable d'une insolation trop forte et trop continue.

DISTRIBUTION DU TERRAIN

La distribution du terrain est assez difficile à indiquer d'une manière nette, précise et immuable. Elle dépend d'une foule de circonstances locales qu'on ne saurait voir ou étudier que sur place ; ce sont la nature du sol, les idées et caprices du propriétaire, les variétés, les essences adoptées, etc., etc.

Le terrain sera divisé, autant que possible, suivant la forme rectangulaire, par carrés et par lignes n'ayant pas plus de 30 à 40 mètres de longueur pour la facilité du service. Si les lignes sont tracées chacune sur une plate-bande spéciale, ces dernières seront séparées entre elles par des sentiers de 1m,30. Si les lignes sont réunies par séries en de grands carrés, ceux-là seront circonscrits par des allées de 3 mètres qui permettront la circulation des voitures.

Le terrain est-il en pente légère, le jardin suivra la pente ; au contraire, la pente est-elle rapide, il faudra faire la distribution transversalement à la pente et établir de petites terrasses.

Afin de pouvoir utiliser les deux faces des murs de clôture, il sera quelquefois nécessaire de laisser à l'extérieur une plate-bande de façon à éviter un trop grand rapprochement du mur vers les plantations quelconques qui feraient ombrage.

Espalier (fig. 96). — C'est une rangée d'arbres fruitiers plantés contre un mur et dont les branches sont dirigées et appliquées contre ce mur, suivant des formes déterminées.

Contre-espalier. — C'est une rangée d'arbres fruitiers dressés contre un treillage, en plein air, et soumis aux formes adoptées en espalier.

Les plates-bandes devront être 15 à 20 centimètres plus hautes que les sentiers ; au contraire, les allées seront plus élevées que les plates-bandes dans les terrains légers et les climats chauds. Si les contre-espaliers sont disposés en lignes parallèles, on leur donne une hauteur égale à la distance qui les sépare, mais on ne doit jamais dépasser 3 mètres et alors, si le terrain ne fait pas défaut, il est préférable de distancer à une fois et demie la hauteur, soit $4^m,50$. L'air et la lumière circulent mieux et les arbres se donnent moins d'ombrage les uns aux autres.

Pour avoir de la solidité, on met des entre-toises à la partie supérieure des espaliers afin d'empêcher le vent de renverser les lignes. Dans un potager, on donnera aux contre-espaliers une hauteur de $1^m,80$ à 2 mètres

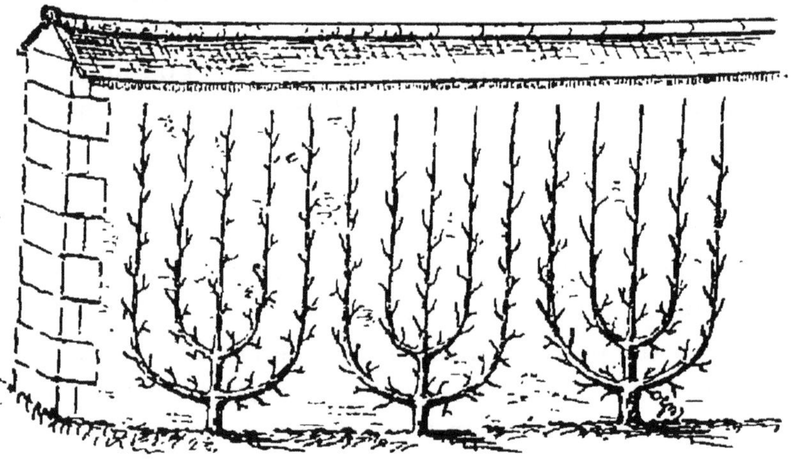

Fig. 96. — Espalier.

tout au plus, de façon qu'un homme puisse donner tous les soins nécessaires sans échelle et que les légumes ne soient pas trop ombragés.

Contre les murs et pendant les jeunes années des arbres, on pourra cultiver quelques légumes, entre autres les fraisiers, qui ont l'avantage de détourner les vers blancs ; mais, une fois les arbres formés, il est mieux de ne faire aucune culture dérobée.

Bordures. — Dans beaucoup de jardins, aujourd'hui, la mode est d'utiliser pour bordure des briques ou tuiles faites spécialement pour cet usage et qui tracent les lignes de démarcation des plates-bandes et des allées, tout en empêchant la terre de descendre dans ces dernières. Ce système est coûteux, il donne au jardin un aspect sévère, sinon triste.

Les bordures, tout en donnant un produit, deviendront ornementales si on emploie certaines plantes. Celles qui sont propres à cet usage sont peu nombreuses, car il ne faut pas que les racines s'enfoncent trop profondément ni qu'elles soient traçantes, et leurs tiges doivent être assez naines pour ne pas gêner les branches ni les fruits. On emploie le persil, l'oseille, qu'il faut couper souvent, et la civette qui disparait malheureusement l'hiver, mais qui pousse dès le premier printemps. Les fraisiers, ceux à gros fruits principalement, constituent aussi d'excellentes bordures.

Le sol et le sous-sol. — On appelle sol, en culture, la couche superficielle de terre que les instruments de culture retournent et divisent. C'est lui qui reçoit les engrais et qui nourrit les premières racines des arbres. En horticulture, on remue la terre bien plus profondément qu'en agriculture, le sol est donc variable en épaisseur, suivant qu'il a été foui plus ou moins profondément.

La couche sur laquelle repose le sol est le *sous-sol* qui lui est immédiatement sous-jacent. En arboriculture, son importance est à peu près égale à celle du sol, parce que les racines des arbres tendent à y plonger constamment.

Les éléments constitutifs du sol arable sont au nombre de quatre : la silice, le calcaire, l'argile et l'humus ou terreau. Suivant que l'un de ces éléments domine, on a les sols siliceux, calcaires, argileux et humifères ou tourbeux. Ces éléments se trouvent mélangés dans des proportions différentes, suivant lesquelles la contexture du sol change ainsi que ses propriétés chimiques et physiques.

C'est en proportions toujours très faibles que se rencontrent dans le sol d'autres éléments, tels que les phosphates ; les nitrates et silicates de chaux, de potasse, de soude, de magnésie ; les oxydes de fer et de manganèse.

On doit faire intervenir également dans la composition des terres deux corps indispensables : l'air et l'eau.

Suivant qu'un des quatre principaux éléments constitutifs est en excès, on a :

1° Les *terres légères;* le calcaire ou la silice y dominent;

2° Les *terres fortes ou lourdes;* l'argile domine;

3° Les *terres de consistance moyenne;* leurs éléments constitutifs sont dans de telles proportions que le mélange tient le milieu entre les deux classes précédentes.

Ce sont ces terres moyennes que l'on recherche en arboriculture, car elles sont plus facilement pénétrées par l'air, l'eau, la chaleur et les racines des arbres.

Quant au sous-sol, suivant les éléments dont il est composé, il se présente sous deux aspects différents : il est perméable ou imperméable. Le sous-sol perméable est celui qui se laisse facilement traverser par l'eau et l'air. Le sous-sol imperméable est celui qui, de nature compacte, ne laisse pas écouler l'eau dans ses couches inférieures.

Un sol de *consistance moyenne* reposant *sur un sous-sol perméable* constitue le meilleur terrain pour la culture des arbres fruitiers.

La préparation du sol destiné à la plantation des arbres comporte quatre opérations principales :

1° L'assainissement qui consiste à assécher, à égoutter le terrain pour faire disparaître l'humidité quelquefois en excès;

2° L'ameublissement; il a pour but de rendre le sol perméable à l'eau, à l'air et à la chaleur, et de donner aux racines la facilité de s'étendre dans une masse plus considérable de terre. Tous les sols ont besoin d'être ameublis plus ou moins profondément;

3° L'amendement ; son effet est de modifier et quelquefois de changer tout à fait la constitution chimique et physique du sol;

4° La fumure. Elle ajoute des éléments fertilisants à ceux que le sol contient déjà naturellement en quantité plus ou moins suffisante.

Assainissement. — L'humidité surabondante du sol peut avoir deux causes : 1° des sources naturelles; 2° des eaux stagnantes provenant des pluies. Ces deux sortes d'humidité n'ont pas la même manière d'agir sur les arbres; l'eau courante n'est pas très nuisible parce qu'elle est sans cesse renouvelée; pourtant elle provoque chez les arbres une vigueur trop grande et les fruits produits sont souvent aqueux, insipides, difficiles à conserver. Ces inconvénients sont assez grands pour rendre l'assainissement nécessaire.

Il est facile de se débarrasser des eaux courantes par la captation des sources et l'éloignement des eaux au moyen d'une rigole d'écoulement. Si les eaux sont stagnantes, il faut indispensablement assainir tout le terrain. Ces eaux stagnantes sont très mauvaises pour les plantes. Elles ont pour résultat de provoquer la pourriture des radicelles, de rendre les arbres malingres et chlorotiques.

On peut assainir le sol de trois manières : 1° par le percement des rigoles, à ciel ouvert; 2° par le percement des rigoles couvertes; 3° par l'installation du drainage proprement dit.

Le drainage proprement dit est le procédé le meilleur. On donne aussi le nom de drainage à l'ensemble des opérations qui ont pour but d'assainir le terrain.

Drainage proprement dit. — Au lieu de creuser des rigoles d'écoulement à ciel ouvert ou de faire des rigoles couvertes en les comblant de cailloux, de gazons, de fascines, on se sert de petits tuyaux en terre cuite appelés drains. (On appelle également drains les lignes de drainage elles-mêmes.) Ces tuyaux sont longs de 30 à 40 centimètres au plus, afin que les joints soient plus nombreux, car c'est par eux que l'eau s'infiltre et que le drainage s'effectue. Ils sont cylindriques ; quelquefois un côté est plat pour mieux appuyer sur le sol. Leur diamètre est de 2 centimètres et demi à 3 centimètres seulement, pour qu'ils ne renferment pas trop d'air. Ces drains aboutissent à un drain collecteur dont le diamètre est plus grand et qui emmène l'eau au dehors. La profondeur à laquelle les drains doivent être placés varie de 80 centimètres à $1^{m},30$, suivant la nature du terrain ; plus on les mettra profondément, plus le drainage sera efficace et plus on pourra les distancer.

La section des rigoles au fond desquelles on dépose les drains est étroite le plus possible, le fond n'a comme largeur que le diamètre des tuyaux. C'est avec des instruments spéciaux de moins en moins larges qu'elles sont creusées. Après avoir bien nivelé et damé le fond pour que les tuyaux ne se dérangent pas, on les place bout à bout, avec un instrument spécial. Une pente de 2 millimètres est suffisante, mais il est préférable de la donner de 3 ou 4 millimètres, parce que le courant étant plus rapide, les dépôts de limon auront moins de chance de se former dans les tuyaux.

C'est toujours à l'endroit où les eaux doivent aboutir qu'il faut commencer le travail, de façon que les eaux pluviales s'écoulent et n'en gênent point l'exécution.

En culture ordinaire, on se contente de mettre les drains A bout à bout ; mais pour la culture fruitière, il est très important que sur chaque entre-deux on mette un *couvre-joint* C ou même un *manchon* entier B (fig. 97), car les racines ont toujours une tendance à pénétrer dans les tuyaux. Quand elles y sont, elles s'y multiplient avec une telle force qu'elles forment des sortes d'amas chevelus qui, sous le nom de queues de renard, obstruent complètement le passage des eaux.

Une fois les tuyaux posés, il faut les assujettir de la

façon la plus complète pour que la ligne soit aussi directe que possible et surtout pour empêcher la formation des « queues de renard ». Il faut donc recouvrir les tuyaux de gazon, de terre un peu compacte, pour qu'il ne soit

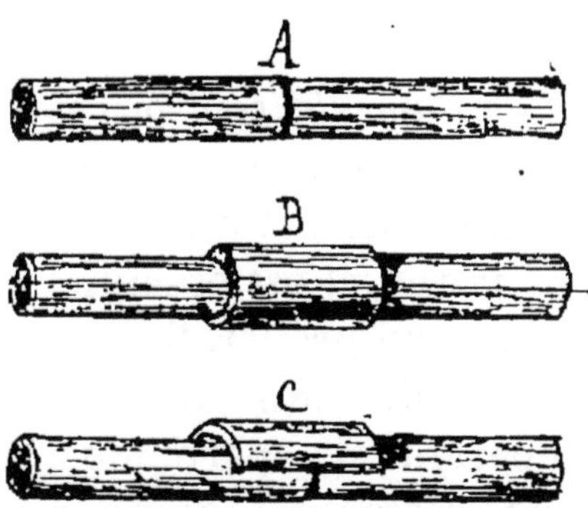

Fig. 97. — Drains : A, drains nus; B, drains avec manchon; C, drains avec couvre-joint.

pas trop entraîné de limon. Après le travail, on damera la terre très fortement en prévision des tassements inégaux.

Les drains ainsi posés forment à l'intérieur de la terre un conduit où l'air circule; l'eau est entraînée vers ce conduit par son propre poids et par celui de la pression atmosphérique. Pour que le drainage agisse avec efficacité, il est donc important que le terrain soit bien ameubli.

Bons effets du drainage. — L'assainissement du sol, en enlevant les eaux surabondantes, a pour effet de rendre facile l'accès de l'air dans le sol, de réchauffer celui-ci, de favoriser le développement des racines, de provoquer la formation d'une sève plus élaborée qui produit à son tour des fruits de meilleure qualité.

Enfin, lorsque le terrain est assaini, les gelées printanières se font moins rudement sentir et la fructification, par suite, est plus assurée.

Les terrains drainés, par exemple, exigent une plus grande somme d'engrais que ceux qui ne le sont pas, soit que l'eau entraîne les sucs nutritifs, soit que le fumier se décompose plus vite, par suite de l'abondance de l'oxygène de l'air dans le sol.

AMEUBLISSEMENT DU SOL

Nécessité de l'ameublissement. — La terre, au point de vue cultural, est le logement et le garde-manger des racines. Comme elle est un milieu généralement dur et difficile à pénétrer, il est essentiel, avant de planter, de lui faire subir une préparation capable d'augmenter sa porosité, c'est-à-dire le nombre et le volume des interstices qui séparent ses particules, capable enfin de la rendre plus facilement pénétrable. Cette préparation en culture s'appelle ameublissement. Les arboriculteurs lui donnent le nom plus particulier de *défoncement*. Ameublir, c'est remuer le sol en le déplaçant horizontalement. En théorie, le meilleur ameublissement serait celui qui porterait sur toute la masse de terre que les racines sont susceptibles d'occuper plus tard, à l'âge adulte de la plante.

Voici les inconvénients que présentent les sols plantés sans avoir été ameublis :

1° Les eaux restent à la surface plantée et se perdent par évaporation ou écoulement superficiel ;

2° Les racines des arbres, empêchées dans leur élongation, restent confinées dans un milieu restreint (le petit trou que l'on fit pour recevoir l'arbre) qu'elles épuisent et où elles ne trouvent bientôt plus d'aliments ;

3° Les eaux souterraines, retenues avec beaucoup de force à cause même de la compacité du sol, peuvent manquer aux plantes ;

4° L'air ne pénètre pas les terres compactes, il est rare dans les terres non ameublies ; on sait pourtant qu'il est un puissant réactif, facilitant la décomposition des fumiers et la solubilité des engrais.

En somme, on peut conclure que l'ameublissement du sol a surtout pour but de faciliter la croissance, et, par cela même, le fonctionnement des racines. Or, comme le développement aérien des plantes (branches, fleurs, feuilles, fruits) est tout à fait solidaire du développement des racines, il en résulte que bien remuer, bien ameublir un sol qu'on désire planter, c'est préparer une bonne végétation et une prompte mise à fruit.

Systèmes. — Selon qu'on choisit telle ou telle disposition dans la plantation, selon la nature physique des terres, et, par conséquent, selon le genre de sujets choisis pour la plantation, on adopte une profondeur variable et l'un des quatre systèmes suivants :

1° *Défoncement total* ou sur toute la surface à planter ;

2° *Défoncement partiel par plates-bandes ;*

3° *Défoncement partiel par trous ;*

4° *Défoncement total ou partiel avec ameublissements du sous-sol sans le ramener à la surface* (Plantations d'arbres sur cognassier).

Profondeur. — La profondeur varie surtout avec les espèces adoptées pour la plantation et les sujets sur lesquels elles sont greffées.

Voici un tableau des principales mesures généralement adoptées :

ESSENCES FRUITIÈRES	PROFONDEUR DE L'AMEUBLISSEMENT
Poirier sur franc. Pêcher sur amandier. — franc. Pommier sur franc.	80 centim. à 1m,10.
Poirier sur cognassier. Pêcher sur prunier. Pommier sur doucin. Prunier. Vigne. Abricotier.	60 à 80 centim.
Pommier sur paradis. Groseillier. Framboisier.	40 à 60 centim.

On peut dire aussi qu'en général, plus le terrain est pauvre, plus l'ameublissement a besoin d'être profond et large.

Époque. — C'est en septembre et octobre qu'il est bon de défoncer le sol en vue des plantations. De cette façon, la terre des trous peut rester quelque temps exposée à l'action bienfaisante de l'atmosphère ; en outre, elle a le temps de s'appuyer un peu avant l'installation des arbres, ce qui ne peut être qu'un bien.

Défoncement total. — Le défoncement total n'est pas pratique, d'abord parce qu'il est coûteux, ensuite parce qu'une partie du sol ameubli a le temps, avant qu'elle soit occupée par les racines, de s'affaisser et de devenir aussi compacte qu'elle était à l'origine. Nous ne le décrirons donc pas.

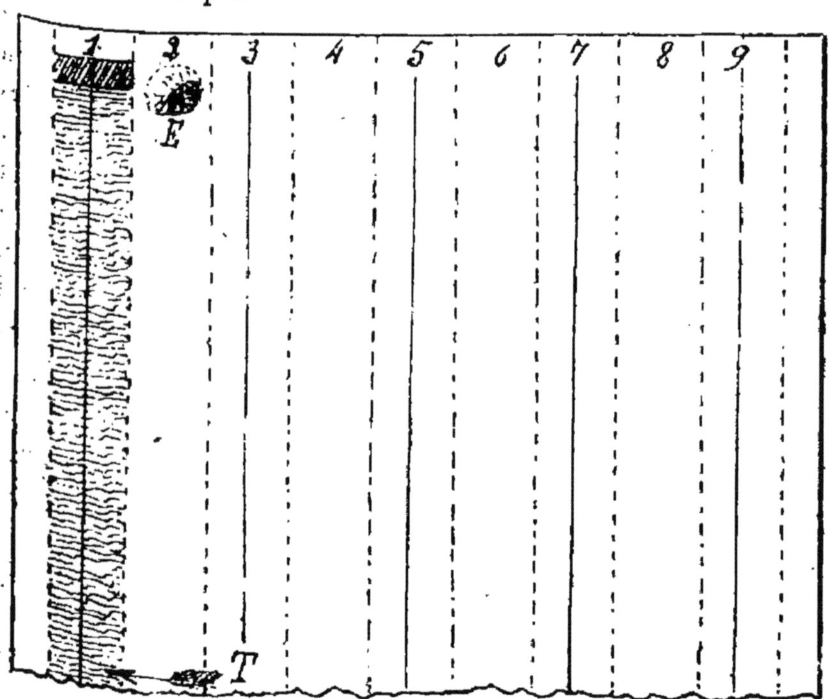

Fig. 98. — Défoncement par planches.

Défoncement partiel par plates-bandes (fig. 98). — Le défoncement partiel se pratique aux emplacements qu'occuperont primitivement les racines des arbres. Soit une surface quelconque à planter en poiriers sur franc qu'on dirigera sous forme de pyramides. Nous savons que les arbres seront écartés à 4 mètres en tous sens. Les lignes de plantation étant tracées, nous établissons sur chaque ligne une planche de 2 mètres de large (1 mètre de chaque côté de la ligne) et nous défonçons comme il suit :

L'ouvrier attaque l'extrémité de la planche n° 1 (fig. 98), creuse une tranchée dont la profondeur est calculée selon la nature des arbres. Cette tranchée a 70 centimètres de large, la terre extraite est mise à côté sur l'extrémité de la planche n° 2, en E. Le travail de défoncement est continué vers l'autre extrémité de la planche n° 1 ; pour cela, l'ouvrier placé au fond abat la terre par tranches minces, en ayant soin de la mélanger, puis il la jette derrière lui à la pelle. Au fur et à mesure qu'il avance, il a soin de bêcher le sol sur lequel il a piétiné. Arrivé à l'extrémité de la planche n° 1, l'ouvrier restant du même côté, ouvre en T, dans la planche n° 3, une tranchée dont la terre lui sert à combler la tranchée de la planche n° 1, puis il défonce la planche n° 3 en avançant dans le sens opposé à celui qu'il suivait tout à l'heure. Quand il est arrivé à l'autre bout de la planche n° 3, il se sert pour combler définitivement sa tranchée de la terre extraite au début du travail. Les planches 5 et 7 sont défoncées par le même procédé, puis les planches 9 et 11, et ainsi de suite, toutes les planches impaires.

De cette façon, on ne défonce le terrain que sur la moitié de sa surface ; en effet, les planches défoncées sont séparées entre elles par des planches non défoncées qui ont aussi 2 mètres de large.

Défoncement partiel par trous. — C'est le procédé employé lorsque les arbres doivent être largement espacés, comme les essences fruitières d'un verger.

Le défoncement par trous consiste à ameublir le sol particulièrement en autant d'endroits qu'il y a d'arbres à planter. Les dimensions des trous, leur profondeur, leur diamètre, sont encore subordonnés aux qualités du sol et des essences choisies ; autrement dit, les trous, qui doivent toujours avoir une capacité supérieure au volume du jeune système radiculaire des arbres à planter, seront d'autant plus profonds, d'autant plus larges, que les racines de ces arbres seront plus pivotantes et la terre plus mauvaise. Si les racines sont traçantes comme celles du cognassier, on ameublira davantage en surface et moins en profondeur. Les plus grands trous ont 1 mètre de profondeur et 2 mètres de côté, les plus petits 40 centimètres de profondeur sur 60 à 80 centimètres de côté.

A l'extraction, la bonne terre est mise à part. La terre du sous-sol, surtout si elle est de qualité médiocre, est placée à part aussi.

Au moment du comblement, la bonne terre est jetée au fond, mais de manière à former un mamelon dont le sommet, s'il est possible, effleurera le niveau du sol naturel du verger. Le pourtour de ce mamelon est empli avec la mauvaise terre.

Si le sol était de nature humide, on mettrait au fond des pierrailles et des détritus. Quelques praticiens, dans ce cas, mettent au fond des trous, sur les côtés, des petits fagots de branches et s'en trouvent bien.

Il est préférable de ne combler les trous que quelque temps seulement (deux à trois semaines) après qu'ils ont été ouverts ; la terre, ainsi exposée à l'air, s'amende, se bonifie au profit de la plantation.

Défoncement total ou partiel sans déplacement vertical du sous-sol (fig. 99). — On peut se trouver dans ce cas : avoir, par exemple, à défoncer un terrain dont on ne veuille pas mélanger le sous-sol au sol. Si l'on opère par trous ou bien par tranchées avec jet de la terre sur les côtés, la chose est facile, et nous avons vu plus haut, qu'il suffit de séparer les terres hors de la tranchée ou des trous, pour pouvoir les replacer ensuite dans le même ordre ou dans un ordre inverse, à volonté. Mais quand on pratique le défoncement avec comblement continu, la chose devient un peu plus difficile. Voici

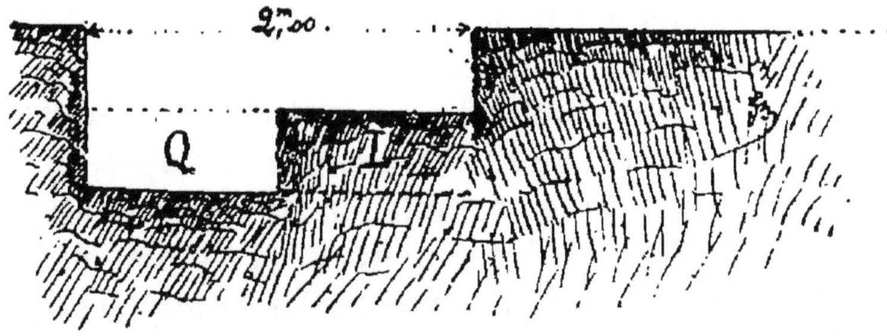

Fig. 99. — Défoncement sans déplacement vertical du sous-sol.

comment on opère : soit une planche de 3 mètres de large à défoncer ainsi : à partir de l'extrémité, nous enlevons d'abord, sur une longueur de 2 mètres, toute l'épaisseur du sol (40 centimètres, je suppose). Cette terre du sol est mise à part, à l'autre bout de la planche. Ensuite nous enlevons à son tour le sous-sol sur une épaisseur de 40 centimètres et une longueur de 1 mètre seulement. Cette quantité de sous-sol est mise à part, elle aussi, hors de la tranchée. Il reste à nu une longueur de sous-sol de 1 mètre L que nous mettons en Q, à la place de la quantité portée au dehors.

Par-dessus ce sous-sol ainsi porté en avant, mais qui n'a pas perdu son niveau ordinaire, nous mettons de la terre du sol que nous enlevons derrière nous, sur une nouvelle longueur de 1 mètre (l'ouvrier travaille en reculant). Nous découvrons ainsi une autre quantité de sous-sol qui est, à son tour, poussée en avant et reste toujours au fond de la tranchée.

Nous continuons en déplaçant ainsi les deux couches

et superposant le sol au sous-sol jusqu'à l'extrémité de la tranchée où les terres apportées, lors du commencement de ce travail, nous permettent de l'achever définitivement.

Défoncement et renouvellement complet de la terre arable. — On sait que, relativement à leur mode d'alimentation dans le sol, les plantes sont douées d'un pouvoir électif qui n'a cependant rien d'absolu.

Or, quand on a cultivé pendant dix ou quinze ans, dans le même sol, des pêchers, par exemple, et qu'arrive le moment de les remplacer, si on se contente de replanter après un défoncement pur et simple, on fait une mauvaise opération parce que le sol dans lequel on plante, fouillé pendant quinze ans par les racines du pêcher, est épuisé et privé surtout des principes nutritifs propres à cet arbre. Que faudrait-il faire alors? Renouveler le terrain jusqu'à une profondeur de 80 centimètres sur une surface d'au moins 1 mètre carré par arbre.

Une seconde combinaison est celle qui consisterait à substituer une autre espèce à celle précédemment cultivée. Y avait-il des pêchers? On planterait de la vigne ou des poiriers. S'il s'agit de la replantation d'un verger on peut aussi tourner la difficulté; il suffit, dans ce cas, au lieu de disposer les arbres selon l'ancien ordre, de ne planter qu'entre les lignes. Alors on défonce le sol par trous, dans les conditions ordinaires.

AMENDEMENTS

Amender un sol, c'est le rendre meilleur en changeant surtout sa constitution physique.

Le sol est composé de silice, d'argile, de calcaire et d'une quantité plus ou moins grande d'humus. Suivant qu'un des éléments : argile ou sable, prédomine, on a les sols compacts ou bien légers. On sait qu'en arboriculture fruitière le terrain le plus favorable est celui dont la consistance est moyenne. Il faut donc diminuer la ténacité des sols trop compacts, trop argileux, par l'addition des calcaires, de sable ou d'autres matières légères, et augmenter la cohésion des terrains trop légers, trop poreux, par l'apport d'argile. Dans ces deux cas, on aura amendé le terrain.

Une des meilleures matières pour amender est la marne. Suivant qu'elle est argileuse, ou calcaire sableuse, il faut l'employer à l'amendement des terrains légers ou compacts.

On emploie aussi avec avantage les raclures de routes, de fossés, les plâtres de démolitions, les sables marins, les gazons décomposés, les curures de mares et d'étangs.

En arboriculture fruitière, pour amender le sol, il est utile d'avoir recours aux *composts*.

On entend par composts un mélange de terre franche, de fumier et de matières minérales. On peut y mettre 70 à 75 p. 100 de terre franche et gazons décomposés et le reste en crottins de mouton, déchets d'abattoir, fumier de vache additionné d'un peu de marne argileuse ou calcaire, de chaux ou d'argile, suivant le cas. Les vases d'étangs ou de mares peuvent être avantageusement employées.

Pour que le compost soit bien fait, il faut le préparer en stratifiant les différentes matières qui entrent dans sa composition, une couche de terre succédant à une couche d'autre matière, et ainsi de suite. Le tas a une forme bombée. Il est remué deux ou trois fois dans l'espace de huit à dix mois, pour que toutes les substances soient bien mélangées, parfaitement décomposées.

Le compost est mélangé au sol quinze jours avant la plantation.

Considérant le rôle physique et chimique qu'il joue

dans le sol, le compost peut être regardé comme tenant le milieu entre les amendements et les fumures.

FUMURES

Les fumures ont pour but d'ajouter une certaine quantité de matières fertilisantes à celles que le sol possède déjà, ou de les lui donner toutes s'il n'en contient pas, ou bien encore de lui restituer celles que les précédentes cultures lui ont enlevées.

La fumure est indispensable pour tous les terrains, surtout pour les terrains neufs et pour ceux qui, anciennement cultivés, doivent être replantés de nouveau même avec des essences différentes.

Le but de toute fumure est de provoquer un prompt développement de la charpente des arbres pour leur faire atteindre le plus vite possible un rendement maximum.

Deux sortes d'engrais sont usités : le *fumier proprement dit*, composé de litières ayant reçu des déjections animales, et les engrais autres que le fumier, tels que *gadoues* ou balayures de ville bien décomposées, *engrais minéraux chimiques;* ceux-ci agissent vite, mais leur action est courte.

En général, en arboriculture, il y a lieu de choisir des engrais à décomposition très lente, pour que leur action se fasse sentir le plus longtemps possible, de manière à avoir une végétation prompte, mais soutenue pendant longtemps.

Avant d'appliquer les engrais, et pour en faire le choix, il faut tenir compte de la nature du sol.

Parmi les fumiers, celui de cheval est le plus actif, le plus chaud, le plus pailleux. Il convient donc de préférence pour les terres argileuses, humides, compactes, qu'il tiendra soulevées, ameublies et aérées par sa paille.

Sur les terrains légers, calcaires, on emploie le fumier des bêtes bovines ; s'il est moins énergique, ses effets sont plus durables. Il est lourd, aqueux ; on l'appelle *fumier froid* parce qu'il développe peu de chaleur par la fermentation. La qualité de ce fumier varie beaucoup, suivant les animaux producteurs ; le meilleur vient des bœufs engraissés, surtout s'ils sont nourris avec des grains ; le moins bon est donné par les vaches laitières.

Le fumier des moutons est avantageusement employé, il agit plus longtemps que le fumier de cheval et convient pour les mêmes terres.

Le meilleur fumier serait le fumier de ferme, c'est-à-dire celui qui résulte du mélange des trois fumiers précédents. C'est lui qu'il faut tâcher de se procurer dans la presque majorité des cas.

Les gadoues des villes conviennent essentiellement pour certains sols et certaines essences (terrains froids, vigne).

Les chiffons de laine très bien déchiquetés, les tontures de laine, les râpures de corne et les bourres de poil sont des engrais dont l'effet est d'une longue durée à cause de leur décomposition très lente.

La matière fécale peut être utilisée, mais avec circonspection, car c'est un engrais très actif deux fois plus riche en azote que le fumier.

Sur la vigne, on devra utiliser souvent les engrais à base de potasse.

La quantité d'engrais à employer dépend de leur nature, de leur état de décomposition, de l'état du sol et de l'essence des arbres à planter.

Dans les sols légers, il faut plus de fumier que dans les terrains compacts et humides, car, dans ces derniers, les engrais se décomposent moins vite.

Les arbres à fruits à pépins exigent moins d'engrais, au début de leur développement, que les arbres à fruits à noyau.

Il faut, pour les employer, choisir des fumiers à l'état demi-décomposé ou fait; ils se mélangent mieux au sol, leur action est plus régulière, plus sensible et plus prolongée. Dans cet état, ils pèsent environ 600 kilogrammes le mètre cube; on en emploie de 1/10 à 1/6 de toute la masse de terre remuée.

Le fumier est mélangé avec toute cette masse si on en dispose d'une assez grande quantité. Si, au contraire, on est à court d'engrais, il faut d'abord défoncer le sol, puis apporter l'engrais qui sera mélangé par un labour. Cette opération devra se faire deux ou trois mois à l'avance.

Quand on n'a qu'une petite quantité de fumier et qu'on veut le mettre autour des racines, il faut avoir soin que celles-ci ne soient pas en contact immédiat avec lui, car elles pourraient s'échauffer et pourrir.

Les engrais chimiques ont cet avantage de présenter une grande quantité de principes fertilisants sous un petit volume, d'agir rapidement grâce à leur solubilité presque immédiate et de permettre au jardinier de ne donner aux plantes que celui des principes fertilisants qui leur manque.

Voici la formule de l'engrais chimique recommandé par M. G. Ville pour arbres fruitiers :

ENGRAIS COMPLET POUR VIGNE, ARBRES FRUITIERS ET PLANTES D'ORNEMENT

	Pr 100 parties.	Pr mètre carré
Superphosphate de chaux . . .	40.00	0k 069
Chlorure de potassium	33.34	50
Sulfate d'ammoniaque.	23.32	35
Sulfate de chaux	3.34	05
	100.00	150

Contenant en principes actifs p. 100 : 5 d'azote, 6 d'acide phosphorique et 16, 66 de potasse.

L'autre formule, composée d'engrais chimique et de terreau, est préconisée par M. Paul Wagner, d'Allemagne. Voici sa composition et son mode d'emploi :

TERREAU ET ENGRAIS CHIMIQUES

Formule pour arbres fruitiers.

Terreau	100 kil.
Superphosphate de chaux.	50 —
Chlorure de potassium	20 —
	170 kil.

Tous les deux ans, répandre ce mélange aux pieds des arbres, à raison de 250 grammes par mètre superficiel qu'occupent les racines.

Quant à l'époque de l'épandage des engrais chimiques, pour des raisons que nous avons indiquées, elle sera la suivante, selon la nature de l'engrais : l'automne, pour les superphosphates et les chlorures de potassium ; le printemps seulement pour les sels d'ammoniaque et d'azote. (Voir Culture potagère : *Engrais.*)

DE LA PLANTATION DES ARBRES FRUITIERS

Planter un arbre, c'est le mettre en terre par ses racines, pour qu'il y vive, y croisse et y produise des fruits.

Où doit-on prendre les arbres ? — Des amateurs élèvent eux-mêmes leurs arbres pour que ceux-ci, disent-ils, n'aient point à supporter un changement de sol lors de la plantation définitive. Ils donnent aussi pour raison de ce procédé que les arbres étant mis en terre aussitôt la plantation, leurs racines n'ont point le temps de souffrir, de sécher comme celles des essences qu'on fait venir de loin ; ils ajoutent, enfin, que leur bonne foi n'est point trompée sur la nature des variétés.

Cette dernière raison n'a pas beaucoup de valeur, car on peut tout aussi bien être dupé sur la nature des greffons que sur celle des sujets greffés.

En outre, il est très dispendieux de produire soi-même les arbres dont on a besoin.

Quelques personnes, il est vrai, méconnaissant la pépinière et le pépiniériste, conseillent d'élever les arbres sur place, c'est-à-dire de semer une graine ou de planter un scion non greffé à la place où l'arbre devra croître et fructifier. Ce procédé est au moins aussi mauvais que le précédent, si ce n'est plus. L'arbre, ainsi semé et élevé, n'a jamais qu'un système radiculaire médiocre. Les racines n'ayant pas subi « l'habillage » se ramifient peu. Puis, comme entre l'époque du semis et le moment où l'arbre atteint l'âge adulte, la terre s'est tassée autour du jeune sujet, ces mêmes racines, emprisonnées, mal aérées, sont dans les plus mauvaises conditions pour s'accroître.

DU CHOIX DES ARBRES

1° *Par rapport au sol de la pépinière.* — Qu'on le plante où l'on voudra, dans un sol excellent ou mauvais, l'arbre sorti d'une bonne terre est toujours le meilleur, il est vigoureux, bien corsé, et continue à croître avec toute la force de sa nature, si on le plante dans une terre de qualité égale à celle d'où il provient. S'il ne pousse pas aussi bien dans une terre moins bonne, du moins il y résiste mieux qu'un arbre chétif provenant d'un sol également chétif. C'est que le jeune arbre vigoureux extrait d'une pépinière à terre riche, possède des racines très développées, dont la puissance d'absorption est considérable; ses canaux séveux sont larges; le tissu en est solide et bien constitué.

Nous faisons remarquer qu'à défaut de toutes ces qualités, la force de résistance des espèces fruitières n'existe pas dans les mauvais sols.

Bien qu'en général les pépinières commerciales ne soient jamais établies sur des terrains de qualité inférieure, nous recommandons d'éviter de prendre des arbres venus sur une terre trop humide ; leur bois mou, gorgé d'eau, est beaucoup trop sensible aux gelées et aux premiers coups de soleil du printemps.

Les terrains trop secs fournissent des arbres qui, avec des défauts contraires, sont tout aussi peu avantageux que les précédents. Leur bois, très dense, à tissu serré, à canaux étroits, se développe avec une incroyable lenteur, leur écorce se gerce ; ces spécimens restent toujours rachitiques.

2° *Par rapport aux caractères de l'individu.* — On doit exiger des arbres qu'on veut planter de la santé et de la force. Leur écorce sera lisse, saine, sans plaies ni chancres, et dépourvue de toute végétation cryptogamique (mousses, lichens) ; les yeux des branches seront apparents et bien conformés. Les mérithalles ou entre-nœuds seront courts. Les racines nombreuses, fraîches, auront des radicelles abondantes.

On refuse les sujets dont les yeux sont développés en bourgeons anticipés, surtout si ce sont des pêchers, et les arbres dont le système radiculaire est composé d'un pivot unique imparfaitement ou non ramifié. Cependant, sur certaines variétés, il est impossible d'éviter le développement des bourgeons anticipés qui, après tout, ne sont redoutables que pour les pêchers, et encore pas pour toutes les variétés (Jamin).

3° *Par rapport à l'âge des arbres.* — L'âge d'un arbre destiné à la plantation est un peu dépendant de la forme à laquelle on veut le soumettre.

Ainsi, le poirier qu'on plante au verger, pour en obtenir un plein vent, est nécessairement plus âgé que celui qu'on plante au jardin fruitier pour en faire un cordon horizontal.

Quoi qu'il en soit, il est toujours avantageux de planter des arbres jeunes — d'une année de greffe — leur déplantation étant facile, on les a généralement avec toutes leurs racines, et, de ce fait, leur reprise est plus certaine, plus rapide.

Sauf pour planter au verger, on préférera donc le *scion d'un an* (fig. 100).

Avec le pêcher, le choix des scions d'un an est indispensable parce que sur les individus plus âgés et non formés, les yeux inférieurs sont oblitérés, ce qui crée une grande difficulté pour l'arboriculteur.

Quand il est greffé sur *paradis*, le pommier d'un an est quelquefois trop faible; dans ce cas-là seulement, il y a lieu de préférer des scions de deux ans.

Les arbres *haute tige*, pour verger, sont plantés à l'âge de six ou huit ans, alors que leur tige a atteint toute sa hauteur et que leur tête commence à se dessiner.

Fig. 100. — Scion d'un an.

Pour obtenir plus vite des fruits, dans ce but-là ou dans un autre, il devient maintenant à la mode de planter au jardin fruitier des arbres dont la formation en palmette, pyramide, cordon, etc., est commencée.

Nous n'approuvons pas absolument cette mode; à notre avis, elle ne donne les résultats qu'on attend d'elle que quand le pépiniériste a satisfait aux exigences suivantes :

1° Transplantation de ces arbres âgés d'un an dans la pépinière pour accroître leur chevelu ;

2° Ecartement raisonnable entre eux pour faciliter le libre développement des pousses et l'arrachage dans de bonnes conditions.

Il est nécessaire, en tous les cas, que ces arbres n'aient pas au delà de trois ans. S'ils étaient plus âgés, leur reprise serait encore possible, mais elle serait plus lente, et, durant quelques années, la fructification préparée par de nombreux boutons n'aboutirait certainement pas.

C'est quand on comble des vides dans une plantation qu'il y a lieu de choisir des arbres âgés, parce qu'alors on veut occuper rapidement une place dégarnie au milieu d'autres places pourvues d'arbres déjà forts.

D'ailleurs, avec des précautions, un arbre peut être déplanté à tout âge, mais ces précautions sont coûteuses: aussi ne les prend-on jamais toutes.

Plantation des arbres âgés. — Supposons, par exemple, une pyramide de vingt-cinq ans que nous voulons déplacer. Un an avant l'opération, nous creusons tout autour de l'arbre, à 1m,50 du tronc, une tranchée circulaire de 80 centimètres à 1 mètre de profondeur. La tranchée est comblée aussitôt après avec la terre extraite, mélangée intimement à un cinquième de terreau. Cette opération s'appelle *cerner* l'arbre; elle est faite dans le but de favoriser le développement des radicelles et d'atténuer le mal qui résultera de l'arrachage définitif.

Si on ne cerne pas, il faut enlever l'arbre avec une grosse motte de terre et des racines longues autant que possible.

La replantation se fera sans tarder, après l'arrachage et le « pralinage » des racines. Pour praliner, on fait une bouillie de terre glaise, de bouse de vache et d'engrais chimiques. On plonge les racines dans cette composition ou on l'applique avec la main.

Les racines pralinées se fixent plus rapidement au sol, entrent vite en fonction et permettent à l'arbre de mieux supporter cette secousse de la plantation.

Quelques praticiens, dans le but de faciliter, sur les racines, l'émission des radicelles, pratiquent sur les côtés des plus grosses ramifications souterraines quelques incisions longitudinales.

La reprise de ces gros arbres sera définitivement assurée si on praline aussi leur tige et les plus fortes branches. La préparation employée dans ce cas particulier est un peu différente de la première, elle est formée de terre franche, de bouse de vache, additionnées d'un peu de chaux. La chaux, par sa chaleur, empêche l'échauffement des tissus. Le lait de chaux pur de toute autre substance et appliqué à la seringue ou au pinceau produit presque le même effet.

Epoque de la plantation. — S'il est vrai qu'avec des soins on peut planter à toute saison, il est exact aussi que le temps le plus avantageux pour planter est celui pendant lequel la végétation est latente et comme arrêtée. Ce temps de la végétation latente est compris entre la chute des feuilles et leur nouvelle apparition. Il dure donc une partie de l'automne, tout l'hiver, et une partie du printemps. Quand on est pressé, on peut planter avant la défeuillaison, mais alors il faut enlever les feuilles des arbres avant de les arracher et enlever aussi les extrémités des rameaux imparfaitement aoûtés.

Pour fixer d'une manière précise le moment le plus convenable, on doit surtout connaître la nature du sol qu'on désire planter.

Les terrains légers, poreux, sans consistance et sans humidité, se plantent les premiers, en octobre. On plante un peu plus tard, après quelques pluies, les terres naturellement arides et sèches, parce qu'alors elles sont suffisamment imprégnées d'eau pour permettre une reprise facile.

Les terres sèches et les terres arides, jusqu'en décembre, retiennent assez de chaleur pour permettre aux arbres récemment plantés d'émettre aussitôt de nouvelles racines. Ces racines, selon une expression significative, prennent possession du sol. On conçoit, dans ces conditions, que les poiriers, les pommiers, etc., aient une reprise certaine et une grande force de résistance, aux hâles desséchants du printemps suivant. En effet, si l'arbre a déjà émis des racines nouvelles avant l'hiver, rien ne peut l'empêcher de continuer, et ces racines, quand arrive le mois de mars, sont capables de suffire à l'évaporation aérienne dont l'arbre est l'objet bien mieux que les racines d'un scion nouvellement planté, lesquelles sont vieilles et imparfaitement adaptées à leur nouveau milieu. On plantera au printemps seulement dans les terrains submergés pendant l'hiver.

Si l'on est obligé de planter tard en sol sec, on assure la réussite de l'opération par un paillis disposé aux pieds des arbres, le *pralinage* des racines et des ablutions sur les feuilles et les écorces. Ces opérations ont pour but d'empêcher une trop vive évaporation de l'eau du sol et de la sève, puis de permettre aux racines un développement sans entrave.

On évite de planter par les temps pluvieux, car, alors, les manipulations rendent la terre boueuse et nuisible aux racines. On choisit un temps doux, couvert, s'il est possible, et le moment où le sol est sain, sans sécheresse.

Déplantation. — Si on déplante un carré de pépinière tout entier, on le divise en plates-bandes. A une des extrémités de la première plate-bande, on ouvre une tranchée comme s'il s'agissait de défoncer le terrain. Avec la bêche et la pioche, il faut miner sous les arbres et soulever doucement ceux-ci pour éviter de rompre les racines et de les meurtrir. Les autres plates-bandes sont traitées comme la première.

Pour déplanter un arbre seul, on emploie la bêche et le crochet. Avec la bêche, l'ouvrier enlève la terre jusqu'aux racines, puis il se sert du crochet pour les dégager sans les couper. L'arbre est ensuite doucement tiré par la tige.

Les temps doux, couverts, sans pluie, sont les meilleurs pour procéder à la déplantation. On évitera de déplanter par *la gelée*, *la pluie* ou *le soleil*, trois agents qui altèrent profondément le chevelu des racines.

Si après un arrachage le temps se modifie au point d'entraver la plantation, on abrite les racines des arbres arrachés par la mise en jauge.

Mise en jauge. — Pour pratiquer la mise en jauge, le pépiniériste ouvre une *jauge* ou tranchée peu profonde dans laquelle il place les arbres debout, les uns à côté des autres, sans cependant que leurs racines soient enchevêtrées. Plus tard, il doit pouvoir extraire chaque arbre individuellement sans difficultés. Si les arbres sont destinés à rester longtemps en jauge, le pépiniériste prend deux précautions :

1° Il fait sa jauge dans une situation abritée et en terre saine ;

2° Il habille les racines comme nous allons l'expliquer tout à l'heure, car un nouveau chevelu va se développer et ce chevelu sera enlevé si l'on ne pratique l'habillage qu'avant la plantation définitive.

Habillage. — Habiller un arbre, c'est retrancher sur lui, en les coupant à la serpette, toutes les parties jugées inutiles, nuisibles.

Par l'habillage pratiqué sur les parties aériennes de l'arbre on enlève les branches brisées, meurtries ou faisant confusion.

Sur les parties souterraines, on retranche les extrémités rompues des racines et du chevelu, les parties contusionnées ou autrement abîmées. En somme, l'habillage est surtout pratiqué pour substituer à une plaie mauvaise et dangereuse une autre plaie nette, saine et guérissable. Il ne faut donc pas le négliger.

La coupe, toujours faite à la serpette, sera en dessous ou inférieure chez les racines. Cette disposition est nécessaire ; les plaies doivent, en effet, s'appliquer horizontalement sur le sol, pour que les radicelles qu'elles sont susceptibles d'émettre par la suite puissent s'enfoncer directement sans avoir à décrire des courbes inutiles.

Le but de l'habillage est encore d'établir un certain rapport entre le volume des parties aériennes et le volume des parties souterraines.

Selon d'éminents praticiens, on a tout intérêt à laisser la prédominance à ces dernières pour que — l'absorption étant plus active — les branches soient mieux nourries. Nous sommes d'avis que le mieux est de faire, de part et d'autre, des réductions proportionnelles. Car l'activité du fonctionnement des racines qui résulte, il est vrai, du nombre et de la longueur de ces organes, dépend en même temps de la surface d'évaporation des branches.

Quant à cette théorie par laquelle certains arboriculteurs recommandent la réduction exagérée du nombre des racines, la suppression complète du chevelu, elle n'est basée sur aucun raisonnement, sur aucune donnée physiologique ; nous la considérons comme mauvaise.

Pratique de la plantation. Profondeur. — Nous supposons le terrain défoncé comme il a été dit. Si la plantation a quelque importance, on jalonne, c'est-à-dire qu'on indique par des jalons alignés les places que devront occuper les arbres.

A chaque endroit occupé par un jalon il est ouvert un trou qui, en largeur et en profondeur, a le double de l'étendue des racines. Le fond est garni d'un monticule large en forme de dôme sur lequel on étendra les racines en les dirigeant et les espaçant régulièrement de haut en bas (fig. 101).

La profondeur à laquelle les racines seront enfoncées dans le sol dépend de la nature du sol et de celle du sujet qui porte la greffe. Il faut que les racines trouvent dans le sol un abri contre la sécheresse et aussi une aération suffisante. Par conséquent, on enterrera plus

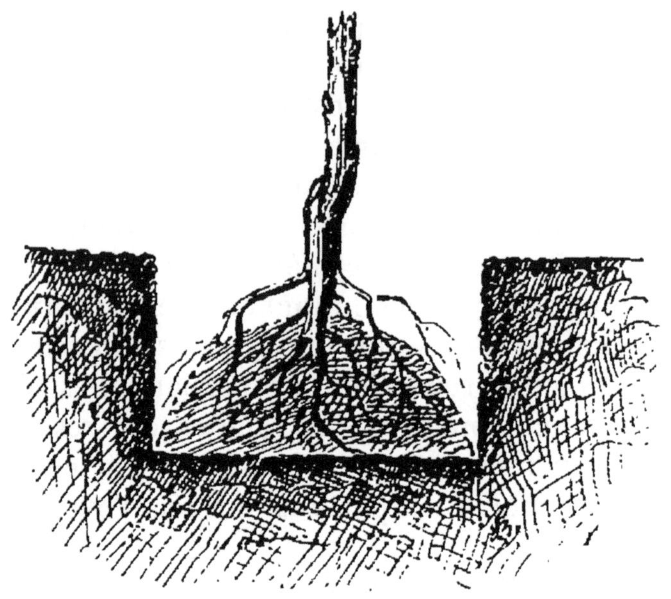

Fig. 101. — Pratique de la plantation.

profondément dans un sol léger et poreux que dans un sol humide. Dans ce dernier, il y a avantage à maintenir les racines près de la surface, toujours plus chaude, plus aérée et suffisamment fraiche.

Quand les arbres sont à greffe basse, le bourrelet de la greffe est un guide certain. car pour prévenir l'affranchissement, il ne doit jamais être enterré. Chez les arbres plantés, ce bourrelet sera donc, soit au niveau du sol, soit un peu au-dessus.

Si l'arbre est haut greffé, pour le bien planter on trouve dans les premières ramifications des racines un point de repère utile. Ces premières ramifications seront recouvertes de 5 à 6 centimètres dans les sols humides et de 8 à 10 centimètres dans les sols légers ou secs.

Le trou étant fait comme il a été dit, on y place l'arbre. Il est facile de juger s'il est à la profondeur voulue, en plaçant contre lui, en travers sur le milieu du trou, une règle ou une baguette bien droite. La règle représentant le niveau du sol, on regarde s'il y a entre elle et la première couronne de racines une distance suffisante. Il est utile aussi de tenir compte de l'affaissement du sol, qui est de 10 à 12 centimètres par mètre d'épaisseur de terre remuée.

La personne qui tient l'arbre d'une main pousse, avec l'autre, la terre entre les racines et donne à celles-ci une bonne direction. L'ébranlement de l'arbre de bas en haut, le piétinement du sol après la plantation sont des pratiques mauvaises et, par suite, condamnables.

Si on veut faire adhérer immédiatement les sols secs aux racines, il faut arroser au pied de l'arbre avec quelques litres d'eau sans jamais piétiner.

Les racines de l'arbre étant cachées, le jardinier finit de combler le trou en élevant la terre plus ou moins au-dessus du niveau naturel pour compenser le tassement.

Quand on plante un arbre ayant un pivot très long et gênant, on le raccourcit à la serpette. Beaucoup de jardiniers, pour le conserver, le courbent lorsqu'il empêche d'enfoncer l'arbre ; nous préférons le raccourcir, surtout chez les arbres destinés plus tard à l'établissement de pyramides ou autres formes très ramifiées. Nous avons remarqué, en effet, que les arbres qui ont un long pivot ont un système de racines secondaires insuffisant. Il en résulte — chez la tige du sujet — une tendance à filer, une difficulté de se ramifier, nuisible à l'obtention des charpentes.

En espalier, les arbres sont toujours plantés à 8 ou 10 centimètres du mur, pour que le grossissement des tiges ne soit pas empêché. En outre, les racines de ces arbres sont ramenées en avant et de chaque côté.

Amorcer les racines est une excellente mesure, surtout dans les sols pauvres et naturellement secs. L'opération se fait au moment même de la plantation. Elle consiste à jeter sur les racines, immédiatement en contact avec elles, quelques pelletées de terreau qui maintiendra autour d'elles une moiteur bienfaisante et facilitera l'émission du chevelu.

On a conseillé d'orienter les arbres au jardin comme ils étaient dans la pépinière ; à quoi bon ? L'orientation comprise ainsi est inutile avec les arbres bien équilibrés et elle peut nuire à ceux qui le sont mal.

Sans tenir compte de l'orientation que les arbres avaient en pépinière, on devra toujours tourner leur côté faible vers le midi ou vers l'endroit le mieux éclairé du jardin.

Un arbre qui vient d'être planté ne doit être attaché nulle part à cause de la traction descendante exercée sur lui par la terre nouvellement remuée qui se tasse. Cette traction, sur les arbres palissés, pourrait entraîner le bris des branches ou un arrachage partiel.

Vers le mois de mars ou d'avril, on couvrira le sol au pied des arbres avec ce qu'on appelle du *paillis*. A l'origine, le paillis était une épaisseur de 3 ou 4 centimètres de fumier à moitié décomposé. Aujourd'hui on « paille » avec de la mousse, des feuilles, des fougères, etc. Tous ces corps ont, comme le fumier, la propriété de maintenir fraîche la surface du sol recouverte par eux.

Répartition des essences. — Dans un jardin fruitier les essences doivent toujours être groupées par variétés de même espèce, surtout en espalier, parce que chaque espèce a un mode spécial de végétation qui nécessite des soins particuliers.

En outre, si on pratique le groupement de variétés de même espèce, on évite l'effet désagréable qui résulte toujours de leur mélange, de leur association disparate.

Traitement des arbres fatigués. — Les arbres qu'on recevra en temps de gelée ne seront point plantés ; on les descendra, sans les déballer, dans une cave à température douce, mais pas trop élevée cependant. Après la gelée, on déballe et on inspecte les racines ; si elles portent encore des traces de givre, si elles sont collées entre elles par des glaçons, il faut attendre encore. Au bout de quelques jours, après le dégel complet, on mettra ces arbres en jauge pour les étudier. Si, passé un certain temps, leurs racines n'émettent aucun chevelu, on fera bien de les sacrifier et d'en acheter d'autres.

En mars, les arbres. après un long voyage, peuvent encore être fatigués par la chaleur, la sécheresse. Alors leur écorce est ridée, leur chevelu noir et presque sans vie. Dans ce cas, on déballe immédiatement et les arbres sont couchés par quatre, cinq ou six, au fond d'une tranchée. La tranchée est comblée, puis mouillée copieusement et plusieurs fois.

Au bout d'une semaine, on relève les arbres : ils ont repris leur aspect primitif et se plantent par un temps couvert, après avoir subi un habillage sévère des racines.

DE LA TAILLE EN GÉNÉRAL

Définition. Effets. Buts. — En arboriculture fruitière, « la taille » est une opération par laquelle on supprime aux arbres fruitiers diverses parties jugées inutiles et même nuisibles au but qu'on a en vue. La taille s'applique aux branches, aux rameaux, aux bourgeons, aux racines, et parfois aux fruits.

Tailler un arbre, c'est lui supprimer, n'importe à quelle époque de sa végétation certaines parties ligneuses ou herbacées. « *Pour que la taille soit bien exécutée, il faut qu'elle repose sur la connaissance de la physiologie végétale, c'est-à-dire sur la connaissance du fonctionnement des organes végétaux.* »

L'effet le plus immédiat de la taille est celui-ci : lorsqu'on supprime une portion ligneuse ou herbacée de l'arbre, on provoque sur les parties qui restent et surtout sur la partie la plus voisine de la plaie une concentration de sève qui était destinée à alimenter la portion enlevée.

On substitue ainsi une ou plusieurs branches à la branche supprimée, et on prépare la transformation d'un organe en un autre de nature différente. C'est surtout grâce à la possibilité de cette transformation qu'on peut provoquer la mise à fruit des arbres.

Les buts de la taille sont nombreux :

1° Donner et conserver aux arbres fruitiers une forme régulière en répartissant convenablement et proportionnellement la sève dans toutes leurs parties, pour y maintenir l'équilibre ;

2° Provoquer la fructification des arbres naturellement peu disposés à cet acte ;

3° Maintenir l'arbre en bon état de production ;

4° Obtenir des fruits plus beaux, meilleurs et souvent plus hâtifs ;

5° Prolonger quelquefois l'existence de l'arbre.

Sur quoi taille-t-on ? — On taille sur une tige, un rameau, une branche, un bourgeon à l'état herbacé, une racine, etc.

La coupe ou section d'une partie aérienne doit toujours se faire au-dessus d'un œil ou d'un bouton.

L'*Œil* (fig. 102) est le rameau à l'état rudimentaire, c'est le bourgeon des botanistes. Il peut se développer immédiatement ou l'année suivante, ou au bout d'un temps plus long.

L'œil est la source de toute production. Il donne du

bois ou du fruit suivant les circonstances ; il peut même donner du bois et du fruit tout à la fois (vigne).

En horticulture, on distingue l'œil du bourgeon : l'œil est le bourgeon non développé, et le bourgeon est l'œil épanoui, allongé. Sur un rameau, l'œil se reconnait au premier aspect. C'est un petit corps ovale, à l'extrémité pointue ou arrondie. Les yeux sur les rameaux sont répartis, suivant une disposition particulière. Selon la position qu'il occupe, l'œil est terminal ou latéral. L'œil terminal est celui qui se trouve à l'extrémité du rameau, qui le termine (T fig. 103). L'œil latéral vit sur les parois latérales du rameau. Ils n'ont pas tous les deux la même forme ; le terminal est rond, conique, pointu et assez gros, aussi absorbe-t-il le plus de sève; le latéral est d'autant plus plat et mince qu'il s'éloigne du terminal.

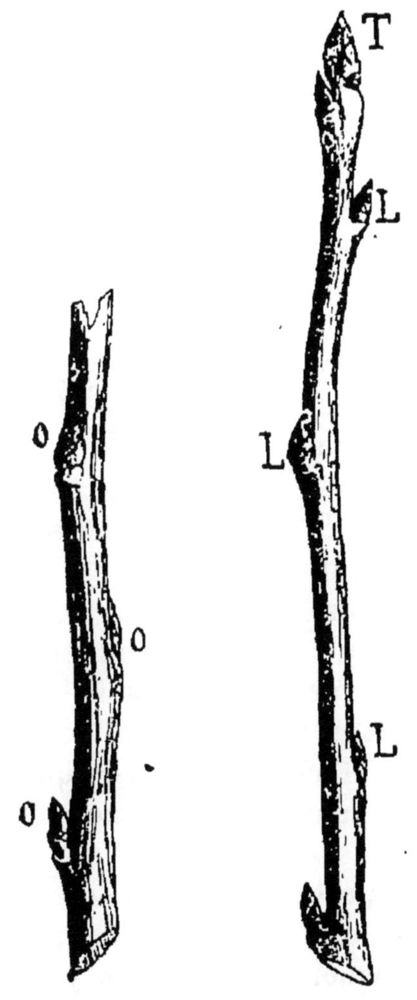

Fig. 102. Fragment de rameau portant des yeux.

Fig. 103. Rameau avec yeux latéraux et œil terminal.

Généralement l'œil ne se transforme en bourgeon que dans sa deuxième année ; s'il s'allonge, se développe, l'année même de son apparition, le bourgeon produit s'appelle *prompt-bourgeon*, *bourgeon-anticipé*, *sous-bourgeon* ou *faux-bourgeon*.

Bouton (fig. 104). — Souvent l'œil est appelé bouton. En horticulture, on applique cette dénomination à la fleur avant son épanouissement : c'est l'organe fructifère.

Fig. 104.
Bouton de poirier.

Rameau. — Le rameau est l'œil développé, le bourgeon devenu ligneux.

Branche. — Lorsque le rameau est âgé de plus d'un an, il constitue la branche qui donne, taillée ou non, naissance à d'autres rameaux.

Yeux stipulaires. — A la base de chaque œil et même de chaque rameau se trouvent des yeux supplémentaires, souvent au nombre de deux et quelquefois plus. Ce sont les sous-yeux ou yeux stipulaires. Ils sont très petits et placés ordinairement de chaque côté de l'œil principal. Ils se développent quelquefois sans qu'il soit nécessaire de les exciter, mais le plus souvent, c'est quand une opération a été faite à l'œil principal, ou qu'il a subi un accident, que les sous-yeux se transforment en bourgeons.

Yeux latents. — Ils sont imperceptibles, à leur origine du moins, et naissent sur les vieux bois à la suite d'une amputation ou d'une déviation de sève. Ces yeux existent dès la formation des rameaux, mais ils ne se développent pas tout de suite.

Yeux adventifs. — Au lieu de naître à la base d'un rameau, ils se montrent d'une façon très irrégulière partout où la sève afflue et au voisinage des coupes et des plaies. Dans certains arbres fruitiers où il y en a toujours, ils sont d'une grande ressource.

DEUX SORTES DE TAILLE. — Puisque la taille consiste à supprimer dans un arbre certaines parties ligneuses et herbacées, elle s'applique nécessairement à deux saisons opposées. On a ainsi la taille d'hiver et la taille d'été.

La taille d'hiver ou hivernale s'effectue à partir du moment où la végétation active cesse, où la sève ralentit notablement sa circulation jusqu'à l'époque où elle reprend son cours rapide et agissant.

Sous le climat de Paris, l'époque de la taille hivernale est comprise entre les premiers jours de novembre et la fin de mars ou le commencement d'avril, suivant les années. Dans cet intervalle, y a-t-il un moment plus particulièrement favorable? Oui, mais il varie selon les contrées et les essences cultivées. Dans le nord de la France, sous le climat de Paris et du centre, le meilleur moment est février-mars; c'est l'époque qui suit les grands froids; les plaies faites dans ces conditions sont moins exposées à l'air froid, à la neige, au verglas, elles se cicatrisent plus facilement.

Dans les pays méridionaux, au contraire, la taille peut se faire tout l'hiver, c'est-à-dire depuis novembre jusqu'à la fin de mars. A la rigueur, sous le climat de Paris, on peut tailler aussi tout l'hiver, excepté pendant les grandes gelées, car le bois gelé éclate facilement sous l'acier des outils, et les plaies qui en résultent sont difficiles à guérir.

Quand on a une grande quantité d'arbres à diriger, il faut commencer la taille avant l'hiver, mais il est prudent de pratiquer la coupe des rameaux loin de l'œil à cause du dessèchement dont celui-ci serait menacé autrement.

Il ne faut pas non plus attendre, pour tailler, que les bourgeons aient commencé à se développer, il en résulterait une sorte de perturbation dans le cours de la sève; la taille deviendrait plus difficile, puis l'on risquerait de faire tomber les boutons floraux et les jeunes bourgeons devenus très fragiles.

Sur les arbres à fruits à noyau et sur la vigne, mieux vaut attendre, pour pratiquer la taille, que la température se soit un peu adoucie, car il serait difficile, avant que la végétation active se fût manifestée, de distinguer dans le pêcher les boutons à bois des boutons à fleurs. Quant à la vigne, son bois est bien spongieux pour qu'il puisse résister à l'action des intempéries de l'hiver après une taille pratiquée en automne. Disons aussi que tailler le pêcher avant l'hiver, c'est l'exposer à la *gomme*.

Quant à la taille d'été, elle s'applique aux arbres pendant tout le cours de la végétation active, c'est-à-dire à partir d'avril jusqu'à la fin d'août et même plus tard, quelquefois. Le moment précis de l'appliquer dépend de l'espèce, des dimensions de l'arbre et de la nature des opérations à faire.

Opérations de la taille d'hiver :

1° L'*émondage;*	8° Le recépage ;
2° L'élagage ;	9° Le dressage ;
3° L'écimage ;	10° Le palissage en sec ;
4° Le rabattage ;	11° L'arcure ;
5° La coupe du rameau ;	12° La torsion ;
6° Le rapprochement ;	13° Le cassement ;
7° Le ravalement ;	14° L'éborgnage.

Opérations de la taille d'été :

1° L'entaille ;	6° La taille en vert ;
2° Les incisions ;	7° Le palissage en vert ;
3° L'ébourgeonnement ;	8° L'éclaircie des fruits ;
4° Le pincement ;	9° L'effeuillage ;
5° La courbure ;	10° La cueillette des fruits.

Instruments de taille. — Pour tailler les arbres, il faut plusieurs instruments : 1° la serpette ; 2° le sécateur ; 3° la scie égoïne.

Serpette. — C'est le meilleur de tous les outils. Elle se compose d'un manche et d'une lame.

Le manche doit avoir environ 12 centimètres de longueur. Il est en bois ou en corne de cerf; les manches rugueux sont préférables, la main les tient plus solidement, avec le même effort.

En outre le manche de cet outil devra être d'une grosseur suffisante pour remplir la main et ne pas la fatiguer.

La lame aura 8 centimètres de longueur sur 2 à 3 centimètres de largeur, afin qu'elle passe rapidement dans le bois et se manœuvre avec facilité. Depuis la pointe jusqu'au talon, le fil de la lame doit présenter une courbe allongée et régulière, sans crochet ni brusque changement de direction.

Sécateur (fig. 105). — Il se compose de trois pièces principales :

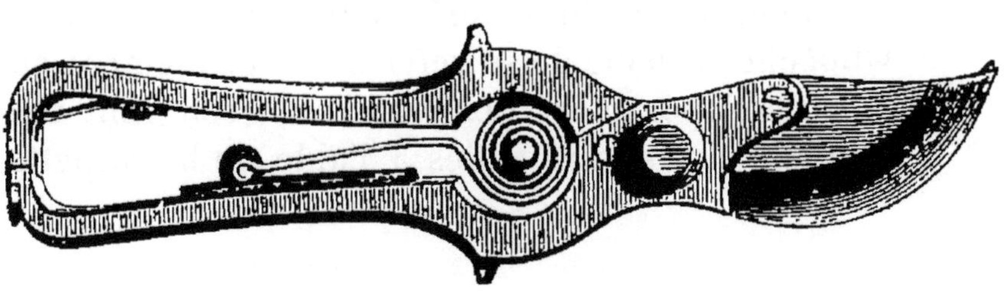

Fig. 105. — Sécateur.

La lame, le crochet et le ressort. Comme la serpette, plus encore, il varie de forme suivant les constructeurs.

La longueur la plus commode est de 18 à 20 centimètres. La lame aura le tranchant arrondi et terminé en pointe pour permettre de saisir les branches dans les endroits difficiles, comme les enfourchures.

Le crochet, dans la partie qu'il présente à la lame, aura une forme concave et sera bien ajusté. Cet ajustage est plus certain quand la lame est une pièce distincte du sécateur.

Le ressort doit être solide et assez fort pour ouvrir immédiatement l'outil qui vient de fonctionner. Il ne sera pas cependant trop dur, il fatiguerait vite la main.

Le sécateur est d'un emploi plus prompt, plus facile et moins dangereux que la serpette, mais il présente l'inconvénient de serrer le rameau contre le crochet et de meurtrir un peu, d'écraser le bois près des plaies. On évite cet inconvénient en tenant l'outil de telle façon que le crochet presse surtout sur la partie du rameau qui tombe.

Scie. — La scie est composée d'un manche et d'une lame, elle s'ouvre à la façon d'un couteau de poche. Ses dents seront alternes, rapprochées, mais bien évidées, afin de débiter promptement; la lame sera assez longue pour ne pas trop augmenter le va-et-vient. Il est bon qu'elle se termine en pointe, elle passe plus facilement entre deux branches. Un ressort d'arrêt est très commode pour empêcher la lame de se refermer brusquement sur les doigts de l'opérateur. Les plaies à la scie sont toujours parées, c'est-à-dire polies à l'aide de la serpette.

MANŒUVRE DES INSTRUMENTS

Serpette. — Pour tailler un rameau, il faut le maintenir avec la main gauche solidement et mettre comme point d'appui le pouce au-dessous de « l'œil de taille ». On applique le talon de la serpette à l'opposé du pouce, sur le rameau, le dos de la lame vers le sol, puis on tire à soi en faisant couper toute la longueur de la lame. Il peut se faire que le pouce gauche se trouve fatigué, alors il faut prendre le rameau à poignée, mais en mettant toujours la main au-dessous de la partie qui doit être retranchée. De cette façon, on ne peut jamais se blesser. Au contraire, les accidents sont fréquents si la main retient la partie à supprimer.

La taille du rameau doit se faire toujours du côté opposé à l'œil, de façon que celui-ci se trouve toujours de l'autre côté de la coupe. Il en résulte que la sève qui s'échappe, la pluie, la neige et le verglas fondus, coulent à l'opposé de l'œil et ne viennent pas l'altérer.

Entre l'œil et l'aire de la coupe, on laisse un onglet ou espace qui doit avoir une longueur plus ou moins grande suivant l'essence et la grosseur du rameau. Sur les essences à bois dur, poirier et pommier, l'onglet sera long de 3 à 5 millimètres ; sur les essences à bois tendre, comme la vigne, il aura 1 centimètre et demi afin que la dessiccation qui s'étend de la plaie vers l'œil n'aille pas jusqu'à lui.

Sécateur. — Cet instrument doit être tenu de façon que la partie large du crochet presse toujours sur la portion de rameau qui tombe.

La meurtrissure qui résulte de la pression de la partie angulaire du crochet est insignifiante si, avec la pratique, un tour de main convenable a été acquis par l'arboriculteur.

Il faut toujours tenir ces instruments minutieusement propres, éviter qu'ils s'encrassent ou se rouillent, c'est le seul moyen d'avoir des plaies toujours nettes et saines.

Il faut, en outre, être muni d'une petite pierre à repasser sur laquelle on affilera souvent les instruments. De temps en temps, une goutte d'huile mise à propos favorise le bon fonctionnement du sécateur.

DESCRIPTION GÉNÉRALES DES OPÉRATIONS DE LA TAILLE D'HIVER

1° *L'émondage*. — Cette opération a pour but de débarrasser les arbres des branches mortes et des plantes parasites, mousses, lichens.

2° *L'élagage*. — L'élagage s'applique surtout aux arbres de plein vent et consiste à supprimer des branches mal faites, mal conformées, et nuisant à la bonne constitution de la forme. Il faut toujours faire ces suppressions quand les branches sont jeunes, afin d'éviter les grandes plaies et par suite les grandes pertes de sève.

3° *L'écimage*. — Ecimer un arbre, c'est couper soit la tête du sujet de manière à limiter sa hauteur, soit les parties terminales de ses branches pour en obtenir des ramifications.

4° *Le rabattage*. — Le rabattage est un écimage très sévère, pratiqué sur la tige de l'arbre et près du sol.

Ces quatre premières opérations s'appliquent peu souvent, en raison de leur presque inutilité, aux arbres du jardin fruitier proprement dit, mais elles sont davantage pratiquées sur les arbres du verger.

5° *La coupe du rameau*. — C'est la taille la plus réduite qu'on puisse faire, que la coupe du rameau ; elle porte seulement sur la pousse de l'année précédente. Cette coupe est toujours faite au-dessus d'un œil, comme il a été dit.

6° *Rapprochement*. — Rapprocher une branche, c'est tailler sur le bois ancien afin de *rapprocher* la végétation du centre de l'arbre. Cette opération se fait dans le but de ranimer la vitalité de l'individu en concentrant la sève sur une plus petite étendue de branches. Elle sert à reconstituer dans de meilleures conditions la charpente des arbres épuisés par une mauvaise direction.

Le rapprochement se fait près des coudes, des nœuds et des enfourchures ; dans ces endroits il y a toujours des yeux latents qui sortiront, poussés, par l'affluence de la sève.

7° *Ravalement*. — Le ravalement est plus radical que le rapprochement. Il consiste à enlever toutes les branches d'un arbre jusque sur le tronc, mais en réservant une portion du talon ou couronne sur l'empattement.

L'opération a pour but de reconstituer la charpente tout entière et cela chez les sujets dont les branches à fruit sont en partie épuisées. Il faut encore que ces arbres soient doués d'une certaine vigueur pour subir le ravalement. Si les arbres sont déjà âgés, il faut racler les vieilles écorces pour faciliter l'apparition des bourgeons.

Quelquefois on fait le *rabattage* d'une partie de la tige pour concentrer la sève dans un espace moins grand et avoir des sorties de nouvelles branches plus vigoureuses.

Il est choisi, par la suite, les rameaux les plus convenables pour l'érection de la nouvelle charpente.

Le ravalement est en outre un moyen de changer la variété d'une espèce en greffant chacun des bourgeons employés à la reconstitution de la charpente.

8° *Recépage* (fig. 106). — C'est une opération beaucoup plus forte, plus vigoureuse encore que le ravalement, car elle consiste à supprimer l'arbre presque tout entier en le coupant à 6 ou 7 centimètres au-dessus du collet ou du bourrelet de la greffe G, s'il est greffé.

Fig. 106. — Arbre recépé.

On concentre ainsi toute la sève dans les racines ; aussi, pour que celles-ci n'en périssent pas, il faut pratiquer l'opération au début de la végétation de manière que les nombreux bourgeons qui vont se développer, absorbent une grande partie des liquides séveux.

Cette opération réussit bien, même sur des arbres âgés, à condition qu'ils n'aient pas souffert du froid et qu'ils soient assez vigoureux.

Le recépage peut être appliqué sur tous les arbres fruitiers, excepté sur le pêcher, à moins qu'il soit assez jeune.

On peut encore, à la suite de l'opération, changer la variété par la greffe en fente ou en couronne.

9° *Dressage.* — Le dressage consiste à donner aux branches la direction qui constitue la forme de l'arbre. Il s'applique aussi bien aux arbres en plein carré qu'à ceux en contre-espalier et en espalier. Le dressage et le palissage sont deux opérations qui se pénètrent l'une l'autre ; le dressage s'applique plus particulièrement aux branches de charpente, lesquelles doivent être dirigées

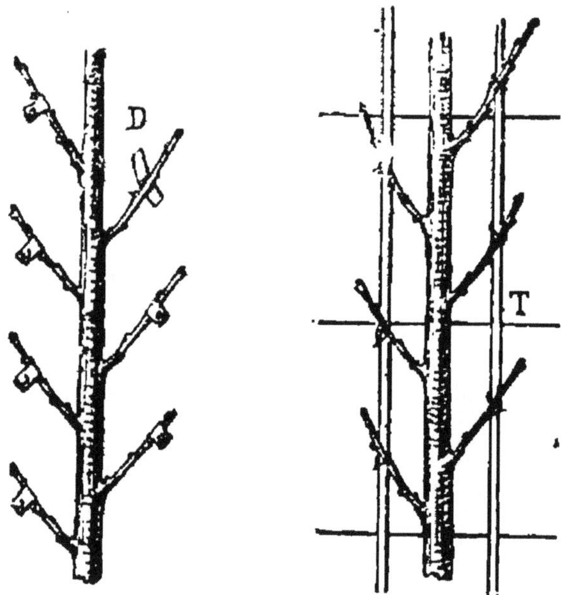

Fig. 107 et 108. — Palissage sur treillage et à la loque.

droit, sans courbes inutiles, qui nuiraient à la bonne répartition de la sève. C'est à l'aide d'osier, de baguettes, de tuteurs qu'on le pratique.

Lorsqu'il s'agit d'arbres en espalier et contre-espalier, il est bon de dessiner la forme à l'avance sur le mur, au trait, ou sur le treillage, avec des baguettes. Quant aux formes libres, pour bien les exécuter, il faut en bien posséder le dessin dans l'esprit, en avoir une idée exacte afin de faire naître les branches aux endroits voulus.

Le dressage se fait pendant l'hiver et l'été.

10° *Palissage en sec* (fig. 108). — Il consiste à attacher

sur le mur ou sur le treillage certaines branches. Il ne s'applique qu'aux arbres en espalier et plus particulièrement à la vigne et au pêcher.

Si le mur est muni d'un treillage T, on y attache les branches au moyen d'osier ou de jonc ; quand il n'y a point de treillage, on palisse *à la loque*, ce qui se fait en entourant chaque branche à palisser d'un petit morceau de drap D que l'on fixe au mur au moyen d'un clou

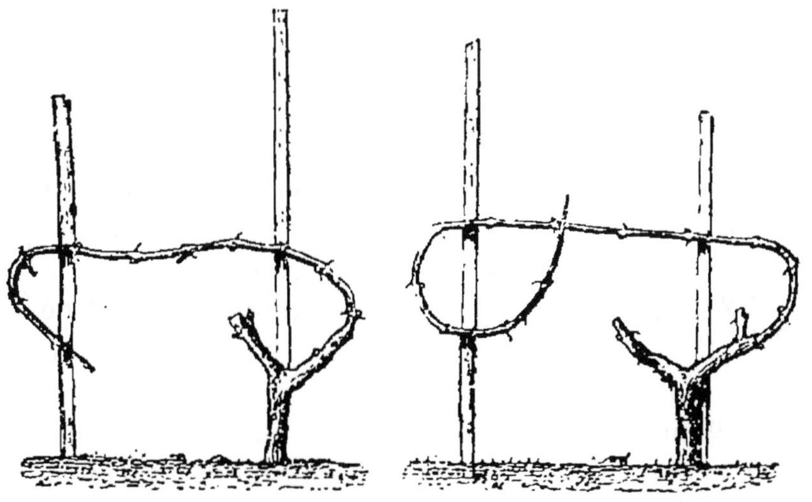

Fig. 109 et 110. — Branches de vigne arquées.

spécial. Le palissage à la loque doit être régulier et correct. Il est excellent pour représenter régulièrement les formes, mais il est plus long à exécuter que le palissage à l'osier ou au jonc. De plus, le palissage à la loque réclame un mur enduit de plâtre, substance plus ou moins chère suivant le pays.

11° *Arcure* (fig. 109 et 110). — Par l'arcure on forme un demi-cercle avec un rameau ou une branche, en l'inclinant vers le sol et en le maintenant dans cette position à l'aide d'un lien.

Le but est de retenir la sève élaborée dans l'arbre et surtout dans la partie arquée pour obtenir la prompte mise à fruit, ou le développement de tous les yeux latéraux. L'arcure ne doit être que passagère. Après la formation des boutons à fruit, les branches sont redressées, ou supprimées et remplacées.

12° *Torsion.* — La torsion diffère de l'arcure en ce qu'au lieu de s'appliquer à un rameau entier, elle ne s'applique qu'à une portion de rameau et souvent à des brindilles.

Cette opération, qui ne doit être faite qu'aux arbres vigoureux, ralentit le cours de la sève élaborée et provoque ainsi la transformation des yeux ou bourgeons en boutons.

La torsion est applicable surtout aux arbres à fruits à pépins. Il faut la pratiquer quand la sève printanière commence à s'ébranler ; on la continue pendant toute la végétation sur les bourgeons trop vigoureux, lorsqu'ils sont assez ligneux, pour ne pas se rompre.

13° *Cassement.* — Le cassement est complet ou partiel. Il se fait à deux époques : en hiver, au moment de la taille, ou en automne.

Pendant l'hiver, on le pratique sur les rameaux trop longs et en automne sur ceux qui n'ont pas été pincés ou qui l'ont été insuffisamment. Il faut que les rameaux soient ligneux. Le but du cassement est d'affaiblir les rameaux sur lesquels on le pratique. Il faut toujours conserver, suivant la position du rameau, quatre ou cinq yeux au-dessous du cassement. Pour casser un rameau, on pose le tranchant de la serpette sur le côté opposé à l'œil et le pouce au-dessus de l'œil, puis au moyen d'un prompt tour de main le rameau est incliné et brisé.

Il est préférable de casser plutôt que de couper parce que la cicatrisation d'une cassure se fait plus difficilement que celle d'une coupe nette ; il en résulte une prédisposition plus accentuée à la fructification.

Si on avait des rameaux trop forts, il faudrait faire le *cassement partiel* (fig. 111), qui consiste à rompre avec la main et à laisser pendre l'extrémité cassée. On agit ainsi pour qu'une portion de sève passe dans la partie pendante et que les yeux conservés ne se développent que lentement. Il se pratique quand la végétation va commencer.

Le cassement partiel a été érigé en système de traitement de la branche à fruit, mais il est inutile d'y recourir

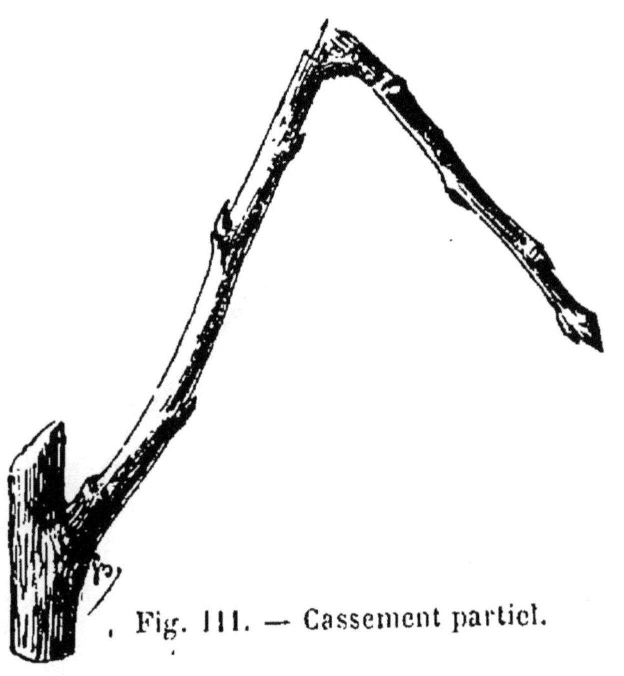

Fig. 111. — Cassement partiel.

si la taille d'avril est bien comprise et les opérations de la taille d'été scrupuleusement faites.

14° *Eborgnage* (fig. 112). — Eborgner, c'est supprimer au moment de la taille les yeux inutiles qui eussent été enlevés à l'état de bourgeons après avoir absorbé une partie de la sève en pure perte. Sur les arbres à fruits à pépins, on le pratique avec la serpette. Sur les branches de charpente en voie de développement, il a pour but de réserver à des distances calculées la quantité d'yeux strictement nécessaire à la formation des branches fruitières nouvelles.

Au pêcher, l'éborgnage est appliqué plus qu'à tout

arbre, surtout sur la branche fruitière qui a été taillée long, dans le but de la fructification.

Une façon de pratiquer l'éborgnage consiste à couper l'œil transversalement, de manière à faire développer

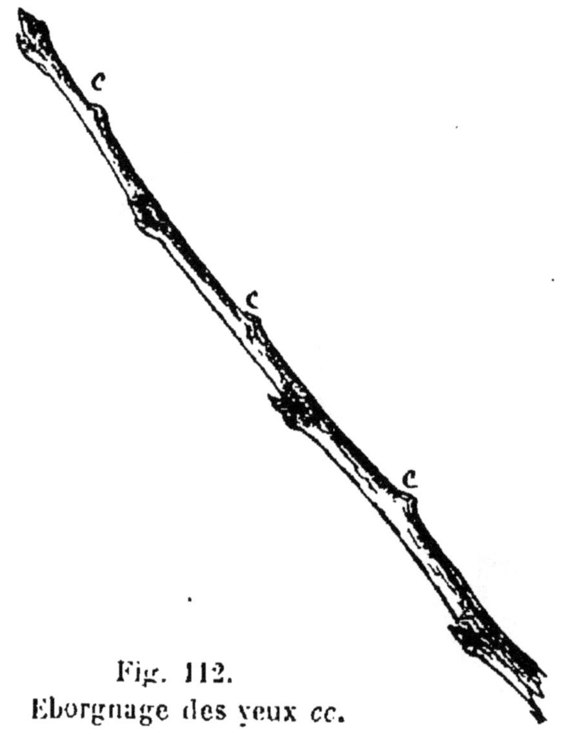

Fig. 112.
Éborgnage des yeux *cc*.

les deux yeux stipulaires latéraux qui l'accompagnent. C'est un bon moyen, on l'emploie pour obtenir des branches parfaitement opposées.

DESCRIPTION GÉNÉRALE DES OPÉRATIONS DE LA TAILLE D'ÉTÉ

1° L'ENTAILLE (fig. 113). — *Définition, but.* — Pratiquer l'entaille, c'est entamer le bois pour en enlever une petite portion soit au-dessus, soit au-dessous de la branche ou d'un œil afin d'interrompre le cours de la sève au profit ou au détriment de cet œil, de cette branche. L'entaille est un moyen auquel on a recours pour obtenir des formes correctes; c'est en avril, à l'ascension de la sève, que l'entaille est appliquée.

Fig. 113. L'entaille.

Pratique. — Pour opérer, la serpette étant posée horizontalement à 1 ou 2 centimètres au-dessus de l'œil, on appuie de manière à entamer l'aubier, puis la serpette étant placée obliquement, cette fois, et à 2 ou 3 centimètres au-dessus de la première section on appuie de nouveau pour enlever un petit copeau de bois, et l'entaille est faite. Si l'on opère au-dessus d'une branche volumineuse, il faut entailler l'empattement de la branche même, sinon la sève n'est pas assez détournée.

Si une première opération est restée sans résultat, on doit la répéter la seconde année. Le poirier surtout supporte bien l'entaille. Le pêcher en est quelquefois incommodé, aussi la lui applique-t-on avec une certaine réserve.

2° Les incisions. — *Définition.* — Les incisions consistent à fendre simplement l'écorce des arbres ou bien à en enlever un lambeau, mais sans aucune portion de bois. Il y a trois sortes d'incisions :

A. *Incision transversale.* — Elle est un diminutif de l'entaille et s'applique aux rameaux trop faibles pour être entaillés. La serpette agissant au-dessus d'un œil pénètre seulement le tissu de l'écorce jusqu'à l'aubier.

B. *Incision longitudinale.* — Elle s'applique dans le sens de la longueur des branches et dans le but de faire distendre l'écorce pour accélérer le grossissement des tiges ou ramifications traitées. On peut faire une incision longitudinale sur la longueur d'une tige ou d'une longue branche, mais il est essentiel de l'interrompre de place en place. Si elle était continue, il pourrait en résulter une déchirure ininterrompue et dangereuse. L'incision longitudinale, autant que possible, ne se fait point du côté sud de l'arbre. On la pratique depuis le début jusqu'au déclin de la végétation. Elle suffit souvent pour rétablir l'équilibre entre deux branches symétriquement placées mais inégalement fortes.

Fig. 114. — Incision annulaire.

L'incision longitudinale. au printemps, s'applique aussi aux grosses racines pour provoquer sur elles l'émission du chevelu ; elle est faite alors sur les parties latérales.

C. *Incision annulaire* (fig. 114). — On appelle ainsi une sorte d'incision par laquelle on enlève un anneau d'écorce sur toute la circonférence d'une portion de branche de rameau ou de tige. Il faut opérer quand les arbres sont bien en sève. Il est fait d'abord, à la serpette et sur le pourtour de la branche, deux incisions simples et parallèles qui limitent la hauteur de l'anneau. Ces deux incisions étant reliées par une troisième, l'ablation de l'anneau devient facile. Sur les rameaux d'un faible volume, on opère avec une pince dite *coupe-sève*. La hauteur de l'anneau varie de 1 centimètre à 5 millimètres, selon que le volume des branches est gros ou petit. Le but de cette opération est d'accumuler de la nourriture dans la partie supérieure à l'incision, de faire développer ou de mettre à fruit cette partie en y arrêtant la sève élaborée. L'incision annulaire est surtout appliquée à la vigne; nous l'étudions dans le chapitre consacré à cet arbre. Faite au-dessus de la greffe des arbres vigoureux qu'on veut faire fructifier, l'incision est un moyen extrême contraire à la santé générale de l'arbre.

3° Ebourgeonnement. — L'ébourgeonnement est une des premières opérations que subissent les arbres après la taille d'hiver.

Définition. — Ebourgeonner, c'est retrancher sur un arbre en végétation une partie de ses bourgeons foliacés.

Buts. — Les buts qu'on se propose en ébourgeonnant sont assez nombreux :

On veut régler l'extension d'un arbre, c'est-à-dire la pousse des bourgeons prolongeant ses branches charpentières.

On détermine la position des branches en réservant sur la tige, et au détriment des autres, les bourgeons qui doivent procurer les branches cherchées.

On modifie le cours de la sève au profit des fruits et des organes conservés.

Par l'ébourgeonnement enfin, on permet aux fruits d'être davantage baignés d'air et de lumière, deux agents indispensables à leur bonne venue, à leur accroissement, à leur belle coloration.

Pratique. — On doit commencer l'ébourgeonnement tôt et le pratiquer en plusieurs fois, non en une seule et jamais très tard. Si on ébourgeonnait dans ces dernières conditions, on ralentirait la végétation de l'arbre au point de nuire à l'accroissement des fruits et à la formation des organes fructifères.

Sur les vieux arbres à sève peu abondante, l'ébourgeonnement est pratiqué plus tôt que sur les adultes.

Sur les arbres faibles, récemment plantés, il vaut

mieux ne pas ébourgeonner, parce que les feuilles ne sont pas trop nombreuses pour appeler et élaborer la sève brute.

Quand l'équilibre a disparu dans une forme d'arbre, c'est-à-dire quand telle branche charpentière, au lieu d'être semblable à son opposée, est dans un rapport différent de grandeur et de figure, on ébourgeonne rigoureusement et très tôt la partie forte, alors que la partie faible est ébourgeonnée à peine et très tard.

4° PINCEMENTS. — *Définition.* — Pincer, en jardinage, ce n'est pas seulement mutiler, c'est retrancher totalement l'extrémité supérieure d'un bourgeon encore à l'état herbacé en le coupant avec les doigts, entre les ongles.

But. — Le pincement est fait dans le but d'arrêter l'allongement des bourgeons opérés. On le pratique immédiatement au-dessus d'un œil, appelé pour cela *œil de pincement.*

Le pincement fait ramifier le bourgeon opéré en concentrant l'action de la sève sur les yeux situés immédiatement au-dessous de la plaie.

Le dernier effet du pincement est, en réduisant la quantité d'yeux du bourgeon pincé, de l'affaiblir au profit de sa base et des bourgeons voisins.

La longueur des bourgeons réduits par le pincement varie beaucoup selon le but visé; elle peut être de 8 à 10 centimètres, de 25 et plus.

Pratique. — Le moment de pincer se détermine surtout à force d'expérience. Toutefois, on peut poser en principe qu'il faut toujours, avant d'agir, attendre que le bourgeon ait atteint une consistance demi-ligneuse à la base. S'il était pratiqué avant ce moment, on verrait chez beaucoup d'arbres la sève abandonner le bourgeon pincé

Fait trop tard, le pincement provoque l'apparition de

nombreux bourgeons anticipés qui ne sont utiles que dans des cas spéciaux et rares. En toutes circonstances, on devra l'appliquer progressivement, en plusieurs fois.

Sur les arbres vigoureux, jeunes, non formés, on pratique le pincement d'une manière sévère, afin d'obtenir promptement une charpente régulière.

Sur les arbres faibles, les pincements sont plus modérés, à cause, dans ce cas, de la protection dont il faut entourer les feuilles.

Quand l'arbre est chargé d'organes fructifères en voie de formation, le premier pincement doit être fait de bonne heure.

Si on le faisait trop tard, il en résulterait une concentration de sève trop abondante sur les organes fructifères en préparation et, par suite, une transformation de ceux-ci en pousses ligneuses stériles. Sur un sol humide et par une année pluvieuse, un pincement trop tardif ou trop sévère produit le même effet déplorable. Nous avions donc raison tout à l'heure de dire que la manière et le moment de pincer se déterminent surtout à force d'expérience.

Second pincement. — Il arrive parfois qu'une seule opération ne suffit pas sur un même bourgeon ; l'œil de pincement se développe en *bourgeon anticipé* et dans certains cas que nous étudions plus loin, on pince le bourgeon anticipé au-dessus de une ou deux feuilles.

On a recommandé, ces temps derniers, le pincement appliqué aux feuilles terminales des bourgeons. C'est en quelque sorte un complément du pincement ordinaire, mais il ne saurait le suppléer.

5° COURBURE. — *Définition et but.* — La courbure consiste à donner aux branches les courbes de la forme à laquelle on destine les arbres.

Pratique. — C'est pendant l'été ordinairement que les branches sont courbées selon les lignes des formes cherchées; les rameaux sont alors plus flexibles. Il ne faut pas opérer trop tôt : les rameaux insuffisamment lignifiés se rompraient avec une extrême facilité.

Chaque rameau est maintenu dans la direction et selon la courbe voulue au moyen de liens qui le fixent sur un treillage ou de loques clouées au mur. Si cette opération a été bien conduite, les arbres peuvent, dans leurs formes, présenter une régularité et une symétrie parfaites.

Les liens les plus employés sont le jonc et le raphia.

6° Taille en vert. — *Définition et but.* — C'est une véritable taille pratiquée au sécateur; son but est de supprimer toutes les parties devenues inutiles après l'ébourgeonnement et le pincement.

La plupart de nos arbres fruitiers peuvent avantageusement subir la taille en vert. Mais c'est le pêcher qui est soumis d'une façon plus particulière à cette opération.

Pratique. — On pratique la taille en vert dans les cas suivants :

1° Sur une branche fructifère, quand elle n'a pas conservé le fruit qu'elle portait après la floraison et que les branches remplaçantes ne se développent pas avec assez de rapidité ;

2° Sur les branches ou les rameaux, dès que ces organes ont une tendance à prendre la tournure et l'aspect de gourmands ;

3° Sur les rameaux qui, à la suite d'un premier pincement, ont donné trois ou quatre bourgeons anticipés, au lieu d'un seul. Dans ce cas, la taille se fait au-dessus du premier bourgeon anticipé inférieur ;

4° Sur les branches fruitières âgées et décrépites, lorsqu'un bourgeon se développe à leur base : on taille au-dessus de ce bourgeon.

Sur le poirier, il ne faut user de cette opération que modérément et très tard (en août). Une taille en vert pratiquée, par exemple, avant la formation complète du bouton à fruit aurait pour effet de changer tout à fait la nature de cet organe qui donnerait des pousses ligneuses et non des fleurs.

7° PALISSAGE EN VERT.— *Définition.*— Palisser en vert, c'est fixer les branches fruitières et les bourgeons contre le mur ou le treillage des espaliers et des contre-espaliers. On se sert de liens ou de loques et de clous.

But. — Le palissage en vert est un puissant moyen pour maintenir la symétrie dans les formes que nous imposons aux arbres. Nous en reparlerons spécialement à propos de chaque essence.

Le palissage a encore pour avantage, en approchant les fruits très près des murs d'espalier, de soumettre ceux-ci à une chaleur plus forte et d'avancer ainsi leur maturité.

Pratique. — Bien qu'on puisse palisser en vert durant toute la belle saison, il y a cependant un moment propice qui correspond à un certain état de consistance et de vigueur du bourgeon ou de la branche.

Ainsi, les bourgeons naturellement forts sont palissés de bonne heure et sévèrement. Les bourgeons faibles, au contraire, sont palissés plus tard, et de manière à ce qu'ils puissent garder encore, après le palissage, une certaine liberté dans l'allure.

Les liens doivent n'embrasser que le corps du bourgeon, sans les feuilles qui, sous la pression, finiraient par s'étioler et tomber.

Il ne faut saisir qu'un bourgeon par ligature; si l'on en saisit plusieurs, ils se nuisent mutuellement et leur tissu, manquant d'air ou de lumière, reste mou, herbacé, moins capable de résister aux froids de l'hiver suivant. Chaque bourgeon sera donc lié individuellement et fixé sans torsion, dans un certain ordre, à une distance convenable des bourgeons voisins.

8° Eclaircie des fruits. — *Définition et but.* — L'éclaircie des fruits est la suppression d'un certain nombre de jeunes poires, pêches ou raisins. Ce sacrifice est fait dans l'intérêt de la santé générale de l'arbre ou encore dans celui des fruits gardés et des fructifications futures.

Pratique. — Il est prudent d'éclaircir assez tard et en plusieurs fois, non en une seule.

L'éclaircie des fruits est une opération que l'on ne doit jamais négliger sur les arbres naturellement faibles. Les arbres vigoureux eux-mêmes, quand ils sont trop chargés de fruits, doivent être soumis à ce traitement qui fortifie à la fois l'arbre et les fruits réservés.

9° Effeuillage. — *Définition. But. Pratique.* — L'effeuillage n'a qu'un but : exposer les fruits à l'action directe du soleil pour développer leur coloris. L'opération consiste donc à enlever les feuilles qui masquent les fruits. D'une manière générale, on peut dire que cette opération délicate ne doit être faite que très tard, quand les fruits, ayant acquis leur volume normal, n'attendent plus de l'arbre aucun aliment plastique.

C'est qu'en effet, tant qu'ils grossissent, les fruits reçoivent des feuilles, surtout de celles qui les avoisinent, la nourriture nécessaire à leur croissance. Retirer ces feuilles, alors qu'elles jouent un rôle si important, serait donc arrêter l'évolution des fruits et les condamner à tomber de l'arbre faute d'aliments. Les pétioles des feuilles enlevées doivent rester à l'arbre, dont ils protègent les yeux.

10° La Récolte est, pour ainsi dire, l'opération terminale, et comme le couronnement de la culture annuelle; elle se fait à des époques différentes, selon la nature des espèces ou des variétés et leur degré de précocité.

Il faut distinguer, d'ailleurs, les fruits qui mûrissent

sur l'arbre de ceux qui n'y mûrissent pas. Parmi les premiers sont les cerises, les prunes, les groseilles, les raisins, les pêches ; dans les seconds, il y a les poires, les pommes, les nèfles.

Nous étudierons d'une manière particulière, en traitant de la culture de ces espèces, la manière dont doivent être récoltés leurs fruits respectifs.

11° GREFFE DES BOUTONS A FRUIT. — La greffe des boutons à fruit est aussi une opération de la taille d'été ; nous la décrivons au chapitre *Greffe des arbres fruitiers*.

ENTRETIEN ANNUEL DU SOL

Tous les ans, au printemps, après que les arbres ont subi l'opération de la taille hivernale, *le sol est ameubli* superficiellement pour que l'air, l'eau, puissent le pénétrer et arriver sans obstacle jusqu'aux racines. Cet ameublissement sera donné avec la fourche à dents plates (trident) qui permet de ménager davantage les racines. S'il y a lieu, avant de labourer, on répand les engrais nécessaires. Après le labour, en mars ou avril, il est important de *pailler le sol* au pied des arbres. Le plus souvent, le paillis est un fumier plus ou moins décomposé provenant de la démolition des couches. Etendu sur le sol, il empêchera l'évaporation et maintiendra dans le voisinage des racines une fraicheur favorable à leur bon fonctionnement. Tous les arbres nouvellement plantés doivent être paillés. Les *poirier sur cognassier*, *pêcher sur prunier*, *pommier sur paradis*, les *vignes* et en général toutes les espèces à racines superficielles devraient être paillées chaque année, surtout en espalier et dans les terres sèches.

Pendant l'été, les *binages* sont nécessaires ; on les donne aussi souvent que possible. Leur but est de maintenir dans un état suffisamment meuble la croûte du sol, d'empêcher la croissance des mauvaises herbes et de combattre la sécheresse.

Il est rare qu'on soit forcé *d'arroser les arbres fruitiers*. Cependant, si, par un été excessivement chaud, quelques jeunes arbres plantés l'année même ou plus anciennement languissent, il ne faut pas hésiter à leur donner de l'eau et, dans ce cas, il est utile de les arroser très copieusement.

CULTURES SPÉCIALES

I

FRUITS BACCIFORMES

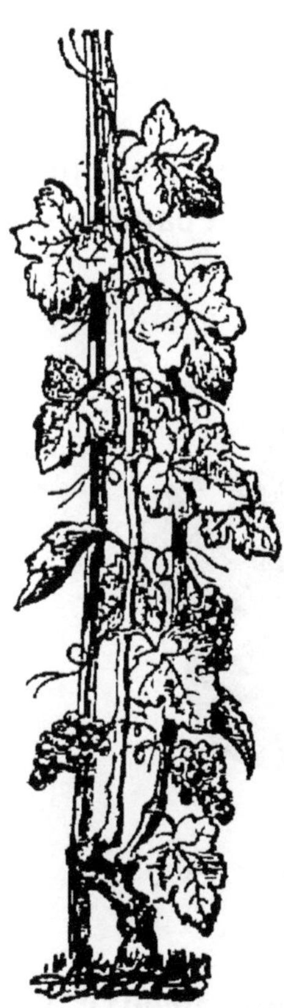

Fig. 115. — Jeune pied de vigne.

LA VIGNE

Famille : AMPÉLIDÉES.

DESCRIPTION. CARACTÈRES DES ORGANES DE LA PLANTE. — La vigne (fig. 115) est un arbuste à tige et à rameaux sarmenteux, noueux, couverts d'une écorce qui perd facilement sa vitalité. Les feuilles sont *palmatinervées*, découpées, alternées sur les branches ; à l'aisselle de chacune d'elles, il y a un *œil* velu qu'on appelle bourre.

Les fleurs sont réunies en grappes composées ; chaque grappe est au niveau d'une feuille à laquelle elle se trouve diamétralement opposée. Parfois, pour des causes encore hypothétiques, les fleurs ne se forment pas et la grappe se réduit à un pédoncule dont les ramifications herbacées ou *vrilles* contournent les corps environnants, s'y attachent, et servent de soutien à la vigne.

La fleur est petite, verte ; elle porte cinq pétales qui ne s'épanouissent jamais, mais se détachent seulement du pédoncule (réceptacle) et restent soudés entre eux formant, au-dessus des organes de la génération, une sorte de petit bonnet (fig. 116). Par les temps humides et froids, ces bonnets ne peuvent être rejetés ; les organes qui sont dessous s'étiolent et la fécondation avorte. On dit alors que la *fleur a coulé*. Au contraire, quand il fait chaud, sous l'effort de la végétation, les étamines des fleurs de vigne s'allongent vigoureusement, rejettent cette coiffe et s'épanouissent

Fig. 116. — Coupe verticale d'une fleur de vigne grossie.

Fig. 117. — Fruit en baie de la vigne ; coupes longitudinale et transversale.

en répandant un parfum caractéristique, preuve certaine que *la fleur est nouée*.

Le fruit est une baie (fig. 117) qui contient quatre

graines osseuses en forme de larmes. Par avortement, le nombre de graines peut être réduit à trois, à deux ou à une.

La couleur du fruit est variable : verte, ambrée, rose ou noire. La forme, aussi, subit des modifications : généralement sphérique, elle est parfois ovale, ou bien représente un petit cornichon, comme dans la variété qui porte ce nom.

Les racines sont traçantes et pivotantes à la fois. Elles acquièrent souvent une longueur considérable ; on en a vu qui mesuraient plusieurs mètres.

MODE DE VÉGÉTATION. — La vigne, a dit La Quintinye, « pousse furieusement à bois » ; ses rameaux, qu'on appelle sarments, ont souvent atteint, dans l'année de leur développement, une longueur de 5, 7 et 8 mètres.

Le vieux bois, celui de plus d'un an, porte à l'état latent, sous son écorce, des yeux qu'une taille sévère ou d'autres circonstances peuvent faire développer en bourgeons ; ces bourgeons ne donnent jamais de fruits l'année de leur percée ; ce n'est qu'un an après qu'ils deviennent fertiles.

Tous les yeux situés sur le bois d'un an sont fructifères, mais à différents degrés ; ceux occupant la partie médiane du sarment le sont plus que tous les autres.

La vigne entre en végétation sous une température minimum de 9° et demi. L'œil normal de cet arbuste, en se développant, produit à la fois le bois, les feuilles, les fleurs et le fruit. Les fleurs de la vigne s'épanouissent par une température moyenne de 15 à 19° centigrades. Les pluies, à cette époque, étant préjudiciables à l'acte de la fécondation, les *auvents* ajoutés aux chaperons des murs seront nécessaires pour préserver la vigne et éviter la *coulure*. La fécondation faite, on enlève les auvents.

Sous le climat de Paris, quand le raisin mûrit, les auvents, enlevés après floraison, redeviennent nécessaires pour protéger les grappes contre les pluies froides et contre la pourriture qui en résulte souvent.

Multiplication. — Le bouturage et le marcottage sont les procédés les plus usités pour multiplier la vigne. Le semis s'emploie pour chercher à obtenir de nouvelles variétés.

Le greffage, depuis l'invasion du phylloxera, est très répandu. Tout le monde sait en effet que les cépages français greffés sur cépages américains résistent relativement bien à ce dangereux insecte.

Enfin, le greffage a quelquefois pour objet de donner de la vigueur à une variété qui en manque.

On trouvera aux chapitres *Multiplication des végétaux* et *Greffage des arbres fruitiers* les renseignements pratiques concernant la multiplication de la vigne.

Origine. — La vigne, cultivée depuis la plus haute antiquité, a une origine presque incertaine. On suppose qu'elle fut importée de Géorgie en Asie, d'où elle passa d'abord en Grèce, puis en Italie et enfin dans les Gaules. Les beaux travaux paléontologiques de M. de Saporta[1] nous apprennent que la vigne subsistait en France à une époque antédiluvienne. En effet, des empreintes de feuilles de vigne parfaitement caractérisées ont été trouvées dans différents endroits de notre pays, et notamment dans les gisements tertiaires de Chardy en Ardèche.

Climat. — La vigne se peut cultiver sous plusieurs climats, s'il est choisi dans le grand nombre des races et des variétés, celles appropriées. Un climat chaud ou tempéré et sec est celui qui convient le mieux.

[1] *Le Monde des Plantes avant l'apparition de l'homme*, par le comte de Saporta.

Cette plante craint les grands froids si elle n'est pas entièrement recouverte de neige. Une humidité atmosphérique excessive produit une végétation lente, prolongée, sans maturation des fruits ni du bois. En Normandie et en Bretagne, ce phénomène de demi-stérilité est constant.

En France, la vigne ne se cultive plus sans abris spéciaux au-dessus d'une ligne sinueuse qui part de Saint-Nazaire, à l'embouchure de la Loire, passe par le Loir-et-Cher, le nord de Seine-et-Oise et va finir au sud du département des Ardennes.

A 10° au-dessous de zéro, dans certaines circonstances d'humidité et de durée, la vigne gèle ; à — 18° elle gèle tout à fait.

Sol. — Sauf les terres imperméables et humides, les sables brûlants et absolument secs, toutes les terres conviennent à la vigne. Dans les jardins, la terre sera substantielle, de consistance moyenne et d'autant plus facile à s'échauffer que l'on se trouvera sous un climat plus septentrional.

Variétés. — La société pomologique de France a admis quarante-cinq variétés de raisins qui mûrissent selon leur précocité depuis fin juillet jusqu'à fin octobre. Les variétés très tardives ne sauraient être cultivées profitablement que dans la région méridionale.

M. Hardy établit quatre groupes de raisins, dont trois sont parfaitement définis ; ce sont :

Ier *groupe*. — Les chasselas, raisins de table par excellence, à grains toujours ronds ; voici les meilleurs.

1° *Chasselas doré* ou de Fontainebleau : grappes grosses, irrégulièrement ailées, grains ronds, ambrés, transparents, très bons. Maturité : première quinzaine de septembre. Plant vigoureux.

2° *Chasselas rose*. — Grappes moyennes, grains gros roses, très bons. Maturité après le 15 septembre. Plant d'une vigueur moyenne. Cette variété est moins fertile que l'autre ; ses fleurs avortent facilement.

II° *groupe*. — LES RAISINS PRÉCOCES, remarquables par leur maturité rapide. Les trois variétés suivantes sont surtout cultivées :

1° *Madeleine* ou *marillon hâtif*. — Grappes petites, courtes, à grains moyens, noirs, nombreux, serrés, très bons. Maturité fin juillet, commencement d'août. Plant vigoureux, se prête à la taille longue.

2° *Précoce de Courtillier*. — Grappes petites, à grains petits, ronds, serrés, jaune doré, bons. Plant d'une vigueur et d'une fertilité faibles.

3° *Précoce de Malingre*. — Grappes moyennes, à grains petits ou moyens de couleur jaune doré, légèrement ovoïdes et assez bons. Plant de vigueur moyenne, fertile. Maturité fin août.

III° *groupe*. — LES MUSCATS. — Ce sont ces variétés qui à la saveur naturelle du raisin en joignent une autre n'appartenant qu'à elles.

Deux variétés mûrissent bien sous le climat de Paris ; ce sont :

Le *muscat du Jura* et le *muscat rouge* ; encore faut-il pour ce dernier que le pied soit déjà âgé.

Le muscat noir, le muscat blanc, mûrissent quelquefois. Les muscats d'Alexandrie, muscat de Hambourg, à cause de leur tardiveté, deviennent des variétés méridionales.

IV° *groupe*. — LES RAISINS NON CLASSÉS. — Les variétés rangées ici ne sauraient entrer dans aucun des précédents groupes ; ce sont :

Frankenthal. — Grappes fortes, grains très gros à peine ovoïdes, très bons. Maturité fin septembre. Plant vigoureux, fertile quand il n'est point taillé immodérément.

Sous le climat de Paris, cette variété demande une

exposition fort chaude; il en est de même de la variété suivante :

Œillade. — Grappes grosses, lâches, irrégulières, à grains ovoïdes gros, noirs, pruineux, très bons. Maturité fin septembre, commencement octobre. Plant peu vigoureux, très fertile.

PLANTATION

Expositions. — Sous tous les climats et dans tous les terrains, les expositions favorables à la culture de la vigne peuvent se classer ainsi par ordre de qualité : 1° le sud-est; 2° le sud; 3° l'est; l'ouest et le sud-ouest peuvent convenir, mais surtout dans les terrains légers et sous un climat méridional. Au nord, au nord-ouest et au nord-est il ne faut pas songer à planter la vigne, la végétation s'y effectue dans de très mauvaises conditions; faute de chaleur, le raisin n'y mûrirait pas.

Préparation du sol. — Le sol présentera les qualités décrites plus haut; il aura été enrichi d'engrais, ameubli de telle sorte que l'ameublissement s'étende surtout en surface, car les racines de vigne sont traçantes. Il est important aussi que le sol à planter n'ait point porté de vigne depuis au moins une dizaine d'années.

Nous n'insisterons pas sur l'époque de la plantation, qui a été indiquée (page 309).

Choix des plants. — Les avis sont partagés à savoir si l'on doit pour planter choisir des sujets issus de boutures ou préférer ceux obtenus de marcottes. En réalité, les uns et les autres sont bons. Les marcottes même fournissent des plants plus forts, mieux pourvus de racines, mais pour qu'elles se ressentent de cet avantage, il est utile que les pieds dont on les a détachées ne soient point trop âgés.

Marcotte ou bouture, le plant choisi porte deux sarments ; il ne faut en conserver qu'un, à moins d'exception ; le sarment conservé est toujours le plus fort et le plus inférieur si c'est possible.

Pratique de la plantation. — La plantation de la vigne se fait trou par trou ou en tranchée.

La plantation trou par trou est préférable quand il s'agit d'un petit nombre de pieds très écartés les uns des autres On plante en tranchée quand on a une grande quantité de vignes et que celles-ci, sur la même ligne, doivent être peu distancées entre elles.

La profondeur à laquelle la vigne est plantée dépend de la nature du terrain. Dans les terres légères, les racines doivent être placées à 40 ou 45 centimètres audessous de la surface du sol. Dans les terres un peu froides et fraiches, il ne faut pas enterrer le plant à plus de 30 ou 35 centimètres de profondeur.

Tous les arboriculteurs ne sont pas d'accord sur ce point : à savoir si la vigne doit se planter immédiatement contre le mur ou seulement à quelque distance pour y arriver ensuite au moyen de couchages successifs.

Dans les terrains riches, on plantera contre le mur pour gagner du temps. Il faudra agir de même si l'on plante un sol imparfaitement perméable, car près du mur, la terre est toujours plus saine qu'à un mètre en avant.

Dans un sol pauvre, et surtout s'il s'agit de garnir un mur élevé, il est préférable de planter à un mètre en avant. On amènera la vigne près du mur par deux couchages successifs. De cette manière, elle possède pendant sa jeunesse tout au moins une quantité plus grande de racines et ces dernières ont à leur disposition une masse plus considérable de terrain pour y puiser la nourriture de l'arbre.

Si pour certaines raisons les pieds doivent être

très rapprochés les uns des autres, pour éviter ce rapprochement préjudiciable à la bonne végétation, le jardinier peut planter la moitié des pieds, tous les numéros impairs, par exemple, de l'autre côté du mur; plus tard, quand il en aura besoin, il fera passer la tige de ces vignes à travers la maçonnerie.

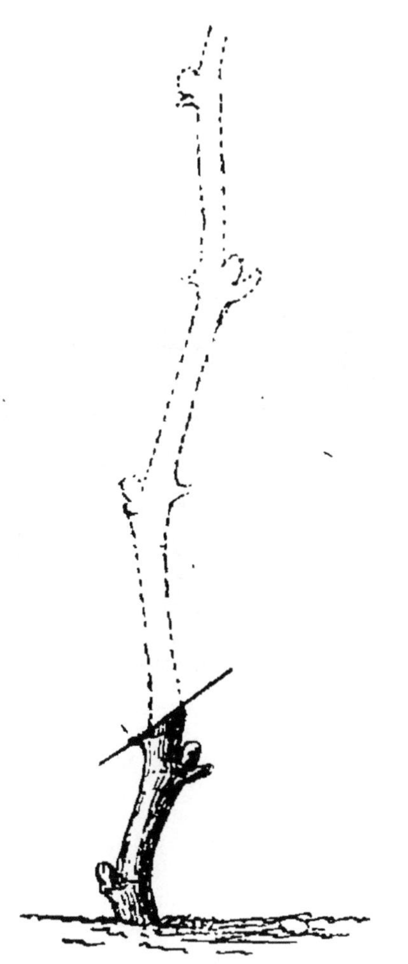

Fig. 118. — Première taille de la vigne à deux yeux.

Fig. 119. — Ceps de vigne.

Quand il y a pénurie de plants, il faut planter à distance du mur et un seul individu pour deux ceps, mais

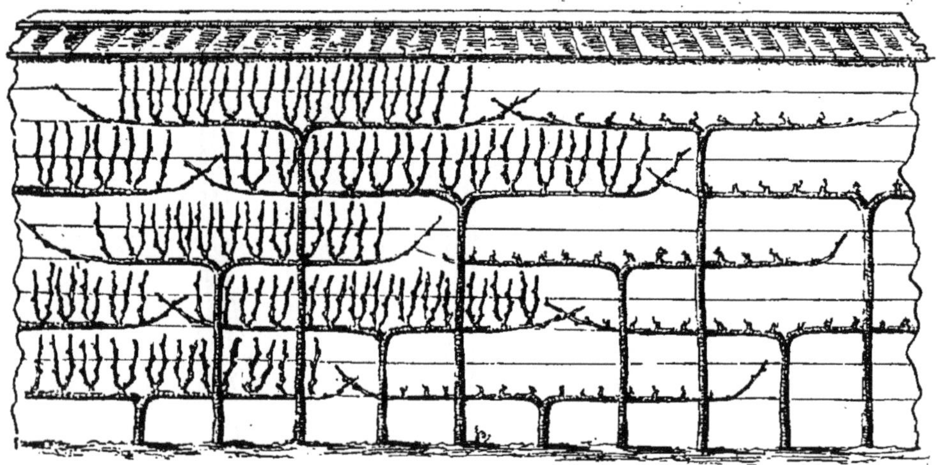

Fig. 120. — Vigne en espalier, forme Thomery.
A gauche, partie non taillée ; à droite, partie taillée.

alors les deux sarments de chaque plant sont conservés, on les écarte et les couche en les dirigeant vers le mur pour former un cep à droite et un autre à gauche.

Plante-t-on une marcotte en panier, mieux vaut planter le panier avec, en prenant la précaution de l'éventrer s'il n'est pas suffisamment décomposé.

Première taille. — Après la plantation, chaque pied de vigne est taillé au-dessus de deux ou trois yeux (fig. 118). La coupe se fera à 2 centimètres de l'œil de taille. Pendant la végétation qui suit, les bourgeons fournis par ces yeux sont palissés, et pincés à 1 mètre de haut; les faux bourgeons se pincent à deux feuilles.

Les formes qu'on donne a la vigne. — La vigne se cultive en plein air et en espalier. En plein air, chaque pied de vigne, quelle que soit la taille appliquée, s'appelle *cep* (fig. 119); en espalier, la vigne devient une *treille*. Il y a différentes sortes de treilles : la *thomery*, la *palmette* et le *cordon bisannuel*.

La Treille Thomery; son obtention. — Dans ce genre de treille (fig. 120), le mur est garni d'un bout à l'autre et

Fig. 121. — Cordon inférieur d'une Thomery.

de bas en haut par des cordons aboutés et superposés les uns aux autres. Le premier cordon est établi à 40 centimètres du sol (fig. 121), le dernier en haut doit se trouver à 60 centimètres du chaperon du mur. Les cordons intérieurs sont distancés à 50 centimètres entre eux. La longueur de chaque cordon qui est bi-latéral ne doit pas dépasser 3 mètres soit $1^{m},50$ pour chaque bras; ce chiffre restreint nous permet de multiplier davantage les extrémités de cordons où se développent toujours les plus belles et les meilleures grappes; il nous donne aussi le moyen d'éviter la décrépitude dont sont souvent atteints les bras trop étendus.

La distance qu'on ménage entre les pieds, dans la plantation, varie nécessairement avec le nombre des cordons.

On lira les distances usitées, selon les cas, dans le tableau suivant :

FORME THOMERY

Différentes dispositions selon les hauteurs des murs.

HAUTEURS des murs	QUANTITÉS de cordons	DISTANCES dans la plantation	N^os D'ORDRE DES CORDONS de bas en haut et de gauche à droite
$1^{m},00$	1	$3^{m},00$	1.
$1^{m},50$	2	$1^{m},50$	1. 2.
$2^{m},00$	3	$1^{m},00$	1. 3. 2.
$2^{m},50$	4	$0^{m},75$	1. 3. 2. 4.
$3^{m},00$	5	$0^{m},60$	1. 3. 5. 2. 4.
$3^{m},50$	6	$0^{m},50$	1. 3. 5. 2. 4. 6.

En somme, en divisant 3 par le chiffre des cordons qu'on veut former, on a au quotient un nombre exprimant, en mètres et centimètres, l'écartement qu'il faut maintenir dans la plantation entre chaque pied de vigne.

Il y a deux procédés usités pour disposer les cordons d'une Thomery : le premier étant défectueux, nous le passerons sous silence. Par le second, et pour une série de cinq cordons, je suppose, en allant de gauche à droite, on fait former :

Au pied	n° 1,	le cordon	n° 1 ;
—	n° 2,	—	n° 3 ;
—	n° 3,	—	n° 5 ;
—	n° 4,	—	n° 2 ;
—	n° 5,	—	n° 4.

Cette série achevée, une autre suit dans le même ordre : 1, 3, 5, 2, 4. C'est bien simple : d'abord tous les numéros impairs, ensuite tous les numéros pairs. De cette façon, les cordons inférieurs sont établis avant que ceux situés immédiatement au-dessus aient eu le temps de nuire par leur ombrage.

Aussitôt après la plantation, à tous les 25 centimètres à partir de 40 centimètres du sol, on tend des fils de fer, puis près de chaque pied, contre les fils, on place un tuteur vertical dont on a, selon les cas, limité plus ou moins la longueur. Chaque sommet de tuteur indique le point où doit naître un cordon.

En partant du bas, les numéros impairs de ces fils n°s 1, 3, 5, 7, etc., serviront à palisser les cordons. Sur les numéros pairs, l'été, on fixera les branches fruitières ou coursonnes. Quelquefois et par économie de temps, au lieu de lier les branches fruitières, on se contente de les passer derrière le fil qui leur est destiné, celui-ci les maintient suffisamment par sa simple tension.

La deuxième année de la plantation, on peut généralement former tous les cordons n° 1 en bifurquant les pieds choisis à la hauteur voulue : 40 centimètres. Les pieds correspondant aux autres cordons sont taillés à 50 centimètres du sol et puis palissés ; ils pousseront librement jusqu'à 1^{m},50. A cette hauteur on les pincera.

La troisième année, on forme tous les cordons n° 2 ; les pieds qu'on destine aux cordons plus élevés sont coupés à 50 centimètres de la taille précédente. Ils donneront du fruit sur le parcours de cette longueur et seront traités, quant à leur prolongement, comme ils le furent l'année précédente.

La quatrième année, obtention de tous les cordons nº 3. La cinquième année, obtention des cordons nº 4, et ainsi de suite jusqu'à ce qu'on ait pris les derniers, ceux du sommet.

Chaque année, les tiges des vignes non encore bifurquées et non disposées à l'être sont donc raccourcies par la taille d'hiver. Il ne faut jamais leur laisser un prolongement de plus de 50 centimètres sur lequel, d'ailleurs, on devra récolter du fruit.

Formation du cordon. Bifurcation des pieds de vigne. — Il y a plusieurs procédés pour former les cor-

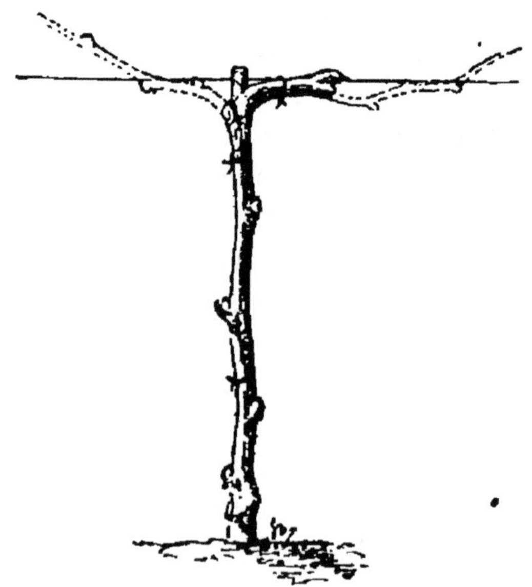

Fig. 122. — Formation d'un cordon de Thomery, premier procédé.

dons; le plus simple consiste à prendre le sarment qu'on veut bifurquer et à l'incliner sur le fil de fer qui lui est destiné, soit à droite, soit à gauche, mais toujours de façon qu'il y ait un œil sur la courbure résultant de l'inclinaison, un peu au-dessous du niveau du fil.

Cette condition remplie, on maintient le sarment courbé au moyen d'un lien, puis on taille sur l'œil sui-

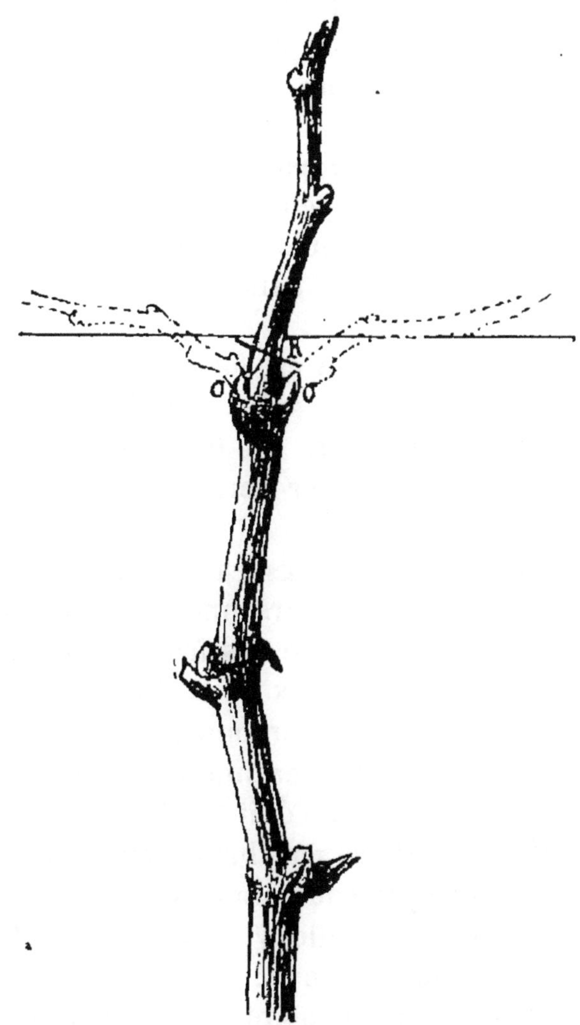

Fig. 123. — Formation d'un cordon de Thomery, second procédé.

vant, situé en-dessous. Les deux yeux, l'œil de la courbure et l'œil de la taille (fig. 122) se développent simultanément. On palisse les rameaux qui résultent de ce développement, chacun dans leur sens propre, sur le même fil qui leur est destiné et le cordon en T est obtenu.

Le second procédé consiste à préparer la taille d'hiver par un pincement fait préalablement en juin sur un œil situé un peu au-dessous du point de bifurcation. A la suite de cette opération, l'œil de pincement se développe, et laisse à sa base deux yeux OO situés sur le même plan. Au printemps, une taille faite en R, juste au-dessus de ces deux yeux (fig. 123) les fera se développer en bourgeons qu'on inclinera progressivement l'un à droite, l'autre à gauche, sur le fil qui doit les retenir.

Aussitôt qu'un cordon est formé, on cesse de récolter du fruit sur la tige du sujet qui doit rester nue, et, lorsque sur son parcours un bras de cordon rencontre une tige, on le fait passer derrière elle.

Obtention des branches fruitières. — On appelle branches fruitières ou coursonnes les rameaux spécialement destinés à produire des fruits et qu'on fait naître sur les cordons horizontaux de la forme Thomery.

En principe : 1° les coursonnes entre elles sont espacées à 13, 15 ou 20 centimètres, selon la longueur des mérithalles ; 2° on ne doit établir tous les ans qu'une seule branche fruitière par bras, soit deux par cordon ou pied ; 3° chaque coursonne doit naître sur le cordon et non dessous, elle y pousserait mal. Ce choix s'accorde parfaitement avec la taille du prolongement du cordon qui a pour point d'opération un œil situé dessous. Nous voulons dire par là que l'œil à coursonne étant choisi dans les conditions indiquées plus haut (*en dessus*), et la disposition de ces organes étant alterne, on n'aura plus qu'à tailler le cordon près de la bourre qui suit immédiatement et se trouve *en dessous* (fig. 124). Si, au point que devra occuper une coursonne, l'œil quoique apparent occupe une position anormale, on le ramène à la bonne par une torsion du sarment.

Quand les extrémités d'un cordon à force de tailles subies ont atteint les limites assignées, il faut les arrêter par l'un des deux procédés suivants :

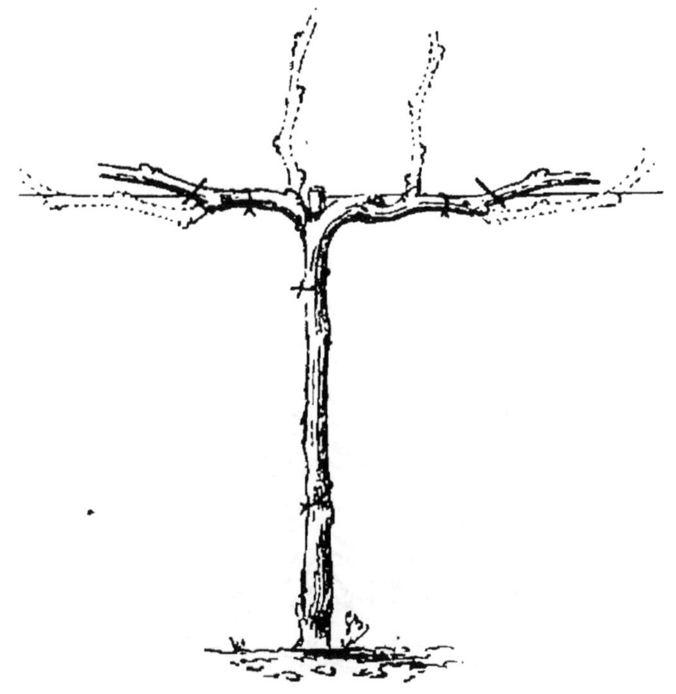

Fig. 124. — Obtention des branches fruitières.

1° On termine chaque bras à 1^{m},40 de son point de départ en taillant sur un œil de dessus qui donne une dernière coursonne ; cette coursonne est tous les ans traitée comme les autres.

2° Sur la longueur du bras et à une distance assez rapprochée de son extrémité, on laisse chaque année se développer un sarment qui est palissé obliquement sans être pincé. Lors de la taille hivernale suivante, le cordon est rabattu au-dessus de ce sarment qui prend sa place. Ces sarments donnent toujours de très beaux fruits.

Treille de palmettes. Obtention. — Une palmette de vigne s'appelle encore un *cordon vertical*. La treille de palmettes est composée d'une série de pieds plantés à 80 centimètres ou 1 mètre les uns des autres, selon la vigueur des variétés. Chaque pied pousse droit et porte sur les côtés, à droite et à gauche, des branches fruitières espacées les unes au-dessus des autres, à 15 ou à 18 centimètres. Ces cordons verticaux ne doivent pas

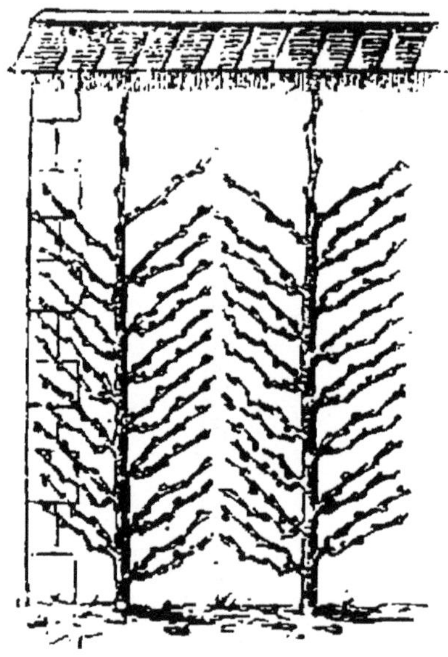

Fig. 125. — Taille de palmettes verticales.

dépasser une hauteur de $2^m,50$ à 3 mètres (fig. 125). Quand on les élève au-dessus de cette mesure, ils ne fructifient plus par leurs branches fruitières inférieures. On les établit donc le long des murs peu élevés munis de treillage dont les baguettes ou montants sont espacés à 15 centimètres les unes des autres.

L'obtention du cordon vertical est très simple : soit un jeune pied de vigne portant une pousse vigoureuse (sarment d'un an) ; sur ce sarment, on choisit un premier œil sur la droite ou sur la gauche, mais au moins à 35 centimètres au-dessus du sol. Avec ce premier œil, en montant, on en compte deux autres et on taille au-dessus de ces trois yeux. L'œil du sommet produit un rameau, prolongement de la tige ; les deux autres yeux fournissent chacun une branche fruitière, l'une à

Fig. 126. — Obtention d'une palmette verticale de vigne : première taille et résultat.

droite, l'autre à gauche (fig. 126) ; l'année suivante, le rameau prolongeant la tige est traité comme nous venons de le dire pour la tige elle-même, et ainsi de suite tous les ans, jusqu'à ce que nous ayons atteint la hauteur fixée, et de manière que, du même côté, les branches fruitières soient espacées à 15 ou à 18 centimètres entre elles.

Quand le mur a plus de 3 mètres de haut, sa hauteur est divisée en deux parties égales et les pieds sont plantés à une distance moitié moindre (40 ou 50 centimètres). Avec les pieds numéros pairs, on forme une treille

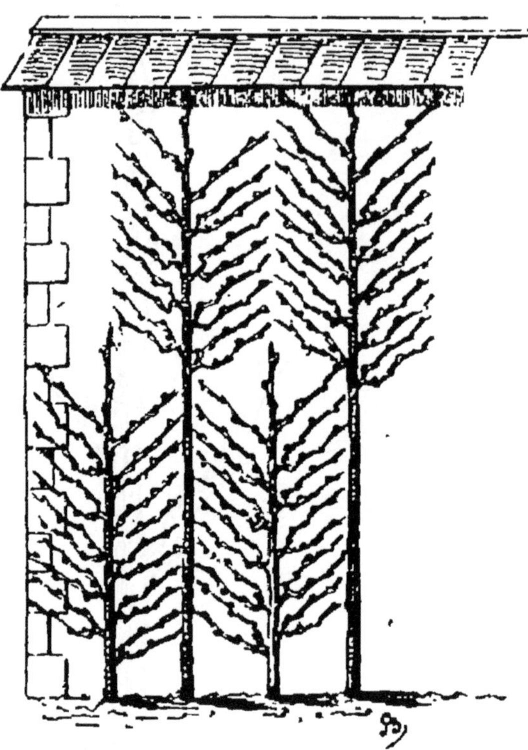

Fig. 127. — Taille de palmettes à ceps alternes.

de palmettes ordinaires sur la moitié inférieure du mur. Les autres pieds ne donnent pas de fruits immédiatement; ils sont élevés sur une tige nue jusqu'à la moitié supérieure du mur; à partir de là, on les taille et on les dirige en palmettes jusqu'au sommet. Cette treille de palmettes est dite à *ceps alternes* (fig. 127).

TAILLE DES BRANCHES FRUITIÈRES. — La branche fruitière nouvelle, dans la vigne, est composée d'un seul sarment long d'environ 45 centimètres et portant des yeux d'autant plus fertiles qu'ils sont situés davantage près de la partie moyenne de la branche.

Fig. 128. — Vigne : taille d'une branche fruitière âgée d'un an.

Au moment de la taille, cette branche, généralement, est coupée au-dessus de ses deux yeux les plus inférieurs (fig. 128).

Les deux yeux de la taille, pendant la végétation, donnent chacun un sarment. Le plus élevé s'appelle *sarment fructifère*, l'autre est dit *sarment remplaçant* et peut aussi donner du raisin. Il résulte de ces faits que, quand elle a deux ans, la branche fruitière de vigne porte deux sarments placés l'un légèrement au-dessus

Fig. 129. — Vigne : taille d'une branche fruitière âgée de deux ans.

de l'autre. Lors de la taille hivernale, les branches ainsi constituées sont traitées de la manière suivante :

Le sarment le plus élevé est retranché radicalement; l'autre, le sarment remplaçant, est coupé à deux yeux au-dessus de sa base (fig. 129). Exceptionnellement, quand, des deux sarments, le sarment remplaçant parait trop faible, c'est lui qu'on fait tomber, c'est l'autre qu'on taille à deux yeux (fig. 130).

Si la vigne est faible mais fertile, ses branches fruitières se taillent continuellement à un œil au lieu de

Fig. 130. — Vigne : taille d'une branche fruitière dont le sarment remplaçant est faible.

deux. Sur les variétés *Frankental*, *Muscat* qui, dans leurs branches fruitières, n'ont des yeux fertiles qu'à partir du troisième ou quatrième œil au-dessus de la base, on taille ces branches à trois ou quatre yeux. Sur ce nombre deux yeux seulement sont gardés : l'œil de taille pour la fructification et l'œil de l'extrême base pour la production du rameau remplaçant. Les autres sont éborgnés, c'est-à-dire abattus à la serpette (fig. 131).

On peut voir dans le chapitre suivant comment ces

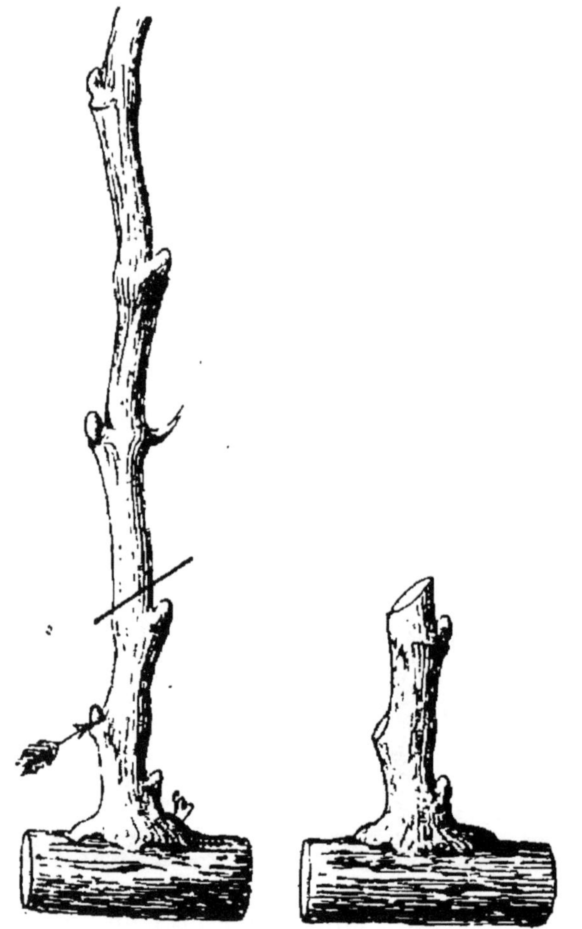

Fig. 131. — Branche fruitière de vigne ; taille longue et éborgnage.

branches doivent être traitées pendant leur végétation active. Les opérations de la taille d'été sont énoncées dans l'ordre de leur application.

OPÉRATIONS DE LA TAILLE D'ÉTÉ APPLIQUÉES A LA VIGNE

Ebourgeonnement. — L'ébourgeonnement sur la vigne se pratique en deux fois :

1° Dès qu'ils sont apparents, on enlève, en les tranchant d'un coup de pointe de serpette, les bourgeons nés sur les souches, les tiges et les branches charpentières ; ces productions étant toujours stériles, on ne court aucun risque à les faire disparaître si tôt.

2° Quand les autres bourgeons, ceux des branches fruitières, ont 3 ou 4 centimètres de longueur, on choisit sur chaque coursonne les deux qui doivent procurer, l'un le rameau fruitier, l'autre le rameau remplaçant et on enlève les autres. Si, cependant, à la base d'une coursonne âgée, il part un bourgeon vigoureux, on le protège à l'exclusion d'un des bourgeons situés plus haut ; l'année suivante, il sera substitué à la coursonne tout entière.

Pincement. — Les bourgeons fructifères proprement dits, les bourgeons de remplacement, les extrémités des branches charpentières, la tige en voie de formation elle-même, toutes ces parties sont soumises au pincement.

Considérons une branche fruitière sur laquelle les deux bourgeons conservés par la précédente opération se développent. Le moment auquel il faudra pincer dépend de la vigueur relative des deux bourgeons ; ainsi il est important de laisser toujours et de donner au besoin la prédominance au bourgeon de remplacement en pinçant le bourgeon supérieur le premier, même quand il est d'égale force, à plus forte raison quand il est plus vigoureux que son voisin. Ce pincement est fait à une ou deux feuilles au-dessus de la seconde grappe (fig. 132).

Il ne faut pas se laisser tenter par l'appât d'un plus grand nombre de grappes; elles ne seraient pas aussi belles et mûriraient plus difficilement, plus lentement. Par conséquent, au-dessus de deux, les grappes sont enlevées.

L'œil de pincement donne un prompt bourgeon ou bourgeon anticipé; quand il a atteint le cordon immédiatement supérieur de *la Thomery*, on le pince à 3 ou 4 centimètres sous ce cordon.

Si c'est sous forme de cordons verticaux qu'est dirigée la vigne, le prompt bourgeon issu de l'œil de pincement est arrêté, c'est-à-dire coupé à égale distance du pied mère et du pied voisin.

Fig. 132. — Vigne : pincement d'une branche fruitière à une feuille au-dessus de la seconde grappe.

Au-dessous de l'œil de pincement, les feuilles abritent, outre un œil normal, une sorte de prompt bourgeon plus ou moins grêle appelé « entre-cœur ». Ces entre-cœurs sont supprimés totalement quand la vigne est faible, parce que l'on ne craint pas alors l'allongement des yeux normaux en bourgeons anticipés. Mais si la vigne est jeune ou vigoureuse, il vaut mieux pincer les entre-cœurs à une ou deux feuilles, pour éviter le développement avant terme des yeux normaux. Au mois d'août, alors que la circulation de la sève subit un ralentissement considérable, la suppression radicale des entre-cœurs favorise le grossissement des yeux normaux.

Les bourgeons prolongeant les tiges ou branches charpentières des vignes sont arrêtés par un pincement à

50, 60, 80 centimètres, selon que les individus sont plus ou moins âgés, plus ou moins vigoureux.

Est-ce avant, pendant ou après la floraison des grappes qu'il faut pincer les rameaux fructifères? Le pincement avant la floraison donne toujours les meilleurs résultats; le pincement fait pendant la floraison est souvent préjudiciable.

L'incision annulaire (fig. 133). — Elle se fait à la serpette ou au moyen d'un instrument spécial appelé *bagueur*, *inciseur*, *coupe-sève*. L'anneau retranché a une hauteur de 5 à 10 millimètres selon le volume des sarments incisés. On opère sur le bois nouveau ou sur celui de l'année précédente. Il suffit que les grappes soient au-dessus de la plaie, immédiatement ou à une faible distance. Le moment le plus favorable au résultat de l'opération est celui qui précède ou suit aussitôt la floraison. Quelque temps après l'opération, le bord supérieur de la plaie se gonfle en un fort bourrelet qui descend peu à peu et joint bientôt l'autre bord. Si cette jonction se fait trop tôt, on perd le bénéfice de l'incision, à moins qu'on n'enlève immédiatement une nouvelle et petite lanière d'écorce.

Fig. 133. — Incision annulaire.

Tout d'abord, l'incision annulaire a été considérée comme un traitement devant empêcher la coulure. On s'est aperçu aussi qu'elle exerçait surtout une influence favorable sur la teneur en sucre du raisin, le volume des grains et la maturité des grappes. Sur les sarments incisés la maturité des grappes précède de dix jours environ celle des grappes de sarments non incisés. Dans une expérience, M. Rivière a trouvé que les grappes supérieures à l'incision contenaient 190 grammes de sucre par litre de jus, tandis que les grappes inférieures à l'incision ne contenaient que 165 grammes de sucre pour la même proportion de jus.

Taille en vert. — Ce sont surtout les branches fruitières de la vigne qui sont soumises à ce traitement. Supposez que sur les deux rameaux dont est munie toute branche fruitière ancienne, le plus élevé soit stérile, on le taillera au profit de l'autre, c'est-à-dire au profit du rameau remplaçant.

Sans doute, il eût été plus logique de supprimer ce rameau tout entier par l'ébourgeonnage, alors qu'il était encore herbacé, mais, à ce moment, il pouvait porter des grappes, c'est-à-dire ne pas avoir encore les signes de la stérilité. Par conséquent, c'est après la floraison que la taille en vert est pratiquée sur la vigne, s'il y a lieu. Dans ce cas, l'application de l'opération laisse supposer que la fécondation de certaines grappes a avorté.

Palissage en vert. — Les tiges, les branches charpentières de la vigne doivent se palisser aussitôt que le besoin s'en fait sentir et dans la position qui leur est assignée; quant aux branches fruitières, elles subissent la même opération quand elles ont atteint environ 30 centimètres de long. Il ne faut pas oublier que, dans chaque branche fruitière, il y a deux bourgeons : le bourgeon fructifère proprement dit et le bourgeon de remplacement.

Ce dernier est toujours palissé après l'autre, parce que, pendant le temps de liberté qu'on lui laisse, il prend de la force et constitue une bonne branche de remplacement.

ÉCLAIRCIE DES FRUITS. — Sur la vigne, l'éclaircie des fruits comporte deux opérations qui sont : le *retranchement des grappes* et le *ciselage*. On pratique d'abord l'éclaircie des grappes et ensuite l'éclaircie des grains sur les grappes gardées.

Par les années fertiles, sur les deux bourgeons d'une branche fruitière on pourrait facilement avoir quatre

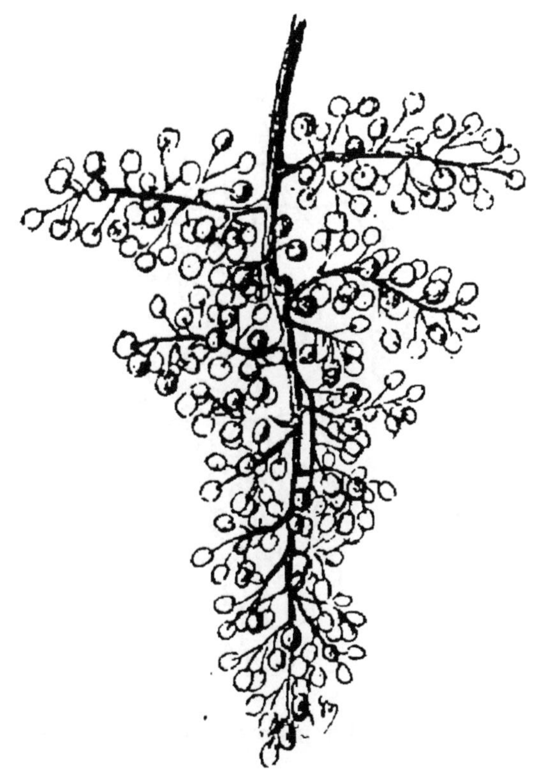

Fig. 134. — Grappe non ciselée.

grappes. Il ne faut en conserver que deux tout au plus, une sur chaque bourgeon. Quand le bourgeon remplaçant est faible, on ne le laisse pas fructifier et les deux grappes sont réservées sur l'autre bourgeon. Si, enfin, la vigne, affaiblie par l'âge, n'a plus qu'une végétation chétive, il ne faut laisser qu'une seule grappe par branche fruitière et sur le bourgeon supérieur. Dans ce cas, il y a lieu de choisir entre la grappe la plus basse et la grappe la plus haute. Cette dernière est préférable si le raisin est destiné à être conservé.

C'est quand la fécondation est achevée et que les grains sont naissants, que se pratique l'éclaircie des grappes.

Le ciselage se fait plus tard; il consiste à enlever dans

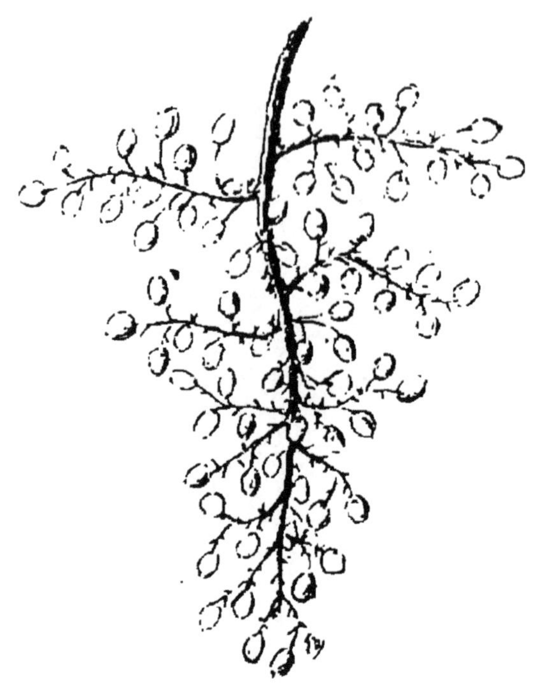

Fig. 135. — La même grappe ciselée.

les grappes réservées les grains petits, avortés, et les grains mieux constitués mais trop nombreux.

On emploie pour ciseler des ciseaux spéciaux qui se meuvent comme un sécateur, avec l'aide d'un ressort. La poignée est longue, les pointes sont mousses.

Pour opérer, le ciseleur saisit d'une main la grappe par son extrémité; il la soulève, puis, de ses ciseaux, avec sa main libre, il fait tomber tous les grains mal conformés et une partie des autres, de ceux qui, situés dans l'intérieur de la grappe, peuvent être supprimés sans faire perdre à celle-ci sa forme naturelle. Après le ciselage, les grains restants doivent être libres et isolés les uns des autres (fig. 134 et 135). Les 2 ou 3 centimètres qui terminent l'extrémité de la grappe sont aussi enlevés, parce que les grains de cette partie sont ordinairement moins beaux et qu'ils mûrissent difficilement. En général, les grains sont enlevés dans la proportion de deux à trois pour cinq.

C'est en juillet que se pratique le ciselage, quand les grains ont acquis le volume ordinaire des petits pois. Il faut choisir le moment du jour où les espaliers ne sont pas exposés à l'insolation; les grappes que l'opérateur dégage de dessous les feuilles pour les opérer en souffriraient. Si l'on n'avait pas le libre choix des heures, il serait toujours facile de protéger les grappes au moyen d'un paillasson jeté sur une échelle appuyée au mur.

Effeuillage. — Sur la vigne l'effeuillage n'a pas seulement pour but de faire paraître la grappe, il tend aussi à démasquer le mur pour lui permettre de s'échauffer davantage.

On pratique le premier effeuillage vers le commencement d'août, en enlevant seulement les feuilles qui touchent le mur et en prenant soin, pour les raisons expliquées plus haut, que ces feuilles ne soient pas voisines des grappes. Comme nous l'avons dit aussi, une partie du pétiole est conservée adhérant au sarment pour la protection des yeux, seul le limbe est enlevé.

Le second effeuillage est fait très tardivement, quand les raisins entrent dans leur période de *maturation*. On opère par un temps brumeux, couvert, ou bien le soir, après le coucher du soleil. Les grappes ne sont pas complètement démasquées cette fois encore. Ce n'est qu'à l'approche de la maturité absolue qu'il est sans danger d'effeuiller sévèrement pour établir cette action directe du soleil qui colore les raisins et communique aux variétés blanches ces tons d'or et d'ambre si recherchés des amateurs. Il ne sera pas inutile, pour provoquer cette coloration sur toutes les parties de la grappe, d'exposer au soleil la face postérieure de celle-ci. On obtient ce résultat par une torsion du pédoncule. Les variétés à fruits noirs ne sont pas effeuillées.

Autour et au-dessus des grappes destinées à la conservation hivernale, il faut éviter de pratiquer le dernier effeuillage. On a remarqué, en effet, que les grappes dorées et surtout celles qui portent comme des taches rousses se conservent moins bien que celles dont les grains sont uniformément blonds.

Récolte. — La maturité des raisins se reconnaît assez facilement à la couleur blonde des grains et à leur transparence légèrement opaline. Sur les variétés à fruits noirs, la maturité n'est peut-être pas toujours aussi facile à distinguer. M. Hardy recommande alors, pour juger, de couper un grain en deux ; si la pulpe présente l'aspect d'une gelée ou d'une substance gélatineuse, c'est un signe certain de maturité.

La récolte se fera le matin, après la disparition de la rosée et avant que les raisins soient échauffés par le soleil ; les grappes cueillies sont disposées en un seul lit au fond d'une manne qu'on porte jusqu'au fruitier.

Le raisin des parties élevées de l'espalier est cueilli un peu plus tard que celui des parties basses. Jusqu'à la récolte on l'abrite au moyen d'auvents qui le protègent des pluies et des premiers froids. Il est bien plus apte à se conserver l'hiver, n'ayant pas été influencé par les émanations humides du sol. Il faut encore que la vigne sur laquelle on cueille les grappes destinées à la conservation ait un certain âge : huit à dix ans au moins. Sur les trop jeunes pieds, les fruits, n'ayant pas reçu une sève plastique aussi concentrée sont aqueux et de conservation difficile.

Nous avons dit plus haut que le raisin de garde devait avoir une teinte uniformément blonde, sans parties dorées ou rouillées. Ceci est très important, car c'est généralement par ces parties plus foncées en couleur que la décomposition gagne les grappes.

Cette dernière récolte se fait généralement en octobre.

LES ENNEMIS DE LA VIGNE

ANIMAUX NUISIBLES. — Les *oiseaux* sont très friands de raisin. On les éloignera par quelques coups de fusil, ou bien les treilles seront garanties par des toiles très claires. Les *insectes* sont les plus dangereux ennemis de la vigne. Parmi eux, ceux qu'il faut craindre le plus sont les suivants :

Le *rhynchite du bouleau*, sorte de petit charançon d'un vert métallique; sa larve roule les feuilles et dévore leur parenchyme. On recueillera les feuilles roulées pour les brûler.

L'*écrivain* ou *eumolpe de la vigne*, petit coléoptère dont les adultes, en mai, rongent le parenchyme des feuilles sur lesquelles ils dessinent en creux des caractères bizarres. Le matin, faire tomber les adultes dans un large entonnoir dont la douille communique avec un petit sac ou un autre récipient.

Le *perce-oreille*. Ce coléoptère, reconnaissable aux pinces dont son abdomen est armé, attaque les fruits de la vigne; on lui tend des pièges : bottes d'herbe mouillée, chiffons, sous lesquels on le recueille pour l'écraser.

Les *guêpes*. Ces insectes s'attaquent à tous les fruits, surtout à ceux déjà entamés par d'autres animaux. La mise des grappes en sacs de toile claire et passée à l'huile de lin est un préservatif; une toile à mailles larges tendue devant la treille rend le même service. Pour détruire les guêpes, il faut suspendre de distance en distance de petits bocaux à goulot large dans lesquels on

Fig. 136. — Pyrale mâle, grandeur naturelle, ailes ouvertes.

Fig. 137. — Pyrale mâle, grandeur naturelle, ailes fermées.

place une certaine dose d'eau miellée. Ces insectes viennent, attirés par la préparation, et se noient.

Fig. 138. — Grappe de vigne pyralisée.

La *pyrale de la vigne* (fig. 136 et 137) est un petit

papillon de 20 à 24 millimètres d'envergure, sa chenille est verte et nue. Ces chenilles naissent en automne, hivernent, et, au printemps, roulent les feuilles, tissent autour des bourgeons et des grappes (fig. 138) une trame inextricable de fils soyeux qui arrête toute végétation.

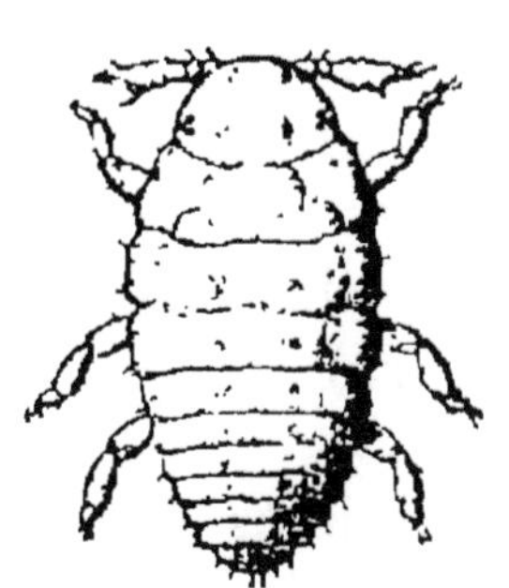

Fig. 139. — Jeune phylloxera vu par-dessus.

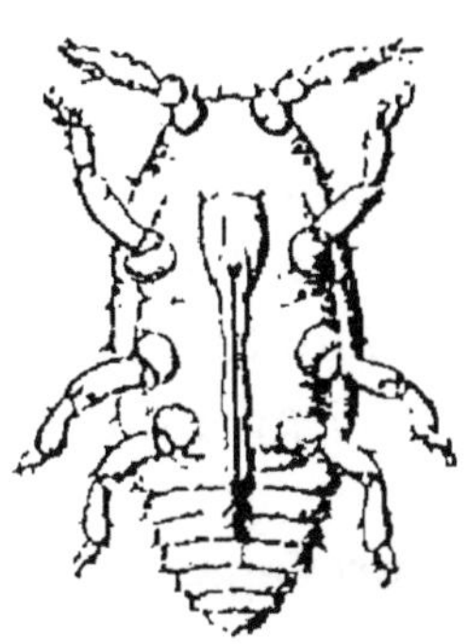

Fig. 140. — Jeune phylloxera vu par-dessous.

En hiver, ébouillanter les ceps et les treillages pour tuer les chenilles hivernantes.

La *teigne de la grappe* ou pyrale de la grappe ; ses larves s'attaquent spécialement aux grappes en fleur qu'elles rongent et entourent de fils soyeux sous lesquels elles se chrysalident. Une autre génération apparait en septembre dont les chrysalides hivernent.

Fig. 141. — Phylloxera enfonçant son suçoir dans une racine.

Le *phylloxera de la vigne* (fig. 139, 140 et 141). Cette sorte de puceron infiniment petit est le plus redoutable ennemi de la vigne ; il vit sur les racines, les branches et les feuilles de cet arbre qu'il épuise par ses succions. Dans les jardins, pour combattre cet insecte, on emploie l'un des trois moyens suivants :

1° **Submersion.** — Faire de petites levées de terre en

avant des treilles, puis amener sur le sol, entre les levées et le mur, une épaisseur d'eau d'environ 20 centimètres, que l'on maintient pendant vingt à vingt-cinq jours. Le phylloxera meurt asphyxié. A la suite de ce traitement qui appauvrit beaucoup le sol, fumer copieusement.

2° **Insecticides.** — En hiver, de chaque côté du pied de vigne attaqué, à 30 centimètres du tronc, faire un trou de 40 centimètres de profondeur. Dans chacun de ces trous, verser 10 grammes de sulfure de carbone. Le sulfo-carbonate de potassium s'emploie aussi à la dose de 30 à 40 grammes par mètre carré de surface terrienne.

3° **Surgreffage.** — Greffer nos variétés sur cépages américains dont la vigueur est telle, qu'ils peuvent subir le phylloxera sans cesser de végéter suffisamment et de fructifier.

MALADIES. — Elles sont toutes dues au parasitisme de champignons infiniment petits; aussi les appelle-t-on maladies cryptogamiques; trois d'entre elles sont surtout dangereuses; ce sont :

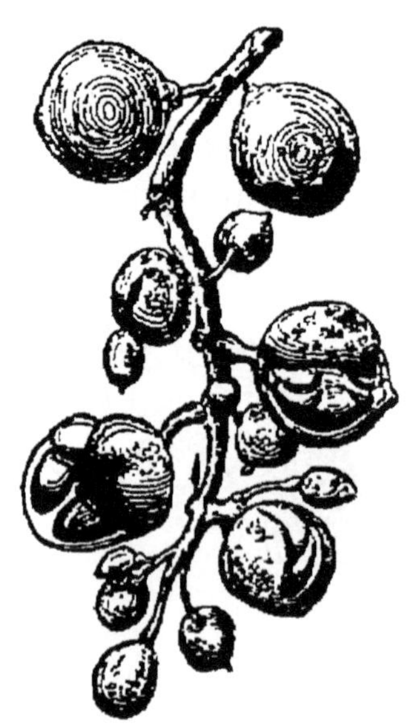

Fig. 142. — Raisin envahi par l'oïdium.

1° L'*oïdium* (fig. 142), champignon épidermique vivant à la surface des feuilles, puis à la surface des grains; il entoure ceux-ci comme d'un réseau feutré et contient leur grossissement à tel point qu'ils se déchirent sous la pression interne des tissus croissants. On combat l'oïdium par le « soufrage » préventif : une première application de fleur de soufre est faite lors de l'épanouissement des bourgeons, une seconde après la floraison, une troisième à l'époque de la maturation. Tous ces soufrages seront faits pendant l'insolation.

Fig. 143. — Feuille de vigne mildiousée.

Fig. 144. — Pulvérisateur.

2° Le *mildew* ou *mildiou* (fig. 143). On l'appelle aussi

faux oïdium; c'est un champignon sous-épidermique; de là la difficulté qu'on éprouve à le combattre; il attaque surtout les feuilles qui, sous son influence, se tachent comme d'une poussière blanchâtre à leur face inférieure, jaunissent et tombent prématurément. Les raisins n'étant

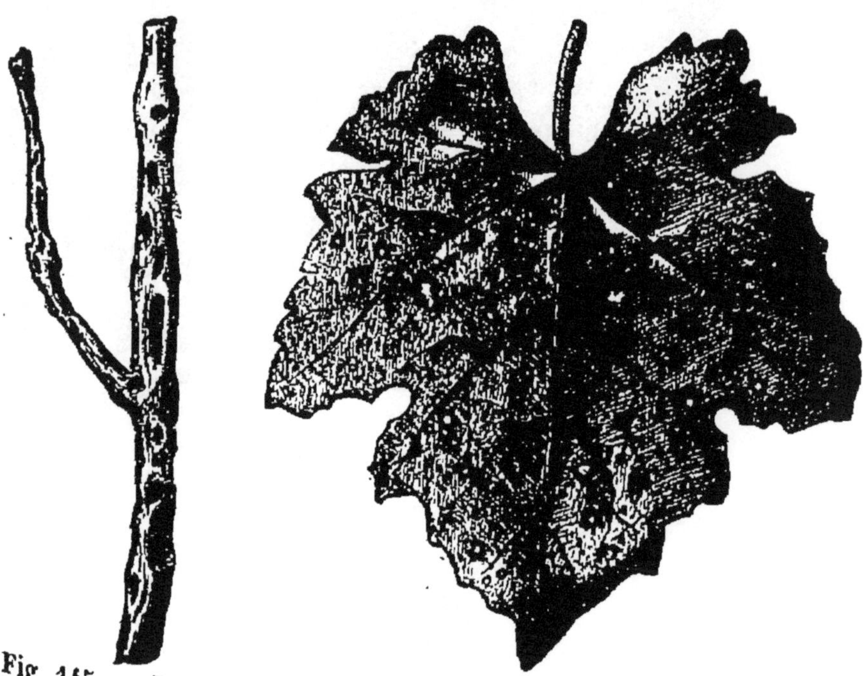

Fig. 145. — Rameau attaqué par l'anthracnose.

Fig. 146. Feuille atteinte d'anthracnose.

plus alimentés, cessent de croître. Pour combattre le mildiou on a employé tantôt avec, tantôt sans succès, la bouillie bordelaise composée, pour 10 litres d'eau, de 800 grammes de chaux et de 400 grammes de sulfate de cuivre. Cette bouillie était projetée sur les sarments et même sur les feuilles.

L'eau céleste (solution de sulfate de cuivre au $\frac{5}{1000}$ est aussi utilisée contre cette maladie; on projette cette eau à l'aide du pulvérisateur (fig. 144).

L'*anthracnose ou charbon*. — Cet autre champignon

attaque les feuilles, les bourgeons de vigne lors de leur épanouissement puis les jeunes grappes dont les grains ne tardent pas à noircir. Cette maladie arrête toute vé-

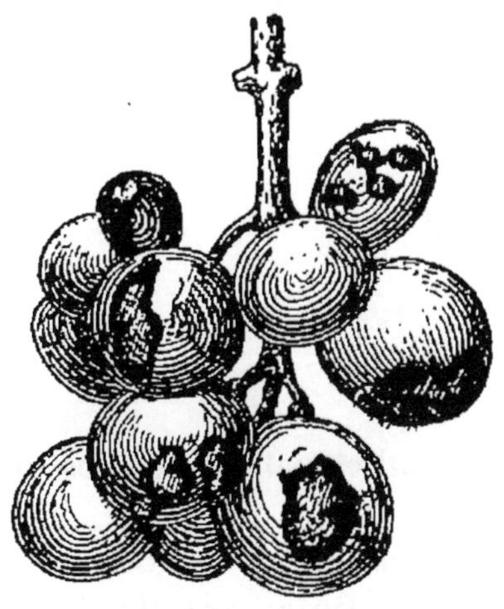

Fig. 147. — Raisins présentant des taches d'anthracnose.

gétation ; elle se déclare dans la région méridionale de la France (fig. 145, 146 et 147).

LES GROSEILLIERS

Famille : Saxifragées.

Description. Origine. — On connait en France trois espèces de groseilliers : le groseillier à fruits rouges, le groseillier à fruits noirs ou cassis et le groseillier épineux.

Ce sont des arbrisseaux atteignant de 1m,60 à 1m,80, à feuilles alternes palmatinervées (fig. 148) ; inflorescences en grappes longues ou courtes (fig. 149) ; à fleurs portant cinq pièces pour chaque étage du périanthe. 10 étamines dans le bouton et 5 seulement à l'épanouissement. L'ovaire ou fruit est une baie toujours surmontée du calice desséché et persistant. Dans le groseillier épineux, les fleurs sont fasciculées par 2, 3 et 4 : le bois est épineux, les feuilles sont plus petites, les fruits sont plus gros et ovoïdes.

Les groseilliers sont originaires de l'Europe centrale,

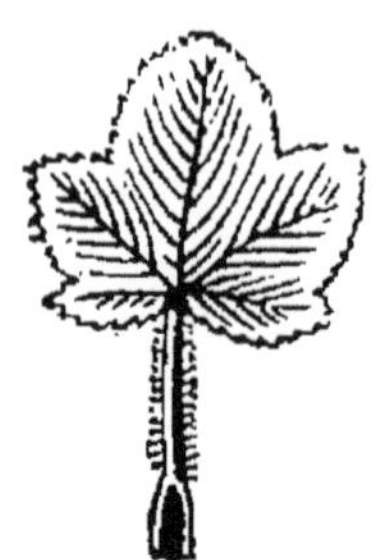

Fig. 148. — Feuilles palmatinervées du groseillier.

et les types sauvages qu'on rencontre encore quelquefois diffèrent peu des types améliorés.

Le cassis, d'après Legrand d'Aussy, ne fut cultivé en France qu'à partir de 1840, à cause d'une brochure qui parut à cette époque et fit grand cas de cette plante.

Sol. Climat. — Les groseilliers sont peu exigeants quant au sol ; les terrains frais de consistance moyenne sont cependant ceux dans lesquels leur végétation se soutient le mieux. L'argile compacte, le calcaire pur les incommodent.

C'est une chaleur tempérée, celle qu'on subit dans le centre, qui convient surtout à ces plantes. Dans le Nord, le fruit n'acquiert pas autant de saveur ; dans le Midi, il n'atteint qu'un volume médiocre.

Fig. 149. Grappe du groseillier oraire.

Variétés. — **Groseilliers à fruits rouges.** — La souche originelle du groseillier ordinaire est à fruits rouges ; elle a donné, par le semis, naissance à des variétés dont les fruits sont ou rose corné ou blanc jaunâtre. Les groseilles blanches sont toujours moins acides que les autres.

Voici les variétés les plus recommandables : *Hollande rouge* : fertile, grappes fortes, fruits légèrement acidulés, rouge clair ; *Hollande blanche* : grappes longues, grains gros, blancs, sucrés.

La *Versaillaise*. Issue de la groseille cerise, fertile, produit de belles grappes à grains très gros ; c'est surtout un fruit de table.

Cassis. — On ne cultive que deux variétés de cassis : le *cassissier commun* et le *cassissier de Naples*, à fruits plus gros, de qualité supérieure.

Groseilliers épineux. — Les variétés de groseilliers épineux sont tellement abondantes que le choix en devient embarrassant. Citons :

London. — Fruits rouges. La plus belle variété connue.

Snowdrop. — Peau du fruit hérissée et blanche.

London City. — Peau glabre, fruit vert et allongé.

Levellier. — Plant fertile, vigoureux. Fruit allongé, à peau glabre.

Le fruit du groseillier épineux — la groseille à maquereau, comme on l'appelle — est très abondant et très consommé en Angleterre.

Multiplication. — On multiplie le groseillier par bien des procédés. Le meilleur est, sans contredit, celui qui consiste à bouturer, en pépinière, des rameaux d'un an choisis sur des sujets adultes et fertiles. La multiplication par division des touffes est une mauvaise opération, surtout lorsqu'elle est faite au moyen d'éclats choisis sur des pieds épuisés par l'âge et les récoltes.

Culture. — On cultive les groseilliers : 1° dans les champs, en cépées, espacées de $1^m,30$, $1^m,50$ et $1^m,80$, selon que l'espèce adoptée est le groseillier rouge, le noir ou l'épineux ; 2° dans le jardin fruitier, en cépées, plantées aux mêmes distances, en cordons verticaux plantés tous les 35 centimètres et formant contre-espalier, ou palmettes espacées sur la ligne à 1 mètre les unes des autres.

Mode de végétation. — Dans tous les groseilliers, le fruit vient sur le bois d'un an, soit directement sur les derniers prolongements des branches charpentières, soit sur les brindilles et les bouquets que portent les parties les plus âgées de la charpente.

La taille appliquée au groseillier a pour but de lui donner une forme en protégeant ses organes fructifères. Les pincements en vert conservent la forme et font naître ces sortes d'organes.

Plantation. Taille charpentière. — La plantation aux distances déjà données se fait à l'automne ou au printemps avec des sujets ayant au moins un an de pépinière. Chaque plant est rabattu au-dessus de trois yeux à 25 centimètres du sol. Ces yeux se développent en trois branches, qui seront les premières assises d'un vase de douze branches. On obtient ces douzes branches en faisant bifurquer les trois premières une fois, l'année qui suit leur obtention ; puis, leurs ramifications, une fois aussi, l'année suivante. On pourrait former le vase bien plus vite en réunissant trois ou quatre plants dans le même trou, mais ce serait un mauvais procédé.

Le vase établi, il n'y a plus qu'à régler l'allongement de ses branches par des tailles annuelles et à exciter la formation des organes fructifères au moyen du pincement en vert.

Le cordon unilatéral ou vertical du groseillier est très facile à obtenir.

Chaque sujet rabattu près du sol, lors de sa plantation, fournit un prolongement A qu'on raccourcit la deuxième année pour en faire naître un second B qu'on taille la troisième année, pour en obtenir un autre C, ainsi de suite, jusqu'à ce qu'on ait élevé chaque cordon de 1m,30 environ (fig. 150). Si on prolongeait le cordon au delà de cette limite, il se dénuderait d'autant à la base.

Ces tailles successives des prolongements ont surtout pour objet de permettre la ramification du cordon, c'est-à-dire sa mise à fruit dans toute sa hauteur, par l'intermédiaire des branches fruitières dont nous indiquons le traitement un peu plus loin.

Ce serait entrer dans les redites, de répéter ici que les groseilliers taillés produiront des fruits beaux et bons, supérieurs à ceux des sujets libres. Mais dans la culture de spéculation où groseilles et cassis sont produits pour la vente en gros, au kilogramme, il sera avantageux, lucrativement, de ne tailler que tous les deux ans, sans cesser toutefois d'appliquer le pincement comme il va être indiqué.

C
B
A

Fig. 150. — Cordon vertical du groseillier.

TAILLE FRUITIÈRE. — Considérons un cordon vertical formé ou la première branche charpentière venue d'un vase quelconque.

Les yeux ou bourgeons situés à la base de ces branches subissant, de la part de la sève, une poussée relativement faible, ne se développeront qu'en jeunes bouquets (fig. 151) ou en brindilles (fig. 152). Ces organes étant éminemment fertiles, on peut dire que la nature, dans cette partie de la plante, organise elle-même la fructification.

Fig. 151.
Bouquet de mai du groseillier.

Fig. 152.
Brindille de groseillier.

La main du jardinier n'a pas à s'arrêter là, elle y serait inutile.

Au fur et à mesure qu'elle s'élève dans le sommet de la branche ou du cordon, la sève, ayant une force expansive qui va croissant, exerce sur les yeux comme une sorte de pression d'autant plus grande que ceux-ci sont plus voisins du terminal. Il naît, sous cette pression, des bourgeons qui peuvent atteindre depuis 15 centimètres jusqu'à 40. C'est là, sur ces bourgeons, que les pincements sont absolument nécessaires. On les pratique en mai et juin au-dessus de trois bonnes feuilles. Sans donner un mouvement de reflux à la sève, comme on le dit généralement, cette opération, en maintenant le liquide nourricier dans les parties inférieures des branches charpentières, empêche leur dénudation. Ce n'est pas tout, ces pincements favorisent, à la base

Fig. 153. — Résultat du pincement sur une branche fruitière.

des bourgeons opérés, la naissance de jeunes bouquets constitués par l'agglomération de plusieurs boutons à fruit toujours très fertiles (fig. 153).

Si l'œil au-dessus duquel on a pincé se développe, on le rogne à son tour à une ou deux feuilles au-dessus de son empattement.

A l'époque de la taille d'hiver, on respecte tous les bouquets, toutes les brindilles que la végétation a formées naturellement à la base des charpentières. Les ramifications supérieures, celles qui, l'été précédent, ont été pincées, sont taillées au-dessus des bouquets dont on a provoqué l'agglomération à leur base.

Si on ne pinçait pas, les boutons à fruit, au lieu de se grouper, de se multiplier comme ils le font, resteraient solitaires, rares, largement espacés sur le bois d'un an.

Durée d'une plantation. — A partir de sa sixième année, le groseillier commence à se dénuder à la base, ses branches s'épuisent et dépérissent. L'arbuste, heureusement, remédie au mal, car il donne, sur sa souche, des rameaux vigoureux qu'on devra autant que possible ménager pour les substituer aux branches épuisées.

Une cépée restaurée vit encore six ans; après quoi elle est supprimée.

On pourrait, au moyen d'engrais, de soins assidus, de restaurations répétées tous les six ans, prolonger bien plus la durée d'une plantation de groseilliers.

Propriétés, usages, conservation des fruits. — Le groseillier commun fournit au commerce les acides maliques et citriques qu'on extrait de ses fruits. Les groseilles se consomment comme fruit de dessert; on en fait aussi des conserves et des sirops.

En Angleterre, la groseille à maquereau sert d'assaisonnement au poisson dont il porte le nom; on en fait aussi des tartes. D'après le docteur Lacroix, l'écorce et la racine du groseillier sont fébrifuges.

La groseille noire renferme dans sa peau ou péricarpe une essence volatile d'un arome caractéristique qui cause les propriétés fortifiantes du fruit sur les organes, notamment sur l'estomac. La pulpe du fruit est complètement dépourvue de cette essence, aussi les fins gourmets, avec un raffinement très louable d'ailleurs, ont la précaution, lorsqu'ils préparent la liqueur de cassis, de jeter la pulpe du fruit et de ne laisser infuser dans l'alcool que l'enveloppe seule.

Conservation. — Les groseilles rouges peuvent se conserver sur l'arbre longtemps après maturité. Il suffit, pour aider cette conservation, de recouvrir l'arbuste d'un chapeau assez grand qu'on fabrique avec de la paille de seigle. On place et on fixe le chapeau par un temps sec et sans retirer les feuilles, comme cela se fait quelquefois, sous peine de diminuer la qualité des fruits.

Insectes nuisibles aux groseilliers. — 1° La *tenthrède noire.* — Insecte hyménoptère ressemblant un peu à une guêpe. Les femelles, deux fois par an, pondent sur les groseilliers ; il naît de leurs œufs des larves qui dévorent les feuilles.

Dès l'apparition de ces sortes de chenilles, seringuer vigoureusement les groseilliers avec un insecticide contenant 50 grammes de savon noir par litre d'eau.

2° La *sésie tipuliforme.* — Papillon dont les ailes sont nues et transparentes ; sa chenille vit dans l'intérieur des branches du groseillier. Couper les branches atteintes et les brûler.

3° La *phalène du groseillier.* — Papillon dont la chenille est dite arpenteuse, à cause de la manière dont elle marche en se pliant en deux à la façon d'un compas. Les femelles pondent en août ; leurs œufs éclosent en septembre. Les chenillettes hivernent, blotties sous les feuilles et protégées par un tissu soyeux. Ramasser ces feuilles et les brûler.

II

FRUITS DRUPACÉS MULTIPLES

LE FRAMBOISIER

Famille des ROSACÉES.

DESCRIPTION. — C'est une ronce à tiges souterraines vivaces, à tiges aériennes bisannuelles. Les fleurs, jus-

Fig. 154. — Fruit drupacé multiple du framboisier.

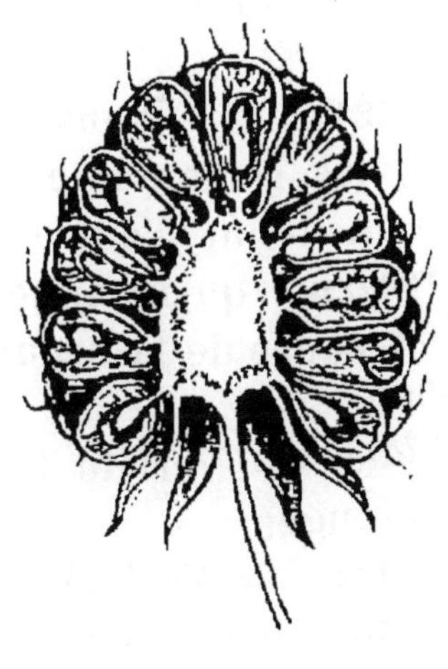

Fig. 155. — Fruit du framboisier (coupe longitudinale).

qu'aux ovaires exclusivement, sont les types de la rose sauvage. Le fruit est multiple, composé de petites drupes amoncelées les unes par-dessus les autres et supportées par un réceptacle convexe (fig. 154 et 155). Les tiges du framboisier sont garnies d'aiguillons. Les feuilles sont alternes, imparipennées.

Origine. Sol. Exposition. — Le framboisier croît spontanément dans toute l'Europe et l'Asie tempérée. Il est très rustique, peu difficile sur le choix du terrain, affectionnant, cependant, les sols calcaires. Comme la ronce sauvage, son proche parent, il vivrait même dans les démolitions et les décombres.

Dans la plupart des jardins, on profite de la bonne nature du framboisier pour le reléguer en plein nord, dans quelque coin, sans chaleur, sans soleil, entouré souvent de toute une légion d'escargots qui le rongent jusqu'à la moelle. Malgré ce mauvais traitement, il nous gratifie encore de fruits assez abondants, mais peu savoureux ; c'est que lui aussi, pour fournir des fruits de qualité, a besoin d'un peu de chaleur, d'un peu de soleil.

Variétés. — Nous recommandons surtout les précoces, les remontantes qui produisent deux récoltes : l'une au début, l'autre au déclin de la végétation, les *macrocarpes* qu'on aime toujours à présenter sur une table à cause de la beauté volumineuse de leurs fruits. Citons :

Pilate. — Variété très productive, la plus précoce, fruits rouges.

Hornet. — Variété vigoureuse à fruits énormes, les plus gros qu'on connaisse.

Bifère à gros fruits rouges. — On l'appelle encore remontante, parce qu'en septembre et octobre elle produit une seconde récolte.

On pourrait citer aussi la framboise *jaune d'Anvers ;* ses fruits sont gros, jaunes, d'un parfum exquis et très prononcé.

Multiplication. — On multiplie le framboisier par la division des touffes, ou plus rarement par des semis qui peuvent donner des variétés nouvelles.

Mode de végétation. Plantation. Taille. — Les tiges du framboisier, nous l'avons dit tout à l'heure, sont bisannuelles : elles vivent deux ans, ne donnent

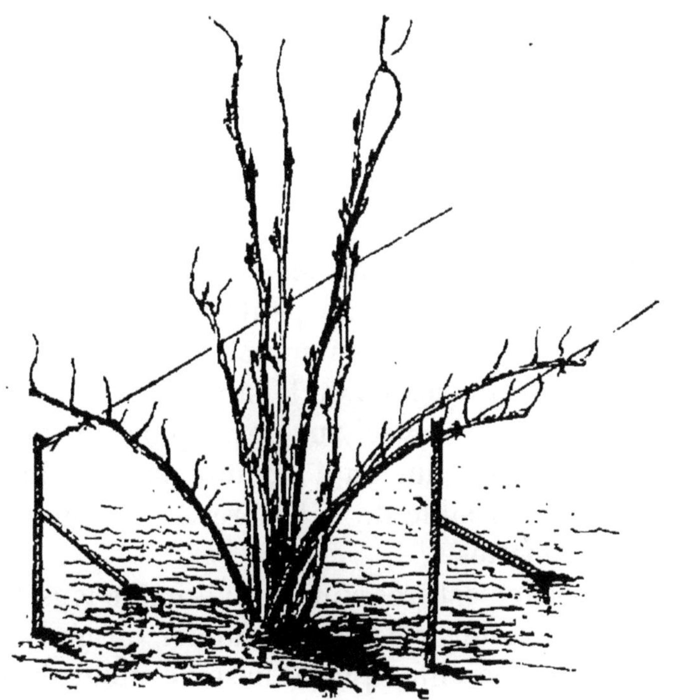

Fig. 156. — Cepée de framboisier avant la taille.

du fruit que la deuxième année et meurent ensuite. Mais tandis que celles-ci fructifient, d'autres tiges nées sur la souche se développent ; elles semblent n'attendre plus qu'un deuxième printemps pour fructifier et passer à leur tour.

On plante les jeunes framboisiers à 1 mètre sur des lignes espacées de $1^m,50$ entre elles. De chaque côté de la ligne de plantation, à 50 centimètres, on pose un fil de fer qui court parallèlement aux framboisiers, tendu à 40 centimètres au-dessus du sol.

Sur chaque touffe, on garde tous les ans quatre nouveaux brins ou rameaux. L'année de leur fructification, ces rameaux sont taillés au-dessus de 75 centimètres, inclinés et attachés, deux sur le fil de droite et deux sur le fil de gauche. Ce procédé qui nous vient de Hollande permet aux rameaux ainsi arqués de doubler leur production ; en même temps, il favorise, au centre de la touffe, la naissance de nouveaux rejetons ; quatre des meilleurs sont choisis pour remplacer, l'année suivante, ceux qui, ayant fructifié et péri, doivent disparaître (fig. 156).

Les tiges souterraines et les racines du framboisier vivant exclusivement à une petite profondeur dans le sol, s'avançant presque horizontalement dans tous les sens, ne s'écartant jamais de la superficie, on sera contraint de ne donner au sol que des façons superficielles. en ayant recours à un outil comme la fourche, aussi incapable que possible de détériorer le système souterrain de ces plantes.

Le framboisier est très épuisant : il exige tous les ans, pour persister, une forte dose de fumier ou une certaine quantité d'engrais chimiques à base de superphosphate.

Insectes nuisibles. — Deux insectes attaquent surtout le framboisier : le hanneton, déjà décrit (voyez *Vigne*), et la punaise, qui est plus répugnante que dangereuse. On écrase les adultes ou on les éloigne par des ablutions à l'eau de tabac très diluée.

III

FRUITS DRUPACÉS A PÉPINS

LE POIRIER

Famille : Rosacées.

Description. — C'est un arbre qui atteint, selon les variétés, une hauteur de 5 à 15 mètres; la forme de sa ramure est pyramidale ou vaguement arrondie; ses feuilles sont ovales, acuminées, pétiolées. Les fleurs du poirier sont blanches ou rosées, formant des espèces de bouquets; le fruit, *poire* (fig. 157), rappelle l'ovoïde par sa forme, sauf que la partie voisine du pédoncule est généralement conique ou plus rarement évasée, comme dans la poire *crassane*.

Origine et histoire. — Cet arbre, dit Karl Koch, n'est nullement une espèce primitive de nos forêts.

Cependant, comme aucun fait écrit ne relate l'introduction du poirier en Europe, on peut en conclure qu'il y fut importé à une époque au moins préhistorique, et à ce titre nous sommes, en quelque sorte, forcés de le dire indigène.

Variétés. Leur choix. — La poire, quant à la saveur, est le fruit variable par excellence. On en compte aujourd'hui plus de deux mille variétés qu'on a divisées en fruits à couteau, fruits à cuire et fruits à cidre. Le

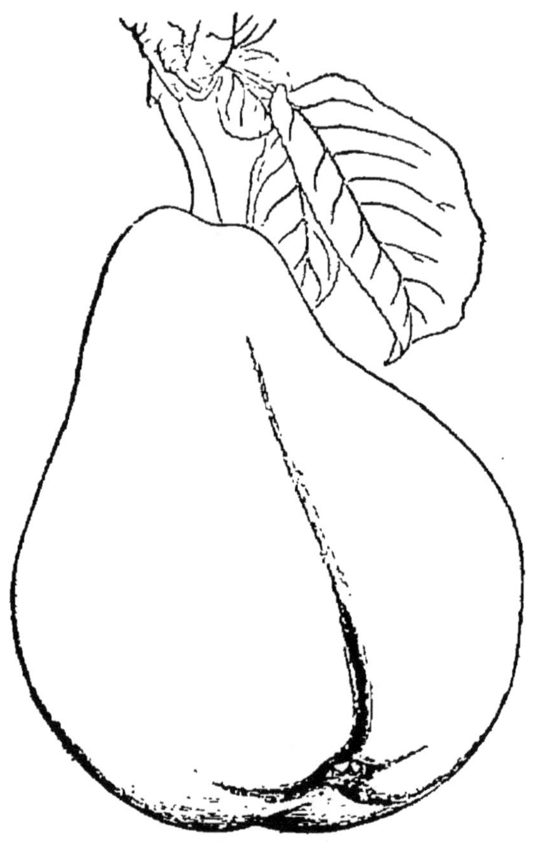

Fig. 157. — Poire.

tableau général des poires pourra être ainsi représenté :

Poires à couteau. . { d'été ; d'automne ; d'hiver.

Poires à cuire.

Poires à cidre.

Lors de la création d'un jardin fruitier, la question du choix des variétés devient capitale. Ce choix, d'ailleurs, est soumis à bien des influences et surtout à celles du but qu'on se propose.

Crée-t-on un jardin de production, autrement dit

veut-on spéculer sur les fruits? On adoptera des variétés précoces ou tardives, des variétés ayant du volume, de l'aspect et de la qualité. Car un jardin de spéculation est un terrain dont les produits sont destinés à satisfaire, au moment où cela lui coûte le plus cher, les goûts et les fantaisies du public.

Au contraire, les fruits du jardin privé sont appelés à contenter, et cela en tout temps, nos goûts personnels. C'est pourquoi le choix des variétés, en cette sorte de circonstance, se fait d'une autre façon.

Il doit y avoir toutes sortes de fruits dans un jardin particulier, et chaque fruit doit être représenté par un nombre de variétés tel qu'il puisse nous permettre d'en manger à notre volonté depuis le plus précoce jusqu'au plus tardif. Nous devrons donc avoir, en plus des poiriers recommandés précédemment, d'autres variétés à maturité intermédiaire.

Voici ci-contre un tableau indiquant vingt-neuf poiriers, des meilleurs, avec l'époque de maturité de leurs fruits et la forme qu'il convient d'appliquer à chaque sujet.

Des sols. — Soit dit sans lui enlever de la valeur, le poirier est l'un des arbres les plus difficiles sur la qualité du terrain; pour donner de bons fruits, il exige surtout la perméabilité du sous-sol, il craint l'abondance du calcaire et se plait notamment dans les terres d'alluvion, les tourbières assainies, les sols de remblai, etc.

Climat. Situation. Exposition. — Le climat de cet arbre est celui du centre et du sud-ouest, tempéré et doux ; sa situation préférée est celle des plateaux élevés, des grandes plaines, des coteaux abrités et à pente faible. On ne le plantera jamais dans les vallons étroits et humides, ils lui sont redoutables à cause des gelées.

On peut utiliser toutes les expositions des murs avec

VARIÉTÉS	FORMES que préfèrent les arbres	VOLUME des fruits	OBSERVATIONS
	MURISSANT DE JUILLET A SEPTEMBRE		
Epargne	haute tige	assez gros	vient bien en contre-espalier.
Mousallard	d°	gros	d°
Beurré Giffard	fuseau	moyen	forme beaux cordons horizont[x].
Williamm	haute tige	très gros	se dirige en pyramide sur franc, en cordon sur cognassier.
	MURISSANT DE SEPTEMBRE A NOVEMBRE		
Beurré d'Amanlis	haute tige	assez gros	fertile, bonne pour fuseau.
Fondante des bois	fuseau	gros	bonne pour cordon sur cognassier.
Beurré Hardy	haute tige	assez gros	forme de belles pyramides.
Louise-Bonne	d°	moyen	forme de belles pyramides, fertile.
Doyenné du Comice	pyramide	gros	se dirige quelquefois en haute tige.
Beurré Clairgeau	cordon	très gros	très fertile, quelquefois de 2e qualité.
Duchesse d'Angoulême	pyramide	d°	pas toujours bonne dans les terres humides.
	MURISSANT DE NOVEMBRE A JANVIER		
Bergamote crassane	espalier	moyen	tailler long pour avoir des fruits.
Beurré Diel	toutes grandes formes	très gros	vigoureux et fertile.
Passe-Colmar	pyramide	assez gros	tres fertile, belles pyramides.
Beurré d'Hardenpon	espalier	très gros	vient à toutes expositions, sauf le midi.
Saint-Germain	d°	assez gros	toutes expositions, le nord excepté.
Beurré-Bachelier	toutes grandes formes	très gros	fertilité précoce.
	MURISSANT DE JANVIER EN AVRIL		
Olivier de Serres	pyramide	moyen	vient aussi en haute tige.
Passe-Crassane	cordon fuseau	assez gros	donne de beaux fruits en espalier.
Doyenné d'hiver	espalier	gros	très fertile, midi-couchant.
Doyenné d'Alençon	toutes grandes formes	moyen	vigoureux et fertile.
Bergamote Espéren	plein air	d°	fertile.
Bon-chrétien d'hiver	espalier	gros	2e qualité, mais c'est le fruit qui se conserve le plus tard.
	VARIÉTÉS POUR LA CUISSON		
Rateau gris	haute tige et pyramide	gros	mûrit de janvier en février.
Catillac	d°	d°	d° de février en avril.
Messire Jean	d°	moyen	maturité novembre et décemb.
Martin sec	d°	petit	d° décembre et janvier.
Certeau	d°	moyen	d° octobre.

le poirier, mais certaines variétés délicates : Saint-Germain, Bon-Chrétien d'hiver, Doyenné d'hiver, Crassane, préfèrent les plus chaudes, celles du midi, du levant ou du couchant.

Au nord, on plantera des variétés vigoureuses, à fruits précoces, et, pour que le bois ait le temps de se lignifier cessant tôt de végéter (beurré d'Amanlis, duchesse, Louise-bonne, beurré d'Hardenpon, etc.).

Multiplication. — Le poirier se multiplie de trois façons : par le *bouturage*, par le *semis* et par le *greffage*.

Le premier moyen est plus théorique que pratique, nous devons le rejeter.

Le semis est pratiqué surtout par les chercheurs de nouvelles variétés, ou par des pépiniéristes ; ces derniers l'utilisent pour obtenir ce qu'ils appellent des *égrains ;* ce sont des sujets à greffer.

L'impossibilité dans laquelle se trouve le poirier de transmettre à ses descendants, par la voie du semis, ses qualités et son caractère nous a forcés, pour conserver intactes les nombreuses variétés, à adopter la greffe. (Voir le chapitre *Greffe des arbres fruitiers.*)

Grâce à ce procédé, l'arbre, le végétal, devient un être impérissable gardant indéfiniment son individualité.

Le poirier se greffe sur franc (poirier sauvage), sur cognassier et sur aubépine.

La greffe se fait en écusson à œil dormant, en fin juillet et au mois d'août ; elle se fait aussi en fente, au printemps et à l'automne.

Le *franc* ou égrain peut être greffé avec toutes sortes de variétés ; c'est le sujet le plus vigoureux qu'on connaisse. Le poirier sur lui vit longtemps, prend un développement considérable, nécessaire à sa fécondité et se met lentement à fruit. Il ne commence à rapporter que vers l'âge de quatre ou cinq ans, mais il atteint facilement une vieillesse séculaire. Les fruits, qui ont rarement un fort volume, se bonifient au fur et à mesure que l'arbre vieillit. Le franc se greffe près du sol à trois ans pour produire des scions d'un an, propres à former des arbres à basse tige. Pour former des arbres de verger, le franc est greffé à 2 mètres du sol, vers l'âge de six ou sept ans. Cependant, aujourd'hui pour gagner du temps et aussi pour avoir des tiges bien droites, il est d'usage de greffer les francs à deux ou trois ans, près du sol, avec une variété vigoureuse : *Louise-Bonne*, *Beurré-Hardy*, *Carisi*, *Poirier-Chiche*, etc. Deux ans après, le résultat de cette première greffe est une tige de plus de 2 mètres qu'on greffe à son tour, mais en tête, avec la variété choisie dont on veut des produits. Il y a, dans un seul arbre, trois individus distincts, chacun a un rôle particulier à remplir; celui du bas est la racine, celui du milieu donne la tige, celui du sommet fournira les fruits.

Le *cognassier*, employé comme sujet, produit des arbres relativement peu vigoureux, n'ayant besoin que d'un faible espace. La fructification du poirier sur cognassier est prompte, les produits sont volumineux et d'une sapidité remarquable. C'est par exception que le poirier cultivé dans ces conditions vit soixante ans; habituellement il n'en dépasse pas vingt-cinq ou trente. Le cognassier a sur le franc cet inconvénient qu'il ne reçoit pas également en greffe toutes les variétés du poirier, aussi est-on quelquefois obligé d'employer le surgreffage, c'est-à-dire qu'on place sur le cognassier une variété vigoureuse et sympathique qui, elle-même, est écussonnée l'année suivante, avec la variété désirée.

L'*aubépine* est un arbrisseau très robuste qui vit même dans les landes et les sols crayeux. Ce n'est que dans ces conditions qu'on doit l'adopter comme sujet pour la greffe du poirier. L'arbre, fût-il vigoureux, ne vivra que dix ou douze ans. On greffe l'aubépine à deux ans et toujours près de terre, en écusson.

De la plantation. — *L'époque de la plantation* a été choisie, *l'ameublissement du sol*, la *déplantation* ont été faits comme il est décrit dans les chapitres précédents traitant ces questions.

La *plantation des arbres fruitiers* est la plus embarrassante de toutes les plantations. Il ne s'agit pas, en effet, de planter un arbre, le premier venu. Il faut choisir les espèces, les variétés et encore, parmi ces variétés, il faut prendre celles qui sont greffées sur tel ou tel sujet, le mieux approprié au sol.

Il a été dit précédemment que le poirier se greffe sur franc ou sur cognassier.

Les individus greffés sur franc viennent à peu près dans tous les terrains.

Les indidividus greffés sur cognassier produisent des poires meilleures, plus grosses et se mettent plus promptement à fruit. Il faut les préférer pour planter les terrains frais ou humides, les terrains d'alluvion. Dans les terrains secs, cependant, le poirier sur cognassier réussit aussi quelquefois pour peu qu'il soit dirigé sous forme de cordons horizontaux, obliques ou verticaux et planté en plein carré.

Certaines variétés, néanmoins, sont réfractaires au cognassier et ne réussissent sur lui que médiocrement; mais il suffit de mettre entre elles et le sujet une variété vigoureuse intermédiaire : *Beurré d'Amanlis*, *Curé*, *Triomphe de Jodoigne*, pour obtenir une végétation très satisfaisante. Cette opération est le *surgreffage* dont nous avons parlé tout à l'heure.

Les poiriers qui ont besoin d'être surgreffés pour vivre sur cognassier sont surtout les suivants :

Beurré Clairgeau — Doyenné d'hiver — Doyenné du comice — Passe-Crassane — Olivier de Serres — Beurré

Bachelier — *Passe-Colmar* — *Williams* — *Duchesse*, etc.

Les variétés Epargne — Beurré-Giffard — de l'Assomption — Fondante des bois — Orpheline d'Enghien — Triomphe de Jodoigne — Beurré d'Amanlis — Beurré-Diel, etc., viennent assez bien directement sur cognassier, même dans les terrains relativement secs.

Distance réservée entre les arbres. — Nous ne pouvons pas oublier d'appeler l'attention sur les *distances qui doivent séparer les arbres entre eux*. Toujours on rapproche trop les sujets les uns des autres, parce qu'au lieu de se les figurer à leur développement normal, on les envisage tels qu'on les a achetés, petits et jeunes.

Les écartements à adopter varient, non seulement avec les arbres et les *sujets* sur lesquels ils sont greffés, mais encore, et surtout, avec la forme qu'on inflige aux individus.

Les *palmettes* sur *franc* en espalier ou contre espalier se planteront à 8 mètres entre elles.

Les *palmettes* sur *cognassier* à 4 mètres entre elles.
Les *pyramides* sur franc à 4 mètres —
Les *pyramides* sur cognassier à 3 mètres —
Les *cordons horizontaux* à 3 mètres entre eux.
Les *fuseaux* à 1m,50 —
Les *obliques* simples à 1m,50 —

On voit que la distance décroit ou augmente en raison surtout de la forme donnée aux arbres.

Les poiriers, ordinairement, ne sont taillés après la plantation qu'autant que celle-ci est faite à l'automne ; et encore, même dans ce cas, M. Jamin est d'avis que la taille immédiate offre des dangers.

TAILLE APPLIQUÉE

A LA FORMATION ET A LA MISE A FRUIT DU POIRIER

Théorie de la fructification. — Si nous scrutons les fleurs, les fruits, les graines des plantes pour savoir ce qu'ils détiennent de provision, de riche butin, nous trouvons tous les éléments d'une alimentation copieuse. Ce sont des corps organiques ternaires, tels que *l'amidon, la fécule, la glucose, le sucre de canne, les gommes, les huiles ;* puis des corps organiques quaternaires azotés se rapprochant plus ou moins de la composition chimique du blanc d'œuf : *l'albumine, la glutine, la caséine, la légumine, les nucléines*, etc. Ce dernier corps albuminoïde spécial, riche en phosphore, se trouve dans le pollen des fleurs.

Il est bien reconnu que toutes ces substances, la fécule, le sucre, l'albumine, etc., base de la composition des fleurs, des fruits, des graines, ne se trouvent pas formées dans le sol à la portée des racines des plantes.

Nous savons tous que les racines, d'une part, les feuilles, d'autre part, puisent dans les milieux qui leur sont propres les principaux corps suivants : l'azote, le phosphore, la potasse. la chaux, l'oxygène, l'hydrogène et le carbone. Ces corps sont absorbés à l'état gazeux ou de combinaisons diverses solubles dans l'eau, mais qui ne sont jamais des combinaisons organiques. Plus tard, à l'intérieur des feuilles, sous l'action de la chaleur et de la lumière, il s'opère entre ces matières premières, que nous venons de nommer, des transformations, des combinaisons simples, des décompositions, puis des synthèses compliquées. C'est tout un travail d'élaboration d'où naissent les corps organiques ternaires ou quaternaires *propres à l'augmentation de la masse végétale et aussi, comme nous l'avons vu, à la création des fleurs, des fruits, des graines.*

Ce n'est donc pas seulement avec ses racines que la plante prépare les éléments d'une bonne et prompte fructification, c'est encore et surtout avec ses feuilles. Tous les naturalistes sont d'accord sur ce point. Nous citerons pour exemple, M. de Lanessan.

« Les plantes vertes, dit-il, fabriquent sous l'influence de la lumière, dans leurs parties vertes, *les aliments organiques* qui leur sont nécessaires, à l'aide de matériaux *inorganiques* puisés dans le sol et dans l'atmosphère [1]. »

D'autre part et sur le même sujet, M. Déhérain s'exprime ainsi :

« La feuille nous apparaît comme le laboratoire dans lequel prennent naissance les principes immédiats (sucre, fécule, albumine, etc.), et sans doute aussi comme le réservoir dans lequel ils séjournent provisoirement pour arriver enfin jusqu'à la graine [2]. »

A l'automne, lorsque, anéanties, paralysées par le froid, les feuilles vont quitter les plantes, avant de se détacher elles abandonnent à celles-ci toutes les matières organiques qu'elles avaient fabriquées et emmagasinées. Ces matières, selon l'expression consacrée, sont *résorbées*, elles passent dans les rameaux, s'accumulent dans les bourgeons d'où elles agiront plus tard, au printemps, pour provoquer des pousses nouvelles. Et voilà bien pourquoi les tailles à outrance, les tailles exagérées, les tailles courtes, comme on les appelle, sont contraires à la fructification.

En effet, retrancher trop de bois à un arbre, c'est commettre deux fautes graves :

[1] De Lanessan. — *Histoire naturelle médicale*, t. Ier. Paris, 1885.

[2] Déhérain. — *Chimie agricole*.

1° *C'est agir contre l'accroissement normal de l'arbre*, parce que le bois vivant enlevé contient une provision de principes nutritifs, d'aliments, qu'il eût abandonnés au printemps au profit de nouvelles formations.

2° *C'est retarder la fructification*, parce que c'est supprimer, avant leur épanouissement, des feuilles qui eussent, par leur travail d'élaboration, augmenté la provision de principes immédiats (fécule, amidon, sucre, albumine, etc.), et, de ce chef, hâté la mise à fruit.

Ainsi, il est incontestable que, de deux poiriers d'âge égal, celui qu'on taille peu ou point fructifie toujours avant celui qu'on taille beaucoup.

Toute la théorie que nous venons d'exposer rapidement nous conduit à cette conclusion unique : *Il faut tailler le moins possible.*

Nous devons pourtant faire observer que dans certaines formes (*Pyramides, palmettes simples*, etc.) la tige tendant toujours à s'élever plus vite que de raison, on est forcé de la rabattre très souvent, pour permettre aux parties latérales inférieures de se développer à notre gré. Il n'y a guère que dans cette circonstance que la taille doit être un peu radicale, en voici la raison.

Chez toutes les formes régulières qui portent, à partir du sol, des branches charpentières superposées, ce sont les branches supérieures qui tendent à l'emporter sur celles de dessous et ce sont, au contraire, les branches inférieures qui doivent être plus grosses, plus longues, plus fortes que celles de dessus. Pour établir cette différence contre nature, on est bien forcé de supprimer, par exemple, certaines parties, qui, tendant à se développer avant le tour qu'on leur a assigné, risquent d'attirer dans leur masse la presque totalité de la sève qui devrait alimenter des parties situées plus bas.

LES FORMES QU'ON DONNE AU POIRIER. GÉNÉRALITÉS. — Dans les jardins, les arbres formés (poirier, pêcher ou vigne) sont des arbres qu'on a taillés tous les ans et dont on a dirigé les branches de façon à donner à leur ensemble une figure connue d'avance, telle que celle d'un vase, d'une pyramide, d'une palmette, etc.

Dans un arbre formé, il y a ce qu'on appelle les branches charpentières, puis les branches fruitières. Nous avons nommé les charpentières d'abord, elles s'obtiennent dans cet ordre. Ce sont elles qui donnent à l'arbre la figure qu'on a voulu représenter. Règle générale : les branches charpentières s'obtiennent de bas en haut, une à la fois ou par série de 2, de 3, de 4, de 5, etc.

Si toutes les branches d'un même vase sont à peu près au même niveau, il n'en est pas ainsi dans les autres formes, où elles sont étagées les unes au-dessus des autres. Alors, ce sont toujours les séries du bas qu'on établit les premières, et comme plus tard, pour lutter avantageusement, ces séries doivent avoir une vigueur et un développement supérieurs, on attend au besoin deux ans sans en prendre d'autres ; cela pour consolider les premières.

La première série de branches des arbres formés ne doit pas être établie à moins de 35 centimètres du sol, sans quoi les fruits que sont appelées à porter ces branches basses seraient souillés par les éclaboussures des eaux pluviales, et les fleurs soumises trop directement à l'action humide des émanations du sol avorteraient presque continuellement.

On reconnait dans le jardin fruitier deux sortes de formes : celles-ci sont *palissées;* celles-là sont *libres*. Les premières, pour être établies régulièrement, ont besoin d'appui : mur, treillage, charpente, contre lesquels on les applique au moyen de liens.

Tout arbre établi le long d'un mur, avec ou sans treillage, est un *espalier*. Si le treillage est placé en plein air, les arbres qu'on appuiera contre se diront en *contre-espalier*.

Dans toutes les formes de poirier palissées et régulières, les branches charpentières ou *mères* doivent être invariablement distancées à 30 centimètres les unes des autres, au minimum.

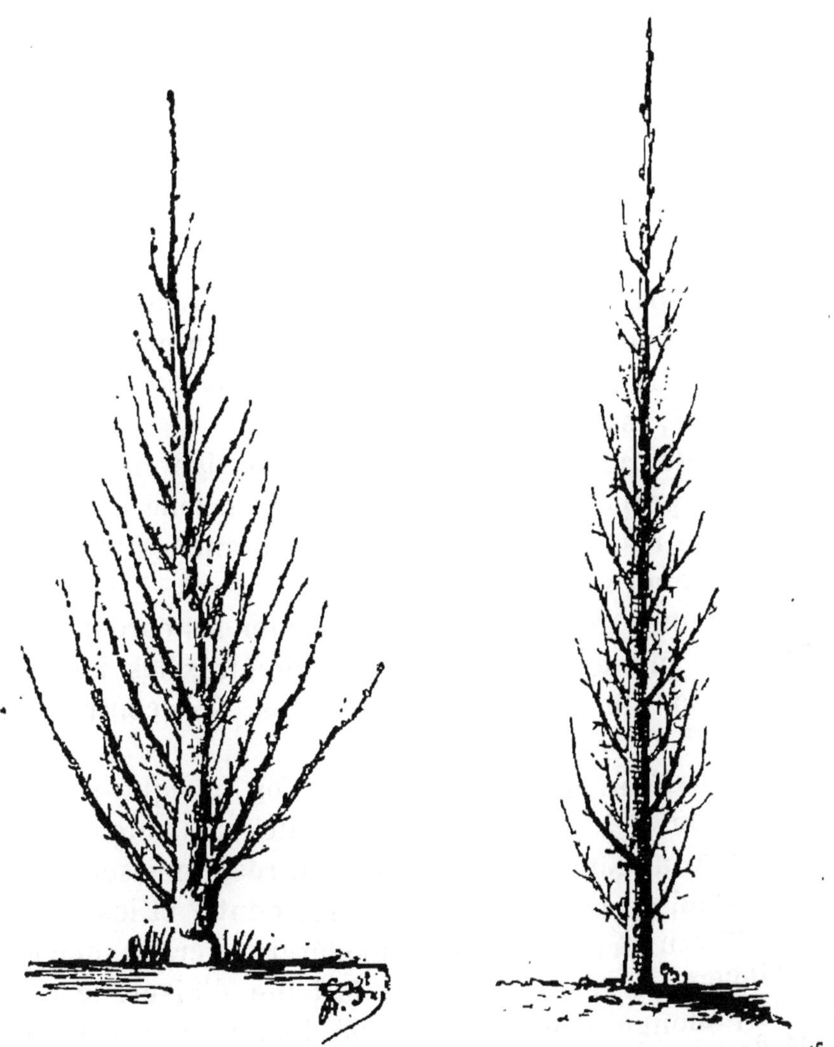

Fig. 158. — Pyramide.

Fig. 159. — Poirier dirigé sous la forme d'une colonne.

Les formes libres sont celles qui, données aux arbres plantés en plein carré, sans tuteur, sans appui, s'élèvent et s'établissent peu à peu sous la seule direction de la taille; telles sont la *pyramide* (fig. 158) et la *colonne* (fig. 159). Toutes ces formes, qu'elles s'élèvent en plein air ou le long d'un mur, représentent des arbres à basses tiges, des arbres n'ayant pas plus de 30 à 35 centimètres entre le sol et leurs premières ramifications.

Il y a aussi l'arbre à haute tige; il est utilisé surtout pour la plantation du verger, mais on pourrait également s'en servir pour garnir promptement le pignon d'une maison, d'un bâtiment de ferme. L'arbre à haute tige peut donc être espalier ou plein vent.

Obtention des formes palissées de poirier. — Les principales formes palissées appliquées au poirier comprennent : le *cordon vertical*, le *cordon oblique*, le *cordon horizontal*, les *palmettes* et le *vase*.

Le *cordon vertical* (fig. 160) est une tige unique, qui s'élevant perpendiculairement au sol, le long d'un mur ou en contre-espalier, est garnie de branches fruitières de la base au sommet.

Les jeunes arbres destinés à former les cordons verticaux se plantent à 45 ou 50 centimètres les uns des autres, soit le long de murs élevés, soit contre des pignons.

La deuxième année de sa plantation, chaque scion S est raccourci à environ la moitié de sa hauteur pour que les yeux situés sur la partie qui reste puissent donner : celui du sommet, un prolongement P et les autres des rameaux fruitiers dont on modérera la croissance par le pincement. Tous les ans, à la taille d'hiver, le nouveau prolongement sera diminué d'environ la moitié ou les deux tiers

Les cordons verticaux ont l'avantage de garnir vite un mur élevé, on les emploiera seulement dans cette circonstance et autant que possible ils seront établis avec des variétés d'une vigueur naturellement modérée, greffées sur cognassier.

Le *cordon oblique* est encore un arbre à tige unique garnie de branches fruitières de bas en haut; il forme avec le sol, lorsqu'il est complètement établi, un angle de 60° au lieu de 45°.

Fig. 160. — Poirier. Formation progressive d'un cordon vertical.

La deuxième année, on raccourcit chaque scion d'un tiers, l'œil de taille donne un prolongement, les autres yeux donnent des branches fruitières. Tous les ans, le nouveau prolongement de chaque arbre perd, par la taille d'hiver, environ un tiers de sa longueur. La troisième année, le cordon jouissant d'une certaine vigueur est incliné à 45° pour y rester.

Les cordons obliques peuvent, à la rigueur, s'établir le long d'un mur de 2^m,50 de haut qui permettra à chaque arbre de parcourir une longueur de 3^m,60. Comme avec ce système de forme, il est impossible de garnir les deux extrémités du mur, on s'arrangera pour établir à l'une d'elles une demi-palmette à branches obliques, et à l'autre une palmette combinée, formée d'une branche principale oblique et de plusieurs branches secondaires horizontales.

Lorsque les murs sont établis de bas en haut, sur un sol incliné, on dirige les obliques vers le sommet de la pente, de façon à former des angles de 45°.

Il est rare de voir le poirier dirigé en *cordon horizontal*. On donne ce nom à un scion d'un an, coudé à la hauteur qu'on a choisie pour lui infliger l'horizontalité. Certaines variétés : Fondante des bois, Beurré Clairgeau, etc., s'accommodent très bien de cette forme et y sont très fertiles. L'obtention n'en est pas plus difficile que celle du cordon oblique ou vertical. Les cordons horizontaux s'établissent sur les bords des plates-bandes et des carrés, leur établissement ne diffère pas de l'établissement des cordons horizontaux de pommier (voir *Pommier*).

On a donné en arboriculture le nom de *palmettes verticales* aux formes d'arbres dont les branches superposées et parallèles se dressent verticalement après avoir suivi l'horizon plus ou moins longuement.

Quand, le long d'un mur ou d'un contre-espalier, on veut planter une série de palmettes verticales, on les écarte les unes des autres à autant de fois 30 centimètres qu'on veut leur donner de branches. La palmette verticale la plus simple est la *palmette à deux branches ou en U;* voici comment on l'obtient (fig. 161) :

La deuxième année de plantation, le jeune scion est taillé, à 30 centimètres du sol, en T, au-dessus de deux yeux latéraux, l'un sur le côté droit, l'autre sur le côté

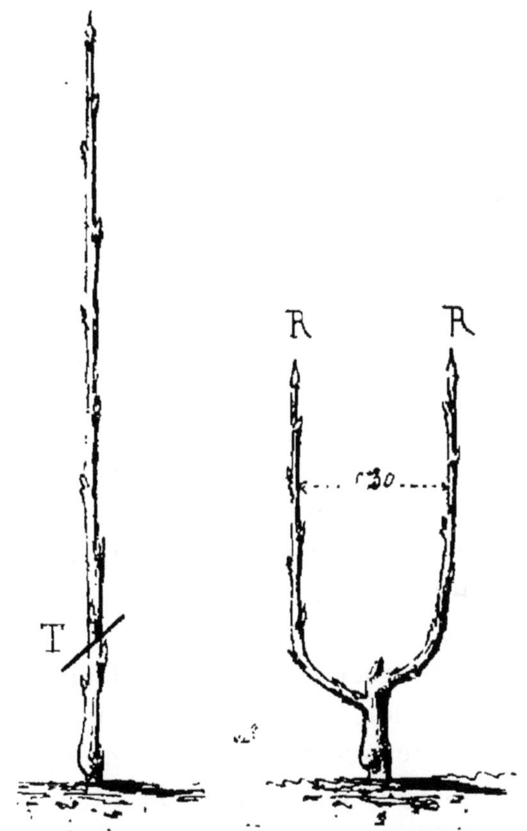

Fig. 161. — Poirier. Obtention d'une palmette à deux branches ou en U.

gauche. Pendant la végétation qui suit, ces yeux se développent, produisent deux rameaux RR qu'on dirige verticalement à 30 centimètres l'un de l'autre après leur avoir fait décrire une courbe allongée. Si l'on veut avoir deux branches exactement opposées, au printemps, aussitôt après la taille, on pratique une incision pénétrant au tiers de l'épaisseur du bois, passant sous l'œil supérieur, et descendant jusqu'au niveau de l'œil inférieur; puis, sans le rompre, on écarte le copeau qui porte l'œil qu'on veut abaisser et on maintient cet écartement en introduisant un petit coin de bois au fond de la plaie. Les deux yeux se développent alors avec vigueur en bourgeons qui semblent partir du même niveau, la plaie se cicatrise et il ne reste plus à supprimer qu'un fragment de tige, complètement inutile. Une fois les deux bras de la palmette verticale simple obtenus, il suffit d'en régler tous les ans la croissance en raccourcissant, l'hiver, chaque prolongement d'environ la moitié de sa longueur.

La *palmette verticale à trois branches* (fig. 162) se forme aussi facilement que la précédente, mais à la première taille, au lieu de ne garder que deux yeux, on en conserve trois; deux latéraux, un troisième en avant et au-dessus : ces trois yeux fournissent trois branches, celle du sommet continue la tige et s'élève verticalement. Les latérales, chacune dans leur sens, sont écartées à 30 centimètres de la branche médiane au moyen d'une courbe allongée.

On peut, par le procédé indiqué tout à l'heure, obtenir les deux branches latérales au même niveau.

Les palmettes verticales à quatre, cinq, six, huit ou dix branches ne sont pas d'une obtention plus compliquée ni plus difficile; elles se composent d'un nombre plus ou moins grand de branches disposées par paires, les unes au-dessus des autres. Toutes ces paires de branches s'obtiennent, comme la première paire, à la taille en sec (taille d'hiver), mais on a toujours soin de maintenir entre celle que l'on établit et la précédente, une distance de 30 centimètres.

Quand la palmette verticale est à grande envergure, qu'elle compte cinq ou six étages, par exemple, il ne faut pas songer à prendre, comme avec des formes plus petites, une série de branches tous les ans. Les branches inférieures, par la suite, auront le plus grand développement; elles ont besoin, au début, d'être protégées contre l'envahissement des autres. C'est pourquoi il est d'usage de n'établir un nouvel étage qu'autant que celui de dessous paraît assez fort pour le supporter sans ralentir

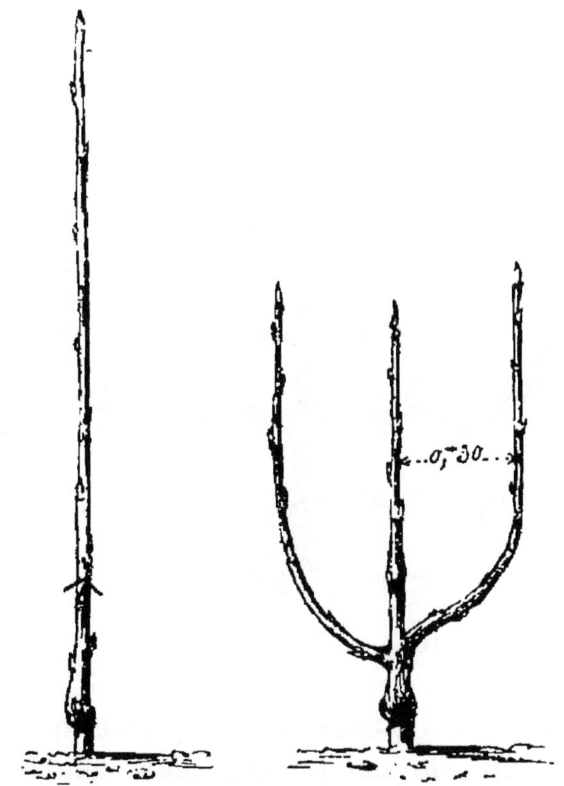

Fig. 162. — Poirier. Obtention d'une palmette verticale à trois branches.

sa croissance. En résumé, toujours les séries inférieures doivent avoir une grande avance sur les séries du dessus et, théoriquement, pour établir une nouvelle série, il faudrait que les deux branches de celle qui la précède immédiatement eussent dépassé de 15 à 20 centimètres l'endroit où elles doivent abandonner l'horizontalité pour prendre une direction verticale. Ces genres de palmettes à grande envergure ne sont plus à branches absolument verticales, elles deviennent des *palmettes mixtes* ou *Verrier* du nom de celui qui les imagina (fig. 163).

Il est à peine besoin de rappeler que, tous les ans, chaque branche de charpente est raccourcie, selon sa

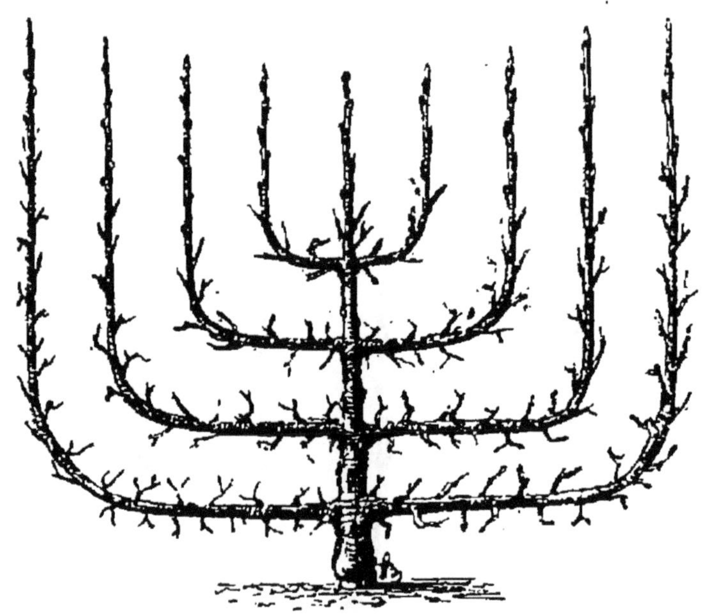

Fig. 163. — Palmette verrier.

position et sa vigueur, dans une proportion qui varie du quart à la moitié de son prolongement nouveau. Nous reviendrons sur ce sujet.

La taille d'un prolongement vertical s'assoit sur un œil situé en avant; celle d'un prolongement horizontal se fait au-dessus d'un œil placé sous la branche. La taille d'un prolongement oblique se fera indifféremment sur un œil en avant ou en dessous.

La *Palmette*, primitivement, devait être ce que nous qualifions à cette heure de *Queue de Paon* ou *Eventail*: une forme palissée dont les branches charpentières partant de la tige simple ou bifurquée rayonnaient toutes dans divers sens comme rayonnent les branches d'un éventail ouvert.

Aujourd'hui on appelle *palmette horizontale* une forme plate, composée d'une tige verticale, sur laquelle naissent, à 30 centimètres les unes au-dessus des autres, des paires de branches qu'on dirige horizontalement.

Fig. 164. — Palmette horizontale.

Pour équilibrer les forces, ce sont toujours les branches inférieures qui sont maintenues les plus longues (fig. 164).

On obtient ces palmettes comme des palmettes verticales, avec cette différence que les branches, étant amenées progressivement à l'horizon, sont laissées dans cette direction.

Il y a aussi les *palmettes à branches obliques*, celles dont les branches toujours prises par paires et aux mêmes distances les unes des autres sont prolongées obliquement de façon à former avec la partie ascendante de la tige un angle de 45° (fig. 165). On a combiné ces deux formes : la *palmette horizontale* avec la *palmette oblique*. En les alternant le long d'un mur on parvient à le garnir sans laisser de vides, pourvu qu'on commence et qu'on finisse par une demi-palmette oblique (fig. 166).

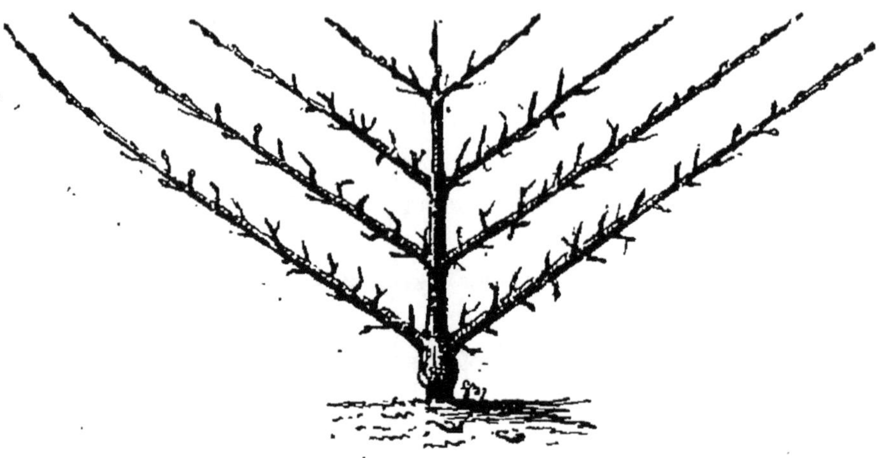

Fig. 165. — Palmette oblique.

Toutes ces formes à grand développement ne peuvent être établies qu'avec des variétés vigoureuses greffées sur franc : — Beurré Hardy, Doyenné d'hiver, Beurré d'Aremberg, Beurré magnifique, etc. — Si elles ne se

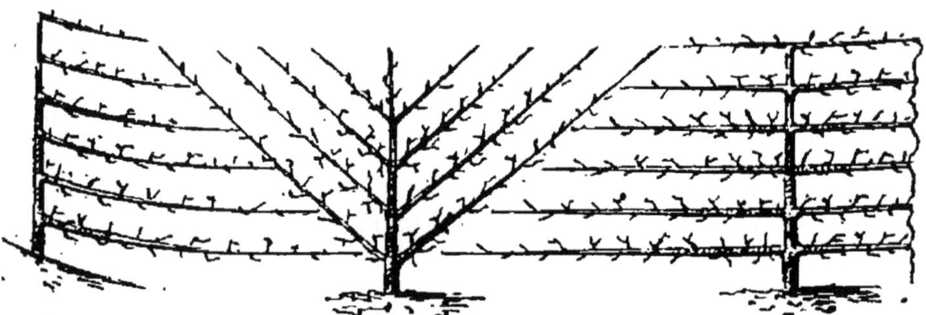

Fig. 166. — Association des palmettes obliques et horizontales.

finissent que lentement, elles ont au moins cet avantage d'être excessivement fertiles et de produire des fruits d'une grande beauté.

Comme quand il s'agit de palmettes verticales à large envergure, on fera bien de rester deux ou trois années sur les étages inférieurs des palmettes horizontales, cela, pour les consolider, pour leur laisser prendre cette force dominante qu'ils doivent conserver par la suite.

On usera du procédé indiqué pour avoir les branches charpentières opposées deux à deux, ou bien on emploiera celui-ci :

Pendant la végétation, prévoyant le point où nous aurons besoin de tailler par la suite pour établir un étage à 30 centimètres du précédent, nous pinçons le prolongement de la tige en ce point, ou plutôt un peu au-dessous en ayant soin de choisir, pour opérer, un œil placé en avant.

On a pincé au mois de juin. Peu de temps après, l'œil de pincement et quelques autres situés plus bas se développent. Tous les bourgeons inférieurs sont maîtrisés au moyen du cassement à deux ou trois feuilles. Le bourgeon du sommet seul est conservé intact. Il porte à sa base une collerette de feuilles qui semblent insérées au même niveau, tellement elles sont rapprochées. Chaque feuille protège un œil. A la taille d'hiver, c'est par une coupe au-dessus des yeux de cette collerette qu'on obtiendra, lors de l'ascension de la sève, un grand nombre de jeunes bourgeons, parmi lesquels il sera facile d'en choisir au moins deux parfaitement opposés. Ceux dont on n'a que faire seront supprimés.

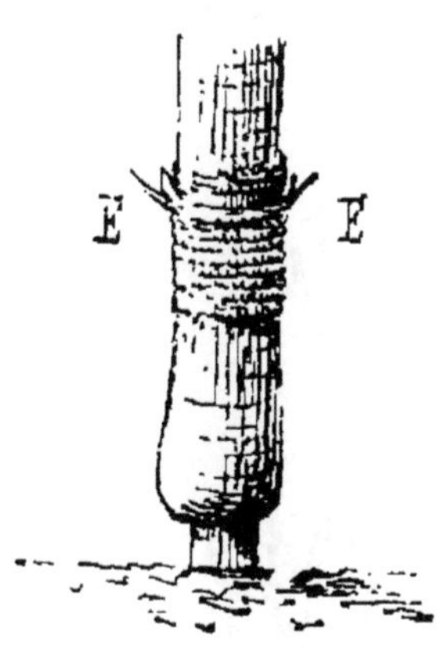

Fig. 167. — Greffes en écusson pour obtention de branches opposées.

Un dernier moyen encore utilisé pour obtenir deux branches opposées consiste, au mois d'août, à placer au même niveau, l'un à droite, l'autre à gauche, deux écussons EE (fig. 167), qu'on fera développer au printemps, par la taille.

Le *Vase* est une forme mixte, quelquefois palissée et alors régulière, ou bien libre et, dans ce cas, difforme. On a tort de négliger le palissage des poiriers et pommiers en vase ; il est aussi nécessaire qu'il est indispensable aux palmettes et aux candélabres ; nous parlons de l'obtention du vase au chapitre *Pommier*.

Obtention des formes libres du poirier. — Elles comptent la pyramide et la colonne ou fuseau.

La *pyramide* est composée d'une tige verticale portant depuis son sommet jusqu'à 40 centimètres du sol des branches qui, généralement obtenues par séries de cinq, sont d'autant plus longues et plus rapprochées de l'horizon qu'elles sont plus inférieures (fig. 158, p. 404).

Le plus grand diamètre de la pyramide doit être égal aux deux tiers de sa hauteur : soit une pyramide de 6 mètres d'élévation, sa plus grande largeur sera de 4 mètres.

Partons d'un scion d'un an pour obtenir une pyramide : la deuxième année de plantation, ce jeune sujet sera taillé à environ 50 ou 60 centimètres du sol, pour nous donner une première série de quatre ou cinq branches. L'œil de taille, pour éviter une déviation dans la verticalité de la tige, doit être choisi du côté où le sujet a été recépé il y a deux ans.

Fig. 168. — Formation d'une pyramide.

Pendant la végétation qui suit cette taille, les bourgeons se développent ; il suffit d'en conserver six, compris le prolongement A (fig. 168). Au printemps, on raccourcit d'environ un tiers toutes les branches latérales pour faciliter leur ramification, puis on taille le prolongement de la tige à 50 centimètres de long sur un œil placé en face de la coupe de l'année précédente.

Il se développe, sur cette longueur de 50 centimètres, une nouvelle génération de cinq branches plus un nouveau prolongement. Le tout est traité comme les parties semblables le furent l'année précédente.

Tous les ans, une nouvelle génération de cinq branches vient donc s'ajouter au-dessus des précédentes, tandis que celles-ci s'allongent et s'abaissent progressivement au fur et à mesure que l'arbre grandit.

Règles générales. — 1° L'œil de taille du prolongement de la tige sera toujours choisi du côté de la coupe de l'année précédente.

2° Les séries de branches naissent en se superposant. Elles seront prises de façon qu'il y ait au moins 30 centimètres entre les deux branches les plus voisines de deux séries différentes.

3° On devra toujours asseoir la taille des branches latérales sur un œil extérieur; de cette façon, ces branches tendront sans cesse à s'écarter de l'arbre, tout en conservant une forme relativement rectiligne.

4° Il sera parfois nécessaire de stationner deux ans de suite sur une même série de branches. C'est au jardinier à voir, en constatant la vigueur de l'arbre, si ce stationnement est opportun.

5° Les pyramides de poirier, autant que possible, ne devraient pas dépasser 6 mètres de hauteur; au delà, leur direction, leur taille deviennent difficiles et nécessitent des échelles très élevées.

Une *colonne* ou *fuseau* est un arbre qui aurait été dirigé de façon que sa tige fût de la base au sommet garnie de branches ayant toutes à peu près la même longueur (fig. 159, p. 404).

L'ensemble de cette forme est bien une colonne presque cylindrique; son diamètre moyen est de 35 à 40 centimètres.

Si, par la pensée, nous nous reportons à la première forme dont il a été question au début de ce chapitre, nous constatons que du *cordon vertical* à la *colonne* il n'y a qu'une faible transition.

La colonne n'est, en effet, qu'un cordon vertical libre, dont les branches latérales sont tenues un peu longues.

Maintenant que nous avons vu ce qui a trait à la formation du poirier, nous allons étudier ce qui, dans la taille, se rapporte plus directement au fruit et à la fructification.

ORIGINE DU FRUIT. — Dans l'arbre, ce que nous appelons *œil*, ce que les botanistes désignent sous le nom de *bourgeon*, ce petit organe pointu, brunâtre, qui apparaît, de distance en distance, régulièrement distribué à la surface des branches du poirier; ce germe, blotti dans l'aisselle d'une feuille, n'est pas autre chose que le rudiment de toutes les parties constitutives de la plante. Il sera rameau, il sera branche, il sera fleur, il sera fruit. Il serait arbre si nous voulions; il pourrait peut-être donner des racines si nous le placions dans des conditions particulières.

Partant de là que l'œil est l'origine du fruit, voyons par où il passe pour le devenir, et sous quelles influences il se transforme.

En étudiant tout à l'heure l'obtention des formes, on a pu voir que si la direction des membres d'un arbre peut être parfaitement définie, leur développement au contraire ne l'est point du tout, ne doit pas l'être.

Il n'est pas plus logique d'imposer un chiffre à la longueur totale des branches charpentières d'un arbre qu'il serait juste de limiter la croissance d'un enfant ou d'un jeune animal. Et pourtant, ce que nous ne ferions pas à l'égard des animaux, nous le commettons journellement envers les plantes.

Nos arbres étant presque toujours plantés trop près

les uns des autres, nous assignons à chacun un espace restreint. De cet espace, il lui est interdit de sortir; s'il s'en échappe, on l'y ramène par la taille, on coupe tout ce qui dépasse les limites fixées. Est-ce là une taille raisonnée? Non certes, c'est au contraire la plus nuisible, la plus opposée à la fructification de l'arbre.

Donner une forme est bien, mais assigner des dimensions à cette forme, c'est aller contre le but. Que veut-on de ce poirier, de ce pommier? Des poires, des pommes. Eh bien! n'avons-nous pas démontré que les feuilles sont des organes indispensables à la préparation des principes faisant la base de la composition des fruits.

Restreindre la longueur des branches charpentières d'un arbre, c'est réduire le nombre des feuilles, c'est ralentir la fabrication des matières organiques telles que l'amidon, la fécule, le sucre, l'albumine, etc., matières sans lesquelles les fruits ne peuvent pas être.

La feuille fabrique le fruit. Cette vérité est incontestable; aussi pour nous, la fécondité d'un arbre dépend moins de la manière dont on torture ses branches fruitières que de la rapidité avec laquelle on augmente l'ensemble de sa charpente. L'extension de cette charpente doit être fixée par la vigueur de l'arbre, non par la taille. Il faut donc tous les ans réduire le moins qu'on peut les branches charpentières, tout en augmentant leur nombre, si cela est possible. Mais, direz-vous, de combien faut-il tous les ans réduire chaque branche charpentière? Il serait imprudent de donner à cet égard des chiffres précis dont la valeur ne manquerait certainement pas d'être controversée par une foule de cas.

Taille des branches de charpente. Naissance des branches fruitières. — En principe, une branche charpentière *s'augmente* naturellement chaque année d'une longueur variable. Cette longueur est la pousse de l'œil qui, l'hiver précédent, terminait la branche après la taille; elle s'appelle le *prolongement*, P (fig. 169) : c'est un rameau uni et garni d'yeux *y*, qui sont l'origine de branches fruitières ou de fruits.

D'après notre théorie sur les feuilles considérées comme fabriquant les fruits, nous devrions laisser ce prolongement intact pour avoir une plus grande surface de parties foliacées, une plus grande surface de fabrication. Ce raisonnement serait bon, si la sève était assez abondante pour faire développer tous les yeux compris sur le prolongement; mais il n'en est rien. Si on ne taille pas, le liquide nourricier de l'arbre, presque toujours, ne fait développer que les yeux de l'extrémité du prolongement; les autres restent fermés.

Par cette inertie, ils laissent subsister sur les branches charpentières de grandes lacunes, de grandes surfaces nues qui sont comme des sortes de jachères du bois.

Il faut, par conséquent, tailler les prolongements, mais ne les tailler que juste assez pour qu'ils se garnissent régulièrement de branches à fruit, pas davantage.

Pour ne point couper trop, ni trop peu, il est bon de tenir compte de la vigueur des sujets, de leurs aptitudes à développer

Fig. 169. — Branche charpentière de poirier et son nouveau prolongement.

les yeux du jeune bois et surtout de la position des prolongements. Ainsi les prolongements horizontaux seront moins réduits que les prolongements obliques et les prolongements obliques moins que les verticaux.

Autrement dit, on réduira ces prolongements dans les proportions suivantes, selon leur nature :

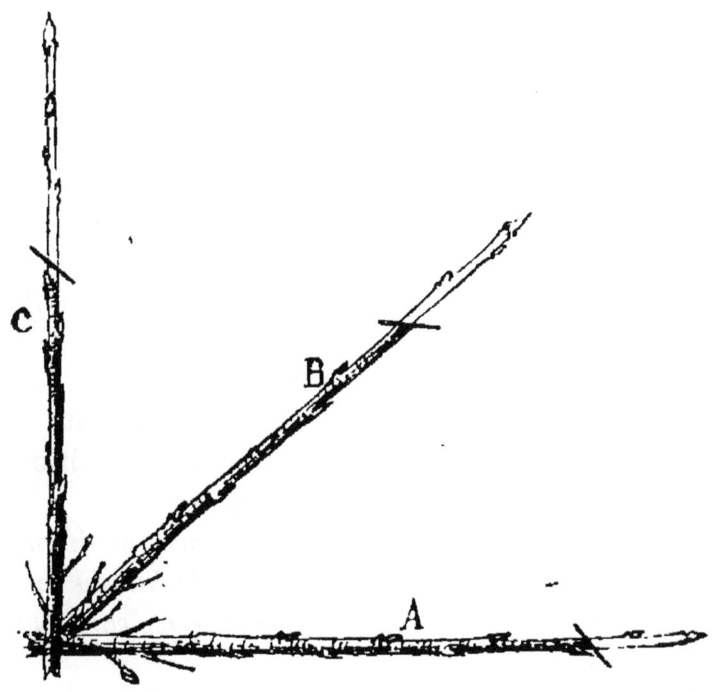

Fig. 170. — Tailles des prolongements des branches charpentières horizontales, obliques et verticales.

Prolongement horizontal, aux trois quarts de sa longueur (A ; fig. 170).

Prolongement oblique, aux deux tiers de sa longueur, (B : fig. 170).

Prolongement vertical, à la moitié de sa longueur (C ; fig. 170).

Ces chiffres ne sont point absolus, il s'en faut. Ainsi sur des cordons horizontaux de poiriers, de pommiers, il nous est arrivé quelquefois de ne pas tailler les prolongements. Le résultat de cette abstention de la serpette était la mise à fruit de presque tous les yeux.

BRANCHES FRUITIÈRES, LEUR POSITION, LEURS ORGANES. — Nous savons déjà que les branches fruitières ou *coursonnes* sont exclusivement portées par les branches charpentières et qu'elles naissent à la suite de tailles annuelles, infligées aux prolongements successifs des membres de l'arbre.

Nous avons dit aussi, en parlant des branches charpentières, qu'elles ont une direction définie et une longueur qu'on ne peut déterminer. En ce qui concerne les branches à fruit, c'est le contraire qui est vrai : leur direction est indéfinie, leur longueur est limitée. Peut-il en être autrement? Non. Si on laisse trop s'accroître les branches fruitières, elles se confondent avec celles placées au-dessus et au-dessous, leur nuisent en même temps qu'elles prennent des proportions de branches charpentières, et la confusion est générale.

Le meilleur moyen d'éviter l'accroissement disproportionné de ces branches fruitières, c'est de laisser prendre aux charpentières le développement que comporte la vigueur de l'arbre.

Les branches coursonnes de poirier sont établies aussi régulièrement que possible, disposées entre elles à des distances qui varient entre 10 et 12 centimètres; leur rôle est de favoriser l'élaboration de la sève par les feuilles dont elles se garnissent pendant la végétation; elles sont aussi tout spécialement destinées à produire des fruits, ce qu'elles ne font pas toujours sans y être forcées.

Si nous considérons un poirier adulte, nous remarquons sans peine que, de toutes ses coursonnes ou branches fruitières, les unes sont encore *stériles*, tandis que les autres ont déjà fructifié et portent des organes sur la fécondité desquels il n'est plus permis d'avoir aucun doute.

Sur les coursonnes stériles, on rencontre l'*œil* et le *bouton mixte* très souvent, la *brindille* quelquefois. L'*œil* (*a*, fig. 171) des arboriculteurs est cet organe qu'on trouve toujours à l'aisselle d'une feuille ; il est

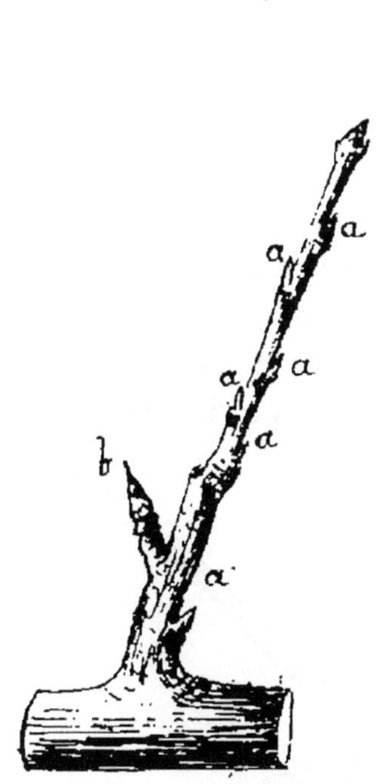

Fig. 171. — Poirier : Branche coursonne stérile.

Fig. 172. — Brindille de poirier.

stérile, mais, sous différentes influences, il peut se modifier et donner des fruits.

Le *bouton mixte* ou dard (*b*, fig. 171), est l'œil modifié, marchant en quelque sorte vers la fructification, l'œil déjà grossi et porté à l'extrémité d'un rameau court, trapu et ridé. La *brindille* (fig. 172), rameau grêle, aminci par l'étiolement, d'une longueur variant entre 15 et 35 centimètres, n'a pas une grande valeur.

Sur les coursonnes fertiles ou branches fruitières proprement dites, à part les organes précédents qu'on voit çà et là, on trouve aussi le *bouton à fruit* et la *bourse*.

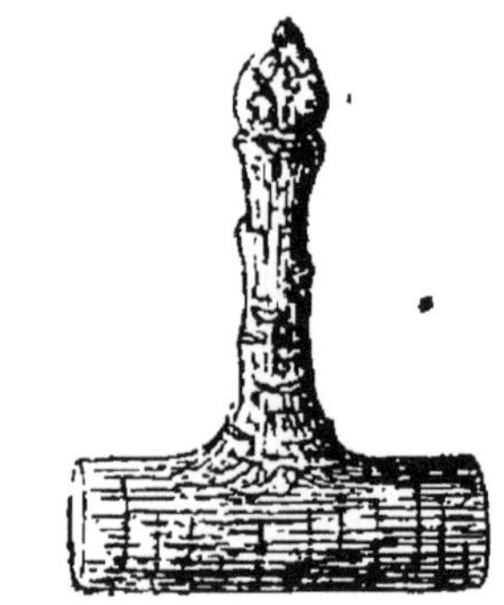

Fig. 173. — Bouton à fruit de poirier, formant coursonne.

Le *bouton à fruit* (fig. 173) est un œil relativement énorme, gonflé en forme de ballon avec une pointe obtuse à son sommet; il renferme les fleurs, c'est-à-dire l'embryon des fruits. — La *bourse* (fig. 174) ressemble fort à un petit tubercule, à une pomme de terre minuscule ; elle était l'organe d'attache des fruits de l'année précédente; on peut en juger par la cicatrice qu'elle porte. La bourse, formée de tissu cellulaire très tendre, est charnue; elle porte à sa surface des yeux, des boutons mixtes, naturellement disposés à devenir fructifères. Cet organe est toujours protégé, on se contente de rafraîchir par la taille la cicatrice qu'il porte à son extrémité.

Fig. 174. — Bourse de poirier.

En principe, ce qu'il faut pour rendre une branche coursonne féconde, c'est modérer sa croissance et faire en sorte que la sève plastique, au lieu de s'y dépenser en production ligneuse, s'y accumule, au contraire, en une sorte de provision.

On arrive à ce résultat par l'application des opérations de la taille d'été et d'hiver.

Taille hivernale des branches fruitières. — La taille d'été, seule, exerce une influence directe sur la formation du bouton à fruit. La taille d'hiver, elle, empêche seulement la fructification de sortir d'un certain milieu, de s'écarter trop de la charpente des arbres.

Pourtant, si la taille d'hiver n'a qu'une influence relative et indirecte sur la formation des boutons à fruit, elle n'en est pas moins utile à connaître ; il faut la pratiquer.

Pour bien traiter, pour traiter à fond la question de la taille d'hiver des branches coursonnes du poirier, il faudrait s'étendre beaucoup sur d'autres sujets qui en dépendent d'une façon plus ou moins absolue ; il faudrait entrer dans des considérations sur le tempérament des variétés, expliquer pourquoi certaines d'entre elles s'accommodent d'une taille longue, tandis que d'autres sont plus aptes à fructifier sous l'influence d'une taille courte.

Afin d'éviter ces longs détails, nous adopterons pour l'enseignement, la *taille trigemme de M. Courtois*. D'une grande simplicité, elle est un terme moyen entre une taille parfaite et une taille moins bonne.

Nous comptons beaucoup sur la perspicacité des praticiens, des observateurs, pour rectifier cette taille trigemme sur les variétés qui la supporteraient sans fruit.

M. Courtois distingue seulement trois organes principaux sur les branches coursonnes, ce sont :

1° L'œil ; 2° le bouton mixte ; 3° le bouton parfait ou à fruit.

Nous les avons longuement décrits dans le précédent chapitre.

Puis l'auteur admet que l'arbre peut former, tout seul, sans le secours du jardinier, quelques coursonnes qu'on ne doit pas tailler, ce sont :

1° La coursonne *unigemme;* elle porte 1 *bouton* (fig. 173);

2° — *bigemme;* elle porte 2 *boutons* (fig. 175);

Fig. 175. — Coursonne bigemme de poirier.

Toute autre branche coursonne du poirier doit être amenée à représenter un des quatre types suivants qui font suite aux deux précédents et servent de modèles pour la taille d'hiver.

3° La coursonne *trigemme;* à 3 *boutons* (fig. 176);

4° — *trigemme;* à 2 *boutons* et 1 *œil* (fig. 177);

5° — *trigemme;* à 1 *bouton* et 2 *yeux* (fig. 178);

6° — *trigemme;* à 3 *yeux* (fig. 179).

Sur un poirier taillé, chaque coursonne, selon sa constitution, devra représenter un de ces six types décrits ci-dessus :

La coursonne nº 4 (fig. 177), pour M. Courtois, est le

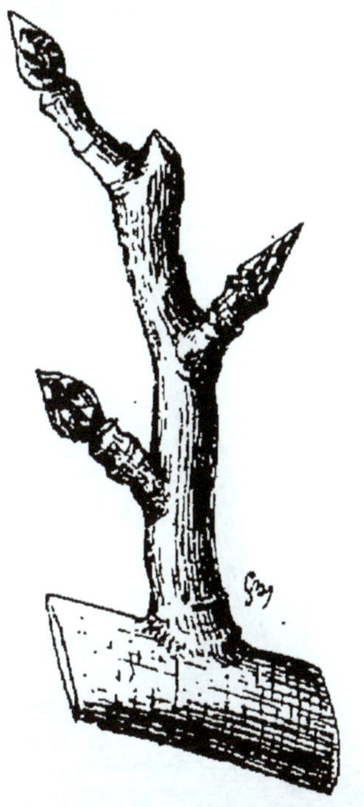

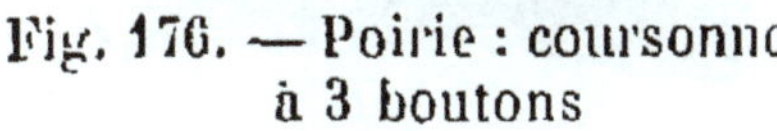

Fig. 176. — Poirie : coursonne à 3 boutons

Fig. 177.— Poirier : coursonne à 2 boutons et 1 œil.

type des types, parce qu'elle peut être formée de la réunion des trois organes essentiels énoncés plus haut : l'œil, le bouton mixte et le bouton à fruit.

Beaucoup de personnes, devant une coursonne semblable, seraient tentées de tailler immédiatement au-dessus du bouton à fruit, celui-ci fût-il à la partie tout à fait inférieure de la branche. Il n'y aurait là, à notre avis, aucun inconvénient.

Le numéro 6 (fig. 179) qui porte trois yeux, *un pour le bois, deux pour le fruit*, dit l'auteur, est, en attendant, un véritable rameau à bois. Or, nous avons vu que la taille d'hiver est impuissante à mettre, toute seule, une semblable coursonne à fruit.

M. Courtois suppose que pendant la végétation, cette coursonne n° 6 peut se comporter de l'une des trois façons suivantes, et il propose alors, dans chaque cas,

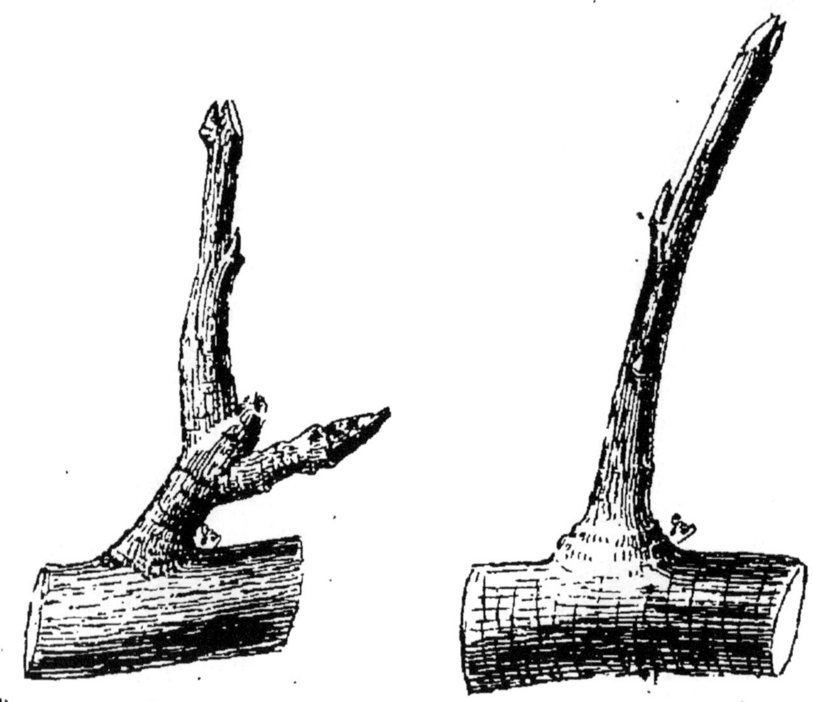

Fig. 178. — Poirier : coursonne à 1 bouton et 2 yeux.

Fig. 179. — Poirier coursonne à 3 yeux.

un des traitements que nous allons énumérer pour être appliqué en été.

1er cas. — L'œil terminal de la coursonne manque à son rôle qui est de s'allonger en bourgeon à bois ; il se transforme en bouton. Les deux autres yeux situés plus bas subissent la même métamorphose ; donc, rien à faire pendant la végétation. L'année suivante, sans que le jardinier y ait contribué autrement que par la taille d'hiver, la coursonne ressemblera au numéro 3 ; elle portera trois boutons (fig. 176).

2e *Cas*. — L'œil terminal pousse à bois ; on le pince, depuis, « très long jusqu'à très court, » depuis 10 jusqu'à 30 centimètres et au delà, en proportion de la vigueur du sujet. Si l'on pince trop court, les deux yeux inférieurs s'emporteront ; trop longs, ils ne grossiront pas.

« La longueur du pincement de la pousse appel-sève, une fois fixée, sera la même pour toutes les coursonnes du même arbre, seul moyen de les maintenir entre elles dans cet équilibre et autant que possible, dans cette égalité de force qui sont les sources de la fructification. » Au lieu d'agir ainsi, il vaudrait mieux, ce nous semble, calculer la longueur à laquelle on pincera la pousse-appel-sève sur la vigueur respective de chaque coursonne.

3e *Cas*. — Si les deux yeux inférieurs poussent aussi à bois, on les ramène dans la voie de la fructification par un pinçage extrêmement court, sur les folioles. Il en sortira rarement des pousses à bois ; le plus souvent, des boutons, des sortes de boutons mixtes anticipés, apparaîtront.

« Le résultat est infaillible si l'opération est faite sur une pousse sortie d'un bouton mixte emporté. »

Sur une coursonne bigemme, si les boutons mixtes se développent à bois, le supérieur est pincé long, l'autre est taillé à une faible distance de son empattement, au-dessus de ses premières folioles.

Enfin, si le seul bouton d'une coursonne unigemme pousse à bois, on le pince à cinq ou six feuilles.

En résumé, il faut :

« L'*Hiver*, réduire, s'il y a lieu, chaque coursonne à trois boutons, ne prenant d'yeux qu'à défaut de boutons. »

« L'*Eté*, ne laisser à chaque coursonne qu'une pousse à bois, appel-sève, pincée à une longueur proportionnée à sa vigueur.

« Ramener, par un pinçage extrêmement court, dans

la voie de la fructification, les autres organes qui en sont sortis. »

Tels sont les avis de M. Courtois, à une légère modification près. Ajoutons que la prompte fructification d'un arbre, tel que le poirier, est bien plus l'œuvre de l'augmentation rapide de sa masse charpentière que le résultat de toutes les tailles raisonnées ou non qu'on inflige aux branches coursonnes.

OPÉRATIONS DE LA TAILLE D'ÉTÉ APPLIQUÉES AU POIRIER

L'ENTAILLE. — Elle s'applique sans modification comme il a été décrit dans l'étude générale sur les opérations de la taille d'été.

INCISION LONGITUDINALE. — Même observation que pour l'opération précédente.

EBOURGEONNEMENT. — On peut poser en principe que sur une branche fruitière de poirier, pour alimenter et transformer en organes fructifères un, deux ou trois yeux, il suffit d'un seul bourgeon ; mais ce bourgeon doit nécessairement être placé au-dessus des yeux en question, et, en outre, on doit le traiter par le pincement.

Il résulte de ce principe que, sur une branche fruitière, quelle qu'elle soit, s'il se développe deux bourgeons à bois, nous en retrancherons un ; s'il s'en développe trois, nous en retrancherons deux. En un mot, sur chaque branche fruitière, il n'est gardé qu'un seul bourgeon : le terminal. Les bourgeons supplémentaires ne sont pas arrachés mais coupés court au-dessus de leur première foliole. Sur les jeunes prolongements des branches charpentières, il est ébourgeonné un nombre calculé de pousses pour que celles qui restent, branches fruitières futures, soient espacées à 0m,12 ou 0m,15 entre elles.

Pincement. — Le bourgeon unique qui doit terminer chaque branche fruitière est pincé un peu après l'ébourgeonnement; si on ne le traitait pas, il absorberait toute la sève au détriment des organes situés plus bas, et

Fig. 180. — Poirier : branche fruitière naissante, P, ligne de pincement.

ceux-ci finiraient par s'oblitérer. Or, il ne faut pas que cette oblitération se produise ; pour l'empêcher, nous pinçons le bourgeon terminal de chaque branche fruitière, au-dessus de trois, quatre (fig. 180), cinq ou six feuilles. Il est impossible de donner un chiffre exact, car la longueur à laquelle il faut pincer dépend de la vigueur de l'arbre, de sa fertilité naturelle, de la force de la branche elle-même et de sa position. Ainsi, sur un arbre vigoureux, on pincera plus long que sur un arbre faible.

Les bourgeons d'un poirier naturellement fertile, comme le *Beurré-Diel*, seront pincés plus court que ceux d'une variété relativement stérile, etc.

Quant aux bourgeons qui constituent à eux seuls les branches fruitières naissantes, on les pince à cinq ou six feuilles, selon qu'ils sont faibles ou vigoureux.

Après cette première amputation des bourgeons, les prompts bourgeons qui naissent de l'œil de pincement sont invariablement pincés à une feuille ou deux au maximum.

La Courbure. — Nous n'ajouterons rien non plus sur ce qui a été dit de l'opération en général.

Taille en vert. — La taille en vert n'est pas appliquée au poirier, sauf quand les premières opérations de la taille d'été, ébourgeonnement et pincement, ont été négligées. On ne la pratique d'ailleurs que très tard, en août, quand les boutons à fruit étant suffisamment bien constitués, leur développement en pousse ligneuse stérile n'est plus à craindre.

D'une manière générale, nous blâmons la taille en vert appliquée au poirier, elle ne saurait donner les résultats de l'ébourgeonnement et du pincement combinés. La quantité relativement considérable de rameaux et de feuilles dont elle entraine tout d'un coup la suppression sur l'arbre ne peut qu'être préjudiciable à celui-ci. Ces feuilles, ces branches, c'est de la sève plastique de perdue, et la sève plastique, c'est la sève nutritive, la sève dont se forment les organes fructifères.

Palissage en vert. — Il n'y a que les prolongements des branches charpentières du poirier qui subissent cette sorte de palissage. On laisse toujours à la partie extrême de ce prolongement une certaine liberté pour que l'élongation n'en soit pas entravée. Si le prolongement appartient à une branche charpentière horizontale, on le palisse selon cette ligne jusqu'à son extrémité exclusivement qui est redressée un peu et fixée, pour accélérer la pousse, sur un tuteur vertical. Cette précaution est très importante, parce qu'elle hâte le développement de la charpente de l'arbre et permet ainsi à la sève de se dépenser dans un travail utile.

Quand, dans une forme symétrique, certaine branche charpentière est plus forte que son opposée de même génération, on palisse le prolongement de la branche faible après le prolongement de la branche forte. Au besoin, le prolongement fort est abaissé selon l'horizontale, alors que le prolongement faible est, au contraire, palissé selon une ligne oblique approchant plus ou moins de la verticale.

Eclaircie des fruits. — C'est rarement que l'éclaircie des fruits se pratique sur le poirier et le pommier ; elle est cependant utile, surtout en ce qui concerne certaines variétés comme *Passe-Colmar*, *Bergamote-Espéren.* Par les années extraordinairement fertiles, l'éclaircie des fruits est encore utile, elle a pour but d'éviter un épuisement de l'arbre et d'assurer une fructification moyenne pour l'année suivante.

Il est prudent de ne pas pratiquer l'éclaircie trop tôt, car, pendant leur jeunesse, les fruits sont en butte aux attaques de nombreux insectes parasites : *carpocapse*, *cécidomye noire*, qui en détruisent un grand nombre. Vers les mois de juin, juillet, l'opération est moins aléatoire, elle peut se pratiquer avec plus de sécurité. Le jardinier supprime alors tous les fruits mal conformés, les fruits petits ; il n'en laisse en moyenne qu'un, deux ou trois par bouquet, suivant que ceux-ci sont plus ou moins nombreux.

Effeuillage. Ablutions. — Que nous sachions, l'effeuillage n'a jamais été pratiqué sur le poirier. Il pourrait cependant, sur les variétés qui ont une tendance naturelle à se colorer, produire les mêmes résultats que sur le pêcher : la coloration vive des fruits.

Si l'on veut pratiquer l'effeuillage sur le poirier, il faudra donc beaucoup observer, afin de n'opérer que quand les fruits ont cessé de grossir. Le talent d'effeuiller à point ne pourra s'acquérir qu'à l'aide d'une pratique longue et raisonnée.

Les aspersions à l'eau pure, si elles sont assez souvent répétées et toujours faites au soleil, ont la propriété d'accentuer ou de provoquer la couleur chez certains fruits, les poires notamment. Même, par une forte chaleur, les *seringuages* n'auront aucun inconvénient, s'ils sont copieux.

Le sulfate de fer qu'on avait conseillé d'ajouter à l'eau n'augmente pas l'intensité du coloris ; il est inutile.

Récolte. — La nature du sol, le climat, l'exposition et surtout la température de l'année peuvent, par leur influence, avancer ou retarder l'époque de la récolte. De deux individus d'une même variété, par exemple, celui-là qui croît dans un sol léger et chaud, à l'exposition du midi, donne des fruits qui mûrissent plus tôt que ceux de la même variété venue dans un sol lourd et froid, à l'exposition du nord.

Tout d'abord, pour se fixer, on devra avoir égard à l'époque naturelle de la maturité des variétés. Celles-ci peuvent se répartir en trois classes :

1° Variétés à fruits d'été ;
2° — — d'automne ;
3° — — d'hiver.

Les fruits d'été sont cueillis de quatre à huit jours avant leur maturité absolue et ceux d'automne de dix à quinze jours. Les signes suivants peuvent nous indiquer que cette maturité est proche : 1° la transformation s'opérant dans l'épiderme des fruits qui se colore d'une teinte plus claire ; 2° l'apparition et la maturité anormale des poires ou pommes piquées dont la chute annonce que la maturité des fruits sains est proche.

Les poires d'été et d'automne se cueillent en plusieurs fois sur le même arbre. On récolte d'abord les fruits des branches inférieures, ceux des branches élevées sont cueillis quelques jours après ; parce qu'étant donné leur situation, on suppose qu'ils reçoivent plus longtemps l'action de la sève. Cette méthode prolonge la durée des fruits d'un même arbre.

Comme les fruits d'hiver peuvent être conservés quatre, cinq et même six mois au fruitier, l'époque de leur récolte devient très importante à connaître. Cueillies trop tôt, ces poires se flétrissent, se rident et perdent à la fois leur succulence et leur sapidité. D'autre part, une récolte faite trop tard précipite la succession des phénomènes chimiques de la maturation, il en résulte que les fruits se conservent moins longtemps.

L'époque la plus propice serait celle à laquelle les poires ont cessé de grossir. Il faut une grande habitude et beaucoup de tact pour savoir la distinguer. Sous notre climat de Paris, c'est du 15 au 25 octobre que se cueillent les fruits d'hiver : Doyenné d'Alençon, Passe-Crassane, Olivier-de-Serres, Doyenné d'hiver, etc., etc. Il est essentiel, en tous les cas, de ne pas attendre des gelées qui pourraient nuire. On choisira un temps sec, une matinée, après la disparition de la rosée.

Si la récolte, ne pouvant se retarder davantage, est faite par un temps pluvieux, les fruits, sans être essuyés, sont exposés une semaine dans un fruitier ouvert aux courants d'air. Les autres poires et pommes, quoique sèches, doivent être exposées quelques jours dans ce fruitier pour y perdre la partie surabondante de leur eau de végétation. Ce n'est que quand ces fruits semblent ne plus exhaler autant de vapeur d'eau qu'il convient de les rentrer dans un fruitier bien clos. (Voir plus loin *Conservation au fruitier*.)

LES ENNEMIS DU POIRIER

INSECTES. — *Le Hanneton.* — Trop connu pour que nous le décrivions. Pour le détruire, pratiquer le hannetonnage dès l'apparition des adultes. Dans les petits jardins qu'on veut à tout prix soustraire à l'envahissement des larves ou vers blancs, il faut, l'année de l'apparition des adultes, ne donner aucune façon au sol parce que les femelles de hanneton pondent surtout dans les terres plantées et meubles, qu'elles peuvent facilement creuser. « La femelle du hanneton, dit M. Jamin, dépose ses œufs à peu près dans tous les terrains plantés ou emblavés; elle évite ceux en jachères et tenus meubles par des façons; ils n'offriraient aucune ressource aux jeunes larves. » — Contre les larves, employer les capsules gélatineuses au sulfure de carbone (12 capsules de 10 grammes l'une, enfoncées dans le sol par mètre carré). On plante aussi, près des arbres fruitiers, pour en détourner les vers blancs, des salades qu'on arrache en motte dès qu'on les voit flétrir pour tuer les vers qui les rongent.

Les Rhynchites. — Ce sont de petits charançons aux couleurs brillantes; leurs larves roulent les feuilles qu'elles rongent. Couper les feuilles roulées et les brûler.

L'Anthonome du poirier et du pommier. — C'est le charançon des fleurs du poirier. La femelle pond dans les boutons à fruit du poirier qui se dessèchent ou avortent à la suite des ravages de la larve. Couper et brûler les boutons à fruit qui, au printemps, ne s'épanouissent pas.

La Tenthrède du poirier. — Elle ressemble à une

mouche qui aurait quatre ailes ; sa larve connue sous le nom de ver limace ressemble en effet à une limace minuscule ; elle vit à la surface des feuilles qu'elle ronge. De la chaux en poudre, des cendres, projetées sur les feuilles, tuent rapidement les larves.

Le Bombyce neustrien. — Papillon dont la chenille rayée de bleu et de rouge dévore les feuilles du poirier et de beaucoup d'autres essences fruitières. La femelle pond ses œufs, en bague, autour des branches. Couper les branches portant les bagues d'œufs et les brûler.

Le Bombyce à cul brun. — Papillon crépusculaire dont le ventre est garni d'une touffe de poils fauves. La femelle, en août, pond ses œufs sur les feuilles des poiriers, des pommiers, etc., puis elle les couvre de poils qu'elle s'est arrachés du ventre. Les chenilles apparaissent en septembre, hivernent sous des tentes soyeuses, et causent de grands ravages au printemps. Echeniller en hiver et brûler les nids.

La Pyrale du pommier. — Petit papillon ; sa chenille, dite pirale tordeuse, roule les feuilles du poirier, du pommier, dont elle ronge le tissu. Les paquets de feuilles roulées seront coupés et jetés au feu.

La Carpocapse des pommes. — Petit papillon crépusculaire dont la larve incolore, connue sous le nom de *ver*, vit dans les poires et les pommes. Recueillir les fruits véreux pour que les larves ne puissent sortir et propager l'espèce. Passer les arbres au décortiqueur, puis les badigeonner au lait de chaux. Brûler les écorces tombées.

Le Tigre du poirier. — Il ressemble à une punaise petite dont les ailes seraient tigrées. Les tigres, adultes et larves, vivent à la face inférieure des feuilles du poirier qu'ils épuisent par leur succion. On les détruit en projetant sur eux, à la seringue Raveneau, un insecticide composé de 1 partie de jus de tabac et 50 parties d'eau.

Le Puceron. — Insecte très connu, très commun sur les plantes de nos jardins. Les pucerons sont des suceurs ; ils se tiennent à l'extrémité des bourgeons herbacés ; on les détruit par les aspersions au jus de tabac étendu de 20 à 25 fois son volume d'eau ; l'eau de savon noir (70 grammes de savon noir pour 1 litre d'eau) s'emploie aussi avec succès.

Le Kermès à coquille. — Insecte dont les femelles seules attaquent le poirier; elles ont la forme d'une petite coque oblongue et nuisent par leur succion. Ces coques sont si nombreuses qu'elles peuvent recouvrir totalement l'écorce de l'arbre. Pour détruire le kermès, enduire l'écorce du poirier, au pinceau et à froid, avec l'insecticide suivant, préparé à chaud :

Eau.	1 litre.
Savon noir. . . .	100 grammes.
Fleur de soufre .	250 —

La Cécidomyie noire. — Mouche qui pond dans les fleurs du poirier ou, plus probablement, dans l'ovaire même des fruits au moyen d'une tarière de ponte. Les poires attaquées grossissent tout à coup et tombent au bout d'un certain temps; on les appelle *poires callebassées* ou *callebasses*, elles renferment des asticots, larves de la cécidomyie. — Recueillir les poires callebassées avant leur chute et les brûler.

MALADIES. — *La Tavelure.* — Cette maladie est due au parasitisme d'un champignon qui vit particulièrement sur les poires *Doyenné d'hiver*, *Saint-Germain*, *Bergamote Espéren*, etc.; il déforme les fruits, les tache en noir et leur communique un goût amer.

On prévient la tavelure par la culture en espalier, les auvents et les chaperons. Nous l'avons empêchée d'apparaître en plein air au moyen d'un badigeonnage à la bouillie bordelaise appliqué en mars aux parties aériennes des arbres. Voici la composition de cette bouillie :

Pour un litre d'eau :

Chaux.	100	grammes.
Sulfate de cuivre.	50	—

Délayer la chaux et faire fondre le sulfate à part.

La Rouille. — Elle est aussi le résultat d'un champignon, l'*œcidium cancellatum* qui vit alternativement sur le poirier et sur le genévrier où il prend un autre nom et une autre forme. Ce champignon s'établit à la face inférieure des feuilles du poirier et quelquefois sur les jeunes rameaux où il provoque des sortes de petites excroissances colorées en roux. La suppression des genévriers dans le voisinage empêche la reproduction du mal.

La Chlorose. — La couleur jaune des feuilles est le caractère de cette maladie. On combat la chlorose par des arrosages contenant, pour 10 litres d'eau :

Chlorure de potassium. . . .	10	grammes.
Nitrate de soude.	10	—
Superphosphate de chaux. . .	5	—

Les solutions de sulfate de fer au millième, appliquées sur les racines et sur les feuilles, produisent des effets de peu de durée.

LE POMMIER

Famille : ROSACÉES.

ORIGINE. DESCRIPTION. — Le pommier est un de nos arbres indigènes les plus anciennement connus. Très souvent, on le rencontre à l'état sauvage dans les bois et les haies de notre pays ; voisin du poirier, il s'en distingue cependant par un port un peu moins élevé, 8 à 10 mètres de haut, plutôt étalé que pyramidal. La forme du fruit n'est pas non plus la même. Chez la pomme, le pédoncule est fixé au fond d'une cavité; chez la poire, le pédoncule s'attache sur un sommet en pointe, enfin la chair de la pomme est presque toujours moins sucrée, un peu plus acidulée que la chair de la poire.

Sol. Climat. — Sauf les sables arides, les tourbières humides ou les argiles trop compactes, toutes les terres conviennent au pommier, pourvu qu'elles soient perméables. Les terres fraîches sans humidité, argilo-siliceuses ou silico-argileuses sont les meilleures. Nous verrons tout à l'heure qu'en choisissant judicieusement les sujets porte-greffe, on peut cultiver le pommier dans toutes les terres de qualité moyenne.

Le pommier se plaît particulièrement sous le climat humide du nord-ouest de la France. Dans le centre et dans le midi, il ne croît bien qu'à une altitude assez élevée : Pyrénées, Auvergne; c'est donc tout à fait un arbre de notre région (climat de Paris).

Exposition. — Au jardin fruitier, le pommier peut se planter à toutes expositions; il préfère généralement les plus fraîches, et au nord, là où presque toujours les autres essences ne se plaisent pas, il vit et fructifie assez bien.

Ce n'est pas seulement dans ce cas que l'on cultive le pommier en espalier.

Les variétés : *Calville*, *Api*, *Reinette de Canada* exigeant un peu de soleil, soit levant, soit couchant, pour produire des fruits colorés, on les plante avec profit aux expositions de l'ouest et de l'est lorsqu'elles ne sont pas trop brûlantes.

Multiplication. — Le pommier se greffe sur franc, c'est-à-dire sur son semblable issu de semis. C'est, en effet, par la greffe que l'on conserve et propage les meilleures variétés de pommes à cidre ou à couteau.

Les pépins sont incapables de reproduire les caractères du fruit qui les a donnés et les sujets auxquels ces pépins donnent naissance sont plus souvent défectueux que perfectionnés.

Outre le *franc*, il y a encore le *doucin* et le *paradis*, qui servent à greffer le pommier.

On greffe sur *doucin* les pommiers que, dans les sols de qualité bonne ou médiocre, on veut élever sous grandes formes : palmettes, pyramides, vases, etc.

On greffe sur *paradis* les variétés que l'on doit élever sous formes naines : cordon horizontal, par exemple. Dans les terrains secs, pour ces petites formes, on choisit de préférence le pommier sur *doucin*, qui résiste le mieux à la sécheresse. A la rigueur, on pourrait cependant cultiver sur paradis, en ayant soin de maintenir les plates-bandes plantées au-dessous du niveau du sol environnant; cette disposition permettrait aux eaux pluviales de se réunir aux pieds des arbres ; joignez à cela un bon paillis sur la partie du sol qu'on juge habitée par les racines, c'est plus qu'il n'en faut pour assurer la bonne venue des pommiers sur paradis.

Le *franc*, qu'on appelle encore sauvageon ou égrin, n'est employé comme sujet que dans la culture du pommier à haute tige ou du pommier à cidre.

Les systèmes de greffage le plus en vogue sont : le greffage en fente sur franc au printemps, et l'écussonnage à œil dormant sur *doucin* et *paradis*, du 15 août au 15 septembre.

VARIÉTÉS. — Par rapport à la quantité des variétés connues, le choix des meilleures est très restreint.

Des horticulteurs d'un grand talent, tels que M. Jamin[1],

[1] *Les meilleurs fruits*, par Jamin, pépiniériste, professeur de pépinière fruitière à l'école d'horticulture de Versailles.

ont assigné la forme qui convient particulièrement à chaque type de pommier. C'est comme cela que nous connaissons :

Les variétés pour hautes tiges.

Royale d'Angleterre.	Reine des reinettes.
Doux d'argent.	Reinette franche.
Ribston pippin.	Reinette très tardive.

Les variétés pour pyramide, cône, fuseau, gobelet, contre-espalier.

Grand Alexandre.	Reinette dorée.
Reine des reinettes.	Reinette franche.
Royale d'Angleterre.	Reinette de Canada.
Calville blanc.	Fenouillet gris.
Doux d'argent.	Pigeon d'hiver.

Les variétés pour espalier.

Royale d'Angleterre.	Calville blanc.
Reine des reinettes.	Reinette dorée.
Api.	Reinette de Canada.

Les Variétés pour cordons horizontaux.

Grand Alexandre.	Reinette de Canada grise.
Royale d'Angleterre.	Reinette très tardive.
Court pendu.	Calville blanc.
Fenouillet.	Api.

Toutes ces pommes mûrissent dans certaines localités depuis juin jusqu'en juillet de l'année suivante; c'est pour les mieux faire connaître que nous donnons la description de quelques-unes en les classant par ordre de consommation.

Pommes d'été.— *Transparente jaune.*— Ce fruit vient sur un arbre de bonne fertilité, qui se cultive : 1° en plein vent, greffé en tête ou non ; 2° en cordons, greffé sur doucin ou paradis ; il est de première qualité et mûrit chez nous, de juillet en août.

Rambour d'été. — Fruit très gros, de première qualité pour la cuisson, mûrit de fin août à octobre sur un arbre très fertile et vigoureux. A greffer sur paradis, pour cordon.

Grand Alexandre. — Fruit énorme, de première qualité, mûrit en fin d'août et septembre sur un arbre fertile; ne se comporte pas bien en haute tige, son fruit pesant y est trop sujet à tomber; préfère les formes naines.

Les pommes d'été sont généralement très aqueuses; elles manquent de sucre et de parfum; aussi est-ce avec raison qu'on les cultive peu. Il faut ajouter encore que ces variétés se gardent mal; leur chair, au fruitier, a bientôt acquis cette consistance cotonneuse qui caractérise les pommes précoces conservées trop longtemps.

POMMES D'AUTOMNE. — *Royale d'Angleterre.* — Fruit très gros, de première qualité pour cuisson, mûrit de septembre à décembre. Arbre d'une grande fertilité; petites formes.

Calville rouge d'automne. — Fertile; fruit remarquable par son volume et son coloris, mûrit d'octobre à décembre. Quelquefois de deuxième qualité dans les mauvais terrains; plein vent, haute tige ou vase.

Doux d'argent. — Fruit de grosseur moyenne, de première qualité, mûrit d'octobre à janvier; arbre d'une fertilité extraordinaire, convient pour toutes formes.

Ribston pippin. — Variété anglaise, mise depuis peu en vogue chez nous; l'arbre, d'une vigueur et d'une fertilité moyennes, se cultive surtout en plein vent, haute tige ou vase; le fruit, gros, de première qualité, se conserve bien.

POMMES D'HIVER. — *Reinette franche.* — Fruit de première qualité, de forme variable, de grosseur moyenne, mûrit de décembre à mai; arbre fertile, à cultiver en plein vent, sur franc, greffé en tête.

Reinette dorée. — Fruit moyen, première qualité, mûrit de décembre à avril ; arbre fertile, de vigueur moyenne, se cultive indistinctement en plein vent, tige haute ou basse, ou en cordon, greffé sur doucin.

Reinette de Canada. — Fruit énorme, de première qualité ; arbre fertile, se cultive sur haute tige greffée en tête, ou en cordon sur paradis. Maturité : de décembre à mai.

Calville blanc (fig. 181). — Arbre fertile, exige les petites formes et les sujets doucin ou paradis, se trouve fort bien de l'espalier à l'est ou à l'ouest, ne vit pas sur

Fig. 181. — Pomme Calville.

une haute tige plein vent ; son fruit très gros, d'une forme excessivement variable, est de première qualité et mûrit de décembre à mai.

Fenouillet gris. — Arbre d'une fertilité moyenne, se cultive en plein vent, greffé en tête ; est plus fertile greffé sur doucin ou paradis, taillé en vase ou cordon. Son fruit, de grosseur moyenne, de première qualité, a un goût anisé, musqué tout particulier; il mûrit de décembre à avril.

Api. — Arbre d'une vigueur passable, très fertile, se cultive surtout en cordon ou vase, dans les parties ensoleillées du jardin; le fruit, tout petit, coloré d'un rouge vif, est de première qualité; il mûrit de décembre à mai et veut, comme l'a dit La Quintinye « être mangé goulûment, sans façon, avec la peau tout entière ».

Les *pommes d'automne et d'hiver* sont des fruits excellents, qu'on ne saurait trop recommander; il y a chez ces variétés le sucre, la saveur parfumée qui manquent totalement aux variétés précoces.

Culture. — Presque toutes les variétés de pommiers peuvent, à la rigueur, se cultiver en plein vent, sur haute tige. Les arbres, ainsi conduits, produisent beaucoup dans certaines années, mais leur fructification est soumise à des interruptions désagréables.

Pour remédier à cette irrégularité dans la production de ses fruits, on a introduit le pommier dans le jardin fruitier proprement dit; on a réduit, régularisé ses proportions et soumis ses branches à une taille raisonnée.

Les formes les plus usitées et les meilleures sous lesquelles on cultive le pommier sont celles du *cordon horizontal* ou du *vase* pour le plein air, de la *palmette verticale* pour l'espalier.

Plantation pour installation de cordons. Taille et direction. — Les cordons de pommiers (fig. 182) s'établissent de préférence parallèlement au bord des plates-bandes, à $0^m,40$ de ces bords, sur les limites des carrés qu'ils peuvent encadrer, en laissant aux angles des solutions de continuité pour le passage. On donne à ces cordons un, deux ou trois étages superposés, selon qu'ils sont plus ou moins rapprochés des autres plantations. Ainsi, sur le bord d'une plate-bande ayant $1^m,60$ ou

1m,70 de large, on installera un cordon unique, courant à 45 centimètres du sol ; un second, disposé à 30 centimètres au-dessus du premier, projetterait son ombre sur le mur et porterait préjudice aux arbres en espalier.

Nous avons vu plus haut que, surtout dans les sols humides, le pommier sur paradis se prête particulièrement à former des cordons. Il a encore d'autres avantages qui devront le faire préférer chaque fois que les circonstances le permettront : il est d'une fertilité excessive, et ses fruits atteignent presque toujours le maximum de leur développement. A côté de cela, le pommier sur paradis a un petit défaut : il vit peu, ou plutôt, il vit moins que ses congénères greffés sur doucin et sur franc ; mais un cordon sur paradis est si vite formé, il a sitôt fructifié que ce petit revers ne peut nous le faire rejeter.

Après la préparation du terrain pour la plantation, on choisit, en scions d'un an, chez le pépiniériste, les sujets les plus sains et les plus robustes parmi les variétés qu'on désire se procurer. Il faudra bien se garder de choisir les sujets qui, par la présence de quelques boutons à fruit, pro-

Fig. 182. — Pommiers soumis à la forme cordon horizontal.

mettent une fertilité précoce; ces promesses, qui sont rarement tenues, n'accusent, pour un œil expert, que la faiblesse ou la débilité des arbres.

On reconnaît le pommier sur paradis aux racines qui se cassent avec un petit bruit sec, lorsqu'on essaye de les faire fléchir.

Quand on plante les pommiers pour cordons, il ne faut pas craindre de les distancer. Quatre mètres entre chaque arbre ne seront pas de trop, si les variétés sont sur doucin; trois mètres suffiront si elles sont sur paradis. Quand le sol est bon, il n'est pas rare de voir les cordons s'atteindre les uns les autres. C'est alors au jardinier à juger, par la vigueur des arbres, s'il doit en arracher un sur deux pour les dédoubler et laisser libre espace à ceux qui restent, ou bien se contenter de greffer chaque extrémité de cordon sur le coude de celui qui le précède. Un bon moyen aussi de châtier la vigueur d'un cordon quand on ne sait plus le diriger horizontalement, c'est de choisir sur son coude un bourgeon qu'on laisse développer librement pendant toute une année pour, l'année suivante, le palisser sur les spires d'un tuteur en fil de fer galvanisé, contourné en tire-bouchon. On modère ainsi la fougue de l'arbre et on obtient une double récolte.

L'année de la plantation, on laisse aux scions leur position verticale, on se contente de les tailler au tiers de leur longueur. Un scion, par exemple, qui aura 90 centimètres de développement, sera taillé à 60 centimètres. A la fin de cette première année, on inclinera la tige des pommiers sur un fil de fer tendu à 40 centimètres au-dessus du sol. Avant de procéder à cette courbure de chaque tige, on a dû adopter une direction. Sur les terrains plans, on choisit celle qui conduit vers le point le plus éclairé du jardin. Sur les terrains déclives, il faut préférer, pour la libre ascension de la sève dans le cordon, une direction ascendante, c'est-à-dire allant de la base du coteau à son sommet.

Le pommier sur paradis, soit dit en passant, ne se plaît pas sur les terrains trop inclinés; ses racines, tout à fait superficielles et continuellement déchaussées par les éboulements, souffrent beaucoup de cette exposition directe aux variations de l'atmosphère.

Quelques arboriculteurs obtiennent les cordons de pommiers de manière à ce qu'ils présentent deux bras bilatéraux comme un cordon de vigne à la Thomery ; ce genre de cordon est un peu plus difficile à obtenir que le cordon unilatéral. C'est donc ce dernier qu'il faudra uniquement adopter. Revenons à son obtention : après que chaque tige courbée à la hauteur voulue a été inclinée et palissée sur le fil de fer, on la taille, près d'un œil situé en dessous ; cet œil est dit œil de prolongement. Afin de faciliter sa sortie, nous redresserons l'extrémité de la tige qui le porte, pour la rapprocher de la verticale ; on maintient cette position au moyen d'un tuteur en bois B, planté dans le sol, dépassant le fil de fer de quelques centimètres et se transportant à volonté en avant aussi souvent que l'élongation du cordon l'exige.

Traitement des branches fruitières. — Sur tout le parcours du cordon, les yeux se développent, en dards ou bourgeons à bois ; ces derniers sont maîtrisés par le pincement comme des bourgeons de poirier. Tous les rameaux qui naissent directement sur le dessus du cordon sont supprimés sans exception, parce qu'ils sont autant de gourmands stériles et intraitables. Les ramifications développées sur la partie verticale de l'arbre ayant les mêmes défauts, subissent le même sort. Il n'y a que les rameaux occupant sur le cordon une position latérale ou inférieure qui, lorsqu'ils ont entre eux une distance de 10 à 14 centimètres, sont conservés. Le principe de la taille hivernale de ces rameaux est celui-ci :

Raccourcir chacun d'eux, de manière à réserver au-dessous de l'œil de taille d'autres yeux, environ deux ou trois, qu'on devra transformer en boutons à fruits, par le pincement de ce même œil de taille pendant son élongation en bourgeon herbacé. Tous les ans, à la taille d'hiver, tant que ces yeux de choix ne seront pas transformés en boutons à fruits, on réservera au-dessus d'eux au moins un œil à bois. Seul, le pincement raisonné, pratiqué sur cet œil terminal devenu bourgeon herbacé, peut transformer les organes inférieurs en organes fructifères. D'ailleurs, la formation du bouton à fruit du pommier est rapide et facile; aussi, pendant la végétation, a-t-on l'habitude de tenir sa branche fruitière un peu plus courte que la branche fruitière du poirier. Dans ces deux sortes d'arbres fruitiers toutefois, la longueur conservée aux branches fruitières dépend beaucoup de la vigueur des sujets sur lesquels les essences sont greffées. Ainsi les coursonnes d'un pommier sur doucin seront plus fortes que les coursonnes d'un pommier sur paradis.

Obtention du vase. — Nous ne dirons qu'un mot sur la direction du pommier en *vase* (fig. 183), une excellente forme aussi, et surtout très fertile; on l'obtient avec un scion d'un an qu'on rabat, la première ou la deuxième année de plantation, au-dessus de trois yeux choisis à 30 ou 35 centimètres du sol. Ces yeux fournissent trois rameaux qu'on écarte de l'axe de l'arbre; on les maintient au moyen d'un ou deux cercles en bois espacés l'un au-dessus de l'autre à 40 centimètres environ et soutenus par des piquets enfoncés en terre. Trois branches ne suffisent pas pour un vase, on fait bifurquer chacune d'elles en la taillant à 30 ou 35 centimètres de son empattement.

On obtient ainsi six branches qu'on maintient toujours écartées au moyen de cercles en bois. Ces six branches peuvent être bifurquées à leur tour pour fournir en tout douze branches qui formeront la paroi définitive du vase. Les pommiers, pour l'obtention de ces formes, se plan

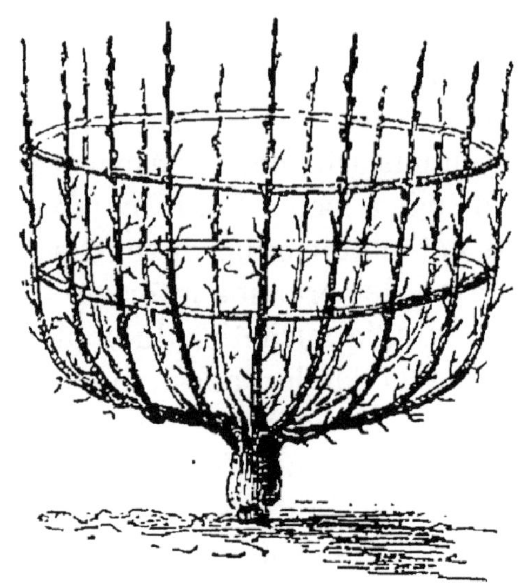

Fig. 183. — Pommier en vase.

tent à 3 mètres les uns des autres et sont greffés sur doucin.

Les autres formes s'obtiennent comme il est dit au chapitre *Poirier*.

Voici les distances qu'on doit conserver entre ces formes, selon qu'elles ont tel ou tel dessin, ou sont portées par tel ou tel sujet : franc, doucin, paradis :

Distance à réserver entre les pommiers.

Cordon horizontal sur doucin	4 mètres.
— — sur paradis	3 —
Palmette en espalier sur doucin . . .	4 —
Fuseau sur doucin	2 —
— sur paradis.	1m,50
Gobelet sur doucin	2m,50 ou 3m
Gobelet sur paradis	1m,50 ou 2m
Haute tige sur franc.	6m ou 8m

Epoque de la taille. — Voir le chapitre *De la taille en général*.

Le pommier au verger. — Le verger vaut surtout par le peu d'entretien que les arbres nécessitent. A part cela, il est une source de produit dont les intermittences capricieuses ne laissent pas que d'être très désagréables.

On dit, il est vrai, que parfois une année fertile comble le déficit d'une année maigre. Quoi qu'il en soit, le pommier occupe une place assez importante dans les vergers campagnards. C'est pourquoi nous dirons quelques mots de ce mode de culture dont le poirier s'accommode certainement moins bien que son congénère.

On trouvera plus haut les noms des variétés recommandables. Nous y ajoutons les suivantes : *Reinette de Caux* et *Court-Pendu*, deux fruits tardifs.

Les pommiers au verger se plantent à des distances variables, selon la qualité du sol.

On plante à d'assez grandes distances (8 à 10 mètres) dans une terre fertile. Sur une terre médiocre, on rapproche les arbres de 6 ou 8 mètres, au minimum.

La disposition en quinconce sera toujours préférée.

Lors de la plantation et les quelques années suivantes, on raccourcit à la serpette les premières ramifications de l'arbre pour les consolider et les faire bifurquer plus régulièrement.

Si une variété prend naturellement la forme pyramidale, on se garde de tailler la *flèche*.

Après quatre ou cinq années de plantation, le pommier ne se taille plus, il est seulement émondé de temps en temps.

Récolte. — La récolte des pommes se fait d'après les mêmes principes que la récolte des poires, c'est-à-dire plus ou moins longtemps avant la maturité absolue de ces fruits, selon qu'ils sont plus ou moins tardifs. On les conserve au fruitier. (Voir *Poirier*.)

ENNEMIS DU POMMIER

INSECTES. — *Puceron laineux.* — On l'appelle encore puceron lanigère, c'est le plus grand ennemi du pommier, il se distingue des pucerons ordinaires par une sorte d'enduit d'aspect laineux qui l'enveloppe totalement.

A l'Ecole nationale d'Horticulture on emploie, au pinceau, contre le puceron lanigère, un insecticide ainsi composé :

Savon noir.	1,000 grammes.
Pétrole	1 litre.
Eau.	10 litres.

Verser goutte à goutte le litre de pétrole sur le savon noir en remuant constamment le mélange avec une spatule. Ajouter l'eau ensuite et remuer encore un peu pour obtenir un tout parfaitement homogène.

Pyrale tordeuse. — Attaque aussi le poirier. (Voir cet arbre.)

Carpocapse des pommes. — Attaque le poirier. (Voir *Poirier*.)

Yponomeute du pommier. — C'est encore un papillon ; on le reconnaît à ses ailes antérieures blanches mouchetées de noir.

Les chenilles de l'yponomeute apparaissent, nombreuses, en mai-juin et vivent, par groupes de vingt-cinq à cinquante, abritées dans une enveloppe de soie ; leurs dégâts sont considérables.

On se débarrasse de l'yponomeute en pratiquant l'échenillage. S'il est trop tard pour faire cette opération, projeter sur l'arbre, à l'aide d'une pompe, un jet d'eau de savon noir ou un mélange d'eau et de un dixième de pétrole.

L'*anthonome des fleurs du pommier.* — Attaque aussi le poirier. (Voir cet arbre.)

Le *bombyx à cul brun*, décrit dans le chapitre sur le poirier, cause les mêmes dégâts sur le pommier.

Maladies. — *Le chancre.* — C'est comme une décomposition de l'écorce qui s'étend, en surface et en profondeur, à la façon des plaies cancéreuses animales.

Des savants ont vu là le ravage produit par la végétation parasite d'un champignon microscopique.

L'ablation à la serpette et jusqu'au vif de toutes les parties malades suivie d'un pansement à la cire à greffer nous a donné, comme remède, des résultats contradictoires.

Nos meilleures variétés, Reinette de Canada et Calville, sont les plus sujettes au chancre.

Il semblerait que, chez ces variétés, le mal soit constitutionnel. A cause de cela nous devrons les surveiller plus particulièrement. Nous veillerons surtout à ce que, pendant la période du greffage, il ne soit pris aucun rameau greffon sur des sujets maladifs.

Au jardin d'expériences de la Société d'horticulture de Compiègne, en 1888, nous avions sur la tige d'un tout jeune pommier deux chancres. Tous les deux, en 1887, avaient résisté au traitement qu'on leur applique généralement : amputation jusqu'au vif des parties malades et pansement au mastic à greffer ordinaire.

Nous avons alors, au mois de mai 1888, pratiqué le pansement avec la *pommade des Doks*, toujours après que les chancres eurent été mis à vif.

En ce moment, les plaies qui résultent de ce traitement sont toujours béantes, mais on peut voir, sur les limites de ces plaies, un bourrelet parfaitement sain d'écorce nouvelle dont les bords tendent à se rapprocher les uns des autres.

Le traitement a donc réussi.

Nous attribuons ce succès à un principe caustique contenu dans la pommade des Doks. Ce principe qui est nécessairement insecticide et anticryptogamique peut produire d'excellents effets dans les maladies putrides du bois et de l'écorce des arbres. Le chancre du pommier est un type spécial de ces sortes de maladies.

A défaut de pommade des Doks, on pansera quand même les chancres à la cire à greffer, mais on lavera préalablement les plaies avec une lotion d'acide phénique au vingtième.

La *rouille du pommier*. — Cette maladie attaque aussi le poirier. (Voir cet arbre.)

Le *Rhizoctonia* du pommier est un champignon des racines, contre lequel on ne connaît pas de remède. Le mal qu'il produit est connu sous le nom de *blanc des racines*. C'est presque sans succès qu'on a employé contre lui la fleur de soufre incorporée au sol par un bêchage.

LE COGNASSIER

Famille : Rosacées

Origine. Description. — Le cognassier nous vient de la Perse septentrionale et du Caucase. Depuis longtemps il est naturalisé dans l'Europe méridionale. Il peut croître et fructifier sur tout le territoire de France ; mais c'est dans le midi qu'il se comporte le mieux. Quoi qu'il en soit, la surface géographique de cette espèce s'étend dans le nord de l'Europe jusqu'en Hanovre.

C'est un arbre de troisième grandeur, très voisin du poirier par son organisation, mais n'en ayant pas les grandes dimensions ni l'importance alimentaire. Sa hauteur varie entre 2 et 4 mètres. Son port est celui d'un buisson ou d'un arbre à tige courte, à branches étalées.

Les feuilles du cognassier sont ovales, ondulées, ses fleurs sont grandes, solitaires. ses fruits piriformes (fig. 184) portent sur toute leur surface un duvet épais, facile à détacher par le frottement. Débarrassé de ce duvet et mûr, le coing est d'un beau jaune; il exhale alors un parfum caractéristique très prononcé. Sa chair compacte, dépourvue de succulence, est riche en tannin et d'une âpreté remarquable. On la mélange dans une faible proportion avec la poire pour faire des compotes. Les coings servent encore à préparer des gelées, des sirops astringents employés pour combattre la diarrhée, etc.

Les loges du fruit au lieu de contenir, comme dans la poire, deux pépins chacune, en renferment un grand nombre disposés en deux petites piles verticales. C'est le seul caractère botanique par lequel le cognassier se distingue du poirier.

CULTURE. MULTIPLICATION. VARIÉTÉS. — Nous avons

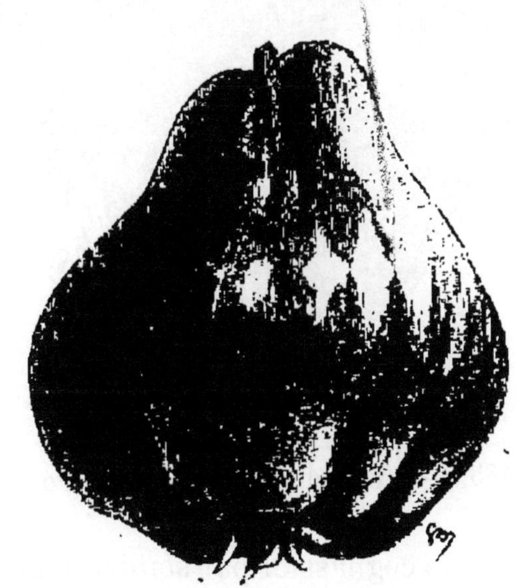

Fig. 184. — Fruit du cognassier commun.

dit que le cognassier vient bien dans toute la France; cet arbre n'est guère plus difficile à l'égard du sol; il pousse à peu près partout, mais les terres qu'il préfère sont les terres argileuses, fraîches et saines. Phénomène assez bizarre : dans les terres arides, là où le *Poirier greffé sur Cognassier* dépérit, le cognassier non greffé vit bien ; il est plus buissonnant, plus nain, mais il vit.

Fig. 185. — Fruit du cognassier du Portugal.

On multiplie le cognassier par semis, bouturage, marcottage et greffage. Les trois derniers procédés seuls sont usités. Le greffage se pratique en écusson (juillet-août) sur cognassier commun et sur aubépine. Le bouturage se fait au printemps ainsi que le marcottage. (Voir *Multiplication des végétaux.*)

On peut planter le cognassier aux expositions les meilleures, mais il s'accommode des plus mauvaises, celle du nord, par exemple.

Deux variétés sont généralement cultivées :

1° Le *Cognassier commun*, à fruit gros ou moyen, un peu allongé en poire ou irrégulièrement arrondi, mûrissant en octobre, novembre (fig. 184). Pour assurer davantage la fructification du cognassier commun, on le greffe sur aubépine.

2° Le *Cognassier du Portugal*. Son fruit (fig. 185), est plus gros, plus long, plus franchement piriforme; il mûrit à la même époque. L'arbre a de plus fortes dimensions, mais il est moins fertile que le précédent; on le greffe sur aubépine et sur cognassier commun.

Le cognassier est un arbre de trop peu d'importance pour qu'on le taille comme un poirier. Il est généralement cultivé en plein vent, en buisson ou en espalier au nord. Décoratif par ses fleurs, il a droit à une place dans le jardin d'agrément, on l'y cultivera en buisson. Sa taille, ou du moins celle qu'on a tenté de lui appliquer jusqu'à présent, n'a pas toujours donné d'excellents résultats. On se contentera donc, sur le cognassier en liberté, de retrancher le bois mort et les branches qui, par leur situation trop ombragée, sont stériles et par conséquent inutiles.

Récolte. — C'est quand ils sont parfaitement mûrs que les fruits du cognassier doivent être récoltés; à ce point de vue, le coing diffère, comme on voit, de la poire et de la pomme qu'on cueille toujours plus ou moins longtemps avant leur maturité absolue.

On reconnaît la maturité du coing à la facilité avec laquelle le duvet qui le revêt se détache, à la couleur dorée de l'épiderme et à l'odeur pénétrante qui s'en dégage.

Ces fruits seront rentrés au fruitier, où on ne devra

pas essayer de les garder longtemps, parce qu'ils se gâtent avec une extrême rapidité. Outre cela, ils peuvent communiquer leur odeur aux autres fruits.

INSECTES ET MALADIES. — On ne connaît pas de maladies au cognassier et, à part le hanneton qui n'a point de préférence, deux insectes attaquent cet arbre.

1° Le *Puceron du Cognassier*. — Il n'est pas très commun et vit surtout aux extrémités des jeunes bourgeons. On le détruit par les procédés généralement adoptés : jus de tabac étendu d'eau, eau de savon, etc.

2° La *Zeuzère du Marronnier*. — C'est un papillon crépusculaire à ailes blanches maculées de taches bleu foncé. La chenille, d'un blanc jaunâtre piqueté de noir, vit dans les branches du marronnier et du cognassier où elle creuse des galeries.

LE NÉFLIER

Famille : ROSACÉES

ORIGINE. DESCRIPTION. CULTURE. — Le néflier est un arbuste indigène. Comme essence fruitière, il a encore moins de valeur que le cognassier dont il atteint à peine les dimensions. Ses fleurs sont solitaires, de la taille des fleurs du poirier et blanches comme elles. Les fruits auxquels elle donne naissance sont presques sphériques ; chaque nèfle est terminée par un œil très large qu'entourent les cinq sépales persistants du calice. La chair blanche, rosée autour des osselets, n'est pas mangeable alors. On ne peut la consommer que quand elle est passée à l'état blet ; elle a dans ce cas une consistance molle, une couleur brune et une saveur aigrelette légèrement sucrée ; chaque fruit renferme cinq noyaux ou osselets relativement volumineux.

Les nèfles se forment à l'extrémité de jeunes rameaux de l'année.

L'arbre pousse dans tous les sols et partout, sauf dans les parties tout à fait méridionales de la France dont il redoute les chaleurs ; on le plante fréquemment dans les massifs boisés du jardin d'ornement.

Deux variétés sont surtout cultivées :

Le *Néflier commun* à fruits moyens, c'est le plus répandu.

Le *Néflier à gros fruits*. — Si la nèfle de cette variété est plus grosse que celle de la précédente, on s'accorde généralement à lui trouver un peu moins de qualité.

On multiplie le néflier par marcottage ou greffage. (Voy. *Multiplication des végétaux*.)

Le greffage se pratique sur aubépine en écusson (juillet), sur cognassier où sur poirier. L'aubépine est le meilleur sujet ; sur cognassier, le néflier vit peu. Pour multiplier le néflier à gros fruits, on emploie la double greffe ; écussonnée sur épine, cette variété manque de vigueur (Jamin).

C'est avant les premières gelées, vers la fin d'octobre, qu'on récolte les nèfles ; elles sont conservées sur le linge des armoires ou la paille des greniers jusqu'à ce qu'elles soient passées à l'état blet, c'est à ce moment qu'on les consomme.

La taille ne s'applique pas au néflier ; étant donnée la faible valeur de cet arbre, elle pourrait être plutôt onéreuse que rémunératrice.

Dans les jardins d'agrément, les massifs, les futaies, d'une manière générale, sont peu favorables à la fructification des arbres et arbustes ; pourtant — sans songer à en tirer aucun parti, il est vrai — on y plante assez souvent le cognassier et quelquefois le néflier. Il suffirait que ces arbustes fussent placés sur les lisières des massifs et bien orientés pour que leur fertilité atteignit de suite une certaine importance.

IV

FRUITS DRUPACÉS A NOYAUX

LE PÊCHER

ORIGINE. DESCRIPTION. — De troisième grandeur, c'est-à-dire pouvant atteindre 3 à 5 mètres de haut, le pêcher est originaire de Perse, selon les uns, de Chine, selon les autres ; le fait est qu'on n'a pu rencontrer de pêchers sauvages en Perse, tandis qu'en Chine ils croissent spontanément. Le fruit de cet arbre est reconnu comme le

Fig. 186. — Pêche.

meilleur des fruits à noyau. Les feuilles du pêcher sont en forme de lance, dentées, et souvent pourvues à leur base de petites glandes de forme variable. C'est là un caractère distinctif des variétés. Les fleurs sont à cinq divisions, d'un rose plus ou moins prononcé ; leur grandeur est aussi un signe qui caractérise les variétés.

Le fruit (drupe à noyau, fig. 186) est globuleux, à chair charnue, succulente, adhérente ou non adhérente au noyau. L'adhérence est, avec raison, considérée comme un défaut. La peau du fruit est duveteuse, dans la pêche ordinaire, et lisse dans le brugnon ou nectarine des Anglais ; on trouve une certaine proportion d'acide cyanhydrique ou prussique dans les feuilles, les fleurs et les amandes ; l'un de ces organes, absorbé à forte dose, peut provoquer un malaise dangereux.

Mode de végétation. — C'est un arbre qui n'est point toujours commode que le pêcher. Fougueux et emporté dans sa jeunesse, il n'aime pas qu'on lui mesure l'espace. En espalier, il lui faut beaucoup de place, surtout s'il est greffé sur amandier. En ce cas, 40 à 50 mètres carrés de surface murale ne sont pas de trop pour lui.

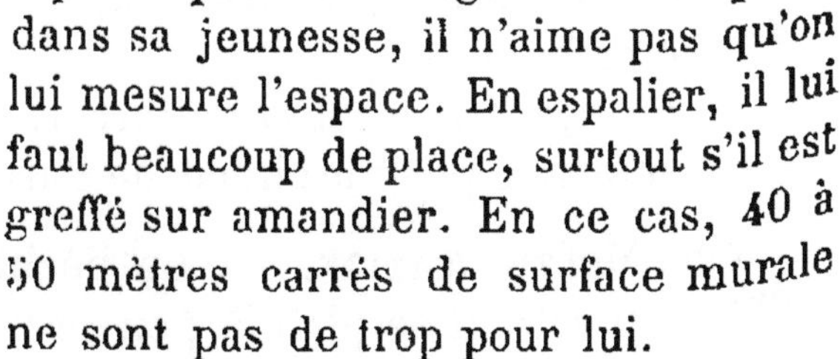

Fig. 187. — Yeux et boutons sur un rameau de pêcher.

Il végète très tardivement, jusqu'en octobre, et manifeste alors sa vitalité par l'émission constante de nouvelles productions, feuilles, pousses, bourgeons anticipés.

Dans l'intérêt de sa fructification, deux organes du pêcher doivent être particulièrement connus de nous, c'est l'*œil* et le *bouton*.

L'œil, producteur du bois, pointu et verdâtre (*A*, fig. 187).

Le bouton, fruit futur, rond comme une petite boule et de couleur foncée (*B*, fig. 187).

Ces deux organes sont dispersés sur la surface de l'arbre ou associés de différentes manières que nous aurons lieu d'étudier. Le bouton se ressent avant l'œil de l'action de la sève ; autrement dit, la floraison précède toujours l'apparition des feuilles, et *les fleurs naissent exclusivement sur les rameaux de l'année précédente.*

Il résulte de ce fait que la branche fruitière ne demeure réellement fertile qu'autant qu'elle est renouvelée chaque année et remplacée par du jeune bois. Tout le secret de la taille fruitière est là.

CULTURE. — On cultive le pêcher de deux façons bien distinctes :

1° *En plein vent*, dans le midi et même sous notre climat, à bonne exposition, avec les variétés : P. d'*Oigny*, P. *de Corbeil*, P. *Amsden*, P. *Alexander*, P. *Reine des Vergers*, etc.

2° *En espalier*, c'est la culture la meilleure et la plus rémunératrice pour le climat de Paris.

SOL. MULTIPLICATION. — Le pêcher est peu difficile quant au sol ; il se plaît à peu près dans tous, pourvu qu'ils soient assez profonds, substantiels et frais, sans humidité stagnante, mais sans sécheresse ; c'est qu'en effet, dans les sols humides, le pêcher prend la gomme ; dans les sols brûlants, les pêches petites, d'un goût médiocre, tombent avant maturité.

C'est surtout par la greffe qu'on multiplie cet arbre ; le semis n'est guère usité que pour propager les variétés de plein vent, cependant les pêches d'espalier Mignonne et Reine des Vergers sont susceptibles de se reproduire assez exactement par le semis.

On greffe le pêcher sur franc, sur amandier, sur prunier, sur abricotier et sur prunellier des haies. Dire celui des quatre premiers sujets qu'il faudra préférer est chose peu facile, à cause des différences de conditions dans lesquelles on peut être appelé à entreprendre une culture.

C'est ainsi que dans le Midi, Gironde, Dordogne, on cultive le pêcher greffé sur franc.

Choix des sujets pour le greffage du pêcher. — Lorsqu'on se propose de planter en sol substantiel et profond, surtout lorsqu'on a l'intention de cultiver des variétés tardives, on prend l'amandier comme porte-greffe; il remplit parfaitement les conditions, surtout à cause de la longue durée de sa végétation. Partout où on aura affaire à un sol peu profond et humide, on plantera le pêcher greffé sur prunier qui procure de la précocité aux pêchers. Les variétés de prunier employées pour cet usage sont : le Damas noir venu de semis et, quelquefois, le Saint-Julien. Il faudra rejeter le prunier Myrobolan, il drageonne trop du pied et dépense toute sa sève à alimenter ses drageons qui se dressent comme des révoltés à chaque printemps, si l'on n'a pas soin de les enlever.

Dans les sols également peu profonds, mais brûlants et non humides, on plantera de préférence le pêcher greffé sur abricotier; il résiste assez bien. Enfin, si on a l'intention de cultiver le pêcher en pot, comme cela se pratiquait au siècle dernier, alors on choisira des sujets greffés sur prunellier des haies ; ainsi greffé, l'arbre se prête assez bien à la culture avancée.

Le mode de greffage exclusivement adopté pour la propagation du pêcher est l'*écussonnage à œil dormant;* on le pratique depuis août jusqu'en septembre. (Voir *le Greffage des arbres fruitiers*.)

Le pêcher est en quelque sorte moins difficile que la vigne sur le choix du terrain, mais celui-ci doit être ameubli plus profondément, 80 centimètres au moins, si le sous-sol est perméable et bon. Dans le cas où on aura affaire à un sol peu profond, à un sous-sol mauvais et imperméable, nous savons qu'il nous faudra recourir au pêcher greffé sur prunier.

Races et Variétés. — Les pomologues ont établi une classification des pêches en se basant sur l'aspect extérieur du fruit, sur la couleur de la chair et son degré d'adhérence au noyau.

Voici cette classification :

PÊCHES DUVETEUSES.	à noyau libre : *Pêches vulgaires.* à noyau adhérent : *P. Pavie.*
PÊCHES GLABRES . .	à noyau libre : *P. Nectarine.* à noyau adhérent : *P. Brugnon.*

Il y a encore la *P. Alberge* et la *P. Sanguine.* Dans la première espèce, la chair est jaune ; dans la seconde, elle est rougeâtre.

Voici un choix des meilleures variétés de pêches, depuis les plus précoces jusqu'aux tardives.

Pêches duveteuses.

1° *Early Alexander.* — Fruit moyen. Maturité : commencement de juillet ;

2° *Amsden.* — Fruit moyen. Maturité : commencement de juillet, peu après la précédente.

Viennent ensuite les Early, toutes variétés anglaises :

3° *Early Louise;* 4° *Early Rivers;* 5° *Early Elisa* qui mûrissent en juillet dans l'ordre énoncé. Ces variétés, bien connues aujourd'hui, ont un seul défaut, c'est d'avoir les fruits petits.

Avec le mois d'août apparaissent d'autres pêchers d'origine toute française ;

6° *Grosse mignonne hâtive*, qui ne laisse rien à désirer, ni sous le rapport de la grosseur, ni sous celui de la qualité, l'arbre est très fertile. Maturité : première quinzaine d'août ;

7° *Grosse mignonne ordinaire.* — Vieille variété, excellente, mûrit aussitôt après la précédente, elle se reproduit franchement de semis ;

8° *Galande*, qu'on appelle aussi Noire de Montreuil, à cause de la couleur brun foncé de la peau du fruit ; il y a environ cent ans qu'elle est née. Mûrit fin août. Fruit gros ;

9° *Madeleine rouge*. Mûrit aussi fin août ; arbre fertile, vient bien en plein vent dans certaines localités. Ses feuilles sont toujours dépourvues de glandes. Fruit gros ;

10° *Pêche de Malte* que les auteurs recommandent pour la région N.-O. de la France, mûrit dans les premiers jours de septembre. Glandes également nulles. Fruit moyen ;

11° *Reine des Vergers*. — A recommander pour le jardin d'exploitation, parce que la pêche peut voyager. Maturité : septembre. La récolter un peu avant maturité, elle est meilleure. Fruit très gros ;

12° *Bonouvrier*. — Bonne pêche tardive, mûrit à partir du 15 septembre, arbre fertile. Fruit gros ;

13° *Bourdine*. — La dernière des bonnes, mûrit fin septembre ; arbre vigoureux, fertile quand il est adulte. Fruit gros.

Pêches Nectarine.

Victoria. — Fruit moyen. Maturité : fin août.

Galopin. — Fruit gros. Maturité : commencement de septembre.

Pêches Brugnon.

Violet musqué. — Fruit moyen. Maturité : commencement de septembre.

Du choix des scions, manière de les obtenir bien conformés dans la pépinière. — On choisit, pour planter, des scions d'un an, sains, robustes, ayant leur base garnie d'yeux bien constitués (fig. 188) et non chargée de ramifications tantôt faibles, tantôt fortes qui se sont développées en prompts bourgeons pendant la pousse de la tige (fig. 189). Nous savons que lorsqu'on se propose d'obtenir une forme quelconque, c'est par une taille faite à 35 centimètres au-dessus du sol sur deux ou trois yeux bien constitués qui offrent les premiers rudiments de la charpente projetée. Or, si ces yeux n'existent pas ou si, sur leur nombre, plusieurs se sont transformés en rameaux d'inégale force, l'obtention de la forme deviendra bien plus difficultueuse.

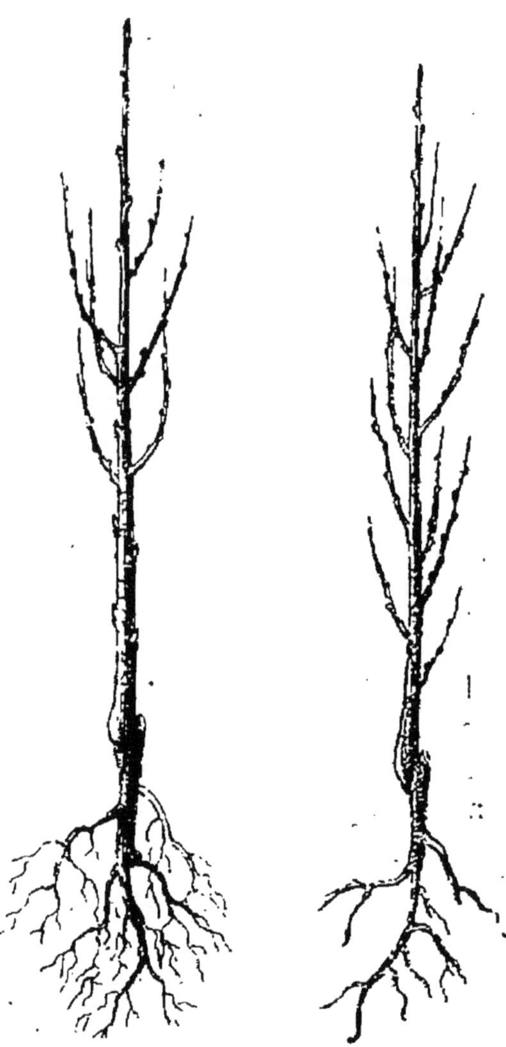

Fig. 188. Pêcher. Scion d'un an bien constitué.

Fig. 189. Pêcher. Scion d'un an mal constitué.

Pour empêcher les yeux de la base des scions de se développer en prompts bourgeons, il suffit, pendant la végétation, de couper par moitié les feuilles situées depuis la greffe jusqu'à 40 centimètres au-dessus environ. De cette façon, la surface par où s'élabore la sève est sensiblement réduite dans la partie inférieure de l'arbre tout au moins ; aussi, voit-on la végétation se porter dans les parties supérieures qui poussent avec force, tandis que les yeux de la base restent stationnaires.

Les fines racines qui constituent le chevelu des

scions devront être copieusement développées. Il faudra rejeter, comme impropres, tous les arbres à racine principale dépourvue de chevelu (fig. 189). On éliminera également tous les sujets de deux ans qui, trop faibles la première année, ont été recépés pour donner une pousse plus vigoureuse.

PLANTATION. CHOIX DES EXPOSITIONS. DISTANCES. — Il est inutile de revenir sur ce que nous avons dit concernant la préparation du sol et l'époque à laquelle on doit planter. Pour ce sujet, nous prions les lecteurs de se reporter aux chapitres spéciaux. Deux questions nous restent à traiter : le choix d'une exposition, l'écartement à observer entre les sujets, lors de la plantation.

En espalier, le pêcher peut se cultiver aux trois expositions de l'*Est*, de l'*Ouest* et du *Midi*.

L'exposition de l'Est, à cause de l'action directe du soleil levant, est souvent défavorable. Reste donc l'Ouest, le Midi. On adoptera de préférence ces deux orientations ou l'intermédiaire : S.-O. Dans les terres sèches, il faudra renoncer à l'exposition du sud, elle est trop brûlante ; les pêchers y poussent bien, mais les fruits tombent avant maturité.

L'écartement que l'on conserve entre les pêchers, lors de la plantation, est plus ou moins grand, selon les formes auxquelles on veut soumettre les arbres.

Voici un tableau dans lequel on trouvera à cet égard des renseignements précis :

Écartement qu'il est nécessaire de réserver entre les différentes formes de pêchers.

Oblique simple.	75 centimètres.
Oblique double.	$1^m,50$
Palmette verticale à 2 branches.	1 mètre.
— — à 4 — .	2 —
— horizontale (en moyenne)	7 —
— verticale à 3 branches .	$1^m,50$

Augmenter l'écartement de 1 mètre pour chaque paire de branches qu'on veut prendre en plus.

Les formes. — Le pêcher est soumis aux mêmes formes palissées que le poirier. On le dirige en *palmettes simples* à branches horizontales ou verticales, ou mixtes en *palmettes obliques*, en *candélabres*, en *obliques simples*, etc.

La forme carrée, inventée spécialement pour le pêcher, et perfectionnée par M. Alexis Lepère, a un grand défaut; ce défaut prouve le talent supérieur de son obtenteur qui, dans ses cultures, a su le vaincre avec une grande habileté.

Comme elle est formée, pour une moitié, de branches charpentières verticales, et pour l'autre de charpentières horizontales, il y a fatalement entre ces deux genres de branches un perpétuel antagonisme; et comme les branches verticales, — à cause même de leur verticalité — sont les mieux douées, elles l'emportent presque toujours sur les autres, malgré nos soins.

On fera bien d'abandonner la *forme carrée* et de revenir à d'autres plus simples et plus faciles à équilibrer, à la forme *candélabre*, par exemple.

Toutes ces formes s'obtiennent par les procédés et avec les précautions que nous avons indiqués en traitant la culture du poirier, avec cette différence, toutefois, qu'ici les branches charpentières sont écartées entre elles à 50 centimètres au lieu de 30.

Ainsi la tige et les branches des charpentes se taillent comme des tiges ou des branches charpentières de poiriers.

Nous n'y reviendrons pas. Seulement, nous faisons remarquer que toujours, sans exception, un pêcher doit être taillé l'année même de sa plantation, sinon, les yeux de base qui doivent servir à établir les premières branches charpentières disparaissent, et leur perte devient une cause d'irrégularité dans la forme de l'arbre et de retard dans sa mise à fruit.

Enfin, avec le pêcher, encore plus peut-être qu'avec le poirier, il est utile de bien asseoir les premiers membres inférieurs de l'arbre avant de songer à l'obtention des plus élevés.

Voici la description et le mode d'obtention de la forme candélabre qui est spéciale au pêcher.

Obtention de la forme dite Candélabre. — Le candélabre (fig. 190) est composé d'une tige courte se divi-

Fig. 190. — Pêcher en candélabre.

sant à 35 centimètres du sol en deux branches charpentières principales et bilatérales. Ces deux branches, qui sont en quelque sorte la base de la forme, ont d'abord une direction horizontale; après un certain parcours, elles se redressent et poussent verticalement jusqu'au sommet de l'espalier. Dans l'intérieur de l'espèce de cadre ainsi formé, il y a d'autres branches charpentières verticales nées sur les charpentières précédemment décrites et espacées entre elles à 50 centimètres.

Pour obtenir le candélabre, le pêcher est taillé à 35 centimètres du sol, au-dessus de deux yeux bilatéraux qui produiront les deux premières branches (fig. 191). Celles-ci sont protégées dans leur développement et on ne leur en adjoint pas d'autres tant qu'elles n'ont pas

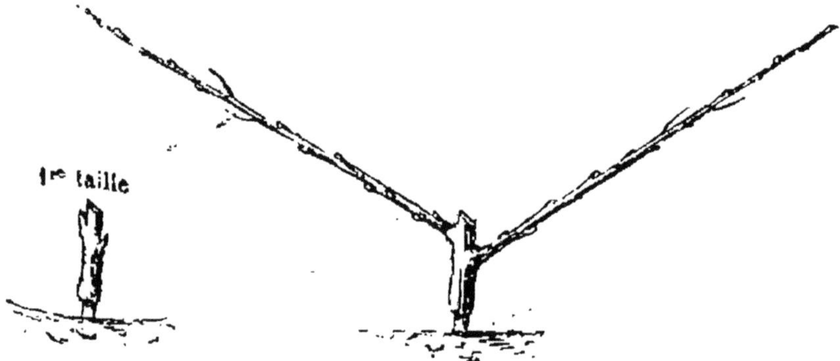

Fig. 191. — Formation du candélabre. 1re taille et résultat.

acquis leur longueur totale. Lorsque ce développement est atteint, alors on provoque sur leur partie horizontale, de 50 en 50 centimètres, la naissance des branches verticales intérieures. Celles-ci seront également réparties entre l'aile droite et l'aile gauche de l'arbre ; on les obtiendra toutes à la fois en se servant de branches fruitières précédemment établies. Dans le cas où l'arbre est faible, il vaut mieux obtenir ces branches successivement en commençant par les plus éloignées de la tige.

TAILLE DU PÊCHER

Époque. — Le pêcher se taille en février, mars, parce qu'à cette époque les boutons sont bien apparents ; de plus, les plaies, alors, sont moins dangereuses.

Branches fruitières. — Ici, comme dans les arbres fruitiers précédemment étudiés, les branches fruitières sont exclusivement portées par les branches charpentières sur lesquelles elles naissent à la suite des tailles annuelles infligées aux prolongements successifs de celles-ci.

Mais ces branches fruitières, dans la culture telle qu'elle se pratique à Montreuil, occupent des positions déterminées :

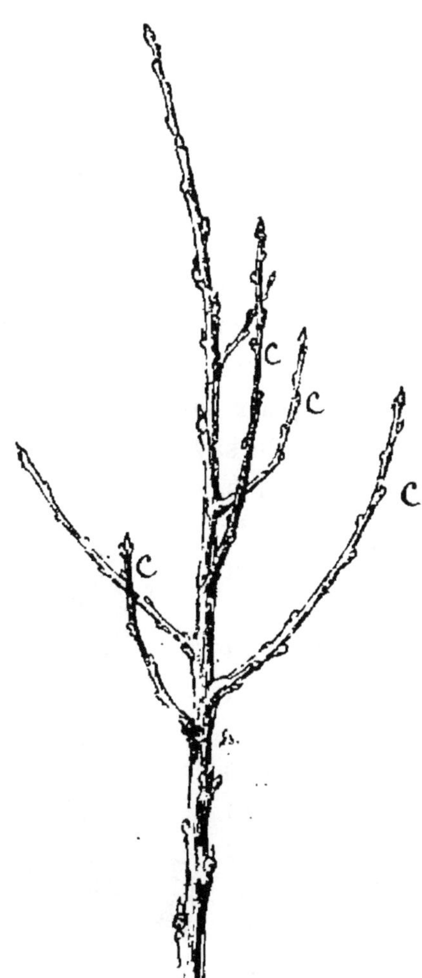

Fig. 192. — « Gourmand » de pêcher portant des rameaux anticipés *c*.

Elles sont, autant que possible, sur les côtés — à droite ou à gauche — quand les charpentières sont verticales ; — en dessus et en dessous — quand les charpentières sont horizontales.

Dans ces deux cas, ces petites branches ont une disposition analogue à celle des arêtes d'un poisson par rapport à sa colonne vertébrale.

Nous croyons devoir diviser les branches fruitières d'un pêcher en :

1° *Branches momentanément stériles ;*

2° *Branches fertiles.*

Les BRANCHES STÉRILES comprennent le *gourmand* et le *rameau à bois*.

Le *gourmand* (fig. 192) est cette pousse vigoureuse d'un an qui atteint de 40 à 80 centimètres de long et naît souvent sur les coudes, là où la circulation de la sève est difficile. En général, il porte des faux bourgeons ou rameaux développés avant terme (*C*, fig. 192). On doit éviter les gourmands, sauf sur les arbres déjà âgés où on peut les employer au rajeunissement de la charpente.

Le *rameau à bois* peut être considéré comme un petit gourmand. Il ne porte que deux yeux.

Ces deux productions : gourmand, rameau à bois, n'ont naturellement pas de boutons, mais elles peuvent, grâce à un traitement que nous expliquerons, faire souche de branches fruitières fertiles.

Les BRANCHES FRUITIÈRES FERTILES proprement dites ont reçu différents noms par lesquels on a voulu désigner leur aspect, leur manière d'être. Sur chacune d'elles, les boutons à fleurs et les yeux sont associés de diverses façons qu'il est important de savoir.

Toutes les branches fruitières fertiles sont âgées d'un an; cela se conçoit, puisque les fruits ne viennent que sur le bois de cet âge. On en connaît trois formes, ce sont :

1° Le *bouquet de mai;* 2° le *rameau mixte;* 3° le *rameau chiffon* ou *chiffonne.*

Le *bouquet de mai* (fig. 193) est un rameau court terminé par un œil à bois pointu, autour duquel sont groupés en un petit bouquet un certain nombre de boutons. Outre ces boutons, le bouquet de mai porte souvent à sa base un ou deux yeux à bois (D) dont nous signalerons l'utilité bientôt.

Fig. 193. Bouquet de mai de pêcher.

Le *rameau mixte* (fig. 194) est très commun sur les branches charpentières du pêcher; il compose la majeure partie des branches fruitières; sa longueur varie entre 30 et 40 centimètres. Il porte des yeux et des boutons qui sont presque toujours rassemblés et associés par deux ou par trois (E. fig. 194).

A sa base, près de son empattement, ce sont toujours des yeux que porte le rameau mixte. Ces yeux ont une grande importance, nous en reparlerons.

Le *rameau chiffon* (fig. 195), peu commun d'ailleurs, n'a pas une grande valeur ; il est souvent grêle, chétif, et maigre, garni de boutons à fruit d'une extrémité à l'autre ; il porte quelquefois, bien rarement, un œil à bois tout à sa base (O). Malgré cette disposition, évidemment défectueuse, les boutons floraux de la chiffonne, presque toujours dépourvus d'appel-sève au-dessus d'eux, peuvent quand même donner des fruits. De là, — surtout si l'on manque d'autres organes fructifères mieux établis, — la nécessité de conserver ces sortes de branches.

Il est encore une branche non clas-

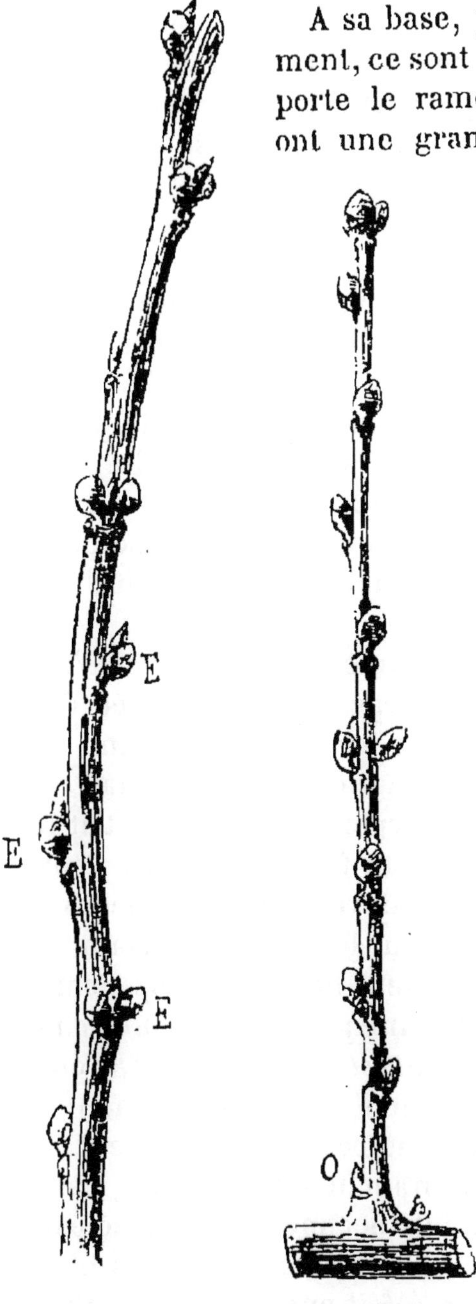

Fig. 194.
Rameau mixte de pêcher.

Fig. 195.
Rameau chiffon ou branche chiffonne de pêcher.

sée, c'est le *rameau ancicipé* (C, fig. 192) ; fertile ou stérile, selon les circonstances, il est le produit d'un œil qui s'est développé avant terme, c'est-à-dire un an trop tôt. Quand le rameau anticipé est fertile, il ressemble au rameau mixte ; s'il est stérile, il devient un rameau à bois.

Obtention et taille hivernale des branches fruitières. — La taille fruitière du pêcher repose sur trois principes : 1er le pêcher ne donne de fruits que sur le bois d'un an ; 2e un rameau à bois, infertile par conséquent, peut, s'il y est contraint par la taille et par le palissage, donner à sa base un ou deux rameaux fertiles qui fructifieront l'année suivante ; 3e principe découlant du premier : un rameau qui a produit du fruit n'en produit plus.

Supposons que nous sommes au printemps : Voici une portion de branche de charpente; elle est âgée de deux ans et porte des branches fruitières d'un an. L'année dernière, à la même époque, cette portion était à l'extrémité de la branche charpentière, elle en était le prolongement. Ce prolongement fut taillé et les yeux qu'il portait se sont peu à peu développés en rameaux (bourgeons des jardiniers). Au bout d'un certain temps, comme ces bourgeons étaient beaucoup trop nombreux, nous en avons supprimé une partie par *ébourgeonnement* (voir, plus loin, *Traitement estival du pêcher*). Toutes les pousses nées devant et derrière le prolongement ont été retranchées. Les bourgeons conservés occupent le dessus et le dessous de la branche charpentière, parce que celle-ci est horizontale ; ils occuperaient les côtés, — la droite et la gauche, — si la branche charpentière était verticale. Parmi eux on a fait encore des ablations, de manière que les rameaux définitivement réservés aient entre eux une distance de 15 à 18 centimètres. Durant leur végétation, ces rameaux ont été arrêtés à environ 30 centimètres de long par un *pincement*. On les a *palissés*, gouvernés comme il est dit au chapitre *Traitement estival du pêcher*, de manière que, l'année d'après, ils constituassent autant de branches fruitières normales.

La branche fruitière véritablement normale du pêcher est représentée par cette production que nous avons décrite sous le nom de rameau mixte (fig. 194), rameau portant deux ou trois yeux à son extrême base et, plus haut, de petits groupes d'organes variant par leur aspect, mais souvent composés d'un œil flanqué de deux boutons (E, fig. 193).

Cette branche fruitière, que nous supposons née seulement de l'année dernière, est, par cela même, directement implantée sur la charpente de l'arbre; elle a 30 à 35 centimètres de long. Par la taille, nous la réduisons à 20 ou 22 centimètres, de manière qu'elle conserve 4 ou 5 boutons (T, fig. 196).

Est-ce tout? Oui et non. La taille, telle qu'elle vient d'être appliquée, c'est assez pour affermir la fructification immédiate, c'est insuffisant pour assurer la fertilité constante de l'arbre. Car, cette branche, que nous venons de tailler et qui nous promet des fruits, sera absolument stérile l'année prochaine, parce qu'elle sera vieille, elle aura deux ans et la pêche ne se forme que sur le bois d'un an.

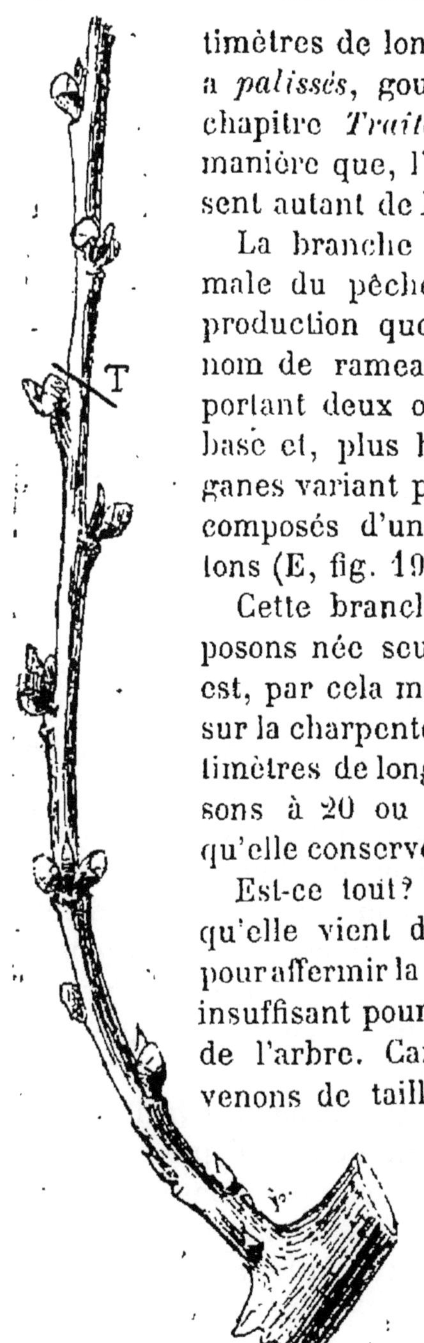

Fig. 196. — Pêcher. Branches fruitières d'un an. T. ligne de taille.

A dire vrai, l'année prochaine, notre branche se sera bien augmentée de toute la longueur de la pousse de son œil de taille, et cette pousse, ayant les conditions de jeunesse requises, portera certainement des organes fertiles, susceptibles d'être utilisés pour la production des pêches. Mais, si on les utilise, ces organes fertiles, on allonge la branche fruitière au delà des bornes, et, pour peu qu'on agisse comme cela tous les ans, cette branche devient si démesurément longue, si difforme, qu'on ne sait plus ni quel nom ni quelle place lui donner. Dans ces conditions, le pêcher n'est bientôt plus qu'un plein vent gêné par le mur contre lequel on voulait le palisser, un plein vent qui s'épuise dans les emportements d'une végétation folle, un arbre perdu que la taille raisonnée aurait pu maîtriser au bénéfice de sa longévité et de sa fructification.

N'oublions pas qu'ici, comme dans tous les arbres formés d'ailleurs, les branches fruitières ont une longueur limitée qu'elles ne doivent pas excéder. Chacune d'elles doit rester dans un espace borné, on peut l'y maintenir et voici comment :

Considérons la branche que tout à l'heure nous avons taillée ; elle porte, avons-nous dit, deux ou trois yeux à son extrême base, et, un peu au-dessus, mariés à d'autres yeux, 5 ou 6 boutons. Les boutons que nous venons de nommer, voilà du fruit pour cette année. Les yeux de l'extrême base, voici des fruits pour les années suivantes.

Les *rameaux anticipés*, qu'ils soient à fruit ou non, reçoivent un traitement identique à celui que nous allons décrire quant à l'ensemble des opérations; autrement dit, ils sont traités comme des branches fruitières à moins que leur présence soit inutile, alors on les supprime.

Pendant la végétation, tout en protégeant la floraison et le grossissement normal des fruits, il faut donc préparer la fructification future, c'est-à-dire faire développer

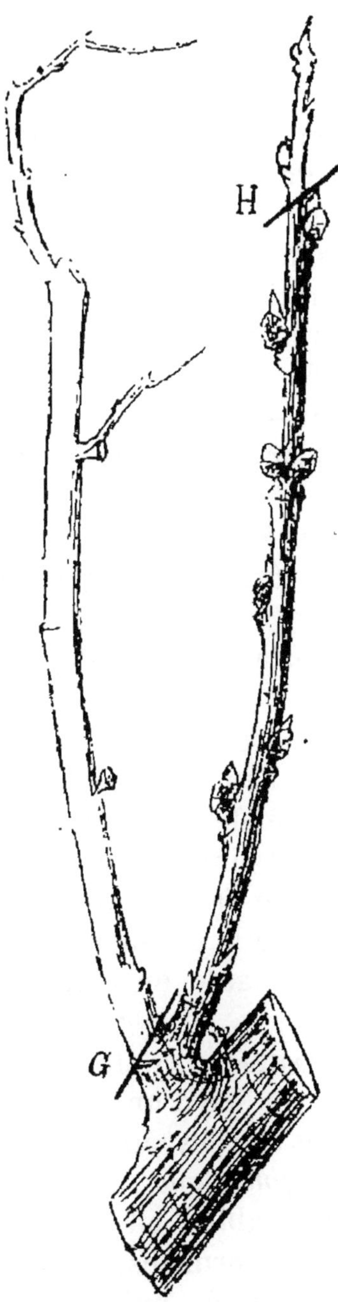

Fig. 197. — Pêcher. Branche fruitière de 2 ans, G, H, lignes de taille.

un ou deux yeux de l'extrême base, leur faire produire pour l'année prochaine le bois d'un an, le bois fertile, ce que les jardiniers appellent d'une manière si expressive la « *branche remplaçante* ». Mais comment faire développer ces yeux? Il y a bien des moyens : il y en a tellement que, si on a le temps de les mettre tous en œuvre, on ne peut avoir d'insuccès. C'est d'abord le *palissage* de la branche, puis l'*ébourgeonnement* d'une partie des yeux compris entre ceux de l'extrême base et celui du sommet. C'est le *pincement* plus ou moins sévère du bourgeon produit par la pousse de l'œil de taille lui-même. C'est le *cran*, l'*entaille*, pratiqués immédiatement au-dessus des yeux dont on veut provoquer le développement, c'est la *taille en vert*, le *rapprochement*, etc., etc. [1].

Tous les moyens qui ne mettent pas la santé de l'arbre en danger sont bons et nous devons les employer, car il faut atteindre le but; il faut, qu'outre la récolte de cette année, nous assurions la ré-

[1] Voir plus loin le *Traitement estival du pêcher*.

colte suivante : *il faut que nous ayons notre branche remplaçante.*

Supposons cette année achevée : nous avons réussi à obtenir de la branche en traitement ce que nous voulions : elle a donné des fruits et elle porte à sa base du bois nouveau, du bois fertile (fig. 197). Il est temps, une seconde fois, de lui appliquer la taille d'hiver. Nous allons alors pratiquer les trois opérations suivantes :

1° Retrancher au-dessus de son remplaçant la branche qui a fructifié l'année passée (G, fig. 197) ;

2° Tailler à une certaine longueur — au-dessus de 4, 5 ou 7 boutons, — le rameau remplaçant qui va fructifier cette année (H, fig. 197);

3° Palisser ce rameau et ménager à sa base le développement d'un autre rameau qui fructifiera dans un an.

Le traitement est simple ; l'important est de l'appliquer à la lettre.

Taille en crochet. — Quand, au lieu d'un seul, on a deux remplaçants, le plus éloigné de la charpente est taillé long (I, fig. 198), il est destiné à fructifier. L'autre, le plus rapproché du corps de l'arbre, est taillé court (H.), à deux yeux réservés pour la production du bois nouveau. Ce procédé s'appelle taille en crochet.

Taille des rameaux a bois, du rameau anticipé, etc. — Si, sur les membres de l'arbre, au lieu d'un rameau mixte, on rencontre des productions stériles, un simple *rameau à bois*, par exemple, ou un *gourmand*, et si ces productions occupent des places favorables, on les considère comme des branches fruitières normales. Gourmand et rameau à bois sont taillés, palissés, puis traités de telle manière, pendant leur végétation, qu'ils puissent donner à leur base une branche de remplacement munie de boutons. Ils font souche de branches fruitières

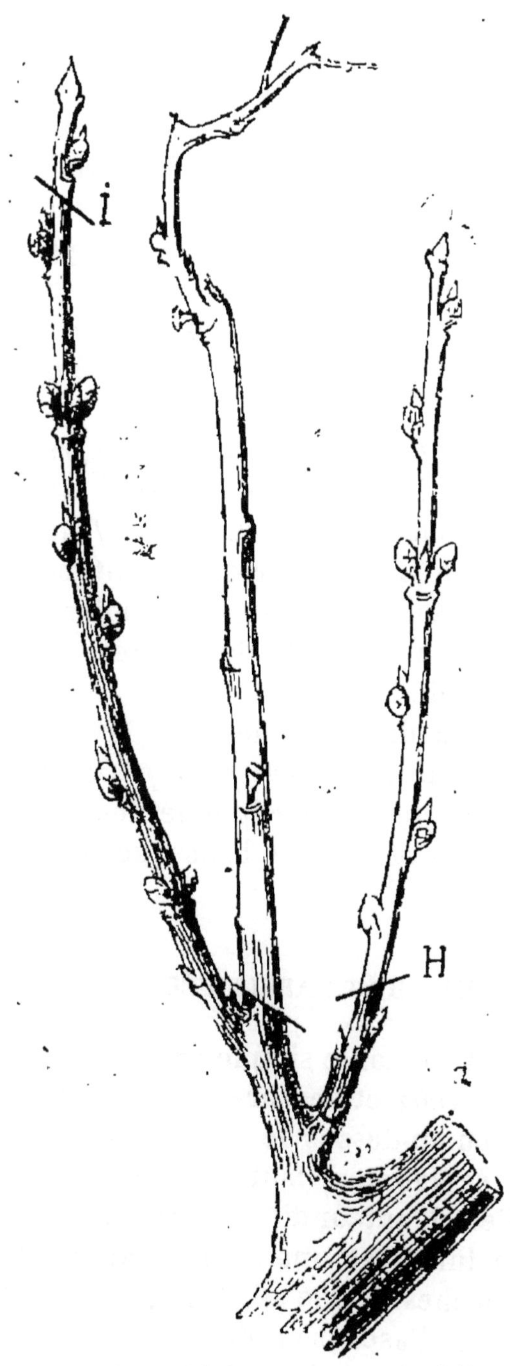

Fig. 198. — Pêcher. Branche fruitière de 2 ans taillée en crochet.
H, I, lignes de taille.

fertiles. C'est ce résultat facile à obtenir qui nous a fait dire plus haut que ces produits : le rameau à bois, le gourmand, sont des branches fruitières momentanément stériles.

Le *bouquet de mai*, où qu'il soit, ne se taille pas; c'est lui qui produit les meilleurs fruits et les plus beaux. Il peut, s'il occupe la place d'une branche fruitière, produire, outre ses fruits, une branche de remplacement. Pour provoquer la pousse de cette nouvelle branche, le jardinier surveille attentivement le bourgeon issu de l'œil terminal du bouquet ; il le pince sévèrement, ce bourgeon, et fait ainsi développer un œil du bas (D, fig. 193), qui constitue le remplaçant cherché.

La *chiffonne*, malgré son vice de conformation, peut,

avons-nous dit, donner des fruits quand même. On la conserve donc après l'avoir raccourcie légèrement.

On la conserve surtout si sa suppression entraîne un vide sur la charpente de l'arbre. Mais, comme dans ce dernier cas, le vide qu'on redoute se produit infailliblement l'année suivante, si on demande des fruits à cette chétive brindille, il faut faire le sacrifice des pêches, c'est-à-dire tailler la chiffonne au-dessus de l'œil qu'elle porte quelquefois sur son talon (O, fig. 194). Cet œil procure une branche remplaçante généralement robuste et fertile.

Mais sur nos pêchers, c'est surtout la *branche fruitière normale* que nous avons à traiter. L'*entretien de cette branche par la taille a constamment pour but sa fructification et son renouvellement*. Ces deux actes sont intimement liés par une sorte de solidarité; et le jardinier, dans l'intérêt de la force, de la fécondité des arbres, ne doit jamais les séparer l'un de l'autre.

Nous ne parlerons pas du traitement de la branche fruitière du pêcher par le *pincement sans palissage*, ce procédé nous ayant presque toujours donné des résultats médiocres et, en tous les cas, moins bons que le traitement par le palissage.

OPÉRATIONS DE LA TAILLE D'ÉTÉ APPLIQUÉES AU PÊCHER

LES ENTAILLES. — A l'entaille simple appliquée sur le pêcher au-dessus des yeux et des branches pour hâter leur développement ou au-dessus de ces mêmes organes pour en retarder la végétation, il faut ajouter l'entaille à talon de M. Chevallier. L'auteur dit en avoir obtenu une accélération de la maturité et une augmentation de la masse charnue des pêches. Règle générale, ces incisions se feront au moment de l'ascension de la sève, avec des outils bien propres et bien tranchants. Nous les recommandons avec une certaine réserve à cause de la gomme qu'elles engendrent quelquefois. Pour éviter le plus possible cette maladie, on fera bien d'observer les précautions prescrites et d'enduire la partie vive des plaies de cire à greffer.

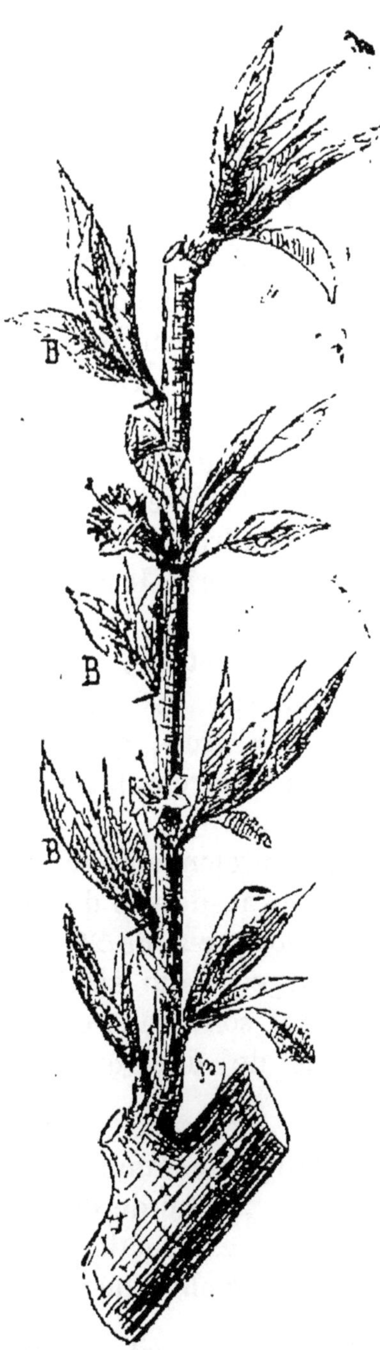

Fig. 199. — Pêcher. Branches fruitières feuillées.
B. rameaux à ébourgeonner.

ÉBOURGEONNEMENT. — La branche fruitière du pêcher taillée comme l'on sait, c'est-à-dire à 20 ou 25 centimètres de long, doit donner deux choses :

1° Des fruits ; 2° et spécialement à sa base, au moins un rameau qui devra plus tard la remplacer.

Par l'ébourgeonnement, on enlève une partie des bourgeons qui sont situés entre celui du sommet de la branche fruitière et les deux yeux de la base. Les bourgeons accompagnés de fruits sont réservés (fig. 198).

Sur les prolongements des branches charpentières, un assez grand nombre de bourgeons sont aussi enlevés. Les quelques-uns qui sont conservés ont été choisis d'une façon toute spéciale sur le dessus et sur le dessous de la branche, quand celle-ci est horizontale ; à droite et à gauche, quand elle est verticale. Du même côté, les bourgeons auront entre eux une distance de 15 à 20 centimètres ; c'est l'écartement qu'il doit y avoir entre les branches fruitières que ces bourgeons sont appelés à former.

Pincement. — Après qu'elles ont été ébourgeonnées, les branches fruitières du pêcher portent encore, outre le bourgeon terminal et les deux bourgeons de l'extrême base, deux ou trois bourgeons intermédiaires accompagnant chacun une pêche.

L'ébourgeonnement qui a réussi à faire développer franchement à bois les deux yeux de la base, est généralement impuissant à leur faire atteindre le développement qu'ils doivent définitivement acquérir. Il faut pincer pour provoquer ce développement.

Ce sont les bourgeons intermédiaires et le bourgeon terminal qui subissent cette opération (fig. 200). Chacun d'eux est amputé au-dessus de deux, trois, quatre ou cinq feuilles, selon que les bourgeons de remplacement à la base sont très faibles ou déjà forts.

Les bourgeons réservés sur les prolongements des branches charpentières seront pincés au-dessus de sept ou huit feuilles, c'est-à-dire à une longueur de 28 à 30 centimètres. Tous les prompts bourgeons qui se développent après le premier pincement sont, sans exception, pincés également au-dessus de une ou deux feuilles.

Courbure. — L'opération se pratique comme sur le poirier, elle a d'ailleurs le même but : celui de donner aux branches en voie d'élongation une direction telle que leur ensemble représente une forme cherchée.

Taille en vert. — La taille en vert a surtout pour effet de forcer quand même le développement des bourgeons de remplacement ; on l'applique aux branches fruitières quand elles ne portent pas de fruit et que leurs bourgeons de remplacement ne se développent pas avec assez de vigueur. Cette taille peut se faire immédiatement au-dessus des bourgeons de remplacement ou à quelque distance, pour ménager un fruit ou deux (T, fig. 200).

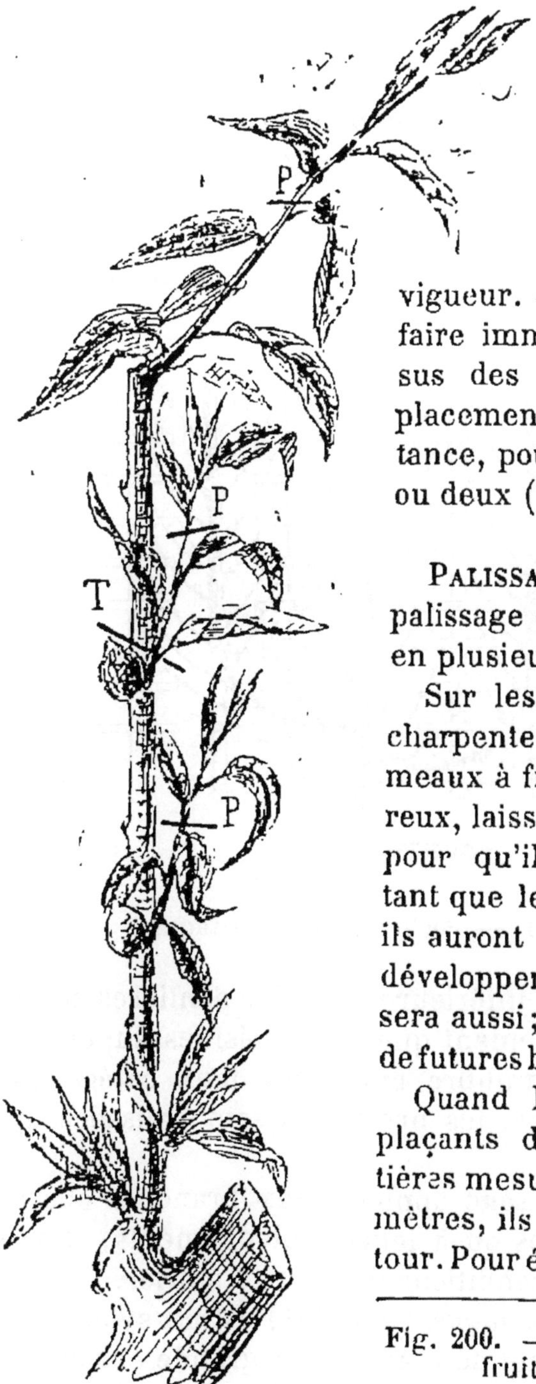

P
P
T
P

Fig. 200.

Fig. 200. — Pêcher. Branche fruitière feuillée.

P, lignes de pincement; T, ligne de taille en vert.

Palissage en vert. — Le palissage en vert est pratiqué en plusieurs fois :

Sur les prolongements de charpente, on palisse les rameaux à fruits les plus vigoureux, laissant les autres libres pour qu'ils s'accroissent autant que les premiers. Quand ils auront atteint ce degré de développement, on les palissera aussi ; ces rameaux sont de futures branches fruitières.

Quand les rameaux remplaçants des branches fruitières mesurent 20 à 25 centimètres, ils sont palissés à leur tour. Pour éviter des difficultés dans le palissage, le jardinier commence toujours cette opération par le sommet des branches charpentières et il dispose les branches fruitières en arêtes de poisson de chaque côté des branches de charpente. La figure 107, page 327, montre la disposition générale des branches après le palissage.

Lorsque, dans une forme, les branches charpentières sont horizontales, il arrive toujours que les branches à

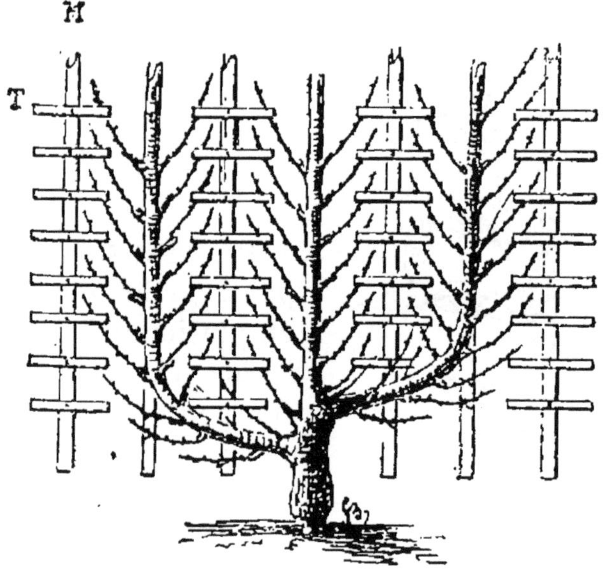

Fig. 201. — Pêcher palissé au taquet.

fruit de la partie inférieure des charpentières se développent plus faiblement que leurs voisines supérieures. Pour rétablir l'équilibre entre ces deux catégories de branches fruitières, les premières sont palissées après les autres.

Quant au palissage appliqué aux branches charpentières elles-mêmes ou à leurs prolongements, il se fait dans les mêmes conditions que sur le poirier.

Le *Palissage au taquet* (fig. 201) est un système tout nouveau qui permet de réaliser une grande économie de temps. Il est dû à M. Parent, arboriculteur. Nous l'avons étudié à l'Ecole d'horticulture de Versailles, où M. Hardy l'a essayé avec succès. Voici en quoi il consiste :

Les branches charpentières, deux à deux, sont séparées entre elles par des montants M parallèles aux branches et à égale distance de chacune. Sur ces montants, de 15 en 15 centimètres, sont fixés, par le milieu et au moyen d'une pointe rivée, des taquets T de 25 centimètres de long derrière lesquels les branches fruitières sont retenues.

On les y a passées en faisant pivoter chaque taquet autour de sa pointe, puis en le ramenant ensuite dans la position horizontale par-dessus la branche appliquée contre le mur.

Éclaircie des fruits. — D'après les données de la pratique, on est convenu de ne conserver qu'une pêche par branche fruitière, soit dix à douze fruits par mètre courant de charpente.

Si l'arbre a une figure symétrique, la partie droite ne devra pas porter plus de fruits que la partie gauche, à moins qu'il n'y ait, entre les deux, inégalité de vigueur. Dans ce cas, on fera porter davantage de fruits à la partie forte.

C'est après que le noyau est formé dans le fruit qu'il faut pratiquer l'éclaircie, car ce travail de la formation du noyau entraîne la chute naturelle de beaucoup de pêches. Pour se rendre compte, on détache un fruit et on essaye de le couper en deux.

Effeuillage. — Sur le pêcher comme sur la vigne, l'effeuillage doit se pratiquer en plusieurs fois. Pour opérer dans le voisinage des fruits, il est important d'attendre que ceux-ci aient acquis leur développement complet. On pratique l'effeuillage le soir et on fait suivre l'opération d'un bassinage.

Quand les feuilles qui masquent le fruit sont situées sur le rameau de remplacement, il ne faut pas les enlever, mais les déplacer seulement; leur ablation pourrait, en effet, apporter un trouble dans la préparation fructifère de ces rameaux.

Les variétés tardives : Bourdine, Bonouvrier, etc., doivent être effeuillées un peu plus avant leur maturité complète que les variétés précoces.

Récolte. — Si les pêches doivent voyager, il faut les cueillir lorsque leur pulpe est encore ferme, c'est-à-dire quelques jours avant la maturité, suivant que le voyage est court ou long. Pour la consommation immédiate, on cueille la pêche lorsqu'elle est mûre à point.

La maturité se reconnaît à la couleur jaune ou jaune verdâtre que prend le fruit dans ses parties non exposées au soleil.

On ne cueillera pas si le soleil frappe depuis longtemps les espaliers, car les fruits cueillis chauds se gardent difficilement. Il est mieux de récolter le matin après l'évaporation de la rosée, ou le soir avant le serein.

Pour détacher la pêche, il suffit de la prendre à pleine main, de la saisir comme dans un moule, sans trop la presser, et de lui imprimer un léger mouvement de torsion sur son pédoncule. Ces fruits, disposés en un seul lit au fond d'une manne, sont portés dans un fruitier frais. Pour aviver les couleurs de la pêche, on enlève son duvet en frottant doucement l'épiderme avec une brosse molle. Cette précaution n'est pas prise à l'égard des pêches qui doivent voyager, elles ne sont brossées qu'à leur arrivée.

LES ENNEMIS DU PÊCHER

Insectes. — Le *Puceron* du pêcher a les mêmes mœurs que le puceron du poirier; on le détruit par les mêmes procédés.

Le Kermès. — Mêmes mœurs que le kermès du poirier ; on le détruit par le brossage à sec en hiver suivi d'un chaulage ou d'un badigeon à l'eau de savon noir (100 grammes de savon noir pour un litre d'eau).

ARACHNIDES. — *L'Acarien tisserand du pêcher.* — Plus connus sous le nom vulgaire de *grise ;* cet arachnide vit sur la face inférieure des feuilles de pêcher, y tisse une fine toile soyeuse. Ces feuilles deviennent bientôt jaunâtres, elles se crispent légèrement sur les bords et ne fonctionnent plus qu'imparfaitement. On combat la grise par les fumigations de tabac ou les bassinages répétés deux ou trois fois par jour.

MALADIES. — La *Gomme* est une maladie intérieure qui se déclare dans les tissus mêmes de l'arbre ; elle est l'effet d'une transformation de la sève du sujet qui devient sirupeuse, pâteuse, transparente et d'un blanc jaunâtre ; sous cette forme, elle s'épanche au dehors, prend une teinte plus foncée et se solidifie au contact de l'air.

La gomme se déclare de préférence chez les arbres plantés en terres argileuses, imperméables et humides. Les pincements répétés trop sévères, les tailles trop courtes, les grandes amputations, les excoriations provoquent aussi la gomme ; il en est de même des brusques changements de température. Donc, comme remède préventif, nous aurons à modérer les pincements et les tailles, à éviter les fortes amputations, les meurtrissures, et, surtout, les cultures dans les terrains argileux. Si le mal est déclaré, au moyen d'un outil bien tranchant, on enlève jusqu'au vif toutes les parties décomposées par la gomme, puis on recouvre la plaie avec une couche de mastic à greffer.

LES CHAMPIGNONS PARASITES. — Le *Taphrina deformans* est la cause de la maladie connue sous le nom de *cloque*. Se développant à la face inférieure des feuilles, il produit ces difformités que nous remarquons souvent; en même temps, il empêche la respiration de l'arbre et l'élaboration de la sève.

On rencontre surtout cette maladie sur les arbres déjà faibles, elle se déclare aussi dans les saisons à la fois chaudes et humides.

Chaque fois qu'on a des feuilles cloquées sur un pêcher, il faut les retrancher et les brûler, afin d'empêcher l'extension du mal. Pour faciliter la croissance de nouveaux organes foliacés, on fume les arbres opérés avec des engrais à base de potasse. Des pêchers atteints de cette maladie ont été guéris à la suite de deux ablutions d'eau cuivreuse au trois millième. La bouillie bordelaise, appliquée préventivement sur les espaliers, en mars, a préservé les arbres de la cloque.

Le Meunier. — Encore un petit champignon avec lequel il faut compter pour avoir les fruits sur lesquels il se développe; il a l'aspect d'une poussière farineuse et paralyse le grossissement des pêches; on le combat par la fleur de soufre, remède auquel il résiste quelquefois; le meunier est fort heureusement assez rare; quelques variétés de pêcher seules en sont atteintes.

Le *Blanc des racines* est aussi un champignon que l'on rencontre quelquefois; il vit sur les racines, il n'y a que la mort de l'arbre qui le puisse détruire.

L'ABRICOTIER

Famille : ROSACÉES

DESCRIPTION. ORIGINE. HISTOIRE. — L'abricotier est un arbre de troisième grandeur, à feuilles caduques, presque cordiformes, dentées, terminées en pointe, à fleurs hermaphrodites, à fruits charnus, plus ou moins sphériques, divisés en deux joues par un sillon. Ces fruits, *drupes à noyaux*, sont d'une couleur variable, souvent jaune orangé, lavés de carmin et duveteux.

On a d'abord assigné à l'abricotier l'Arménie comme patrie, puis la Perse, et enfin l'Egypte, où il croît spontanément comme en Algérie.

C'est vers le XVe siècle que l'abricotier vint en France, importé directement d'Italie ou de Suisse, on ne sait pas.

La Société pomologique de France n'a encore admis que quatorze variétés de cette espèce. Ces variétés mûrissent entre le commencement de juillet et le 15 août. Voici les meilleures; nous les disposons par ordre de maturité :

VARIÉTÉS. — 1. *A. hâtif du clos*. — Arbre fertile, de vigueur moyenne. Fruit très bon. Maturité : fin juin et premiers jours de juillet.

2. *A. commun*. — Arbre vigoureux et fertile. Fruit moyen, très bon. Maturité : juillet.

3. *A. de Hollande*. — Arbre vigoureux et fertile. Fruit petit, bon surtout pour la préparation des conserves. Maturité : milieu de juillet. Cet arbre dont les fruits sont surtout appréciés pour la préparation des confitures est particulièrement propre à la culture en plein vent; il se reproduit, dit-on, assez bien de noyau.

4. *A. de Jouy*. — Arbre à ramifications disposées naturellement en boules; il est rustique, vigoureux et fertile. Fruit moyen ou gros, très bon. Maturité : seconde quinzaine de juillet.

5. *A. royal*. — Arbre d'une vigueur et d'une fertilité moyennes. Fruit gros, ovoïde, bon ou très bon. Maturité : fin juillet. On le cultive surtout en plein vent; ses branches un peu désordonnées ont besoin d'être dirigées ou taillées.

6. *A. de Nancy*. — Arbre vigoureux, fertile, à branches divergentes, variété se reproduisant assez bien par le semis de ses noyaux. Fruit gros ou très gros, rond ou ovoïde, très bon. Maturité : milieu d'août.

De tous ces fruits, l'abricot de Hollande seul est à amande douce. Les autres ont une amande plus ou moins amère.

Citons encore parmi les variétés ayant quelque mérite : *Alberge*, fruit petit, très bon, mûrissant vers la première quinzaine d'août; *Saint-Jean*, *Angoumois*, *Luizet*, etc.

CULTURE

Autant la culture de l'abricotier s'avance vers le nord de la France, autant les récoltes deviennent douteuses, autant les fruits perdent en qualité.

En espalier, l'abricot acquiert du volume, un beau coloris, mais il n'est pas parfumé. En plein vent, au contraire, l'abricot grossit peu ; il devient quelquefois rachitique, comme galeux, et cache, sous un aspect peu engageant, une saveur exquise.

SOL. MULTIPLICATION. — Les sols humides sont contraires à cet arbre ; il vient bien dans les terres saines, sèches même, sableuses, calcaires ou caillouteuses.

Dans les sols naturellement frais sans être humides, il pousse mieux greffé sur prunier *Saint-Julien* ou *Sainte-Catherine* que sur tout autre sujet. Dans les terres sèches (midi de la France), on le plante greffé sur lui-même, sur amandier ou sur pêcher.

L'abricotier se multiplie par le semis de ses noyaux et par le greffage.

Les variétés qui peuvent se reproduire par le semis avec à peu près tous leurs caractères sont les suivantes : *Alberge* et de *Hollande*. C'est peu et encore la ressemblance des nouveau-nés avec leurs parents connus n'est-elle pas toujours irréprochable.

Pour propager les meilleures variétés avec leurs moindres qualités, nous n'avons qu'un moyen, c'est le greffage.

Le genre de greffage adopté est l'écussonnage en juillet et août. La greffe en incrustation (mars, avril) ne réussit pas bien. Les sujets porte-greffe sont ceux énumérés plus haut.

SITUATION. EXPOSITION. — Les coteaux exposés au midi, au couchant, au sud-sud-ouest sont ceux qu'il faut préférer pour la culture en plein vent de l'abricotier. Jamais on ne plantera au fond des vallées. Sur les pentes à l'est, l'arbre est exposé aux dégels subits qui lui sont préjudiciables.

Dans le jardin fruitier, les faces des murs qu'on choisira, pour y cultiver l'abricotier en espalier, seront orientés comme les coteaux dont nous parlions tout à l'heure : au midi, à l'est, à l'ouest et au sud-sud-ouest.

La saillie des chaperons augmentée de celle de larges auvents suffit presque toujours pour abriter les espaliers en fleurs.

L'ABRICOTIER EN PLEIN VENT. — L'abricotier vient bien en plein vent, surtout dans les cours de fermes, dans les angles bien exposés et bien éclairés que forment quelquefois deux murs élevés se joignant. Au verger, en rase campagne, ou sur les coteaux, malgré l'abondance des fleurs dont il se couvre tous les ans, il est souvent frappé de stérilité par les gelées blanches.

Les objets pouvant donner de l'ombre (*fanes de pois, botillons de paille, papiers*), s'ils sont suspendus dans les arbres au moment de la floraison, peuvent préserver un peu des gelées.

Nous avons vu quelquefois l'abricotier planté isolément ou par groupes sur les pelouses des parcs paysagers.

Au verger, les arbres sont disposés en quinconce à 6 mètres entre les lignes et 6 mètres entre les arbres sur les lignes.

La taille n'est nécessaire que pendant les premières

années de végétation. On l'applique pour faire naître une ou plusieurs séries de branches principales avec lesquelles on ébauche un vase. Une fois cette forme infligée à la charpente générale de l'arbre, on ne taille plus que de loin en loin, supprimant les gourmands dans l'intérieur, éclaircissant la ramure, pour ménager aux fruits qu'on espère plus d'air et de lumière.

Sous le climat de Paris, les variétés les plus fertiles au verger sont généralement celles à floraison tardive : citons les abricotiers *Commun*, *Royal*, *Luizet*, etc.

L'ABRICOTIER AU JARDIN FRUITIER. — L'abricotier a souvent besoin de l'espalier dans le nord de la France; il lui faut même une bonne exposition : la lui donnerons-nous? Cela est affaire de goût : ne discutons pas.

C'est particulièrement l'abricot précoce qui mérite l'espalier à cause de sa maturité rapide, qui sera encore avancée si on le cultive au midi. Il y perdra bien un peu de son délicieux arome; mieux vaut cependant sacrifier cette bouffée d'odeur que le fruit tout entier.

Au nord de Paris, l'abricot n'est réellement en sûreté qu'à l'abri d'un mur bien orienté. On laisse un espace de 30 centimètres entre les branches charpentières de l'arbre.

Les palmettes à branches horizontales ou verticales sont les formes généralement appliquées à l'abricotier; on les obtient comme avec le poirier ou le pêcher.

Selon les formes auxquelles on le destine, les abricotiers se plantent aux distances suivantes :

Au verger :	haute tige.	5 à 6 m.
Au jardin fruitier :	oblique	0 m. 60
—	palmette à 2 branches en U .	0 m. 60
—	palmette à 3 branches	0 m. 90
—	palmette à 4 branches. . . .	1 m. 20

Ainsi de suite en multipliant 30 centimètres par le nombre de branches exigé.

L'abricotier, comme le pêcher, se taille l'année de sa plantation.

TAILLE FRUITIÈRE PROPREMENT DITE. — L'abricot se forme toujours sur le bois d'un an, et la branche à fruit de l'arbre se taille comme celle du pêcher; seulement, comme elle est plus solide, plus trapue, mieux garnie d'yeux et de boutons, on ne la palisse pas et elle est maintenue relativement courte.

C'est donc par cette taille relativement courte (*les branches fruitières taillées conservent une longueur de 12 à 15 centimètres*), puis par l'application de l'ébourgeonnement et du pincement, qu'on pourra faire développer à la base d'une branche d'un an le bourgeon qui devra la remplacer l'année suivante et conserver ainsi la fertilité de l'arbre.

Par l'effeuillage progressif, pratiqué au moment de la maturation, on augmente d'une façon sensible le coloris et la qualité des abricots.

LE CERISIER

Famille : ROSACÉES

DESCRIPTION. ORIGINE. HISTOIRE. — Cet arbre de 4 à 8 mètres de hauteur, selon les espèces, appartient encore à la famille des rosacées : ses feuilles sont caduques, lancéolées, dentées, ses fruits charnus sont des drupes à noyaux, à peau glabre, jaune ou rouge plus ou moins foncé. Il croît spontanément en France.

Le cerisier des oiseaux (merisier) et le cerisier commun, espèces botaniques, sont les premiers parents de toutes nos variétés cultivées. Ces deux arbres étant acclimatés en France depuis les temps préhistoriques, il est impossible de leur assigner une origine bien déterminée. On serait tenté d'admettre que le cerisier des oiseaux est indigène au moins dans le bassin du Rhône.

Espèces et variétés. — Dans le commerce, on vend pour la consommation quatre espèces de cerises. Ce sont là des espèces purement horticoles; voici leur noms : elles renferment chacune un nombre plus ou moins considérable de variétés :

1° La *Cerise proprement dite*, de forme variable, souvent aplatie, à chair molle, acidulée;

2° La *Cerise griotte*, se rapprochant beaucoup de la précédente quant à la forme, mais à chair aigre, astringente. Elle est partout recherchée pour la préparation des conserves à l'eau-de-vie ;

3° La *Cerise guigne*, de forme presque sphérique, rarement aplatie, plus souvent allongée, à chair molle, fade et peu sucrée ;

4° La *Cerise bigarreau*, généralement plus volumineuse que les autres, souvent cordiforme et terminée en pointe obtuse : chair dure, croquante, douce et sucrée.

Le bigarreautier, comme le guignier, est plus élevé que le cerisier; ses rameaux sont plus volumineux, moins nombreux; son port est naturellement élevé, presque pyramidal.

Voici un choix des meilleures variétés de cerises :

Cerises proprement dites.

Belle d'Orléans. — Arbre d'une vigueur et d'une fertilité moyennes. Fruit moyen, bon. Maturité : fin mai.

Anglaise hâtive. — Arbre fertile, de vigueur moyenne. Fruit assez gros, très bon. Maturité : milieu de juin. Bonne variété pour l'espalier.

Royale. — Arbre très vigoureux, d'une fertilité moyenne. Fruit gros et très gros, très bon. Maturité : fin juin et commencement de juillet. Espalier et plein vent.

Belle de Chatenay. — Arbre d'une vigueur moyenne, d'une fertilité grande et persistante. Fruit gros, bon. Maturité : milieu de juillet. Plein vent et espalier, même au nord.

De Montmorency. — Arbre de vigueur moyenne, ayant une grande et constante fertilité. Fruit gros, bon. Maturité : commencement de juillet. Plein vent.

Bigarreaux.

Bigarreau Elton. — Arbre vigoureux ; fertilité grande et constante. Fruit assez gros, bon. Maturité : juin. Plein vent sur tige élevée.

Gros bigarreau. — Arbre d'une vigueur et d'une fertilité moyennes. Fruit gros, très bon. Maturité : juillet. Plein vent.

Bigarreau cœur ou *Gros cœuret.* — Arbre très fertile atteignant de grandes dimensions. Fruit gros, cordiforme, bon. Bonne variété pour la culture commerciale.

Griottes.

Griotte du Nord. — Arbre très vigoureux, très fertile. Fruit assez gros, bon pour les conserves. Maturité : juillet, août.

Guignes.

Guigne Garcine. — Arbre très vigoureux, fertile à l'âge adulte. Fruit gros, très bon. Maturité : fin juin.

Guigne noire de Cobourg. — Arbre de vigueur moyenne assez fertile. Fruit assez gros, bon. Maturité : fin juillet. Plein vent.

La guigne et le bigarreau, comme fruits de table, laissent à désirer ; la cerise sous tous les rapports leur est supérieure. Sans doute ce n'est pas un fruit de la valeur d'une pêche ou d'un raisin, mais c'est un fruit précoce, ce qui est déjà beaucoup, et puis, *elle peut se conserver sur l'arbre jusqu'à la fin d'août sans perdre de sa qualité ;* elle brunit un peu, voilà tout.

CULTURE

Sol. Multiplication. Exposition. — Comme l'abricotier, le cerisier, en général, ne supporte pas facilement la taille ; comme lui aussi, il vient bien exclusivement dans les terrains sains, redoute le fond des vallées et les expositions au soleil levant ; mais il a une qualité remarquable ; il s'accommode, en espalier, de la face des murs exposée au nord ; ses fruits y sont à très peu de chose près aussi bons qu'ailleurs et se conservent plus longtemps sur l'arbre.

Le cerisier cultivé se greffe surtout sur *merisier*, en tête à 2 mètres ou $2^{m},50$, pour former des arbres de plein vent. On greffe sur le *Sainte-Lucie*, en pied, pour former des espaliers ou des basses tiges.

La greffe employée est, avec le merisier, la greffe en fente au printemps, et l'écussonnage en septembre. Avec le Sainte-Lucie, l'écussonnage à œil dormant (septembre) est exclusivement adopté. La greffe en fente que nous ne recommandons pas provoque assez souvent la gomme.

Le cerisier en plein vent. — Au verger, quand le terrain est de bonne qualité, on plante le cerisier greffé sur merisier en quinconce à 6 mètres entre les lignes et entre les arbres sur les lignes.

A l'égal de l'abricotier, le cerisier peut se planter isolément ou par groupes irréguliers dans les jardins paysagers d'assez grandes dimensions.

Les variétés suivantes sont cultivées au verger : tous

les bigarreaux, toutes les guignes, la griotte du nord, les cerises de Montmorency, Belle-de-Chatenay, Royale.

Le bigarreau cœur ou gros cœuret est très demandé sur les marchés; étant donné sa fertilité, il devient une variété commerciale d'un grand mérite.

Le cerisier en plein vent ne se taille pas.

Dans certaines localités, aux environs de Paris par exemple, au lieu de planter des hautes tiges, on plante des demi-tiges ou des basses tiges; ce sont des sujets écussonnés rez-terre, comme s'ils étaient destinés à la culture en espalier.

La récolte sur ces sortes d'arbres est beaucoup plus facile et moins dispendieuse.

Le cerisier au jardin fruitier. — Au jardin fruitier, surtout si le terrain est sec, léger, il vaut mieux planter des sujets sur Sainte-Lucie. Greffé sur cette essence, le cerisier pousse dans les sols arides les plus ingrats; en tous les cas, il est moins vigoureux, plus fertile que greffé sur merisier et résiste parfaitement à la sécheresse. On en forme des pyramides, des palmettes en espaliers, etc.

Pour l'espalier, les variétés *Belle-d'Orléans*, *Anglaise hâtive*, *Royale*, *Belle-de-Châtenay*, sont celles qu'il faut choisir. *Belle-de-Châtenay*, particulièrement, peut se planter au nord.

De Montmorency ne peut supporter la taille ; on plantera cette variété en plein carré et on la laissera pousser en touffe.

Les bigarreautiers, par leur vigueur, par le port de leurs branches, souvent étalées, conviennent peu au jardin fruitier.

La variété *gros bigarreau* pourrait cependant être plantée en basse tige; mais on ne la taillera pas si on veut qu'elle fructifie. La même observation s'applique aux C. guigniers.

Les différentes formes auxquelles on soumet cet arbre, *palmette*, *pyramide*, etc., s'obtiennent par des procédés usités avec les autres espèces. Il faut laisser 30 centimètres entre les branches charpentières des palmettes et veiller, sur les pyramides, à ce que les premières branches latérales inférieures ne l'emportent pas en vigueur sur la tige de l'arbre ; ce fait se produit quelquefois, bien qu'il paraisse invraisemblable.

Voici quelles sont les distances auxquelles on plantera les cerisiers selon les formes adoptées :

Plein vent.	6 mètres.
Basse tige ou pyramide.	4 —
Palmette à branches horizontales .	5 —
— à 2 branches en U. . .	0,50
— à 3 branches.	0,90
— à 4 branches.	1,90

et ainsi de suite en multipliant 30 centimètres (écartement) par le nombre de branches.

Taille fruitière proprement dite. — Sur le cerisier, le fruit apparaît généralement attaché au bois de deux ans et tout le traitement des branches fruitières est basé sur ce mode de végétation. Voici ce traitement, on y distingue les opérations d'été et les opérations d'hiver :

Considérons une coursonne âgée d'un an (fig. 201).

Pendant sa végétation, en mai ou juin, cette coursonne a été pincée (B) à une longueur de 12 ou 15 centimètres ; on a même répété le pincement (C) au-dessus du premier, mais plus court, sur le bourgeon anticipé terminal.

C'est maintenant l'époque de la taille hivernale, cette coursonne va être coupée à 8 ou 10 centimètres en D, au-dessus de six ou sept yeux, y compris ceux de la base.

Au printemps de la seconde année, l'œil de taille se développe, on le pince à deux, trois ou quatre feuilles s'il dépasse les proportions d'une faible brindille. Alors les yeux plus inférieurs se développent aussi; ils s'adjoignent quelques boutons à fleurs et forment autant de bouquets de mai. Chaque bouquet de mai très distinct

Fig. 202. — Cerisier.
Branche fruitière d'un an.
D, ligne de taille.

Fig. 203. — Cerisier.
Branche fruitière de 2 ans
F, ligne de taille.

après la chute des feuilles est formé par une réunion de boutons floraux tout ronds, que domine un œil à bois pointu (fig. 203).

Lors de la seconde taille d'hiver, la branche coursonne, alors âgée de deux ans, est « à fruit », c'est-à-dire qu'elle porte des boutons fruitiers ; on la coupe au-dessus de deux ou trois bouquets de mai (F, fig. 203).

Pendant la végétation de la troisième année, la coursonne fleurit et fructifie ; les bourgeons qui accompagnent immédiatement les fruits sont pincés, on réussit ainsi à faire développer à la base de la coursonne un *rameau remplaçant* qu'on lui substituera après qu'elle aura fructifié, à la taille d'hiver suivante.

Et cette nouvelle branche coursonne, après avoir subi, durant trois années, les traitements de celle qui la précède, disparaît à son tour, chassée par une autre, ainsi de suite, jusqu'à la mort de l'arbre.

Parfois, les yeux des branches charpentières, yeux sur lesquels on comptait pour former des branches coursonnes, se transforment en bouquets de mai ; il n'y a dans ce cas rien à faire pendant la végétation ni lors de la taille d'hiver suivante. Un an après leur formation, ces bouquets de mai épanouissent leurs fleurs, produisent des fruits et allongent en rameau l'œil à bois qui les accompagne presque invariablement. Le développement de ce rameau constitue dès lors une coursonne ordinaire ; elle est traitée comme il a été expliqué.

LE PRUNIER

Famille : ROSACÉES

DESCRIPTION. ORIGINE. HISTOIRE. — De la famille des rosacées, classe des amygdalées, le prunier est un arbre de troisième grandeur (5 à 6 mètres de haut), ses feuilles sont alternes, ovales, terminées plus ou moins en pointe et crénelées dentées ; ses fleurs, blanches, s'épanouissent en avril, avant les feuilles ; ses fruits sont des drupes plus ou moins volumineuses, à noyaux durs, à peau glabre, mais recouverte d'un léger enduit cireux et glauque; cet enduit (cuticule) disparaît au moindre contact.

De Candole estime que la naturalisation du prunier en Europe remonte à deux mille ans[1]. Il y serait venu soit de l'Anatolie, soit du midi du Caucase ou de la Perse septentrionale, régions où l'espèce croît spontanément.

En France, l'introduction du prunier remonterait aux croisades.

Espèces. Variétés. — Les variétés du prunier que nous comptons dans nos cultures sont relativement peu nombreuses.

La Société pomologique, dans son travail de sélection, n'en a adopté que trente et une. Toutes ces variétés appartiennent à l'espèce désignée par les botanistes sous le nom de *prunier domestique*.

Nous pouvons diviser les prunes d'après l'usage qu'on en fait en :

1° *Prunes à couteau :* elles se mangent à l'état frais;

2° *Prunes à confire :* elles servent pour la préparation des confitures;

3° *Prunes à sécher :* on les emploie tout spécialement pour préparer les pruneaux.

Voici une liste des meilleures variétés.

Prunes à couteau.

Pêche. — Arbre de vigueur moyenne, de fertilité grande et constante. Fruit bon, gros et très gros, rouge violacé, mûrissant fin juillet. Cette variété est bonne pour la culture commerciale à cause de sa précocité.

Bleue de Belgique. — Arbre assez vigoureux, fertile,

[1] De Candole *L'Origine des plantes cultivées.*

rustique. Fruit bon, moyen, pourpre, recouvert d'une couche cireuse, bleuâtre, mûrissant au commencement d'août.

De Montfort. — Arbre vigoureux, d'une fertilité précoce, bonne et persistante. Fruit très bon, assez gros, ovoïde, violet sombre, veiné de fauve, mûrissant dans la première quinzaine août.

Reine-Claude ou *Reine-Claude dorée.* — Arbre d'une vigueur ordinaire, d'une fertilité grande, mais inconstante. Fruit très bon, assez gros, sphérique, vert jaunâtre, mûrit en août.

Reine-Claude diaphane. — Arbre de vigueur ordinaire, de fertilité précoce et assez soutenue. Fruit gros, sphérique, très bon, jaune doré, lavé de carmin, entièrement recouvert d'une cuticule accentuée et transparente, mûrit en août, septembre.

Reine-Claude violette. — Arbre vigoureux, mais d'une fertilité qui laisse quelque peu à désirer. Fruit très bon, moyen, violet foncé, pruineux, mûrissant en septembre.

Goutte-d'or de Coë. — Variété anglaise qu'on appelle encore *Coës Golden Drop.* Arbre vigoureux, très fertile, rustique. Fruit gros, ovoïde, très bon, jaune doré, maculé de rouge à l'insolation. Maturité : fin septembre.

Reine-Claude de Bavay. — Arbre vigoureux, d'une fertilité constante et grande. Fruit gros, bon, ovoïde, jaune verdâtre, quelquefois moucheté de rouge. Maturité : septembre, octobre.

Prunes à confire.

Presque toutes les variétés précédentes sont avantageusement utilisées pour la préparation des conserves et des confitures, mais on emploie plus généralement pour cela la reine-Claude et les trois prunes suivantes :

Mirabelle petite. — Arbre d'une vigueur moyenne,

d'une fertilité grande et constante. Fruit très bon, petit et très petit, arrondi, jaune, moucheté de rouge.

Mirabelle grosse. — Arbre d'une vigueur ordinaire, d'une fertilité moyenne. Fruit très bon, légèrement plus gros que celui de la variété précédente ; même forme, même couleur.

Les mirabelliers sont surtout propres pour la culture en haute tige.

Reine-Claude verte. — Cette variété a tous les caractères de la reine-Claude dorée, sauf que ses fruits, au lieu de jaunir lors de la maturité, conservent une teinte vert pâle qui les fait préférer pour confire à l'eau-de-vie, alors que les reines-Claude dorées sont plus recherchées pour le dessert et la préparation des confitures.

Prunes à pruneaux.

Quetsche d'Allemagne. — Arbre d'une vigueur bonne, d'une fertilité grande, mais soumise à une alternance regrettable. Fruit bon, moyen ou assez gros, ovoïde, rouge pourpre, pruineux.

Sainte-Catherine. — Arbre vigoureux et constamment fertile. Fruit très bon, moyen, ovoïde, jaune doré, moucheté de carmin à l'insolation.

Ces deux pruniers se cultivent surtout en *plein vent;* il faut ajouter *Goutte d'or* et *Reine-Claude violette* qui, bien que rangés dans les premières catégories, produisent aussi d'excellents pruneaux. La prune reine-Claude violette ne se déchire pas, comme beaucoup d'autres prunes, sous l'influence des pluies.

CULTURE

Sol. Climat. Emplacement. — C'est une terre saine et de consistance moyenne qui convient surtout au prunier. Il végète et s'alanguit dans les sols argileux ou humides. Partout ailleurs, il vient bien ou à peu près.

Bien qu'originaire d'Orient, cet arbre, ou tout au moins certaines variétés de l'espèce, s'accommodent de notre climat du nord de la France. Le seul défaut qu'on puisse reprocher au prunier, c'est sa floraison trop précoce. Ses corolles se confondent avec les givres du printemps.

Des plantations sur coteaux bien exposés, midi, couchant, sud-ouest, peuvent, dans une certaine mesure, atténuer les effets de cette fâcheuse coïncidence.

On évitera les plantations dans les vallées étroites.

Multiplication. — Le *noyau*, le *drageon*, le *greffon;* ce sont là les trois objets qui permettent de multiplier le prunier.

Nous commencerons par étudier le *semis* et la *séparation des drageons*, non pour les encourager, mais pour les combattre.

Certaines variétés : la *Quetsche*, le *Damas*, la *Mirabelle*, la *Reine-Claude* possèdent, assure-t-on, la propriété de se reproduire sans varier par le semis de leurs noyaux.

Non, il n'est pas possible qu'un noyau de mirabelle puisse toujours reproduire un mirabellier en tous points semblable à celui dont descend la graine semée. Ou bien, si on admet cela, il est tout aussi logique d'exiger qu'un enfant ait la chevelure blonde parce que son père et sa mère sont blonds.

Il est prouvé que la variété peut changer à son avantage, c'est bien, mais le fait arrive si rarement qu'il doit être considéré comme une exception à cette règle : *Toute variété qu'on sème varie et tend, en général, vers son type primitif imperfectionné.*

Nous recommandons par conséquent de ne jamais recourir au semis pour propager directement le prunier. Il fut déjà trop usé de ce mode de multiplication. C'est à cause de lui que certains marchés provinciaux sont encombrés de reines-Claude et de mirabelles bâtardes, d'un goût médiocre et d'une distinction douteuse.

Le prunier issu d'un dragеon (*pousse aérienne partie directement d'une racine*) n'est pas excellent non plus. Généralement fertile, il produit de beaux fruits absolument semblables à ceux du prunier franc d'où on l'a détaché : seulement il hérite du défaut de son parent, défaut héréditaire d'ailleurs : il drageonne aussi et le nombre considérable de bourgeons qui naissent sur ces racines, l'affaiblissent et le vieillissent avant l'âge. Donc, point d'arbres formés de dragеons.

Reste le *greffage* et c'est le seul procédé véritablement recommandable.

Le prunier ne se greffe que sur lui-même, soit au pied, soit à la tête d'égrains âgés de deux à cinq ans.

Les deux principales variétés sur lesquelles on greffe sont le *Saint-Julien* et le prunier myrobolan, ce dernier est mieux approprié pour la culture dans les terres calcaires.

Les deux procédés les plus en vogue sont :

1° L'*écussonnage* en juillet et août ;

2° La *greffe en fente*. On pratique celle-ci soit au printemps (mars-avril), soit en automne (fin septembre).

Il faut greffer en tête les variétés qui, naturellement peu vigoureuses et trop aptes à se bifurquer, ne donneraient que des tiges imparfaitement droites.

On fera bien d'employer le moyen analogue à celui qui est usité dans la culture du poirier : greffer les sujets de deux ans au pied avec des variétés vigoureuses, *Sainte-Catherine*, *Reine-Claude de Bavay* ; puis, deux ou trois ans après, surgreffer en tête avec la variété voulue.

PLANTATION. DIRECTION. TAILLE. — Le prunier est surtout un arbre de plein vent, qui a sa place dans le verger ou sur les bords des chemins et des routes.

Dans le verger, on plante à 6 mètres en tous sens, en ligne et en quinconce. On pourrait, entre les arbres, cultiver soit des groseilliers, soit des framboisiers ou de la vigne, comme cela se pratique dans certaines provinces, mais alors il faudrait que les lignes fussent un peu plus écartées les unes des autres.

Si les pruniers sont achetés chez les pépiniéristes, nous devons exiger qu'ils soient greffés. Les hautes tiges portent à leur sommet des ramifications qu'on réduit de suite au tiers ou à la moitié de leur longueur.

Cette taille donne lieu à une nouvelle ramification dont on écarte les parties aussi régulièrement que possible autour de l'axe du tronc de l'arbre, pour former une façon de vase. Au bout de quatre ou cinq ans, les branches de ce vase qui se sont allongées et qu'on a fait se ramifier encore par des tailles successives, sont laissées libres. Le prunier est livré à lui-même et ne subit plus que quelques suppressions de loin en loin.

Le prunier demi-tige, au lieu d'avoir un tronc de 2 mètres à 2 mètres et demi, n'en a qu'un de 80 centimètres à 1 mètre; il est aussi fertile que les autres et présente cet avantage que, sur lui, bonne partie des fruits peuvent se cueillir sans difficulté, à la main. Il faut aussi, à côté de cet avantage, placer un petit travers qui le balance quelquefois: le prunier à basse tige est plus sujet que tout autre aux dégâts des gelées blanches et des brouillards.

Nous parlerons peu de la culture du prunier en espalier; elle est exceptionnelle, l'arbre y étant moins fertile qu'en plein air.

Si toutefois on a un mur, un pignon vacant, on pourra planter contre, soit un reine-claudier, soit une autre variété hâtive.

Dans ce cas, on dirige le prunier sous forme de palmette horizontale ou verticale, ses branches charpentières sont maintenues à 30 centimètres entre elles.

La taille de la branche à fruit se pratique exactement comme celle du cerisier. (Voir cet arbre.)

Voici les distances qu'il convient de laisser entre les pruniers, selon les formes auxquelles on les soumet :

Haute tige	5 à 6 mètres.
Basse tige et pyramide	4 à 5 —
Palmette à branches horizontales . . .	5 —
Palmette à trois branches verticales. .	90 centimètres.
Palmette à quatre branches verticales .	1m,20.

Ainsi de suite en multipliant par 30 centimètres le nombre des branches fixé.

De la récolte des Abricots, Cerises et Prunes. — Tous les fruits des espèces que nous venons d'étudier mûrissent sur l'arbre. Leur maturité, qui s'accuse soit par le changement de couleur, comme chez l'abricot, la cerise et certaines prunes, soit par la chute naturelle, comme chez la plupart des prunes, est donc le caractère qui doit nous guider pour la récolte.

Cette récolte se fera à la main, surtout en ce qui concerne l'abricot, la cerise et la prune de choix.

On comprend que l'abricot, qui est un fruit relativement volumineux et à pulpe molle, ne puisse être abattu par des secousses imprimées à l'arbre ; il s'abîmerait, s'écraserait presque en tombant.

Quant à la cerise, c'est autre chose ; elle tient beaucoup à l'arbre et dessèche sur place plutôt que de tomber.

Nous recommandons aussi de cueillir la prune à couteau, la prune de choix, à la main, de manière à lui conserver toute sa fraîcheur, c'est-à-dire toute l'étendue de cette couleur glauque qui est due, comme on sait, à une couche cireuse excessivement mince et par cela même incapable de résister aux chocs et aux frottements.

Le moment de la journée le plus favorable est le matin, alors que les fruits sont à la température basse de l'air ambiant. Dans ces conditions, les abricots, prunes, cerises se gardent mieux pendant le peu de jours qu'on peut les garder. Si ces fruits doivent être emballés et expédiés au loin, il est encore bien plus important de les cueillir le matin.

L'essentiel, au moment de la récolte, c'est que le fruit soit mûr et froid autant que possible.

Selon l'emploi qu'on veut en faire, selon qu'on les destine à l'exportation ou à la consommation sur place, on admet aussi que la récolte doit être faite à des degrés divers de maturité. Ces degrés sont généralement difficiles à distinguer; ils s'accusent, le plus souvent, par une différence légère de nuance dans le coloris particulier à la variété.

Chez l'abricot, la cerise, la prune qu'on destine à la vente hors d'un certain rayon, la couleur orangée, rouge, violette, etc., doit être plus pâle, moins accentuée que chez l'abricot, la cerise, la prune réservés pour la consommation immédiate et sur place.

Les prunes à pruneaux, les prunes à confiture, les prunes à couteau devront toujours, autant que possible, se cueillir à l'époque de leur maturité absolue.

Les prunes, les cerises, les abricots qu'on voudra confire à l'eau-de-vie seront cueillis un peu plus tôt.

Les prunes à pruneaux, les prunes à confiture peuvent être ramassées après qu'on les a fait tomber en secouant l'arbre, mais il est bon aussi, pour empêcher ces fruits de se blesser, d'étendre sous les branches des toiles, de la paille ou des feuilles.

La conservation de ces fruits ne peut guère dépasser cinq à six jours.

Il n'y a, à notre connaissance, que la prune *Goutte d'or* qui puisse rester au fruitier une quinzaine sans se gâter ni perdre son goût excellent.

Maladies. — L'abricotier, le cerisier, le prunier sont souvent atteints des maladies qui attaquent aussi le pêcher : la *gomme*, le *blanc des racines*, la *cloque*, la *chlorose*, etc., etc.

Comme nous avons traité la manière de combattre ces différentes affections au chapitre du pêcher, nous n'y reviendrons pas.

INSECTES. — Beaucoup d'insectes que nous avons décrits attaquent aussi les arbres dont il est ici question ; ce sont les Hannetons, Pucerons, Bombyx livrée, etc., etc.

Il nous reste encore à signaler :

La Pyrale des Pruniers. — Papillon très commun ; sa chenille apparait en mai sur les pruniers et les cerisiers, dont elle dévore les feuilles ; elle lie aussi celles-ci en paquets pour s'y abriter lorsque sa transformation en chrysalide est proche. Les adultes apparaissent en juillet. Il naît une seconde génération de larves en août. — Couper les paquets de feuilles et les brûler.

La Pyrale de Weber. — Petit papillon crépusculaire de 2 centimètres d'envergure. La chenillette vit sous les écorces du Prunier et de l'Abricotier ; elle creuse des galeries, altère la santé des arbres et provoque quelquefois la maladie connue sous le nom de gomme.

La destruction de cette chenille est difficile. L'entretien du tronc des arbres dans un strict état de propreté, l'ablation des écorces mortes et les chaulages phéniqués annuels sont des moyens préventifs prudents.

Carpocapse des Prunes. — Papillon dont la chenillette vit dans les prunes et les abricots, où elle creuse des galeries qu'elle emplit, au fur et à mesure, de ses excréments bruns, pâteux et répugnants. Ramasser les fruits véreux et les détruire.

Au printemps, saison des adultes, des feux allumés le soir dans les vergers pourront attirer quelques papillons qui viendront se brûler naturellement.

Quand la quantité de fruits véreux est considérable,

le mieux est de les réunir pour la fermentation et l'extraction de l'alcool.

La Tenthrède éthiopienne. — On l'appelle encore ver limace du cerisier. — Mêmes mœurs que la tenthrède du poirier, mêmes procédés de destruction.

Le Puceron du Prunier. — Même forme, mêmes mœurs que les autres pucerons; attaque surtout les pruniers Reine-Claude et Mirabelle.

Yponomeute. — Papillon. Les chenilles vivent en société dans de petits abris de soie tissée par elles. Deux espèces sont à signaler ici :

L'Y. du Prunier. — Vit sur le prunier.

L'Y. du Mahaleb. — Attaque le mahaleb et les cerisiers. — Couper les nids de chenilles en mai et les brûler.

La Mouche des Cerises.— La larve attaque surtout les guignes et les bigarreaux; elle vit dans le fruit. Les moyens de destruction qu'on pourrait employer coûteraient plus cher que les cerises.

V

PSEUDO-FRUITS CHARNUS

LE FIGUIER

Famille : ARTOCARPÉES

ORIGINE. DESCRIPTION. — Le figuier est indigène dans le midi de l'Europe. Cet arbre, qui atteint jusqu'à 12 mètres de haut dans certaines conditions de milieu, n'est assez souvent qu'un arbuste buissonnant, surtout sous le climat de Paris ; il porte des feuilles alternes, caduques et quinquélobées. Les branches (fig. 204) sont munies d'un canal médullaire volumineux. Ce que nous consommons sous le nom de fruit est le réceptacle charnu et sacciforme dans l'intérieur duquel

Fig. 204. — Branche de figuier et figue.

s'est effectuée à huis clos la fécondation de petites fleurs unisexuées, mâles et femelles.

Sol. Climat. Multiplication. — Plus le climat sous lequel on cultive le figuier est méridional, plus il est nécessaire de donner à cet arbre un sol substantiel et frais. Dans le sud, on pourvoit à cette fraîcheur par l'irrigation.

Le climat par excellence du figuier est nécessairement celui du midi de la France ; pourtant, sous le climat de Paris, à Argenteuil, La Frette, et dans beaucoup de jardins à des expositions particulières (au midi), on est parvenu à conserver le figuier, qui y fructifie tous les ans, moyennant quelques soins que nous étudierons.

C'est par bouturage, marcottage et séparation des drageons que l'on multiplie le figuier. Le marcottage compliqué fait en panier (voir *Multiplication des végétaux*) est le plus souvent adopté ; il permet d'éviter la plantation à racines nues que le figuier ne supporte pas très bien.

Variétés. — Les variétés de figuier se divisent en variétés bifères (qui fructifient deux fois par an) et simplement fructifères (qui ne fructifient qu'une fois par an).

Sous le climat de Paris, on cultive surtout la *figue blanche d'Argenteuil*, bifère, et la figue *violette de La Frette*, non bifère, mais d'un goût plus fin ; à cette dernière variété, M. Jamin préfère la figue *Dauphine*, « plus grosse et plus généreuse ». Dans le midi, on cultive : *Blanquette*, *Grosse sultane*, *Monaie*, non bifères, *Buissonne*, *Dauphine*, *Dorée*, *Napolitaine*, bifères.

Culture. — Dans la région méridionale, le figuier est planté en verger et non taillé.

A Argenteuil et La Frette, cet arbre est planté sur des coteaux bien exposés ; il est disposé et taillé de manière à conserver de faibles proportions (2 à 3 mètres de haut) et à être couché facilement en terre en novembre pour l'abriter des gelées hivernales.

Dans les jardins, on plantera le figuier le long d'un mur exposé au midi ou dans une encoignure également bien ensoleillée. Ici, chaque pied de figuier est traité en

Fig. 205. — Cepée de guier.

cépée (*buisson*) (fig. 204). Si on a l'intention d'abriter les branches en terre pendant l'hiver, le figuier est planté incliné du côté où on l'enfouira chaque automne. Si, au contraire, la ramure doit être protégée du froid par un empaillage, alors on plante la marcotte verticalement et près du mur, comme si le figuier devait y être appliqué en espalier. Après la plantation au lieu de tailler, il est préférable de laisser pousser le figuier ; au bout de deux ans seulement, on rabattra toutes les branches sur la souche, de manière à obtenir quatre ou cinq jets vigoureux. Ces cinq jets constituent les premiers rudiments des branches de charpente.

Sur chaque branche de charpente il est obtenu, de 30 centimètres en 30 centimètres, une paire de branches fruitières. Cette obtention est facile : il suffit de réserver les deux yeux qui doivent procurer les branches fruitières cherchées, puis d'enlever par éborgnage tous les autres, à l'exception d'un seul situé au sommet, près de l'œil terminal que l'on éborgne aussi. Pendant la végétation qui suit cette sorte de taille hivernale, les yeux réservés se développent et produisent une paire de branches fruitières et un autre prolongement de la branche de charpente, ainsi de suite jusqu'à ce que les branches charpentières aient atteint la longueur voulue.

Fig. 206. — Figuier, branche fruitière jeune.

Fig. 207. — Figuier, branche fruitière âgée et sa remplaçante.

Au printemps, la branche fruitière subit d'abord l'éborgnage de son œil terminal (*t*, fig. 206). Cette opération a pour but de concentrer l'action de la sève sur les figues situées plus bas, afin de hâter leur grossissement. Quand les yeux latéraux de la branche sont devenus des pousses de 4 ou 5 centimètres, on les retranche, à l'exception des deux plus inférieurs, *n*, *n*, conservés pour la production des branches remplaçantes.

Sur la variété non bifère violette de La Frette, on ne conserve qu'une branche remplaçante (fig. 207). Sur la variété bifère blanche d'Argenteuil, il est d'usage de protéger deux pousses; la plus élevée est destinée à produire la seconde récolte de l'année; à cet effet, elle a été pincée au-dessus de 3 ou 4 feuilles, pour que la sève concentrant son action sur les fruits situés à l'aisselle de ces feuilles puisse en accélérer le développement. Il faut néanmoins des années très chaudes pour que cette récolte aboutisse.

C'est en octobre, avant la mise des figuiers à l'abri, qu'ils sont taillés et nettoyés. La taille sur les branches fruitières âgées de plus d'un an consiste à couper le rameau qui a fructifié au-dessus de son remplaçant qui fructifiera l'année d'après. — A 8 ou 10 ans, les figuiers en cépée sont dans leur pleine fertilité; à 15 ou 20 ans ils commencent à s'affaiblir; il devient nécessaire de les restaurer par le recépage suivi d'une forte fumure.

VI

FRUITS SECS DES ARBORICULTEURS

LE CHATAIGNIER

Famille : Castanéacées

Description. — Le châtaignier peut acquérir les dimensions de nos plus grands arbres d'Europe. Son tronc, cependant, est court, mais ses ramifications nombreuses et puissantes, ses feuilles lancéolées dentées, d'un vert accentué, forment pendant l'été des masses sombres d'un grand effet paysager.

Cet arbre est monoïque, c'est-à-dire que, sur un seul individu, on trouve des fleurs mâles, réunies en longs chatons souples et verdâtres (fig. 208) et des fleurs femelles (fig. 209), portées généralement à la base des chatons.

L'épanouissement de ces fleurs est tardif, ce qui constitue un véritable avantage pour la région septentrionale.

Le fruit comestible est la graine, farineuse et sucrée. Les châtaignes sont réunies par deux ou trois dans une enveloppe épineuse que les botanistes appellent *involucre*, et que nous désignons sous le nom plus significatif de hérisson. Il faut déchirer cet involucre ou dessouder les parties qui le forment pour avoir le fruit.

Sol. Multiplication. — Le châtaignier réussit surtout sur les terres siliceuses, les schistes, les terrains

Fig. 208. — Rameau de châtaignier et chatons de fleurs mâles.

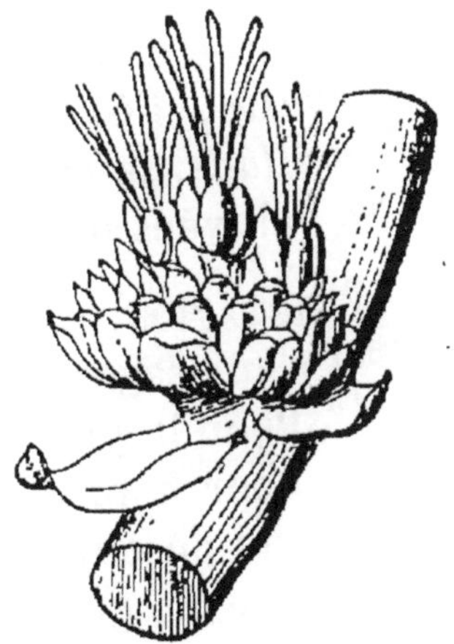

Fig. 209. — Fleurs femelles de châtaignier.

volcaniques, les sols riches en potasse. Les terres calcaires lui sont contraires.

Climat. Région. — Cet arbre est surtout propre au centre et au midi de la France. Néanmoins, il mûrit souvent ses fruits sous la latitude de Paris. A Annel (Oise), cinq hectares de terre, sur un coteau exposé au nord, sont plantés en bonne variété de châtaigniers. La plantation remonte à cent cinquante ans environ. Tous les ans, vers le 15 septembre, on récolte les fruits qui sortent naturellement de leurs enveloppes. Pendant les bonnes années, cette châtaigneraie a produit jusqu'à 1,800 et 2,000 francs de fruits.

On rencontre des châtaigniers jusqu'à une altitude de 600 et 700 mètres. Ces grands arbres redoutent le soleil dans les parties méridionales et centrales de la France. Sous notre latitude plus septentrionale, le plein soleil, qui est relativement moins ardent, leur est plus favorable.

Variétés. — La variété la plus répandue est la *châtaigne commune;* l'arbre qui la produit est fertile et robuste. Le fruit du châtaignier commun est petit; on en compte deux ou trois par hérisson. La *Châtaigne du Limousin*, l'*Ousillarde*, qu'on appelle par corruption *Nousillade*, le *Marron de Lyon*, sont de bonnes variétés très cultivées dans le centre et le midi.

Plantation. Culture. — La culture du châtaignier peut s'envisager à deux points de vue :

1° Pour la production des fruits;

2° Pour la production du bois d'industrie.

Quand on cultive l'arbre pour la châtaigne, il faut le planter à de grandes distances; — 14 à 16 mètres en tous sens. — Dans certaines contrées, on plante le châtaignier en avenue, sur le chemin principal qui joint la route au château ou à la ferme. Il existe encore en Sologne des vestiges de ces avenues de châtaigniers dont les arbres, blessés au cœur par les grands froids de 1879, dépérissent à vue d'œil.

En tous les cas, la culture du châtaignier à fruit, dans notre région de Paris, ne devra s'entreprendre que dans un sol et à une exposition favorables. Le châtaignier n'est point taillé, mais élagué seulement de temps en temps.

LE NOYER

Famille : Juglandées

Origine. Rusticité. — Le noyer, au dire des botanistes, nous vient de Perse et du nord de la Chine. Il est assez robuste pour croître jusque sous le 53e degré de latitude nord (*Irlande : Dublin*). Il peut donc pousser en Belgique, en Angleterre et en Hollande. On le rencontre même jusque dans la Scandinavie méridionale.

Description. — C'est un arbre à port étalé, trapu, pas très élevé (10 à 12 m.), par rapport à l'envergure de sa vaste ramification. Comme le châtaignier, il est monoïque ; ses fleurs mâles sont aussi en chatons. Les fleurs femelles peu apparentes sont géminées, c'est-à-dire réunies par 2, 3 ou 4 et portées sur des rameaux distincts. Ces fleurs s'épanouissent en avril, mai, juin, selon les variétés et le climat.

Les feuilles du noyer sont alternes et composées-pennées.

La partie comestible du fruit ou noix est une sorte d'amande huileuse enfermée dans une coque dure qui, elle-même, est recouverte d'une enveloppe verte et charnue. La noix fraîche recouverte de ses deux enveloppes se vend sous le nom de *cerneau*, son amande laiteuse alors possède un goût très délicat. C'est aussi avec la noix verte dont l'amande est à peine formée qu'on prépare la liqueur dite brou de noix.

Variétés. — On sait que le bois de noyer a une grande valeur en industrie ; or, on a remarqué que les variétés à bon fruit ont un bois médiocre et réciproquement.

A cause des gelées, nous ne pouvons cultiver dans les régions septentrionales que des variétés à floraison tardive. En voici quelques-unes :

Noix Chabert. — Moyenne, oblongue, fruit huileux, surtout de pressoir.

Noix tardive ou *Noix de Saint-Jean.* — Très fertile, fleurit en fin juin par une température moyenne de 16 degrés, c'est la variété la plus recommandable pour la région au nord de Paris.

Pour les autres régions, le noyer commun est encore le meilleur et le plus répandu.

Situation. Terrain. — Il faut au noyer un sol sain, silico-calcaire ou argilo-siliceux. Il se développe avec vigueur sur les coteaux bien exposés. Dans un terrain frais ou humide, sa production n'est pas aussi certaine, et son bois plus léger, plus lâche est moins bon pour l'ébénisterie.

Multiplication. — Beaucoup de variétés peuvent, selon certains auteurs praticiens, se conserver par la voie du semis. Il est possible, en effet, que la qualité des noix ne soit pas influencée d'une façon défavorable par ce mode de multiplication, mais d'autres caractères comme celui de la tardivité dans la floraison peuvent être perdus par ce système de reproduction. Il faut donc, sinon l'abandonner en principe, du moins s'en servir simultanément avec la sélection pour l'amélioration de l'espèce.

Mais, nous ne saurions trop le répéter, pour conserver cette tardivité ainsi que d'autres qualités essentielles, nous devons multiplier les variétés recommandées et recommandables par le greffage.

On greffe en flûte ou en fente terminale des jeunes sujets francs de pied, qu'on a obtenus en semant à l'automne des noix de variétés vigoureuses.

Les semis faits définitivement en place donnent des arbres vigoureux, poussant rapidement.

CULTURE. — Le noyer planté au verger doit être espacé à 13 ou 16 mètres en tous sens. Comme le châtaignier on peut l'employer pour ombrager et boiser les parties latérales d'une avenue, d'une route, ou former des groupes forestiers dans un parc d'agrément. Comme le châtaignier aussi, le noyer ne se taille pas, il est seulement émondé et élagué, quand cela est utile.

PRODUIT. RÉCOLTE. — Un noyer adulte peut donner par an environ 200 litres de fruits.

On cueille les noix à deux états bien distincts : 1° à l'état vert, en août ; elles sont vendues alors sous le nom de cerneaux ; leurs amandes laiteuses ne contiennent pas encore l'huile qui caractérise la noix sèche ; 2° à l'état mûr, de septembre à novembre, suivant les localités. On les laisse sécher au grand air, puis on les rentre et les conserve dans un endroit sain.

Les noix servent surtout à la fabrication de l'huile. Les déchets de cette fabrication (tourteaux de noix) sont excellents pour la nourriture des bestiaux. La noix fait aussi un bon dessert.

Si on considère, avec la grande valeur du fruit, la valeur du bois, on peut dire que le noyer est un arbre de spéculation de premier ordre.

LE NOISETIER

Famille : CASTANÉACÉES. — *Synonymes :* AVELINIER. COUDRIER.

ORIGINE. DESCRIPTION. — Le noisetier est un arbuste indigène, il pousse en touffes branchues et drageonnantes qui peuvent atteindre 2 ou 3 mètres de haut. Monoïque, ses fleurs mâles sont en chaton *m*, et ses fleurs femelles en glomérules *f* (fig. 210), elles apparaissent avant les feuilles. Le fruit (fig. 211) est un akène contenu dans un involucre foliacé et accrescent.

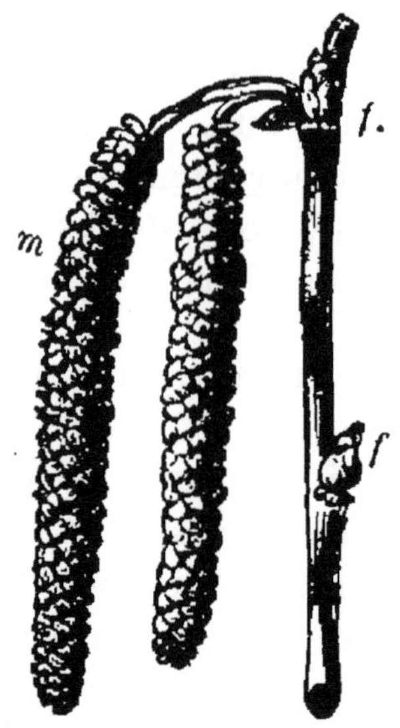

Fig. 210. — Fleurs mâles (*m*) et femelles (*f*.) du noisetier.

Fig. 211. — Jeunes noisettes.

SOL. CLIMAT. MULTIPLICATION. — Sauf dans les terres humides, on peut planter le noisetier partout. Il se plaît dans les sols secs, dans les terres calcaires. A l'exception de quelques variétés, on peut le cultiver dans toute la France.

Cet arbuste se multiplie par séparation des drageons et plus souvent par marcottage. Le semis, le greffage, quoique possibles, sont rarement employés.

VARIÉTÉS. — Voici celles adoptées par la société pomologique de France :

Blanche longue. — Fruit très bon, précoce, arbuste fertile.

Grosse ronde de Piémont. — Fruit précoce, très bon. Arbuste vigoureux et fertile.

Merveille de Bollwiller. — Fruit gros, très bon, à maturité plus tardive que les autres. Arbuste vigoureux et fertile.

Rouge longue, — Fruit moyen, précoce; pellicule de l'amande rouge. Arbre fertile.

CULTURE.— Dans presque tous les cas, le coudrier a un double emploi; il est arbuste fruitier et d'ornement. On le fait alors entrer dans la composition des massifs forestiers de nos parcs ou jardins paysagers. Dans ces conditions, pour que sa fructification soit assurée, il devra être établi sur la lisière la mieux éclairée desdits massifs. Dans les jardins, on le plante aux angles des murs, ou en touffes, en plein carré et aux distances de 1 m. 50 à 2 mètres, en tous sens. Cet arbuste ne se taille pas. Quand il se fait vieux et faible, on le restaure par un recépage.

L'AMANDIER

Famille : ROSACÉES

ORIGINE. DESCRIPTION. — Cet arbre, proche parent du pêcher que nous avons étudié en tête de la catégorie des espèces à fruits drupacés, a pourtant été classé par les horticulteurs dans la catégorie des arbres à fruits secs. C'est qu'en arboriculture on apprécie les fruits, non d'après leur conformation, mais d'après la nature de leur partie comestible.

CULTURE. — La constitution délicate de l'amandier, sa floraison précoce, en font un arbre essentiellement méridional. Il redoute les terrains froids et ne peut fructifier sous le climat de Paris que dans une situation tout à fait exceptionnelle : endroit abrité de l'Est et du Nord par de grands bâtiments, espalier, etc. En espalier l'amandier se dirige et se taille absolument comme l'abricotier.

Il se greffe en écusson ou en fente sur l'amandier franc et sur prunier.

L'amandier sur prunier vient mieux que l'autre, sous un climat septentrional et dans une terre forte.

Variétés. — Les amandiers cultivés pour la table donnent des fruits à coque tendre ou dure, à amande douce.

Voici les trois variétés les plus méritantes :

A. à gros fruit. — Arbre vigoureux et fertile. Fruit gros, à coque dure. Amande très bonne.

A. des Dames. — Arbre d'une vigueur et d'une fertilité moyennes. Fruit assez gros, précoce. Amande très bonne.

A. Princesse. — Arbre fertile, de vigueur ordinaire. Fruit moyen, précoce. Amande bonne.

Récolte. — Les amandes sont cueillies un peu avant maturité quand on veut les manger fraîches ; leur coque est alors revêtue de son péricarpe charnu, et l'épiderme de la graine est toujours incolore. Pour les conserver, les amandes se cueillent plus tard, quand, leur péricarpe s'ouvrant, elles s'en détachent d'elles-mêmes.

INSECTES QUI ATTAQUENT LES ARBRES A FRUITS SECS

Le Carpocapse des châtaignes. — C'est un petit papillon dont la femelle pond en été sur les jeunes fruits ; les larves sorties des œufs s'enfoncent dans la châtaigne qui tombe avant les châtaignes saines. Le Carpocapse des châtaignes attaque aussi les noix, mais plus rarement. Il faudrait, pour empêcher la descendance de cet insecte, recueillir les fruits tombés et les brûler.

Le Balanin des noisettes. — Sorte de charançon très commun, long de 6 millimètres environ. En mars et juin, la femelle, après accouplement, pond dans les fruits. La larve issue de l'œuf ronge l'amande des noisettes. Les fruits piqués seront brûlés pour empêcher la métamorphose de la larve et arrêter sa descendance.

La Zygène malheureuse. — Ce papillon diurne est commun dans le midi de la France ; ses chenilles trapues, vêtues de poils, rongent les feuilles des amandiers ; il faut les ramasser et les jeter au feu.

VII

Moyens pour forcer la fructification des arbres.

Origine de la stérilité. — Deux choses amènent infailliblement la stérilité des arbres fruitiers : une faiblesse extrême et une vigueur excessive.

La faiblesse d'un arbre est provoquée par l'insuffisance de sève, et la sève se raréfie surtout chez les vieux sujets, chez les arbres plantés dans de mauvais terrains ou chez ceux n'ayant à leur disposition qu'un système de racine défectueux et incomplet. Le meilleur remède à cet état de choses consiste à supprimer les arbres défectueux et à les remplacer par d'autres moins débiles.

L'arbre a une vigueur excessive, quand il est alimenté par une quantité de sève plus qu'ordinaire et très aqueuse. Les jeunes sujets, surtout ceux greffés sur franc : poirier, pêcher, ont généralement cet excès de sève qui nuit à leur prompte fécondité. Un système de racines à ramifications nombreuses et fines, un terrain frais et humide, une année pluvieuse, en augmentant le liquide nourricier, prédisposent à la stérilité.

Le meilleur remède, le plus simple, le premier dont on doit s'inspirer pour obvier au défaut de stérilité par excès de vigueur, consiste à ne tailler que très peu ou pas du tout, de façon à ce que les branches prennent une grande extension et rétablissent ainsi, en augmentant la surface des feuilles, l'équilibre rompu entre l'absorption des racines et l'élaboration aérienne.

Ce moyen, complètement dépourvu d'artifice, est peut-être le seul qui ne soit pas contre nature et ne mette pas la vie de l'arbre en danger. Malheureusement, pour en constater les résultats, il faut attendre parfois plusieurs années. Or, comme l'impatience est notre faible, nous préférons avoir recours à des procédés radicaux, plus ou moins empiriques, et qui, s'ils abîment quelquefois les rebelles, ont généralement pour avantage de les faire fructifier dans un bref délai.

Ces procédés que nous étudierons tour à tour sont :

1° La *suppression d'une racine;* 2° l'*incision annulaire;* 3° l'*arcure permanente ou passagère;* 4° l'*entaille;* 5° la *transplantation;* 6° le *cassement partiel;* 7° la *torsion;* 8° la *greffe des boutons à fruit.*

SUPPRESSION D'UNE RACINE. — Ce procédé, un des plus extrêmes, résulte bien de ce que l'absorption radiculaire est plus considérable que l'évaporation des feuilles. Au lieu de rétablir patiemment l'équilibre, nous brusquons les choses en retranchant une racine dont la grosseur peut varier avec l'âge de l'arbre et sa vigueur. Si la coupe a été pratiquée dans de bonnes conditions et sur une racine véritablement secondaire, la fructification ne se fait pas attendre. Dans le cas où, par erreur, on aurait mis la vie de l'arbre en danger, il faudra pour empêcher sa perte, raccourcir dans une certaine proportion, les branches principales ou charpentières de l'arbre.

On opère au printemps ; l'amputation se fait à la serpette, de façon que l'aire de la coupe soit face au sol ; si la racine est trop grosse, on la scie, puis on pare la plaie à la serpette.

INCISION ANNULAIRE. — C'est une opération qui consiste à enlever, à la base du tronc de l'arbre ou immédiatement au-dessus de ses premières branches, un anneau d'écorce dont la hauteur varie avec l'âge de l'arbre et le volume de sa tige. Il faut calculer cette hauteur de façon que l'arbre puisse, dans l'année qui suit et par la formation des couches nouvelles, cicatriser la plaie qui résulte de l'opération. Elle ne dépassera jamais 5 millimètres.

On opère au printemps et avec un instrument bien tranchant. Une fois cet anneau enlevé, les branches de l'arbre, gardant une quantité plus considérable de sève élaborée, ne tardent pas à se garnir de boutons à fruits dans l'année même.

Si, à l'approche de l'hiver, la plaie n'était pas cicatrisée, il faudrait la préserver du froid et de l'humidité, par une application de mastic à greffer.

Pour faciliter cette cicatrisation, il vaudrait mieux n'enlever que des portions d'anneaux, en laissant des solutions de continuité, c'est-à-dire en respectant, de distance en distance, de petites lames d'écorce qui relieraient les deux bords de la plaie ; cela aurait encore pour avantage de ne pas mettre autant la vie du sujet en danger.

L'Arcure est *permanente* et s'exerce sur toutes les branches charpentières des arbres en formation, de façon à donner à l'ensemble une forme pleureuse régulière ; elle est *passagère*, quand elle s'applique, pendant l'espace d'un ou deux ans au plus, sur une ou plusieurs branches d'un arbre rebelle à la fructification. Il suffit, dans ce dernier cas, de prendre, au printemps, l'extrémité de le branche, de l'incliner vers le sol et de la maintenir dans cette position au moyen d'un lien, l'année suivante, si les boutons à fruits sont formés, on la ramène dans sa position naturelle.

Les Chartreux, dit-on, maintenaient les branches de leurs arbres fruitiers arquées, en attachant de grosses pierres à leurs extrémités. Ce procédé, tout à fait primitif, a trop d'inconvénients et il manque assez de grâce pour ne pas être utilisé aujourd'hui.

L'arcure permanente ne donne que de médiocres résultats; le sujet soumis à ce traitement finit par se garnir de fleurs au printemps qui suit une ou deux années d'arcure; toutes ne sont pas fécondées, beaucoup tombent, mais il reste toujours quelques fruits qui grossissent peu à peu et se penchent lentement sur leur pédoncule. Ce grossissement est bientôt arrêté. A cause sans doute de la courbure même qu'affecte la branche, à cause de la position pendante du fruit, la sève n'y arrive que difficilement et en petite quantité. Si cette sève n'est pas transmise aux fruits, elle n'est pas anéantie; presque toujours, elle s'élabore par des bourgeons qui naissent sur le sommet des courbes et se développent avec rapidité sous le nom de gourmands.

Il résulte de ce que nous venons de dire que, sur les arbres soumis à l'arcure permanente, les fruits acquièrent rarement tout leur volume; de plus, ils tombent avec une grande facilité.

Ainsi, les inconvénients inhérents à l'arcure permanente et qu'il est nécessaire de signaler sont : ce grossissement imparfait des fruits, leur chute prématurée et quelquefois leur maturité avancée.

En somme, l'arcure passagère est un bon moyen de mettre les arbres à fruits, mais les faits rapportés ici, observés et étudiés à Versailles, sous la direction de notre vénéré maître, M. Hardy, prouvent assez que l'arcure permanente renferme en elle de véritables imperfections.

L'ENTAILLE dont il s'agit ici diffère de l'entaille classée parmi les opérations de la taille d'été, en ce qu'elle doit toujours se pratiquer au-dessous d'une branche vigoureuse. En réduisant la quantité de sève brute qu'elle reçoit, en empêchant la dispersion d'une partie de la sève plastique, l'entaille favorise la mise à fruit de la branche.

La TRANSPLANTATION ne peut s'appliquer facilement qu'aux arbres jeunes ou tout au moins adultes. Les transplantations d'arbres déjà volumineux se feront comme il a été indiqué au chapitre *Plantation*.

L'arrachage devra se faire à l'automne et avec beaucoup de délicatesse ; on replantera, soit à la même place, soit en un autre endroit préparé à l'avance.

Si, pour une cause ou pour une autre, on est obligé de transplanter l'arbre un peu avant la chute des feuilles, il faut, sans arracher ces dernières, les retrancher toutes en coupant leur pétiole un peu au-dessous de chaque limbe.

La transplantation a encore pour objet principal de réduire l'alimentation qui, alors, pèche par défaut, pendant une année au moins : le temps minimum à la reprise. Un an environ après avoir été transplanté, le sujet est garni d'une certaine quantité de boutons à fruit. Pour ne pas épuiser l'arbre, on fera bien d'en enlever une partie.

Au lieu de recourir à la transplantation pour mettre à fruit un arbre trop vigoureux, il serait plus rationnel et surtout plus pratique de lui supprimer une racine secondaire.

Le CASSEMENT PARTIEL est une opération qu'on répète sur l'arbre autant de fois qu'il y a de jeunes branches coursonnes capables de la subir. Il est le diminutif du pincement et s'applique en pleine végétation, — juin, juillet, août. — Au lieu de détacher complètement les extrémités des bourgeons sur les branches opérées, on les rompt à demi au-dessus de deux ou trois yeux apparents et on laisse pendre l'extrémité ainsi rompue ;

celle-ci sert de déversoir à une partie de la sève brute qu'on pourrait appeler le trop-plein, tandis que les yeux au-dessous de la cassure, nous ne saurions dire pourquoi, s'allongent peu à peu en dards, puis en boutons à fruits. Cette cassure a surtout pour but d'augmenter l'action de la sève, tout en la modérant sur les yeux de la base des branches fruitières. Il n'est pas rare, lorsque, par hasard, le cassement a été pratiqué dans des conditions spéciales, de voir les deux parties, celle au-dessus et celle au-dessous de la cassure se garnir de boutons à fruits.

A la taille d'hiver qui suit l'application du cassement partiel, si les yeux de choix sont transformés en boutons à fruits, et ils le sont généralement, on coupe immédiatement au-dessous de la cassure et on a, après cette coupe, une branche à fruits aussi saine que si elle n'avait pas sûbi ce traitement.

La torsion des rameaux et des brindilles. — La torsion, quand les branches fruitières et les brindilles sont « en sève », consiste à leur imprimer, toujours au-dessus de deux ou trois yeux, et avec le pouce et l'index, un mouvement de rotation sur elles-mêmes. Les fibres du bois ainsi tordues passent les unes par-dessus les autres, absolument comme le font les différents fils d'une corde; puis le rameau se boucle naturellement à sa partie tordue. — On maintient cette boucle en appuyant l'extrémité du rameau sur une coursonne voisine ou ailleurs.

Comme le cassement partiel, la torsion entraîne fréquemment la fructification des deux parties du rameau: celle au-dessus, celle au-dessous de la boucle.

La greffe des boutons a fruits est un procédé indirect, qui ne change pas la manière d'être, l'état physique de l'arbre. Il consiste, au mois d'août, à choisir des boutons sains, bien formés; chaque bouton est enlevé délicatement avec un greffoir, comme s'il s'agissait d'un simple œil à bois, puis, écussonné sur les branches charpentières d'un arbre vigoureux, dans les parties où l'écorce est le plus lisse. Nous traitons plus longuement cette opération à l'article *Greffage des arbres fruitiers.*

Toutes les opérations que nous venons d'étudier ne s'appliquent pas également et avec le même succès à la totalité des essences fruitières que nous cultivons, mais toutes peuvent être supportées par la majorité des arbres de la classe des pomacées : poiriers, pommiers.

Les arbres à fruits drupacés, — pêcher, prunier, cerisier, — généralement très prolifiques n'ont pas besoin de semblables traitements pour nous fournir d'abondantes récoltes. La suppression d'une racine, l'entaille, la transplantation, l'arcure passagère, quelquefois dangereuses, pourraient seules leur être appliquées. La greffe des boutons à fruits leur est inappliquée, bien que notre ami, M. Cayeux, l'ait réussie déjà; la torsion, le cassement partiel ne manqueraient pas de provoquer la gomme.

La vigne, le framboisier, le groseillier supportent bien l'arcure ; elle les rend plus fertiles en permettant aux yeux situés sur le parcours des parties arquées de développer les germes fructifères qu'ils renferment.

L'incision annulaire, infligée à la vigne, au-dessous des fleurs, et pendant leur épanouissement, a différents effets que nous décrivons dans le chapitre consacré à la culture de cet arbre.

VIII

Restauration des arbres fruitiers.

DÉFINITION. — DIFFÉRENTS DEGRÉS DE RESTAURATION. — De même qu'on restaure un château féodal dont la tête est ruinée, en le réédifiant sur son ancienne base et ses vieilles fondations, on restaure aussi un arbre fruitier en reconstruisant sa charpente détruite sur ses propres racines, qui sont ses fondations, sur son tronc qui est sa base.

Mais il n'est pas nécessaire, en restaurant un poirier, par exemple, de lui rendre d'une façon exacte la forme qu'il avait précédemment, surtout si celle-ci est défectueuse.

Toute restauration commence par une série d'amputations plus ou moins radicales. Si ce sont les branches fruitières seules qui sont épuisées ou mal conformées, les branches fruitières seules sont supprimées. Si les branches charpentières sont les parties maladives de l'arbre, les branches charpentières disparaissent. Si l'arbre tout entier est mauvais, depuis sa tête jusqu'à sa souche, l'arbre tout entier est recépé sur sa souche.

Il ne faudrait pas croire que tous les arbres, quel que soit leur âge ou leur état, pussent être restaurés. Pour que cette tentative, qui débute par des amputations souvent radicales, leur réussisse, les sujets doivent être sains et relativement vigoureux.

Ces qualités de santé et de vigueur peuvent, il est vrai, avoir tout à fait abandonné certaines parties de l'arbre, mais il est essentiel qu'elles se soient localisées au moins dans les racines et dans la tige.

Nous étudierons tour à tour la restauration appliquée aux arbres à fruits à pépins, — poiriers, pommiers, — aux arbres à fruits à noyaux, — pêcher, prunier, abricotier, — et à la vigne.

Restauration des poiriers et pommiers. — Le poirier et le pommier supportent facilement les restaurations, en raison de leur nature robuste et vivace, à cause aussi de la faculté très avantageuse que possède leur bois de conserver sous son écorce des yeux qui restent là, en réserve, cachés à l'état d'embryon. Il suffit que la sève interceptée dans son cours, agisse sur ces yeux *latents* pour les faire développer avec une rapidité étonnante.

Ce que nous allons dire pour le poirier pourra s'appliquer au pommier sans qu'il soit nécessaire de rien changer.

Si ce sont les branches fruitières du poirier qui sont vieilles, infertiles et difformes, on les rabat sur leur empattement. Il sort, au printemps, des bourgeons parmi lesquels il est nécessaire de faire un choix pour reconstituer les coursonnes supprimées. Tous les bourgeons non compris dans le choix sont radicalement enlevés.

Lorsque ce genre de restauration s'étend seulement à une fraction de coursonnes, on peut les traiter toutes à la fois. Si, au contraire, c'est la totalité des coursonnes qui a besoin d'être restaurée, on opère en plusieurs années.

La restauration porte sur les branches charpentières

quand elles sont vieilles, ridées, garnies de chancres et menacent ruine. Sans être malades, les membres d'un arbre peuvent se décrépir par le fait de l'abandon partiel de la sève ou de la lenteur que met celle-ci pour avancer à travers les obstacles créés par la taille et les maladies du bois et de l'écorce.

Supposons, pour un instant, qu'il s'agit d'une pyramide à restaurer dans les conditions précédemment énoncées. Toutes ses branches sont *ravalées*, c'est-à-dire tranchées à leurs points d'insertion sur la tige ; cette dernière, elle-même, a sa hauteur réduite d'un tiers ou de moitié, selon son état de santé et de force.

Au printemps, que se passe-t-il ?

La sève absorbée par les racines monte, travaille, exerce comme une sorte de pression sur les yeux *latents*, dont nous avons dit un mot, au début, et les fait se développer en grand nombre. Le jardinier, alors, n'a plus qu'à trier, marquant les rameaux destinés à la nouvelle charpente et supprimant les autres. Les rameaux conservés reçoivent une quantité de sève énorme, poussent rapidement, manquent de consistance et, trop faibles, s'inclinent sous leur propre poids ou divergent dans tous les sens. On sera obligé, pour éviter ce désordre, de les palisser pendant quelques années sur des baguettes disposées dans la direction qu'ils ont à suivre.

Au sommet de l'arbre, un bourgeon doit prolonger la tige ; il est choisi et dirigé pour cela.

Dans le cas où le développement des bourgeons latents eût été douteux, on aurait pu laisser à chaque branche de la pyramide une certaine longueur. Au printemps, tous ces tronçons eussent été greffés en fente avec les rameaux d'une variété vigoureuse. Ce procédé est excellent, il accélère la restauration et produit chez l'arbre un surcroît de vigueur.

Si, au lieu d'une pyramide, il faut restaurer une

palmette, on agit d'après les mêmes principes : les membres sont ravalés à leurs points d'insertion ou raccourcis pour être greffés ; et la tige, rabattue aux deux tiers, à la moitié, ou au tiers, est greffée aussi, ou non greffée. L'opération se continue par un choix, au printemps, des rameaux destinés à la reconstitution de la forme de l'arbre.

Sur un vase, le traitement est identique.

La restauration devient plus radicale encore, lorsque le sujet n'a, en vérité, plus rien de bon que ses racines et la partie tout à fait inférieure de son tronc. Dans ce cas, c'est un *recépage* complet qu'on pratique, autrement dit, l'arbre est tranché à quelques centimètres du sol. Si, sur le tronçon, il subsiste quelques rameaux, on les conserve ; ils exercent sur la sève une attraction qui favorise la prompte reconstitution de la charpente de l'arbre. Il faut avouer que, dans ce genre de restauration, on agit surtout comme on peut, gardant sur l'arbre recépé, et dans son intérêt, beaucoup de ses nouveaux bourgeons qu'on dirige sur les côtés, plus ou moins verticalement, pour faire de l'ensemble une sorte de palmette en éventail, quand il y a espalier ou contre-espalier.

Si l'arbre recépé est en plein air, la meilleure forme à lui donner est celle d'un vase. Pour cela, on fait rayonner les nouveaux rameaux tout autour du tronc qui est leur base d'insertion ; on les relève chacun à égale distance de cette base, puis on leur fait prendre la direction verticale qu'ils conservent.

Des engrais enfouis aux pieds des arbres ne peuvent qu'accélérer leur restauration. Nous recommandons les engrais chimiques complets[1] qui, promptement solubles dans l'eau, sont en peu de temps entraînés et mis à la portée des racines. L'épandage se fait sur une sur-

[1] Voir le chapitre des *Engrais*, p. 301 et suivantes.

face d'autant plus grande, autour du sujet, que celui-ci est plus âgé.

L'ancien système, qui n'est pas mauvais, mais coûteux et difficile, consiste à creuser à une distance variable tout autour de l'arbre une tranchée circulaire de 50 centimètres de large et de 80 centimètres de profondeur; on comble cette tranchée avec de la terre neuve, de la bonne terre de potager, dans laquelle les nouvelles racines de l'arbre, en se développant, trouvent une nourriture abondante et substantielle.

Restauration des arbres a fruits a noyaux. — Les arbres à fruits à noyaux — pêcher, prunier, abricotier, — ne se prêtent pas aux restaurations autant que les poiriers et les pommiers. Délicats et sensibles, ils ne peuvent supporter les fortes amputations sans souffrir; ils en meurent quelquefois après avoir perdu une notable partie de leur sève, transformée en un liquide gommeux qui s'est épanché des plaies.

D'ailleurs, les bourgeons adventifs et latents, cette réserve de nouvelles branches qui nous rend de si grands services dans le poirier, n'existent pas ou presque pas chez les pêchers et les pruniers. Il ne faut donc point se faire d'illusions sur les chances de réussite que présente la reconstitution d'un vieux pêcher ou d'un vieux prunier.

Le prunier peut encore être étêté, ravalé et greffé en fente sur ses tronçons de branches, nous avons vu de ces opérations réussir.

Si le pêcher à restaurer ne possède pas de vigueur, il est perdu ; dans le cas contraire, il produit des *gourmands*, branches longues, saines et fortes dont on se sert pour restaurer la charpente autant qu'il est possible, en leur faisant prendre la place des branches charpentières épuisées. A Montreuil, quand un pêcher est mort, les cultivateurs conservent un ou deux drageons du sujet (amandier) et les regreffent en écusson.

L'abricotier est plus traitable que ses deux parents dont nous venons de nous entretenir; il donne avec beaucoup de facilité, et souvent à sa base, des gourmands qu'on peut utiliser, soit à sa reconstitution complète, soit au remplacement de ses parties mortes ou près de l'être.

Malgré cette tendance de l'abricotier à émettre des gourmands, même sur le vieux bois, il ne faut pourtant jamais s'aviser de recéper totalement l'arbre à traiter avant l'apparition de ces gourmands; il en résulterait trop souvent un arrêt complet dans la circulation de la sève et la mort du sujet.

Au point de vue de la restauration, voilà ce qui distingue les arbres à fruits à pépins des arbres à fruits à noyaux : sur les premiers, toutes les ramifications peuvent être supprimées sans que, pour cela, l'apparition des bourgeons latents et adventifs soit empêchée. Sur les autres, au contraire, le développement de ces mêmes bourgeons latents est lié d'une façon presque intime à la présence de branches vivantes et en travail d'élaboration.

Restauration de la vigne. — Les principales causes auxquelles il faut attribuer la décrépitude des vignes dans nos jardins sont : 1° le développement restreint qu'on leur impose ; 2° les nodosités produites par les tailles successives des branches fruitières et, par suite, la circulation embarrassée de la sève.

Ici, presque toujours, la restauration procède par le recépage : il se fait un peu au-dessous du niveau du sol, quelques semaines avant l'ascension de la sève printanière. Alors, au printemps et sur chaque souche, il naît des bourgeons parmi lesquels on en choisit un seul. Le bourgeon choisi est destiné à reconstituer le pied tel qu'il était auparavant.

Si l'épuisement de la vigne est très grand, et surtout si, dans la treille, il y a des vides causés par la destruction de quelques pieds, on restaure par *marcottage* ou *couchage*, c'est-à-dire que les pieds étant recépés comme précédemment, on conserve sur chacun d'eux, non plus un seul, mais deux bourgeons. Un an après le recépage, ces bourgeons sont des sarments flexibles et longs de $1^{m},50$ à 2 mètres. Une tranchée profonde de 35 à 40 centimètres, large de 60 centimètres, est ouverte tout le long de la treille à restaurer. Les pieds et leurs racines sont protégés le plus possible. Les sarments inclinés, puis couchés doucement, décrivent une courbe à plat, au fond de la tranchée ; chacun d'eux redressé vient prendre la place marquée pour l'occupation d'un pied de vigne (fig. 212). L'ouvrier habile, pour opérer ce couchage seul et dans de bonnes conditions, s'aide de l'un de ses deux pieds qu'il pose délicatement sur le sarment, afin de le retenir au fond de la tranchée jusqu'à ce qu'un peu de terre l'empêche de se relever. Quand on a opéré ainsi pour tous les pieds de vigne à reconstituer, le travail, dans son ensemble, présente l'aspect d'une nouvelle plantation ; dès lors, les sarments sont tous coupés à deux yeux au-dessus du sol. Durant la végétation qui suit, on conserve un seul bourgeon intact par pied. Palissé, verticalement, sur un tuteur, ce bourgeon qui est le point de départ de la nouvelle charpente atteint souvent, dans cette première année, un développement de 2 à 3 mètres ; développement peu extraordinaire, en somme, si on considère que chaque sarment couché, outre les racines du pied-mère qui l'alimentent, reçoi

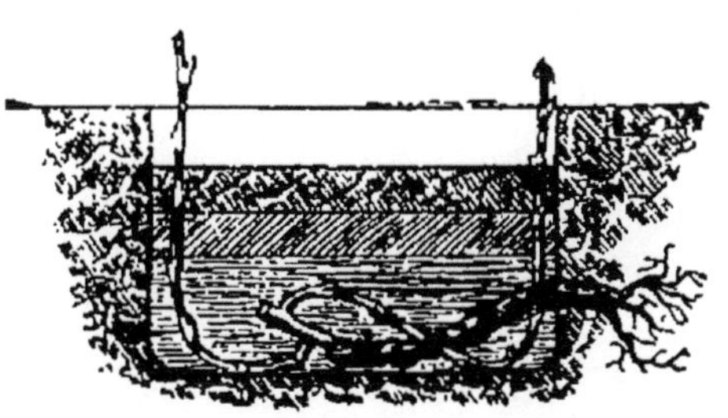

Fig. 212. — Restauration d'un pied de vigne par couchage.

encore un surcroît de sève des racines adventives qui se sont développées sur toute sa partie enterrée.

Le sol recevra une fumure au printemps composée de terreau et d'engrais chimique, comme il est indiqué à l'article *Engrais*.

En somme, la restauration des arbres est une opération très pratique, surtout avec le poirier et la vigne ; elle est préférable à une nouvelle plantation : elle produit plus tôt, plus abondamment et de meilleurs fruits. Il faut l'employer plus souvent et sans crainte.

X

Conservation des fruits.

Facteurs de la conservation des fruits. — Tous les fruits ne sont pas également susceptibles de se conserver. Ceux qui sous ce rapport sont les plus aptes appartiennent à la classe des *pomacés* (*poires*, *pommes*) et à celle des fruits *baxiformes* (*raisin*).

Pour ce qui est des poires et des pommes, on sait que leur maturation s'accomplit au fruitier même. Cette maturité est caractérisée par la neutralisation partielle des acides et la formation du sucre dans les tissus. Alors, si on ne consomme pas ces fruits, un autre phénomène succède au premier. Il apparait dans les fruits des ferments qui décomposent le sucre en alcool et acide carbonique, l'alcool se combine aux acides pour former des *éthers* d'une odeur caractéristique, etc.; c'est la fermentation à laquelle succède bientôt la décomposition organique ou pourriture.

Au moment où la fermentation alcoolique commence, sa conservation va s'effaçant.

Le seul moyen que nous ayons de prolonger la conservation des fruits réside tout entier dans l'empêchement qu'on peut apporter à la fermentation alcoolique. Or, les ferments ne se développant que sous l'influence d'une chaleur positive de plusieurs degrés, il est bien certain que si on maintient les fruits dans un milieu où la chaleur soit, par exemple, celle de la glace fondante, la fermentation ne saura se produire. Tout ce qu'on peut faire aujourd'hui consiste donc à maintenir autour des fruits une température aussi voisine que possible de 0°, mais ne l'atteignant jamais.

Si on dispose d'une chambre, d'un cellier, d'une cave présentant ces qualités, on peut y conserver les fruits, mais il faut d'abord l'aménager de la façon suivante :

AMÉNAGEMENT POUR FRUITIER. — Les murs à l'intérieur du fruitier sont lambrissés ou tout au moins tapissés. Ils sont garnis de tablettes depuis le bas jusqu'en haut ; la première inférieure est à 40 centimètres du sol ; toutes les autres sont espacées de 30 centimètres entre elles, leur largeur est de 50 centimètres. Ces tablettes ont une pente d'autant plus prononcée en avant qu'elles sont plus élevées ; la pente empêchant les fruits de se tenir en place, on les maintiendra par de petites tringles de bois espacées à 10 centimètres les unes des autres. Chaque tablette est munie d'une bordure qui empêche les fruits de tomber. Le milieu de la pièce est occupé par une table rectangulaire et bordée, laissant sur les côtés, entre les tablettes et elles, une largeur de 1 mètre pour la circulation ; au-dessous d'elle, la table porte deux étages ou tablettes qui peuvent servir à placer les fruits.

Les poires, les pommes, etc., ayant été rentrées comme il a été indiqué aux articles *Récolte*, le fruitier sera visité trois fois par semaine et tous les produits mûrs, tachés ou gâtés seront retirés avec attention. On évitera de renouveler l'air et de donner de la lumière ; par conséquent, c'est avec une lanterne qu'on pénétrera dans le local, pour l'inspecter ; on enlèvera l'humidité en exposant à l'air du fruitier une substance ayant la propriété de soustraire sa vapeur d'eau : *acide sulfurique*, *chaux en pierre*, *chlorure de calcium*.

Si l'on emploie ce dernier corps, il faut le disposer de façon que l'eau soustraite s'écoule au fur et à mesure dans un vase clos par une soupape, ou à ouverture étroite. Enfin, on évitera les variations de la température qu'on tâchera de maintenir, s'il est possible, entre plus 4° et plus 7° centigrades.

Aménagement pour raisin. — La cloison qui enveloppe la chambre est toujours lambrissée ou tapissée ; sur cette cloison sont clouées horizontalement, de 25 centimètres en 25 centimètres, des traverses de bois ayant 8 centimètres d'épaisseur et destinées à supporter des petites bouteilles ou flacons.

Au milieu de la pièce figurent plusieurs claire-voies ; elles sont séparées entre elles par un intervalle de 1 mètre permettant de circuler librement pour le placement des grappes ; chaque claire-voie porte des traverses superposées à 25 centimètres les unes des autres et destinées à maintenir les flacons. Ces traverses sont disposées de façon à pouvoir porter des bouteilles sur les deux côtés de la claire-voie, en avant et en arrière.

Les récipients qui servent à conserver les chasselas ont environ 15 centimètres de long sur 15 centimètres de diamètre ; ils sont fixés aux supports au moyen d'un fil de fer et séparés entre eux par une distance égale à leur longueur. Avec cette disposition, on peut, dans une chambre assez restreinte, faire tenir une très grande quantité de bouteilles qui, au moment de la récolte, sont remplies d'eau ordinaire dans laquelle trempe un morceau de charbon de bois.

Les grappes de raisin cueillies avec un morceau de sarment sont placées, le sarment plongeant dans la bouteille, la grappe pendante.

Les soins d'entretien sont ceux que nous avons décrits relativement au fruitier ordinaire.

La combustion d'une mèche soufrée dans le fruitier évite souvent la maladie connue sous le nom d'*curdry* qui est comme une sorte de décomposition partielle du grain. Cette combustion est faite avant la rentrée du raisin.

Les raisins ainsi traités peuvent se conserver à l'état frais jusqu'en fin mai.

Il y a une autre méthode de conservation moins propice que la précédente, elle ne permet de garder le raisin que jusqu'au mois de janvier; on s'en sert surtout pour garder le raisin dépourvu de sarment, et les grappes de contre-espaliers toujours moins belles ou ne valant pas la peine d'être mises en bouteilles; on les dépose alors sur des claies garnies d'un lit de fougères bien sèches et on les transporte dans un grenier sain; on les visite souvent pour enlever les grains tachés. Si la gelée est à craindre, il faut les descendre dans un local mieux garanti. Par ce système, les rafles se dessèchent, mais les grains conservent encore quelque temps leur consistance et leur fraîcheur.

X

De la greffe des arbres fruitiers.

DÉFINITION. — Greffer, c'est insérer sur un végétal une partie d'un autre végétal pour qu'elle y soit nourrie et qu'elle y prospère.

Le végétal sur lequel on greffe s'appelle *sujet*, la partie insérée sur lui est le *greffon*. Le sujet et le greffon unis constituent la *greffe*.

Quelquefois, le sujet, au lieu d'être un végétal entier, n'en est lui-même qu'un fragment, un rameau, une sorte de bouture (voir *Greffe de la vigne*).

BUTS. — Le greffage a plusieurs buts :

1° *Il permet de conserver les variétés en leur gardant intégralement tous leurs caractères.* — On sait que les variétés fruitières ou autres ne sauraient se multiplier par semis sans varier énormément dans leurs descendances. Avec la greffe, ce phénomène n'est pas à craindre. En effet, le greffon n'est en quelque sorte que le prolongement détaché d'une tige ou d'une branche, prolongement auquel on a procuré par artifice d'autres racines, pour qu'il puisse subsister à part. Mais, par cela même que le greffon est le prolongement d'une autre plante, il conserve en croissant tous les caractères de cette plante, son unique générateur.

2° *Le greffage sert à multiplier ces mêmes variétés.* — En effet, avec un rameau donné, on peut, pour ainsi dire, obtenir autant d'individus que ce rameau présente d'yeux à sa surface.

3° *Il permet de substituer une bonne variété à une mauvaise sans arrachage ni plantation.* — Si l'on a, par exemple, un poirier qui produit de mauvaises poires, il suffira de supprimer la tête de l'arbre et de poser sur la tige ou sur les tronçons des branches principales, quelques greffons d'une variété meilleure pour opérer cette substitution.

4° *Il avance la fructification.* — Pour qu'il agisse avec plus de force en ce sens, le greffage doit être fait dans de certaines conditions, il faut que l'espèce dont on a hâte de connaître les fruits soit greffée sur un sujet déjà adulte et fertile. En général, la greffe avance toujours la mise à fruit, mais d'une manière peu accentuée ou seulement lorsqu'elle est faite sur un sujet spécial, exemple : greffe de poirier sur cognassier.

Quant au genre de greffe qui consiste à placer sur un poirier stérile des boutons à fruits provenant d'un autre poirier qui en est trop abondamment pourvu, il ne produit pas, à proprement parler, une accélération de la mise à fruit, mais il possède l'avantage incontestable d'assurer le développement des poires issues de ces boutons greffés.

Sur l'arbre trop chargé de boutons, ce développement eût été incertain, compromis par une forte concurrence.

5° *Enfin, la greffe rend praticable le remplacement des branches charpentières et fruitières* qui, sur un arbre formé, périssent ou disparaissent accidentellement.

Conditions de réussite. — Tous les végétaux ne peuvent pas se greffer ni être greffés entre eux. Les monocotylédones, par exemple (*palmiers*, *liliacées*, *graminées*), sont complètement réfractaires à cette opération de culture. Parmi les dycotylédones, beaucoup d'individus ont montré les mêmes aptitudes négatives.

Il faut, c'est la *première condition* pour que la greffe réussisse, il faut que les deux individus (sujet et greffon) soient parents à un certain degré; ils seront au moins de la même famille et pourront appartenir à deux genres différents. Exemple : genre *pyrus* (poirier) greffé sur genre *cydonia* (cognassier), genre *persica* (pêcher), greffé sur genre *prunus* (prunier).

Les cas de succès, dans le greffage entre espèces ou variétés du même genre, sont bien plus fréquents. Exemple : poiriers variés sur poirier commun, poirier à feuilles de saule, etc.

Seconde condition de succès : le greffon doit, en théorie, porter au moins un œil ou bourgeon. En pratique, on lui en laisse deux ou trois, et c'est raison.

Troisième condition non moins importante que les deux autres : Pour qu'il y ait soudure, c'est surtout entre les *couches génératrices* du sujet et du greffon qu'il faut établir un contact direct. Ces couches génératrices ou *cambium* qui fournissent les matériaux de l'accroissement *se trouvent sous les écorces et à des profondeurs diverses, suivant l'épaisseur de ces écorces.* Il faudra tenir compte de cette observation dans la pratique. Nous la rappellerons d'ailleurs, lorsqu'il sera à propos.

Ajouter à cela une certaine vitesse habile dans l'opération et, s'il y a lieu, l'engluement des parties mises à vif, pour les soustraire à l'action desséchante de l'air. C'est tout ce qu'il faut pour assurer, d'une façon certaine, la soudure et le développement du greffon.

INSTRUMENTS. — On emploie, pour greffer, les instruments suivants :

Le *greffoir*, sorte de canif dont la lame a le tranchant concave à la base et convexe au sommet. Le greffoir est employé pour tailler les greffons et préparer les petites greffes. La spatule en os, corne ou ivoire, dont il est pourvu, sert à soulever les écorces.

La *scie* : elle est utilisée pour couper les branches fortes.

La *serpette* sert à parer les plaies faites avec la scie.

Le *marteau* et le *couteau à greffer* sont employés pour fendre les sujets d'un certain volume dans la pratique de la greffe en fente. Un coin en bois dur est très utile pour maintenir écartées les parties fendues.

LIGATURES.— Les ligatures ou liens servent à maintenir plus intimement le contact entre sujet et greffon; elles servent aussi dans une certaine mesure à soustraire les plaies à l'action de l'air. Les meilleures ligatures sont élastiques et peu sensibles aux variations hygrométriques. Celles qui, sous ce rapport, s'emploient le plus sont la laine grossièrement filée, le coton, la spargaine, le raphia, l'écorce de tilleul, les feuilles de typha (fig. 213).

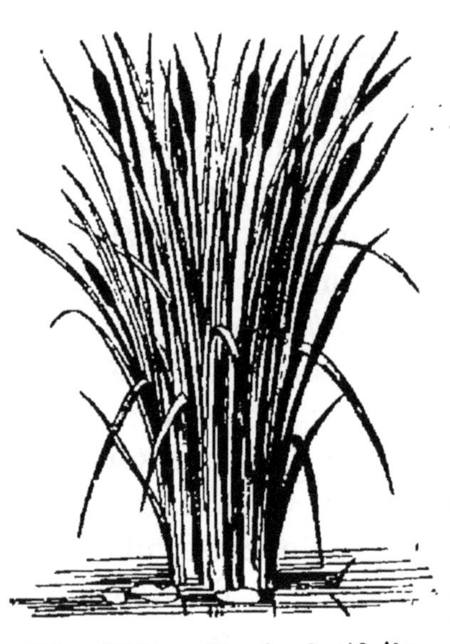

Fig. 213.— Typha latifolia ou Massette.

Pour le cas où la ligature doit être avant tout une attache solide, il faut préférer l'osier refendu ou l'écorce de tilleul.

ENGLUEMENTS. — Ces substances s'emploient à chaud ou à froid; on les applique après la greffe sur les parties à vif. Ainsi abritées, celles-ci se cicatrisent plus promptement. Dans le cas où les plaies seraient mouillées, il faudrait les essuyer pour que la cire puisse mieux adhérer.

Voici trois compositions de cire à greffer :

Composition pour employer à l'état chaud. — Faire fondre dans un vase de terre, sur le feu :

Poix blanche.	500	parties.
Poix noire . .	120	—
Résine	120	—
Cire jaune . .	100	—
Suif	60	—

Mélanger le tout pendant la fusion.

Au moment de l'emploi, faire fondre sur un feu doux et appliquer la cire à l'aide d'une spatule de bois.

Première composition pour employer à l'état froid. — Faire fondre sur le feu et bien mélanger pendant la fusion :

Cire jaune.	500	parties.
Térébenthine grasse	500	—
Poix blanche de Bourgogne.	250	—
Suif	100	—
Total.	1350	—

Faire des bâtons du mélange et employer cette cire à froid, après l'avoir pétrie quelque temps dans la main, pour la rendre plus malléable. Souvent cette cire colle aux doigts. « Pour éviter cet inconvénient, il faut avoir les bâtons de cire dans un petit pot plein d'eau qui sert à mouiller les mains. » (Hardy. *Traité de la taille des arbres fruitiers.*)

Seconde composition pour employer à froid. — Elle est formée de 500 grammes de résine demi-liquide du commerce qu'on fait fondre sur un feu très doux, en y mélangeant 180 grammes d'alcool à 90°. Ce mastic refroidi est conservé dans des flacons ou des boîtes métalliques hermétiquement fermées, afin d'éviter l'évaporation de l'alcool.

Si, par le temps, ce mastic devient un peu dur, on le rend plus malléable en l'additionnant d'alcool; il est appliqué à l'aide d'une spatule en bois.

Epoque du greffage. — Si l'on peut greffer toute l'année, c'est sans contredit au commencement du printemps (mars, avril) et au déclin de l'été (août, septembre) qu'il est préférable d'opérer. A ces deux époques la sève ayant une vitesse de circulation et une abondance moyennes, la soudure des parties se fait d'une manière beaucoup plus parfaite et plus certaine que dans n'importe quelle autre condition.

La théorie voudrait que les deux parties, sujet et greffon, fussent, lors du greffage, au même degré de végétation, mais comme cette analogie est assez difficile à obtenir, il vaudra toujours mieux que, sous ce rapport, le sujet l'emporte légèrement sur le greffon.

Différentes sortes de greffes.

On peut classer les différentes sortes de greffes d'après la manière d'être des greffons.

Ceux-ci sont *dépendants* et simplement approchés, c'est-à-dire greffés sans avoir été préalablement séparés de leur générateur.

Ils sont *libres*, quand, avant de les insérer sur le sujet, on les a séparés, détachés de leur pied générateur ou « pied mère ». Les greffons de cette seconde catégorie sont des rameaux portant chacun deux ou trois yeux, ou bien chaque greffon est constitué par un seul œil (bourgeons des botanistes).

D'après ces données, on a ainsi :

1° Les greffes par *greffons dépendants* ou *greffes par approche*;

2° Les greffes par *greffons libres*. Ces greffons sont des *rameaux* ou des *bourgeons*.

GREFFES EN APPROCHE

GREFFE EN APPROCHE SIMPLE (fig. 214). — Elle consiste à approcher, puis à fixer pour qu'elle s'y soude une portion d'un végétal sur un point du même individu, ou

Fig. 214. — Greffe en approche simple.

d'un individu différent. Ainsi, le rameau greffon tient à l'arbre greffé lui-même ou bien il appartient à un autre arbre rapproché du sujet pour la circonstance. Afin qu'il y ait soudure, il est indispensable de faire une plaie sur le sujet et une autre sur le greffon. Autant que possible ces plaies sont de mêmes dimensions.

Dans la pratique, on met d'abord le greffon en contact avec le sujet et ceci à l'endroit même où il devra être fixé, puis en cet endroit, à l'aide de la serpette ou du greffoir, on enlève l'écorce et un peu d'aubier.

On fait ensuite une plaie correspondante sur le greffon; les deux plaies sont mises en coïncidence et maintenues appliquées l'une contre l'autre par une ligature à spires rapprochées.

L'engluement ou mastic à greffer est inutile, parce qu'il ne reste point de parties à vif. En resterait-il, cela aurait peu d'inconvénient, à cause de l'état dans lequel se trouvent le sujet et le greffon, tous les deux parfaitement alimentés de sève. Il est prudent de faire la plaie du greffon juste à l'opposé d'un œil. Ce dernier, par son développement, peut fournir la branche cherchée[1]; en outre, sa présence en cet endroit est une cause de réussite, parce qu'il appelle la sève qui facilite la soudure du greffon. Quand les plaies — celle du greffon et celle du sujet — sont d'inégales largeurs, on fait coïncider seulement un bord de la plaie du sujet avec le bord correspondant de la plaie du greffon. Les couches génératrices ne peuvent être mises en contact qu'à cette condition, et c'est de la juxtaposition de ces couches que dépend la réussite de l'opération.

La greffe par approche se fait pendant la durée de la végétation active, d'avril à septembre. La soudure du greffon au sujet est faite en deux ou trois semaines, mais ce n'est pas encore à ce moment qu'il faut « sevrer » c'est-à-dire séparer le greffon de son pied générateur. On procède au sevrage une année seulement après la greffe.

Le greffage par approche que nous venons de décrire se pratique spécialement en avril. Un autre qui est employé beaucoup plus tard, pendant la végétation, est dit par approche herbacée.

Greffe par approche herbacée. — La greffe par approche herbacée se pratique depuis le 15 juin jusqu'au 15 août. Elle rend de grands services aux arboriculteurs qui l'emploient pour remplacer des coursonnes mortes ou avortées sur les branches charpentières de leurs arbres formés : poirier, pêcher, vigne, etc. Le rameau greffon choisi est une pousse de l'année, demi-ligneuse, demi-herbacée, on la met en contact avec le sujet, au point de greffe, puis on incise les deux parties qui se sont touchées. Sur les greffons de pêcher, il ne faut

[1] Dans ce cas, le greffon est coupé au-dessus de cet œil.

pas craindre d'entamer le bois jusqu'au delà du canal de la moelle. La soudure ne se fera solidement qu'à cette condition et la plaie sera d'une façon certaine à l'abri de la gomme.

Après avoir appliqué la plaie du greffon sur celle du sujet, on ligature comme il a été dit plus haut. Les feuilles ne sont supprimées nulle part.

Greffe en étai ou en arc-boutant (fig. 215). — Cette variété de la greffe par approche se pratique avant et après la végétation, en avril, avec greffons ligneux et en juin, juillet, avec greffons herbacés. Elle sert aussi à reconstituer des branches fruitières mortes ou disparues sur les arbres formés. On l'emploie encore pour procurer à une branche charpentière trop faible la sève dont elle a besoin pour atteindre un volume plus fort.

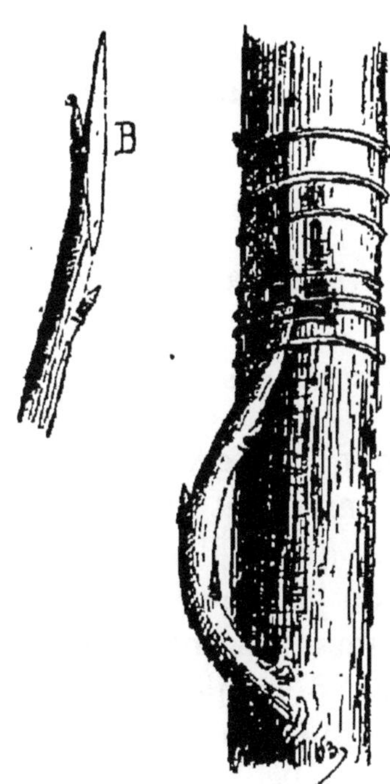

Fig. 215.
Greffe en arc-boutant.
B, portion du greffon taillé en biseau.

Dans ce dernier cas, on a planté près de la branche faible un sauvageon. A l'époque du greffage (avril), l'extrémité du *sauvageon* est taillée en biseau allongé B. Sur le sujet, c'est-à-dire l'empattement de la branche faible, on fait une incision en T renversé (⊥). Le biseau du greffon est introduit au point incisé sous les écorces du sujet. On ligature.

S'il s'agit d'une coursonne à reformer sur une partie nue de branche charpentière, la pratique à suivre est la même, sauf que le rameau greffon est fourni par le sujet lui-même et choisi dans le voisinage de la partie à greffer.

Le greffon est taillé au-dessus d'un œil combiné, à une longueur calculée, un peu plus forte cependant que celle comprise entre son empattement et le point de greffe.

Son extrémité est amincie en biseau long B au dos duquel se trouve l'œil combiné. Au point de greffe, ce biseau est introduit sous l'écorce par la plaie en ⊥ qui a été faite préalablement. On ligature ; l'œil du greffon doit apparaître entre les lèvres de la plaie du sujet. C'est lui qui, en se développant, constitue la branche fruitière nouvelle.

GREFFE PAR GREFFONS LIBRES

A. — *Les greffons sont des rameaux.*

Époque du greffage. — Bien que la greffe par rameaux détachés puisse se pratiquer en été et en automne c'est le plus souvent au printemps qu'on l'emploie. A cette époque d'ailleurs, elle est bien plus certaine.

Choix des greffons. — Les greffons seront toujours choisis sur des arbres sains, vigoureux, fertiles et possédant, dessinés d'une façon très nette, tous les caractères particuliers de l'espèce ou de la variété. En se servant de greffons pris sur un arbre malade, on perpétue et on rend constitutionnelle, en quelque sorte, une maladie qui n'était que locale et accidentelle.

Ces greffons seront des rameaux de l'année précédente (bois d'un an). Ils donnent des pousses vigoureuses. Les rameaux de deux ans se mettent plus rapidement à fruit, mais comme cette fructification hâtive est contraire à la vigueur de la greffe, il ne faut pas les employer.

En outre des qualités ci-dessus énoncées, les rameaux d'un an présentent les caractères suivants : tissu suffisamment lignifié, écorce saine, yeux apparents. C'est la partie médiane du rameau qui présente au plus haut degré ces caractères. A la base, les yeux sont imparfaitement constitués ; au sommet, le tissu formé le dernier est trop tendre et ne saurait résister à l'action desséchante de l'air à laquelle tous les greffons sont exposés.

C'est en hiver, entre deux gelées, qu'il faut cueillir les rameaux destinés au greffage printanier. Ils sont simplement piqués au pied de l'arbre qui les a produits ou bien soigneusement étiquetés et enfouis dans le sol, tout contre un mur orienté au Nord. Quand on les a seulement piqués en terre par leur base, il arrive, au printemps, que les yeux des rameaux poussent et s'épanouissent presque, comme si une sève nouvelle les gonflait. C'est pour éviter cet inconvénient que l'on enfouit complètement les greffons.

La pratique qui consiste à couper les morceaux juste au moment de greffer est défectueuse, et voici pourquoi : comme une nouvelle sève les inonde, leurs tissus sont devenus plus tendres, les écailles de leurs yeux se sont écartées, ils sont dans de mauvaises conditions pour résister à la sécheresse. L'important n'est pas que le greffon renferme beaucoup de sève, mais qu'il exerce sur la sève contenue une force de rétention suffisante pour empêcher le dessèchement des tissus pendant la période du jeûne, si l'on peut s'exprimer ainsi.

Greffe en fente simple (fig. 216). — Elle se pratique sur la tige des sujets ou sur ses plus fortes branches, à une certaine hauteur à laquelle on a retranché la tête de l'arbre ou raccourci ses branches maitresses.

L'écorce sera lisse et dépourvue de ramifications au niveau des parties coupées. Ces qualités rendent l'opération plus facile et plus régulière. La plaie est parée à la serpette, puis on fend de haut en bas et par le milieu, en s'aidant d'un couteau à greffer ou d'une serpette et d'un marteau. La plaie produite par cette fente a quelques centimètres de profondeur; elle est maintenue ouverte au moyen d'un coin en bois dur.

Le greffon aura une longueur de 8 à 10 centimètres, c'est-à-dire qu'il sera muni de deux yeux au-dessus de la plaie; un seul suffirait, mais il est plus prudent d'en réserver deux. Il n'est pas avantageux non plus de préparer un greffon plus long, ce serait augmenter la surface corticale d'évaporation et, par cela même, diminuer les chances de succès.

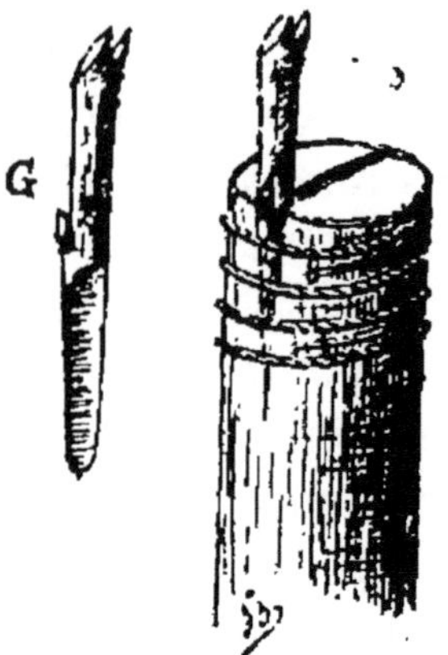

Fig. 216. — Greffe en fente simple.
G, greffon.

A partir de l'œil de base, et de chaque côté de lui, le greffon G a été taillé en double biseau jusqu'à son extrémité inférieure (3 à 4 centimètres). Du côté opposé à l'œil, le biseau est mince, effilé comme le tranchant d'une lame de couteau. Du côté de l'œil, au contraire, il est plus épais.

Beaucoup d'arboriculteurs recommandent de faire deux crans sous l'œil, à droite et à gauche; ils disent, en faveur de ce procédé, que le greffon tient mieux et se soude plus vite, parce qu'il est assis sur l'aire de la plaie du sujet. Nous ne croyons pas que les avantages signalés soient bien apparents, mais ce qui est certain, c'est que les greffons ainsi préparés, cassent facilement, au niveau des crans, sous l'effort d'un coup de vent ou d'un faible choc.

La fente du sujet étant maintenue ouverte à l'aide d'un coin de bois dur, on y introduit le greffon taillé comme il a été dit, et on l'enfonce de manière que l'œil inférieur soit au niveau de la coupe. Pour que le greffon se soude, il faut que son cambium, sa couche souscorticale, soit en contact avec le cambium du sujet. Or, comme l'écorce du sujet est plus épaisse que l'écorce du greffon, il s'ensuit que celui-ci devra nécessairement rentrer un peu dans le sujet. En effet, si les bords internes des deux écorces différemment épaisses sont en coïncidence, leurs bords externes doivent être à des niveaux différents.

Un moyen pratique qui réussit toujours consiste à incliner légèrement le greffon vers l'axe du sujet; comme ceci, on est certain qu'il y a au moins quelques points de contact entre les couches génératrices du sujet et du greffon.

Le greffon étant posé comme il faut, on ligature, puis l'engluement est appliqué sur toutes les parties à vif du sujet et du greffon.

Sur le cerisier, la greffe en fente se pratique de préférence vers le déclin de l'hiver. Sur le poirier, le pommier, c'est en mars et avril qu'on opère.

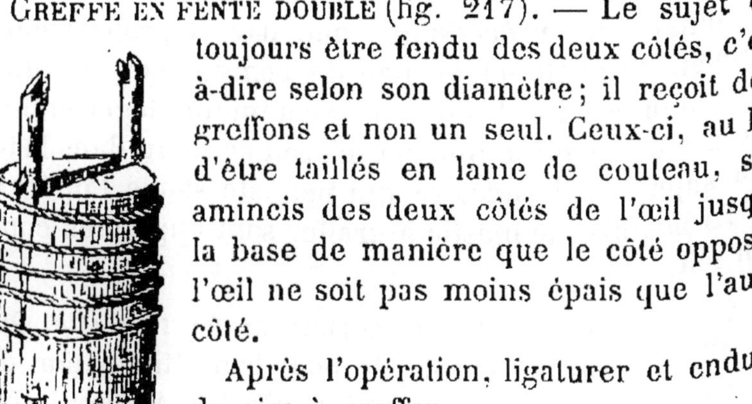

Fig. 217. Greffe en fente double.

Greffe en fente double (fig. 217). — Le sujet doit toujours être fendu des deux côtés, c'est-à-dire selon son diamètre; il reçoit deux greffons et non un seul. Ceux-ci, au lieu d'être taillés en lame de couteau, sont amincis des deux côtés de l'œil jusqu'à la base de manière que le côté opposé à l'œil ne soit pas moins épais que l'autre côté.

Après l'opération, ligaturer et enduire de cire à greffer.

Greffe en demi-fente (fig. 218). — Si le sujet à greffer est d'un faible diamètre, on le coupe d'abord horizontalement, puis en sifflet. Il faut ensuite, avec la pointe de la serpette, fendre par la moitié la portion restée horizontale. Le greffon, taillé en lame de couteau, est introduit et fixé comme il a été dit plus haut. Il se soude très vite.

La ligature ici est encore utile, mais non indispensable comme l'engluement.

Fig. 218. — Greffe en demi-fente.

Fig. 219. — Greffe en fente simple avec œil encastré.

Greffe en fente avec œil encastré (fig. 219). — Elle ne diffère des précédentes que par la préparation du greffon. Sur celui-ci, au lieu de commencer la taille en biseau au dessous de l'œil, on la commence légèrement au-dessus de manière que cet œil soit contenu dans la fente du sujet, l'œil encastré qui persiste sauve l'opération.

La ligature, le mastic à greffer sont appliqués comme on sait.

Greffe en fente sur collet de racines (fig. 220). — Elle est surtout employée pour la multiplication de la vigne. Le cep est déchaussé jusqu'à 8 ou 10 centimètres au-dessous du sol (A. fig. 220), puis coupé transversalement à un endroit bien sain et bien lisse. Le sujet est ensuite fendu de haut en bas, selon une ligne tangente à l'étui de la moelle. Le greffon, portant deux yeux, est taillé en lame de couteau, puis inséré. La plaie du sujet, restée béante après l'insertion du greffon, est seulement couverte d'un fragment d'écorce, mais on butte, c'est-à-dire qu'on amoncelle de la terre tout autour de la greffe

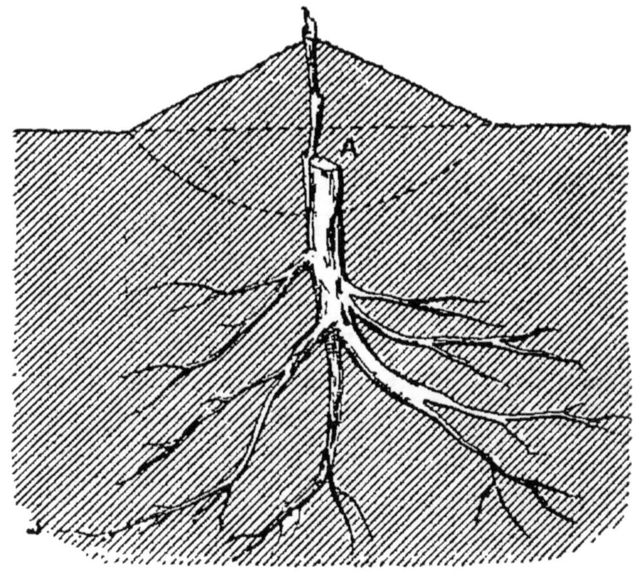

Fig. 220. — Greffe en fente sur collet de racine.

jusqu'à la hauteur de l'œil terminal du greffon. Cette greffe se fait en avril. Il n'est pas rare que le fruit apparaisse l'année même, seulement il ne mûrit pas.

GREFFE EN COURONNE (fig. 221). — Sur les individus âgés présentant un fort diamètre du tronc ou des branches, la greffe en fente n'est plus applicable. Il faut alors recourir à la greffe dite en couronne.

La greffe en couronne se pratique au printemps (mars, avril), comme la greffe en fente.

Le sujet est encore coupé horizontalement; la plaie est parée à la serpette et, aux points que doivent occuper les greffons, on prépare leurs logements. Pour cela, il suffit de glisser entre l'écorce et l'aubier une spatule mince et étroite, de bois dur ou d'ivoire; on fend l'écorce si cela est nécessaire.

Les greffons portent deux yeux. A partir de l'œil inférieur et du côté opposé, ils ont été taillés en biseau allongé jusqu'à la base C (fig. 221).

Chaque greffon est introduit par son biseau dans un logement préparé comme il a été dit; on l'y enfonce jusqu'à l'œil. Si la pénétration est difficile, on la facilite en fendant l'écorce avec la pointe de la serpette.

Le nombre de greffons dépend de la circonférence du sujet, toutefois un espace d'au moins cinq centimètres doit être réservé entre eux, sur les sujets volumineux.

Sur le nombre, on ne conserve définitivement qu'un seul ou deux greffons; les autres, à partir de la seconde année, sont raccourcis progressivement, puis coupés d'une façon définitive sur leur empattement. Jusque-là, ils aident par l'extension de leur bourrelet cicatriciel à la guérison de la plaie du sujet.

Il est bien entendu que la greffe a été ligaturée et engluée.

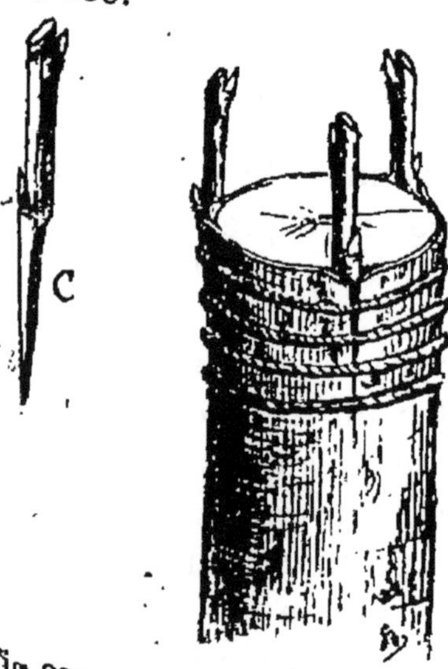

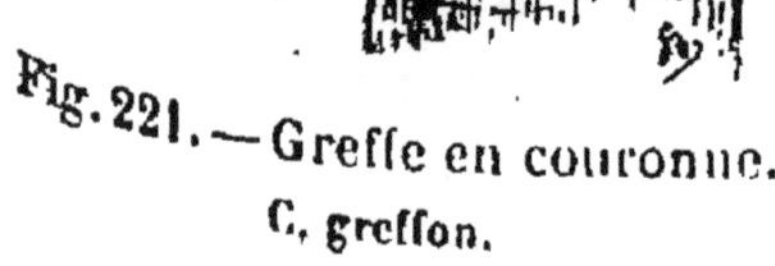
Fig. 221. — Greffe en couronne. C, greffon.

Fig. 222. — Greffe en couronne de côté, avant la ligature.

Greffe en couronne de coté (fig. 222). — On se sert de cette greffe pour restaurer les poiriers et pommiers soumis à des formes régulières.

Supposons, par exemple, qu'il s'agisse, sur un poirier, de reconstituer une branche de charpente. Au point de la tige où la branche fait défaut, on pratique une encoche pénétrant environ au tiers du diamètre de la tige, puis à partir du milieu de l'arc de cercle formé par le bord inférieur de la plaie, on fend l'écorce sur une certaine longueur et on insère le greffon comme nous avons énoncé plus haut. On ligature et on englue.

Greffe anglaise (fig. 223). — Très usitée en Angleterre, c'est une des meilleures, parce qu'avec elle, les points de contact entre les parties greffées sont multipliées par une certaine pratique que nous allons expliquer.

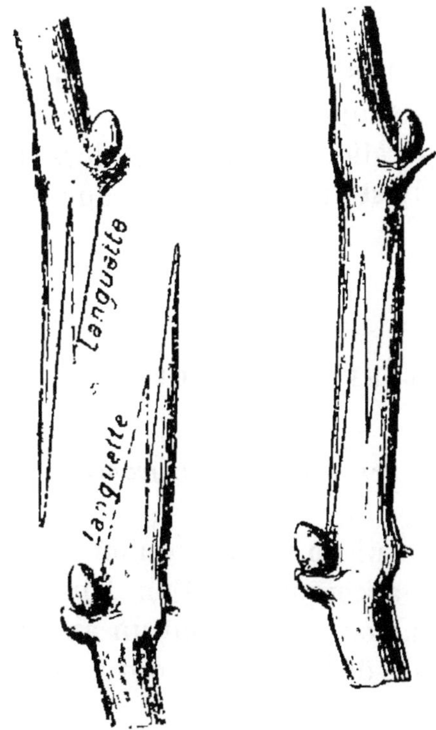

Fig. 223. — Greffe anglaise.

Autant que possible, il faut que sujet et greffon soient de même volume. Le greffon est coupé obliquement en biseau au-dessous et à l'opposé d'un œil. La plaie est ensuite divisée approximativement et, par la pensée, en trois parties égales. A partir de la première division inférieure, on fend le greffon de bas en haut, jusqu'à la division n° 2, de manière à soulever une languette de bois.

Le sujet est taillé de même, en biseau, d'une longueur égale au biseau du greffon. La plaie étant encore divisée en trois parties égales, on fendra le sujet à partir de la première division jusqu'à la seconde, pour produire aussi une languette de bois. Après cette préparation, le greffon et le sujet seront juxtaposés de manière que les plaies coïncident par leurs bords, tandis que les languettes seront placées l'une sous l'autre.

Si le sujet est plus volumineux que le greffon, il ne faut faire coïncider qu'un seul côté du sujet avec le côté correspondant du greffon.

Presque tous les végétaux susceptibles de greffage peuvent être greffés par ce procédé. En arboriculture fruitière, on multiplie par greffe anglaise surtout la vigne, le pommier et quelquefois le pêcher.

La greffe anglaise se pratique, comme la greffe en fente, en avril.

Dans le greffage des vignes françaises sur cépages américains, le sujet est un simple rameau, une bouture non enracinée. Après l'opération, on possède alors une sorte de bouture greffe qui est traitée comme une bouture normale de vigne.

GREFFES PAR GREFFONS LIBRES

B. — *Les greffons sont des yeux ou bourgeons.*

Ce n'est pas une branche ni un rameau qu'on insère sur le sujet, c'est un œil accompagné d'un lambeau étroit d'écorce (*greffe en écusson*) ou de tout un anneau enlevé selon la circonférence de la branche qui a fourni l'œil (*greffe en anneau ou sifflet*).

Greffe en écusson. — Elle est dite à œil dormant ou à œil poussant, suivant qu'elle est faite au déclin ou au début de sa végétation active.

Les arbres fruitiers se multiplient rarement par l'écussonnage à œil poussant : à part quelques exceptions, on écussonne toujours à œil dormant, c'est-à-dire de fin juillet au 15 septembre.

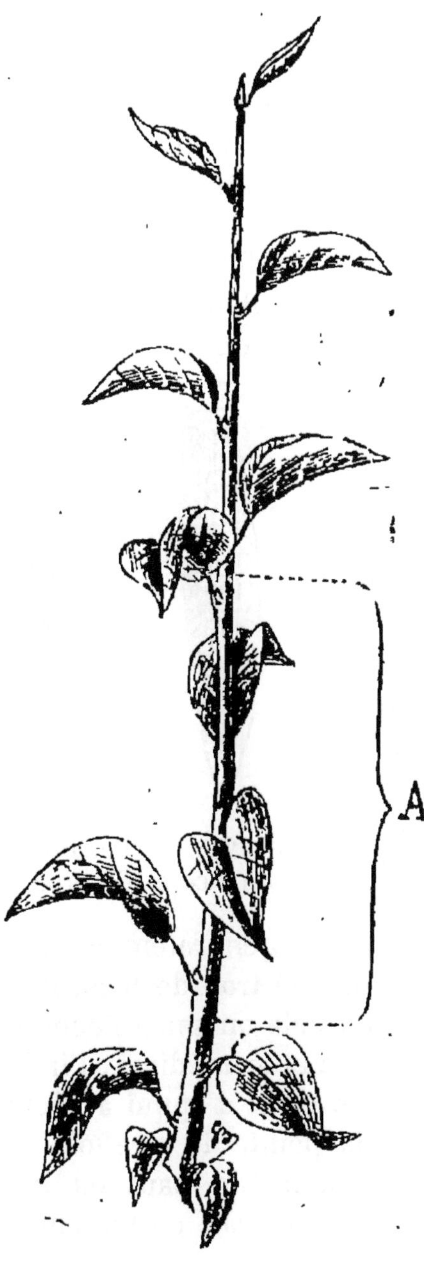

Fig. 224. — Rameau de poirier.

A, région où se trouvent les écussons bien constitués.

Choix des écussons. — Pour le greffage à œil poussant, on prend des écussons sur des rameaux de l'année précédente, cueillis en hiver et conservés dans une cave ou en jauge, près d'un mur. Pour le greffage à œil dormant, on cueille, immédiatement avant d'opérer, des rameaux de l'année, corsés, c'est-à-dire à demi ou aux trois quarts lignifiés. Ils sont immédiatement privés de leurs feuilles que l'on coupe sur le pétiole, un peu audessous du limbe. La suppression des limbes retarde l'évaporation de la sève contenue dans le bois. La partie du pétiole conservée protège l'œil, facilite la manipulation et nous sert plus tard à distinguer si le greffage a réussi. En effet, huit ou dix jours après l'opération, si ce pétiole se détache avec facilité, la greffe est bonne, tandis que si ce même pétiole reste adhérent et résiste, il est à peu près certain que l'écusson n'est pas soudé et ne se soudera pas. L'œil, dans ce cas, s'est desséché et le pétiole en même temps.

Sur le rameau coupé comme nous venons d'indiquer, tous les yeux ne sont pas également bons ; ceux de la base ne sont pas assez accentués, ceux du sommet sont trop herbacés. Il faudra toujours préférer ceux de la partie intermédiaire (A, fig. 224).

Pratique de l'écussonnage. — Pour détacher l'écusson, le greffeur incise d'abord transversalement l'écorce à un centimètre de l'œil et au-dessus de lui seulement, puis plaçant le pouce de la main droite sur celui-ci, il fait glisser la lame de son greffoir sous l'écorce, à partir de l'incision ; la lame doit suivre l'ondulation du bois, passer sous l'œil et sortir à un centimètre ou un centimètre et demi au-dessous de lui en produisant à la base de l'écusson un biseau effilé (fig. 225). Il est important que le germe reste adhérent à l'œil, et que, cependant, il ne soit pas conservé de bois avec lui. Si l'œil est vide, l'écusson peut se souder, mais il est généralement incapable de pousser. Si l'on a conservé trop de bois, il est facile d'en enlever un peu. Pour cela on saisit l'écusson de la main gauche entre le pouce et le médium, l'index placé derrière et en haut sert de point d'appui à l'écusson ; de la main droite, avec la pointe du greffoir, on enlève le bois par un mouvement de haut en bas. En agissant de bas en haut, on viderait certainement l'œil.

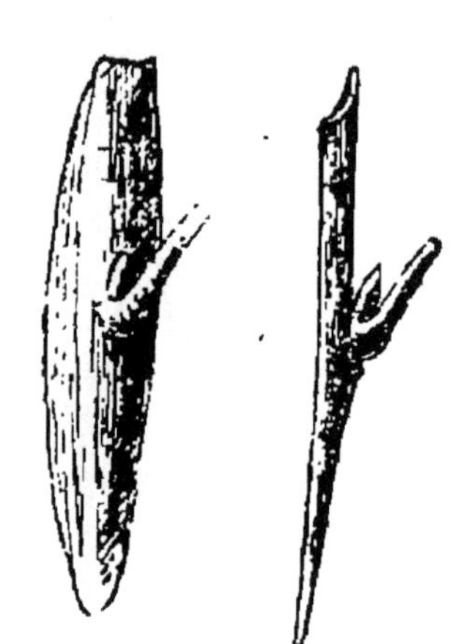

Fig. 225. — Ecusson vu de face et de profil.

Sur le sujet, en un endroit où l'écorce est bien lisse et saine, on fait deux incisions en T, en commençant par une transversale au-dessous de laquelle on fait l'incision verticale (fig. 226). A l'aide de la spatule du greffoir, les deux lèvres corticales de cette incision en T sont soulevées de la main droite, tandis que l'autre main introduit l'écusson en le faisant glisser du haut en bas, jusqu'à ce qu'il soit entièrement logé. Ensuite les écorces sont rapprochées et maintenues par une ligature en laine ou en raphia, à spires rapprochées. Si l'écusson est trop long et que son sommet dépasse la ligne horizontale du T, avant de ligaturer, on coupe ce qui excède cette ligne.

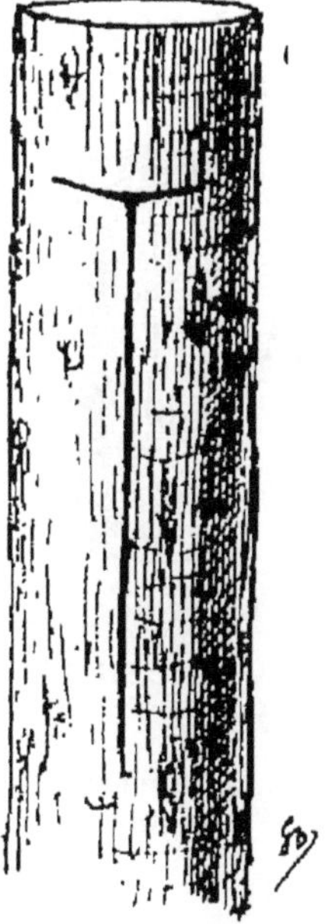

Fig. 226. — Sujet incisé en T pour l'écussonnage.

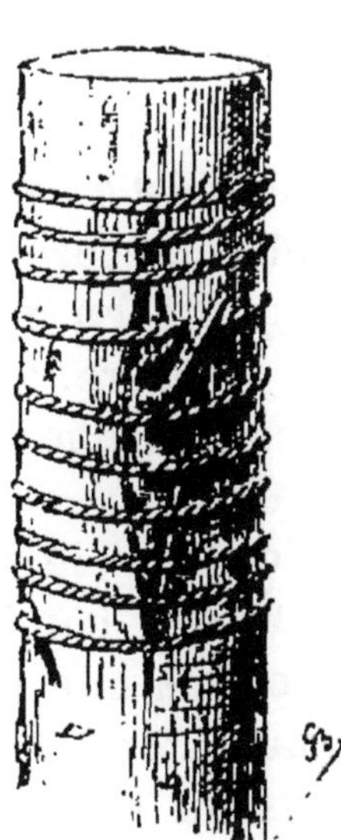

Fig. 227. — Greffe en écusson ligaturée.

Il est important de toujours ligaturer *en commençant par le haut de l'écusson*. Quand on commence par le bas, il arrive souvent que l'écusson, chassé de bas en haut, sort de son logement.

Les spires de la ligature ne doivent point couvrir l'œil (fig. 227); elles sont serrées surtout au-dessous de lui si le sujet est fort en sève, et au-dessus dans le cas contraire.

Quand l'opération a réussi, l'écusson se développe l'année suivante. A cette époque, on rabat le sujet à environ 10 centimètres de l'écusson, cette portion conservée au-dessus de la greffe s'appelle onglet. L'onglet porte deux ou trois yeux d'appel. Quand l'écusson a atteint 15 à 20 centimètres, il est palissé contre l'onglet qui sert de tuteur et tous les bourgeons du sujet sont enlevés.

LA GREFFE EN SIFFLET (fig. 228) est peu usitée, sauf pour la multiplication du noyer, du châtaignier, du mûrier. On la pratique au printemps, de préférence en avril. L'œil greffon est enlevé avec tout un cylindre d'écorce, de là le nom de greffe en sifflet. Voici comment on opère. Sujet et greffon sont autant que possible de même diamètre.

Fig. 228. — Greffe en sifflet.

A, anneau greffon.

Pour détacher le greffon, on trace à 2 ou 3 centimètres au-dessus de l'œil une incision circulaire, puis à 2 ou 3 centimètres au-dessous du même œil, il est fait une seconde incision parallèle à la première. On relie ces incisions entre elles par une troisième faite verticalement à l'opposé de l'œil. Il est facile ensuite de détacher cet anneau d'écorce en s'aidant de la spatule du greffoir.

Sur le sujet, au point de greffe, il a été fait une ablation d'un anneau semblable et de mêmes dimensions. L'anneau greffon est mis à la place de l'anneau du sujet ; il est maintenu par une ligature.

Les sujets jeunes et les branches jeunes des sujets

âgés peuvent seuls être greffés en sifflet. Sur le sujet, on ménage au-dessus du greffon un œil d'appel qui facilite la reprise. Si l'anneau du greffon a une circonférence très grande, on retranche la partie excédante; si, au contraire, l'anneau est trop étroit, on conserve sur le sujet une bande d'écorce équivalente à la portion qui fait défaut sur l'anneau greffon.

Greffe en sifflet avec lanières. — Elle n'est qu'une modification de la greffe en sifflet simple; ici, au lieu d'enlever définitivement un anneau sur le sujet, on pratique une seule incision circulaire, puis on divise l'écorce de bas en haut en petites lanières qu'on écarte pour laisser la place au greffon; ces lanières seront relevées, appliquées contre le greffon sans couvrir l'œil et ligaturées.

La greffe des boutons a fruit (fig. 229), est usitée surtout dans la culture du poirier et du pommier; elle consiste à insérer sur un arbre vigoureux, mais stérile, une certaine quantité de boutons à fruit détachés d'un arbre qui en est trop abondamment pourvu.

Fig. 229. Greffe d'un bouton à fruit. G, greffon.

Cette greffe se pratique en été et les boutons fleurissent au printemps suivant; leurs fruits sont toujours plus volumineux que ceux des boutons normaux de l'arbre sujet. Beaucoup d'arboriculteurs obtiennent par ce procédé les belles poires qu'ils exposent dans les concours.

La greffe des boutons se pratique depuis la fin de juillet jusqu'à la fin d'août. Les boutons à fruit, qu'on reconnait à leur forme gonflée et aux sept ou huit feuilles qui les accompagnent, sont *levés* comme des écussons, c'est-à-dire avec un lambeau d'écorce de leur empattement ayant de 4 à 5 centimètres de long. La partie du sujet sur laquelle se fera la greffe est incisée en T ou mieux en croix (+), les lèvres de l'écorce sont soulevées et l'*écusson bouton* est inoculé par le procédé décrit.

La ligature sera à spires rapprochées et serrées. On la conserve jusqu'en juin de l'année suivante, c'est-à-dire jusqu'à ce que les fruits issus du bouton soient parfaitement formés.

Quelquefois, le bouton à fruit est inoculé avec la branchette sur laquelle il est né ; celle-ci, dans ce cas, est taillée en long biseau et glissée sous l'écorce du sujet incisée en T. Cette pratique a beaucoup de rapport avec celle de la greffe en couronne. On ligature dans les mêmes conditions que pour la greffe du bouton en écusson.

CHAPITRE III

MULTIPLICATION DES VÉGÉTAUX

I

LE SEMIS

La graine. — Les végétaux peuvent être considérés comme des êtres ovipares, semblables aux ovipares animaux. A une certaine époque de l'année, ils détachent, eux aussi une parcelle de leur substance. Cette parcelle, sorte d'œuf végétal animé d'une vie cachée, c'est la graine : elle renferme le germe d'une plante semblable à celle qui l'a produite.

La germination. — Si un haricot, c'est-à-dire une graine de haricot, se trouve placé sous l'influence de ces trois agents : l'*air*, l'*eau*, la *chaleur*, il est l'objet des modifications suivantes :

1° La graine augmente de volume; 2° l'enveloppe qui la contient, après s'être distendue, se déchire sur un point, presque toujours le même; 3° par la déchirure apparaît un petit cône blanchâtre qui, après s'être un peu allongé, s'incline, prend une direction descendante s'il ne l'a déjà, et se ramifie : c'est la racine; 4° les cotylédons du haricot s'écartent, la gemmule paraît, elle grandit, déplie ses premières feuilles, et la plante est née (fig. 230).

C'est la suite non interrompue de ces phénomènes complexes qui s'appelle la germination.

Or, comme nous l'avons dit, cette germination s'effectue sous l'influence de l'*air*, de l'*eau* et de la *chaleur*. Ce sont là les trois agents indispensables à la graine, pour qu'elle passe par les différentes phases que nous venons de décrire, pour qu'elle éclose et produise une nouvelle plante.

Fig. 230.
Haricot germé.

Voyons quel est le rôle de chaque agent.

La germination n'a pas lieu à une grande profondeur sous terre, l'action de l'air y étant insuffisante ou nulle. L'air est donc indispensable à la germination.

Une graine ne peut germer dans une atmosphère privée d'oxygène; ceci prouve que c'est surtout l'oxygène de l'air qui agit sur la graine en travail de germination.

L'eau remplit deux rôles bien opposés : 1° c'est elle qui, pénétrant par capillarité et endosmose dans la graine, gonfle celle-ci jusqu'à faire déchirer l'enveloppe qui l'enferme; 2° elle dissout les substances rendues solubles grâce à l'intervention de l'oxygène et, devenue tout à coup nutritive, elle circule dans toutes les parties de la nouvelle plante pour la nourrir.

Sans un certain degré de calorique, l'air et l'humidité n'auraient aucune action sur les graines. On peut dire, alors, que la chaleur a surtout pour effet de rendre possible, d'exciter au besoin, l'influence de l'eau et de l'air.

La lumière est complètement inutile. Si on la donne en pratique, elle peut être nuisible, car cela laisse supposer que les graines sont en plein air, c'est-à-dire exposées à la sécheresse.

Règle générale, les graines jeunes germent plus rapidement que les autres. Quant à la durée de la germination, elle varie selon la nature des espèces. Les semences de cresson peuvent éclore en quarante-huit heures, celles du rosier en un an, dix-huit mois ou deux ans.

Récolte. Préparation. Conservation des graines. — Presque toutes les graines des plantes potagères et des fleurs se recueillent à partir de l'été jusqu'à la fin de l'automne. Cette récolte qui demande un certain tact, doit se faire lors de la maturité des fruits, plutôt avant qu'après; sinon, les graines tombent et se perdent, emportées par le vent et les

Fig. 231.
Silique de chou.

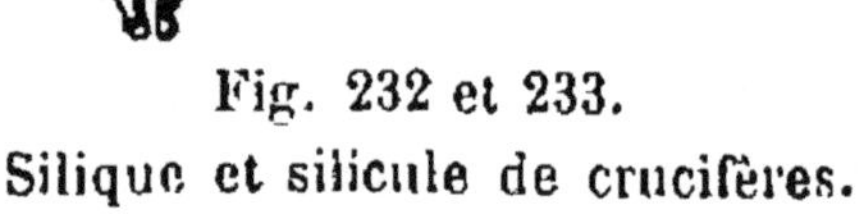

Fig. 232 et 233.
Silique et silicule de crucifères.

autres agents de dispersion. On ne doit pas les rentrer de suite; elles sont encore imprégnées d'une humidité qui nuirait à leur bonne garde et pourrait les altérer;

il vaut mieux les laisser sécher à l'ombre. Le soleil amène souvent la mort par une dessiccation complète ou trop forte.

La plupart du temps, ce sont les fruits, les anciennes inflorescences avec leurs pédoncules multiples qui sont récoltés : *ombelles* de carottes, *gousses* de pois, *capitules* de chicorée, de zinnias, de reines-marguerites, *siliques* de choux (fig. 231), de navets et autres crucifères (fig. 232 et 233), capsules de pensées (fig. 234), etc. Ces espèces diverses sont étendues par ordre sur des claies, à l'ombre d'un hangar ou suspendues dans les mêmes conditions de lumière partout où l'air est sec et renouvelé.

Fig. 234.
Capsule de pensée.

Quand ces inflorescences, ces fruits, sont jugés suffisamment secs, on en extrait les graines par différents moyens : soit en frottant avec les mains les enveloppes qui les retiennent, soit en battant ces enveloppes — gousses de pois, siliques de choux — préalablement enfermés dans un sac.

Certains fruits plus ou moins pulpeux, les baies de groseilliers, de vignes, d'asperges sont écrasées à la main et dans l'eau pour en séparer la graine. Celle-ci, recueillie avec soin, est séchée à l'ombre.

Les graines potagères et florales arrivées au degré de dessiccation voulu, nettoyées et vannées, sont enfermées en des bocaux ou des sacs et conservées dans un endroit sain. La température de ce local peut descendre au-dessous de zéro degré sans inconvénient pour la majeure partie des graines, mais il est essentiel qu'il n'y ait pas en permanence une atmosphère humide ni une température trop élevée. L'humidité, seule, moisirait les semences; combinée à une chaleur assez forte, elle ferait rancir toutes les graines oléagineuses de choux, de navets, de radis, etc.

Sauf quelques rares exceptions, les cônes des résineux se cueillent dans le mois de février qui suit leur année de maturité. A cette époque il suffit de les exposer au soleil ou à une chaleur sèche et un peu vive pour que leurs écailles, s'écartant d'elles-mêmes, laissent échapper les graines.

Les graines d'arbres et d'arbustes conservées par les procédés ordinaires ont une vitalité d'une durée restreinte : elle ne dépasse guère deux ans ; souvent elle n'est que de quelques mois : *hêtres*, *lilas*, *marronniers*, *noisetiers*, *tilleuls*, *aralias*, *rosiers*, — ou seulement de trente jours comme dans l'*orme*, le *cornouiller*, le *pêcher*, le *prunier*, le *groseillier*, etc.

Les semis. — Semer, c'est donc placer une graine quelconque dans le sol, de façon qu'elle y subisse l'influence des trois agents nécessaires à sa germination. D'une manière presque absolue, les graines les plus jeunes sont toujours préférables.

Epoque. — Il suffit d'être un peu observateur pour constater qu'en général il n'y a qu'une époque d'ensemencement, l'époque de maturité des graines, l'automne. Il existe bien quelques rares exceptions à cette règle ; l'orme, par exemple, alors qu'il n'a pas encore de feuilles, au mois de mai, abandonne ses fruits légers qui tombent sur le sol comme une pluie. Les groseilles se cueillent en juin ; la prune, la cerise, l'abricot, la pêche, en juillet, août et septembre. Quoi qu'il en soit, beaucoup de motifs peuvent nous forcer à retarder les semis ou à les avancer. Par exemple, l'humidité qui pourrirait les graines à l'automne, la crainte de voir les semences détruites par les rongeurs affamés ou par le froid, nous feront semer au printemps.

Le temps considérable que dure la germination chez

certaines espèces, pourra nous faire retarder le semis d'une année entière, non toutefois sans prendre certaine mesure. (Voir *Stratification*.)

La rapidité avec laquelle les graines d'arbres perdent leur faculté germinative hâtera leur ensemencement. Enfin, les besoins ou les désirs constants qu'on a de différents légumes, de diverses fleurs, nous forceront à faire, durant une seule année, des semis successifs de la même plante. De fait, il n'y a pas d'inconvénient à retarder un semis, surtout quand la faculté germinative des graines se conserve plusieurs années.

C'est donc surtout à l'automne ou au printemps qu'il faut confier les graines au sol. A ces deux saisons, la température est douce, la terre est humide; tout est favorable à l'accomplissement du phénomène de la germination.

A l'automne, on sème ou stratifie particulièrement les graines d'arbres et d'arbustes qui gardent difficilement leur vitalité. Le printemps est plus propice à l'ensemencement des fleurs qui, délicates et frêles, ne sauraient résister aux froids de l'hiver. Quant aux légumes, ils se sèment toute l'année, mais surtout au printemps et en été.

Stratification. — Le temps infini que mettent certaines graines à éclore peut retarder leur ensemencement. On conçoit, en effet, qu'il est peu économique d'occuper, par exemple, un terrain pendant les dix-huit mois que met l'aubépine à germer, d'autant mieux que durant ces dix-huit mois, le terrain nu, mais difficile à façonner, cependant, est vite envahi par les mauvaises herbes.

Pour obvier à tous ces désavantages, on stratifie les graines longues à germer.

La stratification se fait dans le sol ou bien dans des vases — tonneaux, pots à fleurs — qu'on enterre ensuite simplement. Le plus essentiel de cette opération est de mélanger le volume de graines à stratifier avec un égal volume de sable fin et frais. C'est ce mélange intime qui sert à emplir les vases qu'on enfouit; ou bien il est disposé au fond d'une fosse, puis recouvert de terre et de longue paille formant butte, dans une partie du jardin élevée et saine. La stratification des graines délicates se fait avec plus de soin et toujours dans des vases; on y dispose les graines par légères couches qui alternent avec les couches de terre fine d'égale épaisseur. Comme dans le cas précédent, ces vases sont enfouis dans le sol, le plus souvent au pied d'un mur faisant face au nord.

Alors que leur germination commence, quand la radicule est apparente, les graines stratifiées sont enlevées et confiées au sol.

En arboriculture fruitière, on stratifie les amandes, les pépins de poires, de pommes, etc.

En culture potagère, on ne stratifie guère que le cerfeuil bulbeux.

Qualité des graines. — Une bonne graine doit être mûre, bien conformée et jeune, c'est-à-dire de l'année même ou de l'année précédente.

Différents moyens ont été préconisés pour juger de la qualité des semences, entre autres celui-ci, qui ne donne pas toujours des résultats fort exacts.

Jeter dans un vase plein d'eau des graines à juger; celles qui vont au fond sont ordinairement bonnes, celles qui surnagent sont mauvaises. Le plus simple encore est de semer dans des pots, sur couche ou en serre, ou bien de placer les graines entre deux morceaux de drap qu'on tient constamment humides et à une température d'appartement.

Le sol. — Le terrain qui va recevoir un semis est ameubli et d'autant plus finement divisé qu'on lui confiera des graines plus menues. Il faut que les graines trouvent dans ce milieu les conditions d'air, de chaleur et d'humidité que nous avons signalées comme indispensables à l'accomplissement du phénomène de la germination.

Il est bon de labourer un mois à l'avance, et pas trop profondément, le sol destiné aux semis d'essences fruitières ou d'ornement, on évite ainsi l'enfoncement du pivot des racines à une grande profondeur, ce qui ne manque jamais d'arriver, au détriment de la formation du chevelu, dans les sols fraîchement ameublis et trop défoncés.

Les terres les plus aptes à favoriser la réussite d'un semis sont à coup sûr celles qui, de consistance moyenne, sont fraiches sans être humides, foncées en couleur et riches en terreau.

Le terreau jouit de propriétés très favorables à la germination des graines; il accroît d'un seul coup le pouvoir excitant des trois agents nécessaires à la germination des graines. Nous verrons bientôt que cette substance dans le cas qui nous occupe, doit toujours être très recherchée.

Certains végétaux ne peuvent supporter le calcaire ni le terreau animal — terreau de fumier[1] — ceux-là, tels que : *Rhododendrons*, *kalmias* se sèment et se cultivent en terre de bruyère. D'autres, sans être spécialement des végétaux de terre de bruyère, se sèment cependant dans ce milieu d'humus et de sable qui convient bien à l'éclosion de leurs graines et à la première croissance des germes qui en sortent; tels sont : le *Laurier d'Apollon*, les *Genévriers*, les *Houx*, les *Tulipiers*, les *Magnoliers*, etc.

PROFONDEUR DES SEMIS. — La terre est d'autant moins imprégnée d'air que ses couches se trouvent à une plus

[1] Par opposition au terreau de fumier, on nomme terreau végétal celui qui provient de la décomposition des feuilles.

grande distance de sa superficie. La profondeur n'est pas bien grande à laquelle il n'y a plus d'air du tout.

Il est reconnu qu'enfouie à 15 centimètres, une graine, quelle qu'elle soit, ne dispose pas d'une quantité suffisante d'oxygène pour germer. Voici donc une profondeur qu'on ne devra jamais atteindre, dans la pratique des semis. D'autre part, on ne pourra pas non plus semer en posant seulement les graines à la surface du sol ; en effet, si, dans de semblables conditions, elles disposent d'une quantité suffisante d'air, elles manquent, ces graines, d'un autre élément indispensable : l'humidité ; elles risquent de périr desséchées.

Entre ces deux extrêmes, la superficie du sol et 0m,15 au-dessous, nous pourrons établir toute une série de degrés, une série de profondeurs diverses, à chacune desquelles correspondra le semis de graines d'un volume spécial. Nous sèmerons ainsi, en avançant de haut en bas, des graines de plus en plus grosses.

En classant ensemble, par analogie de taille, quelques graines potagères, florales et fruitières, nous pouvons former le tableau suivant ; il nous indique à quelle profondeur les différentes espèces doivent être enfouies dans le sol pour y trouver, en quantité suffisante, l'air, la chaleur et l'humidité nécessaires.

Profondeur des semis.	Graines d'espèces diverses.
0,002 mm	Bégonia, raiponce, pétunia, muflier, bouleau.
0,004	Céléri, réséda, pavot, pensée.
0,007	Oignon, carotte, choux, balsamine.
0,012	Betterave, épinard, vigne, poirier, pommier.
0,015	Pin, sapin.
0,020	Lentille, potiron, pois, lupin, capucine.
0,030	Haricot, hêtre.
0,040	Fève, chêne.
0,060	Châtaigner, pêcher, noyer.

Ces mesures sont, jusqu'à un certain point, facultatives ; elles peuvent varier légèrement, selon les climats, les sols et leur degré d'humidité.

PRATIQUE DES SEMIS. — On sème en pleine terre les plantes rustiques ; en pots, en terrines, sous châssis et

Fig. 235. — Semis sous châssis.

sous verre (fig. 235 et 236), les végétaux exotiques et d'un tempérament délicat.

Fig. 236. — Semis sous verre.

Les semis en pleine terre se font : 1° à *la volée ;* 2° *en lignes ;* 3° *en poquets.*

On sème à la volée toutes les graines fines : *céleri, carotte, raiponce,* etc. — En lignes, c'est-à-dire au fond de petits sillons parallèles, plus ou moins écartés, plus ou moins profonds, les semences d'un volume plus considérable que les précédentes, pois, fèves. — En poquets (petites cavités creusées en lignes et de distance en distance), les fleurs : *pavot*, *pied-d'alouette*, *réséda*, qui doivent rester en place et former des touffes; les haricots, parce qu'ainsi ils ont plus d'air, plus de lumière, etc.

Les terrines et les pots à semis sont peu profonds, larges, garnis au fond de tessons draîneurs et emplis ensuite avec de la terre de bruyère pure et bien divisée.

Il faut distinguer aussi les *semis à demeure*, c'est-à-dire faits en un emplacement où la plante restera jusqu'à ce qu'elle ait produit ce qu'on attend d'elle, et les *semis en pépinière*, établis sur une surface de terre où les plantes ne doivent demeurer qu'un laps de temps restreint.

Soins après le semis. — Le plus souvent, les grosses graines et celles d'un volume moyen sont recouvertes de terre ordinaire ou criblée. Les graines infiniment petites : *bouleau*, *raiponce*, *spirée*, ont été mélangées à du sable fin pour être répandues moins copieusement et d'une façon plus régulière. Un simple tassement à la planchette ou au rouleau, après un léger hersage au râteau, suffit pour les enfoncer à la profondeur voulue. On se sert encore d'un battoir spécial ou d'une pelle, pour tasser le sol.

Quant aux graines d'un volume moyen, au lieu d'employer de la terre pour les couvrir, il est avantageux de se servir exclusivement de terreau, ou de faire intervenir celui-ci pour moitié dans l'épaisseur de la couche qui doit séparer les graines de la surface du sol.

Nous avons dit, en traitant du sol, que l'humus ou *terreau* accélère la germination en augmentant l'influence des trois agents nécessaires à la réalisation de ce phénomène ; il a encore une autre qualité, celle de mettre à la portée des jeunes plantes, des aliments minéraux et organiques, d'autant plus aisés à absorber qu'ils sont très facilement solubles dans l'eau.

Le terreau répandu, on le tasse légèrement au rouleau pour faciliter son union à la graine.

Presque toujours, le terreau est impuissant à entretenir une humidité suffisante, aussi on recouvre le terrain d'un *paillis* ou d'une faible épaisseur de mousse hachée. La mousse hachée, le paillis divisent l'eau des arrosages, empêchent le sol de se dessécher sous le soleil, de se durcir sous la pluie. Les feuilles de pin, en forme de longues aiguilles, remplissent avantageusement l'office de paillis.

A partir du moment où la graine est abandonnée à la terre dans les conditions décrites, la germination commence. Il faut la soutenir, et pour cela veiller surtout à ce que les graines ne manquent pas d'eau.

Quand de mauvaises herbes se développent, on les enlève par des *sarclages* minutieux afin que, plus tard, elles ne puissent nuire à l'espèce qu'on a semée.

Aussitôt après la germination, on protège du soleil les végétaux qui craignent sa lumière trop ardente : *conifères d'ornement*, *rhododendrons*, *azalées*, *kalmias*, *fougères*, *bégonias*, etc. On continue les sarclages, les arrosements. On éclaircit les jeunes plantes, s'il y a lieu, pour que celles qui restent, ayant plus d'espace, puissent se développer avec plus de rapidité et de vigueur, ou bien l'on procède au « repiquage ».

Repiquage ou plantation provisoire. — Les jeunes plantes nées d'un semis à la volée, fait en pépinière, ne tardent pas, au bout d'un certain temps, à être trop rapprochées les unes des autres et à se nuire. C'est alors que le jardinier doit les enlever pour les planter à demeure ou les repiquer dans une autre pépinière en les espaçant davantage. Les plantes qui passent toujours par une seconde pépinière avant leur plantation définitive, sont certains légumes, beaucoup de plantes annuelles, la *reine-marguerite* surtout, puis presque toutes les plantes bisannuelles et vivaces : *chrysanthème de Chine*, *pensée*, *myosotis*, *giroflée jaune*, *silène*, etc., etc. Que ces plantes soient issues de la multiplication par semis ou de la multiplication artificielle, elles passent par la

Fig. 237. — Plantes repiquées sous châssis.

plantation provisoire, par la « pépinière d'attente ». Le but que l'on vise, en repiquant, est d'écarter les plantes entre elles pour qu'elles ne se nuisent point et puissent atteindre un plus large développement, un port plus beau, une floraison mieux fournie.

On repique aussi parce que, trop faibles, trop petites encore, pour produire un effet décoratif, ces espèces ne sauraient être plantées immédiatement dans une plate-bande ou un massif. Les repiquages de plantes délicates se font sous châssis (fig. 237).

Le sol dans lequel on repique a été préalablement fumé et ameubli finement. Des lignes sont tracées à des distances variables, selon les espèces. Avant d'arracher les plants de la pépinière initiale, il est important de les arroser copieusement. Il sera, ensuite, facile de les avoir avec toutes leurs racines en les soulevant en mottes au moyen d'une latte glissée sous eux, entre deux terres.

La plantation se fait au *plantoir* (morceau de bois rond taillé en pointe). A chaque place que doit occuper une jeune plante, le plantoir est enfoncé, puis retiré en pivotant sur lui-même, de manière que la terre ne se colle pas sur ses côtés. La racine, bien droite, le plant se glisse dans ce trou qu'on ferme d'un second coup de

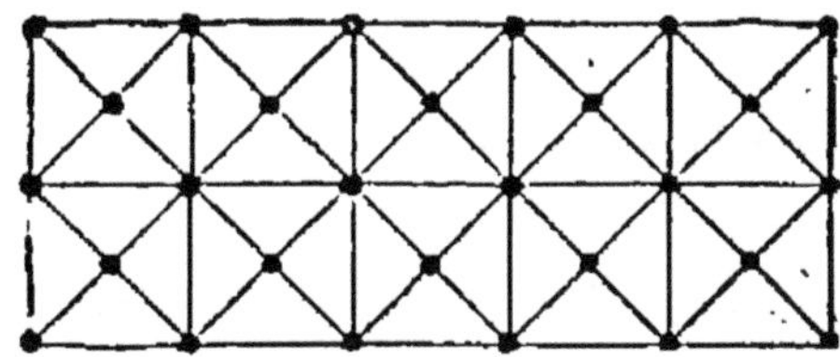

Fig. 238. — Plantation en quinconces.

plantoir donné à côté et appuyé sur le premier pour opérer le « bornage ». La distance à observer entre les plants, sur les lignes, est celle établie entre les lignes. L'ordre sera en quinconces (fig. 238). Après le repiquage, un copieux arrosage est donné soit à la pomme, soit au goulot, si les plants sont déjà forts et passablement écartés.

Pour favoriser la réussite des repiquages, il est utile d'opérer le soir ou par un temps couvert.

Parmi les différents modes de multiplication des végétaux, le semis est simple, naturel et très employé, c'est lui qui donne les plantes les plus vigoureuses, les plus belles, quant à l'ampleur du développement général ; il a aussi une autre qualité, d'une grande importance en horticulture, c'est d'être la source principale de ces variations si recherchées dans les végétaux : duplicature et coloration des fleurs, difformité des arbres, panachure des feuilles, sapidité agréable des fruits, etc.,

Presque toutes les variétés nées de semis ne sont pas fixées; autrement dit, elles sont incapables de transmettre à leurs descendants issus de graines les caractères qui les distinguent individuellement et font leur originalité.

Nous allons voir comment, grâce aux autres procédés de multiplication, il est possible de conserver quand même ces variétés.

II

DIVISION DES SOUCHES

Définition. — La division des souches est l'opération par laquelle on détache sur les parties souterraines vivaces de certaines plantes telles que les *Hellébores*, *Asters*, *Artichauts*, *Chrysanthèmes*, etc., des portions plus ou moins considérables, munies généralement de racines, de bourgeons et destinées à reproduire l'espèce.

La portion détachée prend souvent les noms d'*éclat*, d'*œilleton*, de *dragcon*, de *caïeu* ou de *rejeton* (fig. 238). La plante sur laquelle on prélève des portions semblables est arrachée ou non, et l'opération à laquelle nous donnons ici le nom de division des souches s'appelle quelquefois *éclatage*, dans le langage horticole.

Pratique de la division des souches. — On opère de préférence au printemps, en mars, avril, au moment où la végétation commence à se manifester dans les végétaux. Si, cependant, il s'agit de plantes à floraison précoce, pour ne pas annuler cet acte important de la vie végétale, on sépare les souches au commencement de l'automne (fin septembre).

Quoi qu'il en soit, les multiplications de ce genre faites au printemps ont toujours donné les meilleurs résultats.

Pour opérer, on arrache d'abord la souche tout entière, puis on la divise en un certain nombre de parties,

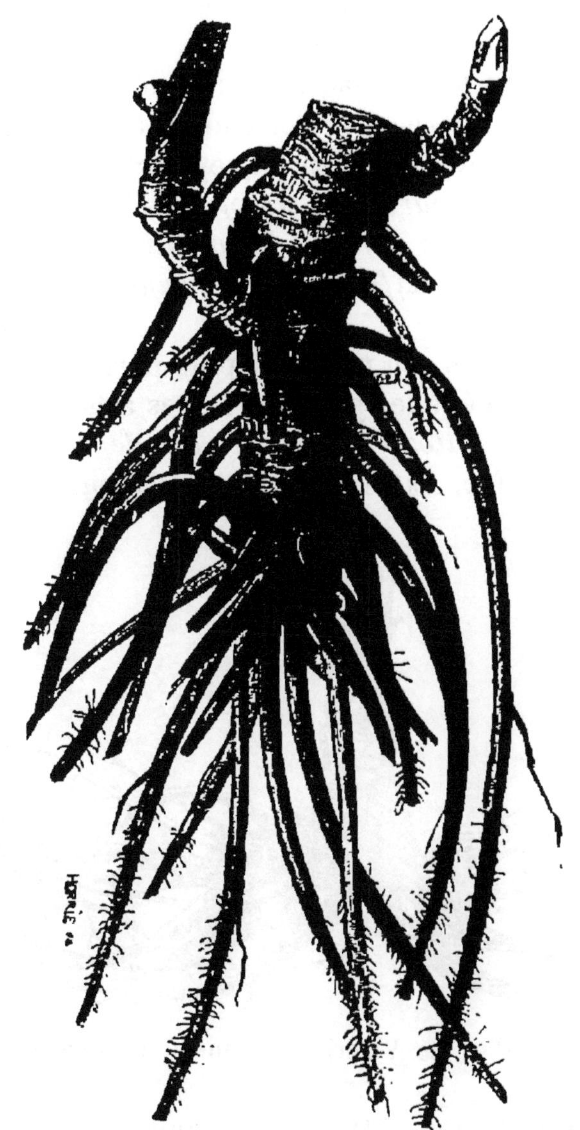

Fig. 239. — Souche d'hellébore munie de drageons.

telles que chacune soit munie de racines et possède au moins un bourgeon.

Cette division se fait à l'aide des mains seules ou d'un

outil tranchant, tel que la serpette. Les plaies faites à la bêche sont mauvaises ; elles se cicatrisent moins bien que celles provenant de l'emploi de la serpette ou de la division par éclat sans outil.

La division faite, chaque plante nouvelle est mise en place en pépinière, provisoirement, ou dans un massif.

Se multiplient ainsi, en fin septembre :

L'*Ancolie des jardins*, l'*Ancolie de Sibérie*, le *Diclytra*, la *Fraxinelle*, les *Iris*, le *Pavot d'Orient*, les *Pivoines herbacées*, les *Saxifrages : S. granulée, S. à feuilles épaisses*, etc.

Au printemps, on multiplie plus particulièrement par le même procédé les plantes vivaces à floraison tardive, telles que : *Phlox*, *Hellébore rose de Noël*, *Chrysanthème de Chine*, *Aster*, *Anémone du Japon*.

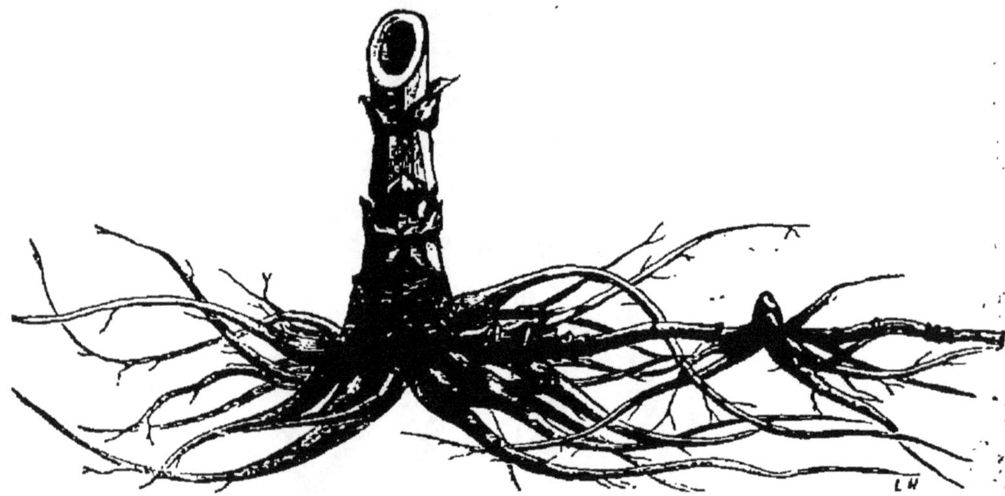

Fig. 240. — Pied de Valériane muni d'un drageon, à droit

Ce procédé a un défaut, il produit des sujets dont les fleurs n'atteignent pas leur développement maximum. Cela provient de ce que la plante nouvelle ainsi obtenue procède d'une partie déjà âgée, l'*éclat*. Cette portion de plante n'a et ne peut avoir la vigueur d'une bouture ou d'une graine, deux organes essentiellement jeunes. Aussi beaucoup de jardiniers ont renoncé à adopter la division des souches pour la multiplication de certaines espèces, telles que les chrysanthèmes de Chine qui produisent des plantes beaucoup plus fortes, beaucoup plus belles sous tous les rapports, quand ils sont multipliés par bouturage.

Les plantes bulbeuses, telles que les *glaïeuls*, les *jacinthes*, les *tulipes*, produisent presque toujours autour de leur bulbe principal, d'autres petits bulbes qu'on a appelés caïeux. Quand les feuilles de ces plantes sont fanées, on détache du bulbe générateur les caïeux qui s'y sont formés ; ils se plantent en pépinière et servent à reproduire l'espèce. A cause de leur petit volume, ces jeunes bulbes ne fleurissent généralement pas avant deux ou trois ans.

Les plantes tuberculeuses, c'est-à-dire dont les ramifications souterraines portent un certain nombre de renflements charnus (tubercules), peuvent se reproduire et se multiplier par la plantation séparée de ces tubercules. C'est ainsi qu'on propage la *pomme de terre*, le *stachys* ou *crosnes du Japon*. Ce procédé fort connu n'est d'ailleurs qu'une manière d'être de la division des souches, mais, comme chaque tubercule porte un certain nombre de bourgeons, il est possible de pousser plus loin la multiplication : on divise pour cela le tubercule en autant de fragments qu'il porte de bourgeons. Chaque fragment constitue un nouvel individu.

III

BOUTURAGE

Une bouture est une portion de plante qu'on place et maintient dans un milieu tel qu'elle puisse y émettre des racines, vivre de sa vie propre et constituer un végétal nouveau.

Théorie du bouturage. — Un rameau, un morceau de racine, une feuille, après avoir été détachés d'une plante, restent encore doués de vie et demeurent vivants tant qu'ils ne sont pas desséchés ou désorganisés.

Pour réussir dans la pratique du bouturage, il faut justement savoir éviter ces deux phénomènes : l'*évaporation* des liquides et la *désorganisation* du tissu des boutures, qui amèneraient inévitablement la mort.

De la *lumière*, de la *chaleur*, de l'*humidité*, de l'*air* voilà tout ce qu'il faut pour assurer l'enracinement d'une bouture, mais ces éléments doivent être mesurés et distribués dans des proportions qui varient selon les espèces que l'on veut multiplier.

Nous pouvons cependant poser en principe qu'il faut surtout :

1° La chaleur du sol ; elle stimule la vie et favorise l'extension des racines ;

2° Une lumière diffuse, c'est-à-dire sans soleil ; elle modère l'élaboration de la sève ;

3° L'humidité du sol et de l'atmosphère ; elle empêche l'évaporation des liquides nourriciers contenus dans la bouture ;

4° Une situation abritée des vents secs et même, quand les boutures sont herbacées ou à feuilles persistantes, un air restreint et stagnant.

Selon qu'elles sont beaucoup ou peu délicates, qu'elles craignent plus ou moins l'humidité, les plantes se bouturent dans le sable siliceux, fin et pur, dans la terre de bruyère, dans la terre ordinaire.

Voici quelles sont, en pratique, les parties qu'on bouture le plus généralement dans les végétaux :

1° *Rameaux ligneux* { d'espèces à feuilles caduques.
d'espèces à feuilles persistantes.

2° *Rameaux herbacés* { d'espèces à feuilles persistantes ou caduques.

3° *Racines ;*

4° *Feuilles* et fragments de feuilles.

Chaque *bouture de rameau* est dite compliquée lorsqu'elle est augmentée d'une des parties supplémentaires suivantes : *talon*, *crossette* ou *bourlet*, qui facilitent l'émission des racines.

Le *talon* est une partie très minime de vieux bois que l'on conserve à la base de la bouture (fig. 241).

La *crossette* est encore une portion de vieux bois, mais plus considérable, ménagée à la partie postérieure de la bouture. La crossette est, en quelque sorte, une exagération du talon (fig. 242).

Le *bourlet* provient d'une hypertrophie des tissus qu'on produit artificiellement sur la plante-mère, tout autour de la base idéale du rameau bouture, par une strangulation au fil de fer, un cassement partiel ou une incision annulaire.

Fig. .241 Vigne : Bouture à talon.

Fig. 242. Vigne : Bouture à crossette

De ces trois boutures compliquées, celle qu'il faut préférer est la bouture à talon ; on la recherche pour la multiplication de la *vigne*, du *groseillier*, du *cognassier*.

PRATIQUE DU BOUTURAGE. — Nous étudierons, sous ce titre, les différentes opérations matérielles de ce mode de multiplication exécuté avec des rameaux ligneux, des racines et des feuilles.

BOUTURES LIGNEUSES D'ESPÈCES A FEUILLES CADUQUES. — Se multiplient ainsi parmi les arbres fruitiers : la *Vigne*, le *Groseillier*, le *Cognassier ;* parmi les arbustes d'ornement : *Céanote azuré*, *Groseillier doré*, *Groseillier palmé*, *Groseillier sanguin*, *Groseillier de Gordon*, *Forsythie*, *Jasmin*, *Seringa*, *Deutzia*, *Weigelia* ou *Dierwilla*, *Cornouiller*, *Chalef argenté*, *Sureau*, *Chèvrefeuille*, etc.; parmi les arbres forestiers et d'alignement : *Saules variés* (excepté le saule Marceau), *Peupliers variés*, *Platanes d'Orient* et *d'Occident*, *Aune glutineux*.

Quelques rosiers bouturés ainsi et notamment les variétés : *Souvenir de la Malmaison*, *Hermosa* sont bien venus.

Les rameaux sont cueillis à l'automne, après la chute des feuilles. Ils sont de l'année même et bien aoûtés.

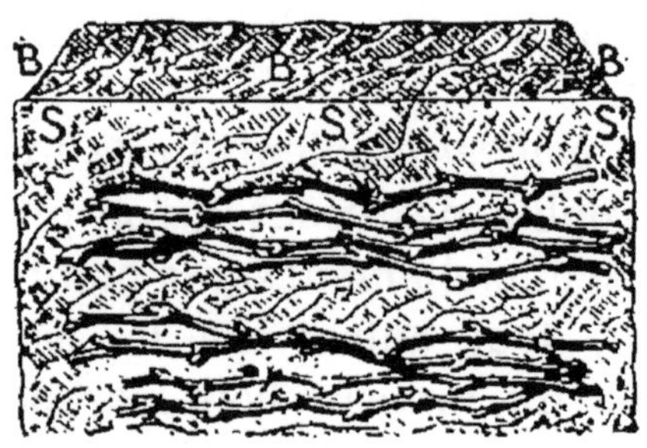

Fig. 243. — Stratification de rameaux bouturés.

Leur longueur varie, selon les espèces, de 15 à 40 centimètres — 15 centimètres pour le groseillier, 40 centimètres, pour le peuplier. On les coupe inférieurement, selon une ligne horizontale et immédiatement au-dessous d'un œil ; à leur sommet, ils sont taillés en biseau avec onglet au-dessus d'un autre œil. Les rameaux ainsi préparés, réunis par bottes étiquetées d'espèces semblables, sont enfouis, horizontalement, dans le sable humide et fin d'une cave ou dans une partie saine de la terre du jardin (fig. 243). Durant cette sorte de stratification entière ou partielle, il s'opère un travail d'accroissement qui produit tout autour des plaies, à la base réelle des rameaux, un tissu cellulaire très tendre. Ce tissu est la source certaine de racines nombreuses.

Au printemps, en fin mars, courant d'avril, ces boutures sur lesquelles, grâce à ce traitement, on a préparé l'émission des racines, sont déterrées, arrachées. Sans tarder, on les plante une à une en lignes, à 15 ou 50 centimètres, selon les espèces, entre les boutures et les lignes. On s'aide d'un plantoir qui sert à faire les trous et à les combler d'une manière définitive en pressant bien la terre contre la bouture qu'on y a déjà enfoncée. Cette pression du plantoir réalise, entre la bouture et le sol, un contact intime très favorable à l'enracinement.

Fig. 244. — Bouture de vigne avec œil terminal enterré.

La plantation s'est faite en plein air, dans un endroit à l'abri de la sécheresse et pas trop exposé au soleil.

Au lieu de faire usage du plantoir, il est encore pratique, pour planter les boutures de vigne, de cognassier, etc., d'ouvrir, en ligne droite, au cordeau, une tranchée d'une profondeur voulue — 12 à 18 centimètres — avec un seul talus oblique. On dispose les boutures debout, appuyées le long du talus, distancées comme elles doivent être; puis on comble la première tranchée avec la terre d'une seconde ouverte parallèlement. Il faut tasser, avec le pied, la terre contre les boutures.

La position inclinée des rameaux ainsi plantés a pour effet de ralentir l'ascension de la sève au profit des racines qui se développent mieux et en plus grand nombre.

Dans tous les cas, qu'on plante au plantoir ou par tranchée, il faut disposer les boutures de façon qu'elles aient au moins un œil dehors. Cet œil, lorsqu'il s'agit de la vigne ou d'autres espèces à bois tendre, est légèrement butté ou autrement caché (fig. 244).

Par tous les moyens, binages, paillis, arrosements,

on devra, sur le terrain planté en boutures, neutraliser l'action desséchante de l'air, et cela surtout pendant la période de la formation des racines.

Boutures ligneuses d'espèces a feuilles persistantes. — On multiplie, de cette façon : *Laurier de Portugal*, *Laurier-tin*, *Lauriers-cerises* variés, *Laurier-rose*, *Fusain du Japon* et ses variétés, *Aucuba du Japon*, *Cèdre*, *If*, *Séquoia*, *Troëne du Japon*, *Buis*.

Fig. 245. — Bouture d'espèce à feuilles persistantes (Buis).

Ces boutures diffèrent des autres, surtout en ce sens qu'elles portent des feuilles et que ces organes doivent leur être conservés, sauf sur les parties qu'on enterre. Mais, par cela même qu'on leur laisse leur feuillage, qui est le siège d'une évaporation constante, il est utile, sinon indispensable, de bouturer ces plantes sous un abri, cloche ou châssis ; là, du moins, l'air restreint et stagnant ne tarde pas à se saturer d'humidité, et, dès lors, il n'est plus une cause de dessiccation mortelle pour les boutures.

Quelques végétaux, les *Nériums* ou *Lauriers-roses*, les *Œillets*, les *Tamarix*, se bouturent facilement dans l'eau ordinaire ou l'eau de pluie récente, qui est meilleure ; celle-ci, dans laquelle le rameau plonge sa partie inférieure, doit être soustraite à la lumière ; on l'empêche de se corrompre en l'additionnant de quelques morceaux de charbon.

Sans critiquer ce mode d'opérer, qui donne parfois d'excellents résultats, nous dirons que les plantes obtenues dans des conditions plus normales sont moins frêles et moins périssables.

C'est surtout vers la fin de l'été et en automne qu'on bouture les plantes ligneuses à feuillage persistant.

Les rameaux sont coupés à une longueur qui varie avec les espèces — 10 à 20 centimètres (fig. 245), — les rameaux avec talon sont très avantageux.

Les boutures d'une même espèce sont piquées à l'aide d'un petit plantoir dans une terrine bien drainée et emplie de terre de bruyère ou de terre sableuse mélangée de terreau. Il est bon, pour la facilité de l'opération, de commencer à repiquer par le milieu de la terrine et d'employer d'abord les rameaux les plus élevés. La première bouture étant piquée, on continue en disposant les autres autour d'elle par cercles excentriques.

Toujours les boutures d'une terrine s'enracinent mieux sur les bords qu'au centre ; cela tient à la facilité avec laquelle la paroi en terre cuite de ce vase se laisse traverser par l'air. A cause de cela, il serait très pratique de faire chaque bouture individuellement, dans un godet de petite dimension (4 à 5 centimètres de diamètre). Les godets s'abriteraient ensuite sous cloche ou châssis, à froid. Aussitôt après le piquage, on mouille modérément.

Les espèces délicates : *Rhododendrons*, *Kalmias*, se bouturent sur couche, sous châssis, *à l'étouffé*. Cette expression signifie qu'on a calfeutré les ouvertures pour empêcher l'air extérieur de pénétrer. Enfin, les végétaux que nous venons de nommer étant de terre de bruyère, il est indispensable de les multiplier dans une terre semblable.

Pour le bouturage des rhododendrons, on préfère les plus petits rameaux constitués par du jeune bois; ils s'enracinent plus facilement que les autres.

Le bouturage se pratique généralement en été ou en automne.

Eviter à tout prix le soleil, ne donner de l'air qu'à partir du moment où les boutures sont reprises ; voilà des prescriptions qu'on devra observer à la lettre.

Les boutures de rosier se font pendant presque toute l'année, mais surtout à partir du mois de septembre; elles peuvent être assimilées aux boutures ligneuses à feuilles persistantes. En effet : les rameaux de l'année qu'on destine à ce genre de multiplication sont encore pourvus de feuilles qu'il faut se garder de faire disparaître, sauf à la partie inférieure des boutures ; celles-ci sont longues de 6 ou 8 centimètres et portent 3 ou 4 yeux; on les plante avec une cheville de bois, une par godet de 3 à 5 centimètres de diamètre qu'on a préalablement empli d'un compost ainsi formé : moitié terre de bruyère, moitié sable fin. Les godets sont abrités sous châssis ou sous cloche, à froid ; quelques jardiniers ont l'habitude, lorsqu'ils font des boutures de rosier, de les priver préalablement de leurs feuilles. C'est là un grand tort, car les feuilles renferment des aliments qui, plus tard, résorbés par les rameaux, servent à la formation plus prompte des racines.

Beaucoup d'horticulteurs font les boutures de rosier très tard, en novembre et décembre. Les rameaux taillés aux longueurs adoptées sont piqués dans du sablon, à froid, sous cloche, rarement sous châssis. On arrose avant de poser les cloches. Il est utile, mais non indispensable, que le sable repose sur une couche sourde de feuilles mortes. Les boutures, sous leurs abris de verre, à l'ombre d'un mur ou entre deux rideaux de thuyas, passent la mauvaise saison dehors.

On se contente de répandre entre les cloches un peu de feuilles sèches ou de paille menue pour éviter les gelées. Si les nuits sont très froides, on couvre de paillassons.

Au printemps — en avril, mai — les boutures enracinées sont d'abord aérées progressivement, puis plantées en pleine terre et en pépinière. Une saison suffit pour en former des plantes marchandes propres à la plantation des massifs.

Boutures herbacées (fig. 246). — On multiplie surtout par ce procédé : *Verveine*, *Pélargonium*, *Anthémis*,

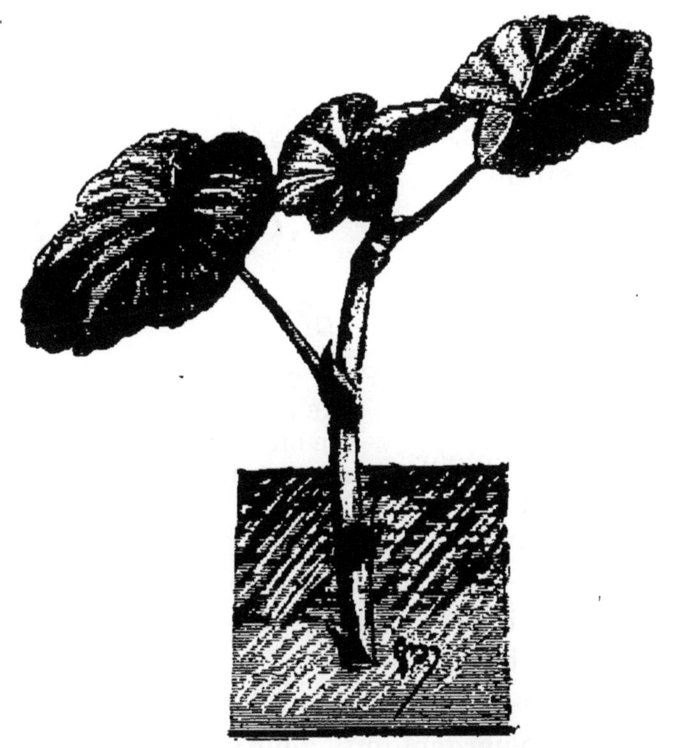

Fig. 246. — Bouture herbacée (Pélargonium).

Calcéolaire, *Fuchsia*, *Héliotrope*, *Œillet* (fig. 247 et 248), *Chrysanthème*, *Aster* et presque toutes les plantes vivaces de pleine terre.

En raison même de la constitution molle des boutures herbacées, celles-ci doivent presque toujours être placées à l'abri de l'air extérieur et soumises artificiellement à une chaleur humide de 18 à 25 degrés centigrades; ce sont là des conditions qui les empêcheront de se faner et hâteront leur reprise.

On opère le plus souvent au printemps. Les pieds-mères, mis en végétation dès le mois de février dans une serre tempérée, dans une serre chaude ou sur couche, selon les nécessités et les moyens, fournissent progressivement les boutures dont on a besoin; ce sont de jeunes pousses de 10 à 15 centimètres de long coupées au niveau de l'insertion d'une feuille.

Fig. 247 et 248. — Boutures d'œillet : celle de droite a été fendue pour favoriser l'émission des racines.

Dans une serre à multiplication, on protège encore les boutures pour limiter l'air autour d'elles, sous une cloche ou une feuille de verre portée par un châssis de bois.

Le sol sera un compost formé de mi-partie terre de bruyère et de mi-partie sablon. A défaut de terre de bruyère, on emploie le terreau.

Les héliotropes, les verveines à bouquets et verveines citronelles, les pélargoniums, moins délicats à beaucoup près que les bégonias et autres plantes de serre, réussiront parfaitement bien, bouturées avec les mêmes soins. Mais au mois d'août, on peut bouturer le pélargonium en pleine terre, sans abri et sans crainte d'insuccès.

Boutures de racines. — Ce mode de propagation est particulier à quelques espèces arbustives et à de rares plantes vivaces : *Campanule*, *Chou-marin*, *Diélytra*, *Paulownia*, *Poirier du Japon*, *Ailante*, *Lilas*, *Sumac*.

Dans ce genre particulier, la bouture, pour devenir une plante nouvelle, n'a qu'à développer une tige et des feuilles, tout en augmentant son système radiculaire.

Beaucoup de plantes ne peuvent pas se multiplier par ce bouturage tout spécial; celles que nous avons nommées qui émettent facilement des bourgeons sur leurs racines sont des exceptions.

Les *racines boutures* sont tronçonnées par fragments longs de 8 à 10 centimètres ; elles ne doivent pas être d'un volume trop faible; elles risqueraient de se dessécher. Au printemps, ces fragments, ainsi préparés, sont plantés verticalement en pleine terre ou en serre, selon les plantes, de manière que leur sommet effleure le niveau du sol.

C'est toujours au printemps qu'il faut faire les boutures de racines. Le paulownia, multiplié de cette façon, ne réussit bien qu'autant qu'il est bouturé en avril.

Boutures de feuilles. — Les feuilles, elles aussi, peuvent être bouturées, mais le fait est presque une rareté, car les plantes qui présentent cette bizarre particularité ne sont pas communes. Citons les *Begonias rex* et *Discolor*, la *Saxifrage ligulée*, etc.

Les écailles charnues qu'on détache du bulbe des lis, pour les multiplier, ne sont après tout que des feuilles souterraines.

Le bégonia royal *(Begonia rex)* et ses variétés, si belles par la coloration brillante de leur feuillage, sont encore des végétaux qui se reproduisent artificiellement par le bouturage des feuilles. Ici, même, ce genre de multiplication se fait d'une manière toute spéciale. Au lieu de bouturer le limbe tout entier, en le fixant en terre par son pétiole, comme cela se pratique avec la saxifrage, on bouture des fragments de limbe portant, chacun à leur base, une portion de nervure principale qui n'est autre chose que le pétiole prolongé. Les boutures faites à l'automne, chacune dans un petit godet, sont placées en serre chaude — 18 à 25° centigrades — doublement abritées par une cloche. Au lieu d'opérer comme nous avons indiqué, on peut encore, conservant la feuille entière, l'appliquer dans une position horizontale sur la terre où on veut lui faire prendre racine ; elle est fixée avec des brins d'osier pliés en deux et piqués de distance en distance, à cheval sur les nervures principales du limbe.

Ainsi traitée, cette feuille de bégonia ne tarde pas à s'enraciner par différents points de sa partie inférieure; aux points correspondants, sur le dessus du limbe, il se développe des bourgeons qui constituent, chacun avec son système souterrain particulier, autant de plantes distinctes.

On procède à la séparation de ces bourgeons quand chacun d'eux est bien enraciné ; ils sont, après l'opération, empotés dans de petits godets et conservés à la douce chaleur d'une serre ou d'une couche, sous châssis.

Ces précautions sont indispensables pour favoriser la croissance de ces jeunes plantes. Durant cette croissance, elles subissent encore au moins deux rempotages successifs dans des pots de plus en plus grands.

Boutures de gemmes. — On appelle gemmes, en horticulture, des organes spéciaux qui ne sont point des graines et se détachent de la plante à une certaine époque de l'année pour reproduire l'espèce. Ils se comportent sous ce rapport comme de véritables boutures et on pourrait les appeler des *boutures naturelles*.

Ces gemmes ne sont autre chose que des bourgeons caducs, adventifs ou normaux ; ils diffèrent des autres par la propriété qu'ils ont de se détacher naturellement de la plante génératrice pour constituer autour d'elles autant de plantes nouvelles. Les gemmes naissent sur les feuilles comme dans la fougère connue sous le nom d'*Aspidie prolifère* ou sur l'axe de la plante comme dans le *Lis tigré*, le *Begonia discolor*, l'*Igname*.

Après un hiver doux, nous avons vu, dans un jardin, un massif où on avait cultivé le bégonia discolor, se couvrir, au printemps, d'une grande quantité de ces plantes qui provenaient des *bulbilles* (on donne ce nom aux gemmes du bégonia) tombées l'année précédente.

C'est surtout quand les gemmes se forment à l'aisselle des feuilles ou des bractées comme dans le *Lis tigré*, le *Lis bulbifère*, l'*Igname de Chine*, l'*Oignon rocambole*, qu'on leur donne le nom de bulbilles. Ces bulbilles présentent alors l'aspect d'un petit bulbe écailleux ou tuniqué : lis bulbifère, oignon rocambole, ou la conformation d'un tubercule : bégonia discolor, igname.

Pour les soustraire aux mauvaises chances de l'hiver, il faut récolter les bulbilles en juillet, août, les stratifier dans un pot à fleur avec de la terre ou du sable fin et les garder ainsi jusqu'au printemps. A cette époque, on sème en terrine, sous cloche ou en pleine terre. Les bulbilles sont d'abord cultivées en pépinière ; on les enlève, quand elles sont plus fortes, au bout d'un an, ou moins que cela, pour les placer définitivement dans la corbeille ou le massif qu'elles doivent décorer.

IV

MARCOTTAGE

THÉORIE. — Reproduire telle plante par marcottage, cela consiste à faire développer des racines adventives sur certains points d'une de ses branches qu'on détache ensuite pour en constituer un nouvel individu, c'est-à-dire un végétal distinct et complet.

La *marcotte* est la branche après qu'elle a subi un traitement propice à son enracinement.

En somme, une marcotte est une bouture, mais une bouture qu'on laisserait attachée au pied-mère, comme au sein d'une nourrice, pour qu'elle eût le temps d'y puiser des forces, de former tous ses organes essentiels, et particulièrement les racines, si indispensables à l'alimentation de la vie chez les plantes.

En principe, les végétaux qu'on reproduit de bouture se reproduisent encore mieux de marcotte.

Les conditions de milieu qui doivent assurer la reprise de la marcotte sont à peu près celles exigées par les boutures : *humidité* et *chaleur du sol*. Nous ne parlons pas de l'air atmosphérique, les marcottes se faisant toujours sans abris, lorsqu'il s'agit de végétaux de pleine terre du moins.

Il n'y a pas à hésiter sur le choix de l'époque à laquelle les plantes doivent être marcottées. Le printemps est, sans contredit, la meilleure : à cette saison, la terre humide est chauffée par un soleil de plus en plus ardent et la sève des végétaux, mise en mouvement, travaille déjà à cette production de tissus, de feuilles, de bourgeons, de racines, qui ne doit s'arrêter qu'avec le retour des froids.

Ce sont aussi les rameaux d'un an qu'on marcotte de préférence ; leur tissu, comparativement plus tendre, leur écorce peu épaisse aident à l'enracinement. (Pour marcotter l'*aristoloche*, on emploie, par exception, du bois de deux ans.)

Pendant le temps que dure la reprise de la marcotte, on doit veiller à ce qu'elle ne manque pas d'eau et empêcher qu'elle ne soit affamée par les gourmands qui naissent fréquemment entre son pied-mère et le point où elle-même disparait dans le sol. Ces gourmands, si on n'y mettait ordre, consommeraient toute la sève destinée à la marcotte qui ne tarderait pas à s'atrophier ou à pourrir.

Une marcotte, pour se bien enraciner, met généralement un an ; l'a-t-on faite au printemps comme il est prescrit, on peut la sevrer, c'est-à-dire la séparer de son pied-mère au printemps suivant. Il est bien, à dire vrai, quelques végétaux qui, pour confirmer cette règle, y font une juste exception.

Les marcottes de *Berberis* (épine-vinette, fig. 249), d'*Erable negondo*, d'*Orme*, de *Clématite*, de *Rhododendron*, ne sont reprises, souvent, qu'au bout de deux années ; ce n'est qu'après ce laps de temps qu'on peut les sevrer.

Fig. 249. — Épine-vinette (rameau fleuri).

Pratique. Marcottage en archet (fig. 250). — Employée pour reproduire la *Vigne Vierge*, *Mûrier*, *Spirée*, *Groseillier*, *Vigne*, *Hortensia*, *Poirier du Japon*, *Pivoine en arbre*, *Œillet*, elle consiste à choisir, au printemps, un rameau d'un an qu'on incline vers le sol pour le coucher en l'arquant au fond d'une rigole profonde de 6 à 10 centimètres, selon les sols et les espèces. La rigole est comblée de terre.

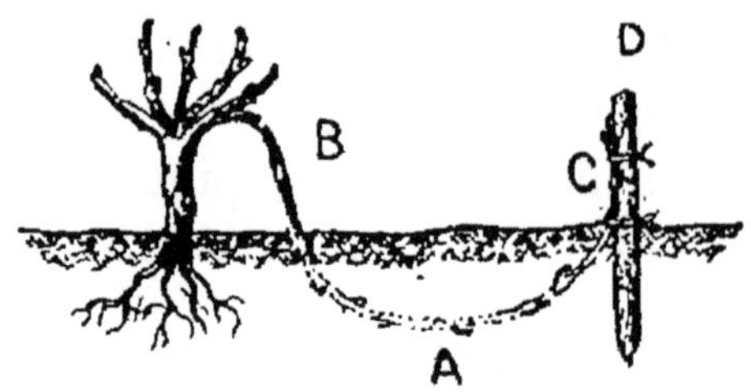

Fig. 250. — Vigne marcottée en archet.

L'extrémité C du rameau doit sortir du sol de un œil au moins; elle est palissée contre un tuteur D. On empêche les bourgeons de se développer sur la partie B de la marcotte comprise entre son point d'attache sur le pied-mère et l'endroit où elle s'enfonce dans le sol.

Marcottage en arceaux (fig. 251). — C'est le marcottage en archet répété plusieurs fois avec le même rameau, lorsque celui-ci est assez long et assez flexible.

L'*Aristoloche* (avec du bois de deux ans), la *Glycine*, le *Chèvrefeuille*, la *Vigne Vierge* sont

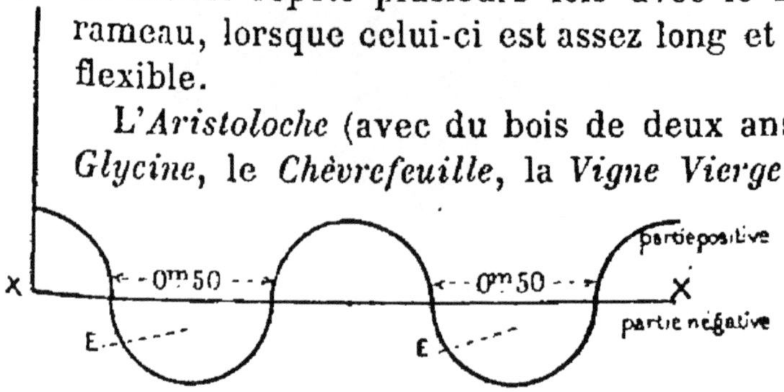

Fig. 251. — Schéma de la marcotte en arceaux.

souvent marcottées comme cela. Voici comment on opère :

Choisir un long rameau flexible, l'incliner, le coucher une première fois dans le sol, à peu de distance de son empattement ; le relever, le coucher une seconde fois ; le relever, le coucher encore, ainsi de suite jusqu'à l'extrémité du rameau qu'on couche et relève une dernière fois. On a ménagé sur chaque arceau hors du sol un certain nombre d'yeux, deux ou trois qui se développent. Les parties enterrées s'enracinent; on sèvre en coupant au-dessous de chaque faisceau de racines en E.

Règle générale : dans ces deux genres de marcottes que nous venons de décrire, la partie terminale et libre doit être dressée verticalement et tuteurée; la sève s'y porte avec plus de force.

Marcottage chinois (fig. 252). — Par le marcottage chinois, on obtient au moment du sevrage presque autant

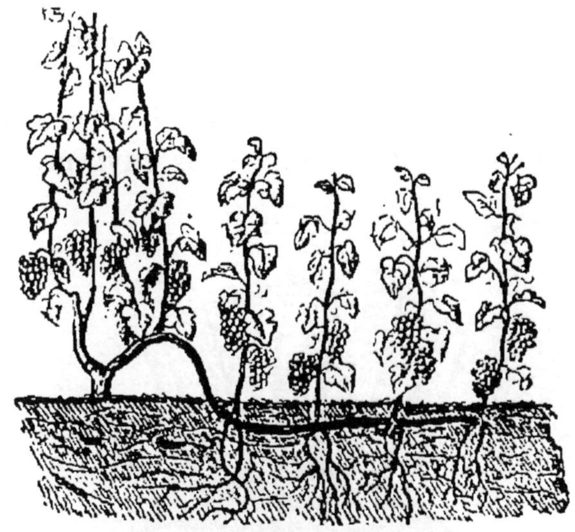

Fig. 252. — Marcottage chinois appliqué à la vigne.

de sujets nouveaux que le rameau comptait d'yeux au moment de l'opération. Ce marcottage est usité pour multiplier la *vigne;* voici comment on opère.

Il est fait choix d'un très long sarment (2 à $2^m,50$) puis on creuse à proximité une rigole de 15 centimètres de profondeur et d'une longueur égale à celle du sarment. Celui-ci est pris et couché tout au fond de la rigole; il est maintenu horizontalement au moyen de brins d'osier pliés et piqués à cheval sur lui. Lors de l'ascension de la sève, presque tous les yeux de ce long sarment s'ouvrent et donnent des bourgeons ; on commence alors à jeter quelque peu de terre fine tout au fond de la rigole, qui sera comblée définitivement quand les jeunes pousses auront dépassé 20 centimètres de haut.

Dans le courant de l'année, les racines se développent à la base de chaque pousse et à l'automne on a, bonnes à planter, autant de marcottes jumelles qu'il s'est développé de bourgeons sur le sarment couché.

Marcottage en cépée. — Il s'emploie surtout pour la multiplication du *Cognassier*, des *Pommiers paradis* et *doucin*, des *Groseilliers*, etc.

Soit un pied-mère : à l'automne, il est recépé à chaque distance du sol — 15 centimètres environ. — Au prin-

Fig. 253. — Marcottage en cépée.

temps, on amoncelle, autour et sur cette cépée, une butte de terre épaisse de 20 à 30 centimètres qu'on maintient dans un état de fraîcheur approchant autant que possible de celui du sol. Des bourgeons partent de la souche du pied-mère, traversent la butte de terre, poussent, s'allongent et s'enracinent par leur base (fig. 253). L'année suivante, chaque bourgeon, devenu rameau, est détaché, lui et ses racines, de la souche-mère ; on laisse à celle-ci une année de repos, puis on la traite encore d'une façon identique.

Comme les boutures, les marcottes sont parfois et nécessairement compliquées. Les plus usitées de ce genre sont :

La marcotte *incisée;*
La marcotte *tordue;*
La marcotte *étranglée.*

Ces diverses opérations, l'incision, la torsion, la strangulation se pratiquent, cela est évident, sur la partie enterrée de la marcotte où elles produisent souvent des

Fig. 254. — Marcotte incisée d'œillet.

plaies plus ou moins apparentes, plus ou moins vives. Il se forme sur ces plaies des bourrelets de tissus cellulaires, des amas charnus qui sont les précurseurs ordinaires des racines.

L'incision peut être annulaire ou à la fois en fente transversale et longitudinale (fig. 254).

La torsion, qu'il n'est pas utile de décrire, a pour but de disjoindre et de rompre les fibres de l'écorce.

La strangulation se pratique à l'aide d'un fil de fer serré autour de la marcotte, là où on veut exciter le développement des racines.

Les plantes réfractaires au marcottage simple, auxquelles il faut appliquer le marcottage compliqué, sont surtout le *Jasmin*, le *Laurier-tin*, l'*orme*.

Marcottage en panier. — Le rameau marcotte est traité absolument comme dans le marcottage en archet, sauf qu'au lieu de le faire couler au fond d'une rigole, on l'introduit dans un panier *ad hoc* en le faisant passer par le fond et sortir à l'autre bout. Le panier a été préalablement placé à proximité de la plante à marcotter et au fond d'un trou. Quand le rameau est disposé, on emplit le panier et le trou de terre pure ou d'un mélange de terre et de terreau.

Le marcottage en panier s'emploie pour multiplier la *vigne*, le *figuier* et les essences délicates dont on veut assurer le développement d'une façon certaine et rapide lors de la plantation.

En effet, au lieu d'être plantées « à racines nues », ces marcottes sont plantées avec leur panier qu'on se contente d'éventrer s'il n'est pas abîmé par l'humidité du sol.

Ces genres de marcottes, si elles doivent voyager, peuvent aussi être expédiées avec leur panier qui préserve les racines mieux que ne saurait le faire le meilleur emballage.

Marcottage en pot. — Le marcottage en pot ne diffère du précédent que par la nature du récipient dans lequel la marcotte est faite. Ce récipient est un pot à fleur ordinaire ou un pot spécial soit fendu sur le côté, soit largement percé au fond pour le passage du rameau marcotte.

On marcotte en pot les plantes qu'on marcotte en panier, c'est-à-dire la *vigne*, le *figuier* et aussi les arbustes à feuillage persistant, tels que les *fusains*, les *aucubas*, etc., etc.

La marcotte en pot ne peut se traiter comme la marcotte en panier quant à la plantation ; tandis que cette dernière peut être plantée avec son récipient, la première en est toujours préalablement débarrassée.

Marcottage suspendu. — Tous les végétaux susceptibles d'être marcottés n'ont pas dans leurs branches

Fig. 255. — Marcottes suspendues d'œillet.

cette flexibilité qui permet de les abaisser, de les courber sans les rompre ; aussi, « quand les jardiniers ne peuvent abaisser les branches jusqu'à terre, ils élèvent la terre jusqu'aux branches » ; pour cela, ils englobent la branche à marcotter dans un pot à fleur, un cornet de plomb, etc. (fig. 255), qu'ils fixent et emplissent de terre. Il suffit que cette terre soit maintenue humide pour que les racines se développent.

On fabrique aujourd'hui pour ce genre de marcottage un vase spécial avec une fente béante sur le flanc, pour le passage de la branche à marcotter. Ce vase est maintenu à hauteur, par un artifice quelconque : quelques liens, par exemple, qui le retiennent suspendu à un tuteur.

Dans certains cas, on peut remplacer ce vase plein de

Fig. 256. — Aralia.

terre par un tampon de mousse dont on entoure la branche marcotte. Ce tampon est tenu toujours humide par les ablutions répétées.

Les végétaux qui se propagent ainsi sont surtout l'*œillet*, le *laurier-rose*, les *aralias* (fig. 256), les *figuiers*, d'ornement : *ficus elastica* (fig. 257), les *dracœnas* et autres plantes de serre.

Ici s'arrête cette étude très succincte sur le bouturage, la division des souches et le marcottage, appliqués à la multiplication des végétaux. Ces opérations, comme on a pu le voir, ont une importance énorme dans les pratiques de l'horticulture.

Le greffage ayant surtout son application en arboriculture fruitière, nous avons cru logique de ranger ce

Fig. 257. — Ficus elastica.

chapitre de la multiplication des végétaux dans la partie qui traite des arbres fruitiers.

CHAPITRE IV

FLORICULTURE DE PLEIN AIR

DÉFINITION. — On appelle Floriculture de plein air cette partie du jardinage qui s'occupe exclusivement de la culture des plantes décoratives rustiques ou au moins demi-rustiques. Ce sont des espèces susceptibles d'être à la rigueur semées, multipliées, élevées sans le secours des abris tels que serres, châssis, couches que nécessitent d'autres végétaux plus délicats.

DEUX SORTES DE CULTURES. — Beaucoup de plantes qui entrent dans le cadre de la floriculture de plein air se cultivent de deux manières bien distinctes : 1° *En pleine terre;* elles sont alors élevées en pépinière, puis plantées dans les corbeilles, les massifs, les plates-bandes qui, entourant la maison d'habitation, forment ce que nous appelons aujourd'hui le parterre; 2° elles sont cultivées *en pots*, servent à décorer les appartements, les fenêtres et deviennent, à l'occasion des fêtes quotidiennes de l'année, l'objet d'un commerce important.

CLASSIFICATION CULTURALE. — Toutes les plantes rustiques, fleurissantes ou autrement décoratives peuvent se classer ainsi qu'il suit :

1° *Plantes annuelles;*

2° *Plantes bisannuelles;*

3° *Plantes vivaces;*

4° *Plantes bulbeuses ou rhizomateuses à déplantation annuelle;*

5° *Plantes ligneuses et sous-ligneuses, rustiques ou demi-rustiques;*

6° *Plantes* annuelles, bisannuelles ou vivaces *à feuillage décoratif.*

Nous les passerons en revue dans cet ordre. Chaque plante, dans chacune des classes, sera décrite et étudiée sommairement. Nous mentionnerons seulement d'un mot son ou ses modes de multiplication. Il faudra donc, pour être renseigné davantage sur ce point important, se reporter vers les différentes parties qui, au chapitre *Multiplication des végétaux*, traitent des procédés indiqués. La nomenclature de ces plantes, leur culture, leur mode d'emploi seront suivis d'une partie dans laquelle nous donnerons des renseignements sur l'emplacement, la plantation, la composition des massifs et la culture des plantes en pots.

PLANTES ANNUELLES

Définition. — Ce sont des plantes qui naissent et meurent la même année après avoir généralement parcouru toutes les phases de leur végétation, depuis la germination jusqu'à la grenaison. Voici une liste des plus intéressantes :

Adonide *(Renonculacées)* (fig. 258). — Plus connue

Fig. 258. — Adonide d'été.

sous le nom de *Goutte de sang*. Tige de 40 centimètres de haut en moyenne; feuilles infiniment découpées; fleurs rouge sang en juin, chaque pétale marqué de noir à la base. — Semer en avril ou septembre, à demeure en lignes pour bordures ou en poquets pour décoration de parterre.

Amarante *(Amarantacées)*. — Une espèce est surtout de pleine terre : l'*A. queue de renard* (fig. 259). Tige de 70 centimètres, fleurs rouges ou jaunes réunies en épis composés, longs et pendants. Semer à demeure en poquets ou bien en pépinière vers le mois d'avril.

Fig. 259.
Amarante queue de renard.

Fig. 260.
Balsamine Camellia.

Balsamine *(Balsaminées)*. — Plante très répandue que tout le monde connaît. Toutes les variétés sont à fleurs diversement colorées et plus ou moins doubles. Les tiges atteignent depuis 20 jusqu'à 50 centimètres de haut, selon que les variétés sont *naines* ou *géantes*. Les plus recherchées pour leurs fleurs sont les *Balsamines Camellia* (fig. 260).

Toutes les variétés se cultivent en corbeilles, en massifs, en pots ; les naines sont spécialement utilisées pour bordures. — Semer en pépinière bien exposée vers avril et mai; repiquer en pépinière d'attente. Planter en mottes quand la floraison est proche.

Fig. 261. — Belle de jour.

Belle de jour *(Convolvulacées)* (fig. 261). — Tige et branches rameuses, demi-couchées, demi-dressées; 35 centimètres de haut. Fleurs en entonnoirs, bleues sur les bords, blanches à la gorge. — Semer à demeure, en avril, à la volée, avec éclaircie subséquente; ou semer en poquets.

Belle de nuit *(Nictaginées)*. — Plante buissonnante. Fleurs en entonnoir, rouges, blanches ou jaunes, selon les variétés. Ces fleurs s'épanouissent le soir, se flétrissent le matin; une espèce est à fleur odorante. Toutes se cultiven surtout en massifs homogènes. — Semer en mai en pépinière d'attente. Mettre en place à 50 centimètres en tous sens.

Bleuet *(Composées)*. — Plante buissonnante, élevée de 60 à 80 centimètres. Fleurs bleues en capitules, à l'extrémité de pédoncules grêles, recherchées pour bouquets. Variétés à fleurs roses, violettes et blanches. Semer en avril ou septembre, en place.

Capucine *(Trapéolées)*. — Tiges naines ou élevées, dressées, couchées ou grimpantes par les pétioles des feuilles devenus volubiles; feuilles rondes à pétiole inséré sous le limbe; fleurs irrégulières, unicolores ou maculées de jaune pourpre, de marron, etc., elles s'épanouissen tout l'été. — Semer en place en avril. Les variétés grimpantes servent à garnir les murs, les treillages, les fenêtres (culture en pot). Les variétés naines (*Tom Pouce*) (fig. 262) sont cultivées en bordures de massifs ou de corbeilles.

Fig. 262. — Capucine Tom Pouce.

Godétie ou GODETIA (*Onagrariées*) (fig. 263). — Plante rameuse, 60 centimètres de haut. Fleurs en été, blanches ou colorées de rouges divers. — Semer à demeure,

Fig. 263. — Godetie de Whitney.

vers avril ou mai, en poquets écartés de 20 centimètres en tous sens ; culture en massif.

Gypsophile élégante (*Caryophyllées*) (fig. 264). — Plante à tige infiniment ramifiée. Rameaux grêles à

Fig. 264. — Gypsophile élégante.

peine feuillés terminés par de petites fleurs blanches qui s'épanouissent de juillet à septembre. Semer en avril, à demeure.

Les fleurs coupées de gypsophile sont recherchées pour parer les bouquets.

Haricot d'Espagne (*Légumineuses*). — Plante grimpante ayant les caractères du haricot à rames; fleurs écarlates ou blanches pendant tout l'été jusqu'aux gelées. Semer en place, commencement de mai. Le haricot d'Espagne est cultivé près des tonnelles, des vérandas, des treillages, et sur les fenêtres.

Lin à grandes fleurs (*Linées*). — Plante naine à feuilles petites, lancéolées, fleurs rouge vif, très abondantes, s'épanouissant de juin à octobre. Semer en fin avril, en place, à la volée, avec éclaircie subséquente, ménageant 20 centimètres entre les sujets conservés.

Le lin se cultive aussi en bordure; dans ce cas, on le sème sur une ligne.

Œillet de Chine (*Caryophyllées*). — Plante d'un grand mérite; tiges de 20 à 30 centimètres de haut; fleurs solitaires diversement colorées, panachées, ponctuées, tigrées, etc. Semer : 1° au commencement de septembre, puis repiquer en pépinière, sur cotière bien exposée, pour hivernage; 2° au commencement de mai, en pépinière, avec repiquage en pépinière d'attente et plantation définitive plus tard à 25 centimètres en tous sens.

Les œillets de Chine se cultivent en massifs, en bordures et en pots.

Pavot somnifère (*Papavéracées*) (fig. 268). — Plante haute de 80 centimètres, dont toutes les parties herbacées sont recouvertes d'un enduit glauque, fleurs simples ou doubles, ou pleines et solitaires, de couleurs variables : rouge, rose, violâtre, blanc panaché, etc. Ces fleurs durent peu. — Semer toujours en place, en septembre ou mars. Eclaircir de manière que les

Fig. 265. — Pavot somnifère.

individus conservés aient 30 centimètres entre eux.

Pétunia (*Solanées*) (fig. 266). — Il y a plusieurs espèces de pétunias. La plus cultivée est celle dite pétunia hybride. C'est une plante rameuse, haute de 15 centimètres, à branches demi-traçantes, demi-dressées, à feuilles visqueuses répandant une odeur forte. Les fleurs s'épanouissent depuis juin jusqu'aux gelées; elles sont parfumées, en forme d'entonnoir; leur couleur varie du blanc au rouge plus ou moins violacé avec des macules, des panachures, etc.

Le pétunia se sème en place ou mieux en pépinière vers fin avril. On plante quand les jeunes ont 3 ou 4 feuilles, en les écartant de 35 à 50 centimètres, selon

Fig. 266. — Pétunia hybride à grande fleur.

qu'ils sont élevés en massifs homogènes ou en bordure. Le pétunia se cultive aussi en pots pour la décoration des fenêtres, des balcons, etc. Les belles variétés, pour être conservées avec tous leurs caractères, seront multipliées par bouturage.

Pied d'alouette (*Renonculacées*) (fig. 267). — Tige dressée peu ou point ramifiée ; elle atteint de 50 centimètres à 1 mètre de haut et plus, selon les espèces. Feuilles profondément et infiniment divisées ; fleurs nombreuses réunies en épis ; violettes, rouges, roses, carnées, lilas;

etc.; elles sont pleines, doubles ou simples. Le pied d'alouette se sème à la volée ou en poquets et tou-

Fig. 267. — Pied d'alouette des jardins, à fleurs pleines.

jours à demeure; ses fleurs sont recherchées pour bouquets.

Pois de senteur (*Légumineuses*). — On l'appelle aussi gesse odorante. Tige grimpante, haute de plus de 50 centimètres. Feuilles composées chacune d'un nombre pair de folioles et de vrilles terminales préhensiles; fleurs blanches et violettes à la fois, ou rouges et blanches, etc., toujours parfumées, s'épanouissant vers juillet, août. En avril, les pois de senteur se sèment en place au pied des treillages, des tonnelles et des terrasses, dans les pots, sur les fenêtres.

Reine-Marguerite (*Composées*). — C'est peut-être la plus jolie des plantes annuelles. Tige haute de 10 centimètres (fig. 268) à 50 centimètres (fig. 269), selon les variétés. Fleurs en capitules roses, rouges, lilas, violets, gris, blancs, diversement nuancés; certains capitules

Fig. 268. — Reine-Marguerite naine.

sont dits *couronnés* (fig. 270), c'est-à-dire que si le centre en est blanc, par exemple, la circonférence est d'une couleur différente et forme comme une couronne.

On a établi, en se basant sur la forme des capitules, une classification dans le détail de laquelle nous ne pouvons pas entrer. Les reines-marguerites se sèment au mois d'avril, en pépinière. Quand les jeunes plantes ont 3 ou 4 feuilles, on les repique en pépinière d'attente, puis, lorsqu'elles approchent de leur floraison, on les arrache en motte pour être plantées définitivement à 20, 35 ou 45 centimètres en tous sens, selon que les variétés sont naines, demi-naines ou grandes. La floraison qui commence dans le courant de juillet dure jusqu'en octobre. Il s'en fait de très beaux massifs. Cette plante de pre-

Fig. 269. — Reine-Marguerite pyramidale.

Fig. 270. — Reine-Marguerite à fleur couronnée.

mier ordre se cultive aussi en pots. Dans ce dernier cas, les arrosages aux engrais liquides (purin, engrais humains, solutions d'engrais chimiques) produisent sur sa végétation d'excellents effets. Au lieu de les y élever tout à fait, beaucoup de jardiniers se contentent de mettre en vase les reines-marguerites sur le point de fleurir, venues en pépinière et arrachées en mottes.

Réséda (*Résédacées*). — Tige généralement très rameuse, 25 centimètres de haut. Fleurs parfumées, verdâtres, en grappes. Semer à demeure de mars en mai. Le réséda se cultive aussi en pots. Il souffre peu le repiquage.

Fig. 271.
Soleil uniflore.

Soleil (*Composées*). — Tige dépassant 2 mètres de haut, rugueuse ainsi que les feuilles. Fleur jaune, en capitule large, solitaire et terminant la tige dans la variété *uniflore* (fig. 271). Dans le soleil commun et le soleil à fleurs doubles, les capitules sont plus nombreux. — Semer vers avril-mai, à demeure dans des poquets espacés de 50 en 50 centimètres. Eclaircir plus tard, de façon à ne laisser qu'une plante par poquet, les soleils se cultivent isolément, pied par pied ou en groupes de trois ou cinq individus.

Souci (*Composées*). — Touffe ramifiée de 30 à 40 centimètres de haut légèrement pubescente; fleurs jaunes différemment nuancées dans chaque variété; elles s'épanouissent pendant tout l'été jusqu'aux gelées. — Semer en pépinière en mars, avril. Planter quand les sujets ont 4 ou 5 feuilles, en les distançant de 35 centimètres en tous sens. Le souci convient pour la culture en massif homogène ou en bordure.

Tabac (*Solanées*). — L'espèce tabac à grandes feuilles, à fleurs pourpres, est la plus ornementale (fig. 272). —

Fig. 272. — Tabac à grandes feuilles.

Tige atteignant jusqu'à 2 mètres de haut. Feuilles très larges, fleurs d'un rouge vif, nombreuses, réparties en grappes terminales des branches ; elles s'épanouissent depuis juillet jusqu'aux gelées. Le tabac se sème en mai en place sur terrain profondément ameubli. Si l'on sème en pépinière (même époque), il faudra repiquer très tôt, quand les plantes auront atteint leurs 2 ou 3 premières feuilles.

Comme les soleils, le tabac se plante isolément ou par groupes de 3 ou 5 individus. Une espèce, récemment mise dans le commerce par M. Godefroy, est excessivement remarquable par l'ampleur de ses feuilles et son port géant; on l'appelle Tabac colosse (*Nicotiana colossea*).

Tagète. Œillet d'Inde (*Composées*) (fig. 273). — Tige très ramifiée, haute de 30 à 60 centimètres; feuilles pin-

Fig. 273. — Tagète (œillet d'Inde), maculée naine.

natiséquées. Fleurs de juin jusqu'aux gelées, en capitules simples ou doubles, solitaires, jaune pur ou maculés de brun. Toute la plante est aromatique. Semer du 15 avril au 15 mai en pépinière. Repiquer en pépinière d'attente à 20 centimètres en tous sens. En juin, arracher en motte et planter à demeure en massifs ou en bordure de 30 en 30 centimètres.

Tagète. Rose d'Inde (*Composées*) (fig. 274). — Mêmes caractères que l'œillet d'Inde. Tige plus élevée (dépassant un mètre); capitules volumineux uniformément

Fig. 274. — Tagète Rose d'Inde.

jaunes. Culture du tagète œillet d'Inde avec plus de distance entre les plants.

Thlaspi (*Crucifères*). — Tige de 25 à 40 centimètres de haut, selon les variétés; fleurs blanches ou lilas ou violâtres, réunies en grappes dont l'axe principal est souvent très court.

Semer fin septembre en pépinière, puis repiquer en pépinière d'attente où les plantes hiverneront. Au printemps, planter en massif à 30 centimètres en tous sens ou en bordure. On a arraché en mottes. On peut aussi semer en pépinière en avril, puis planter définitivement en mai. Cette saison fleurit un mois après la précédente; elle reste plus longtemps en fleurs : de fin juin à septembre.

Volubilis (*Convolvulacées*). — Plante bien connue, à tige grimpante volubile, haute de 2 à 3 mètres; feuilles cordiformes ; fleurs en entonnoir diversement colorées en blanc, rose ou bleu, et s'épanouissant tout l'été. En fin avril et mai, semer à demeure près des tonnelles, des murs nus que l'on veut garnir ou dans des pots sur les fenêtres, etc.

Zinnia (*Composées*). — Plante très remarquable. Tige

Fig. 275. — Zinnia élégant.

de 30 centimètres (variétés naines), à 80 centimètres (variétés élevées) (fig. 274) ; feuilles opposées sessiles, engainantes; fleurs en capitules doubles ou simples de couleur blanche, pourpre, rose, jaune ou violacée. Les fleurs sont quelquefois striées. Semer en mai en pépinière, sur cotière. Repiquer quand les plantes ont 3 ou 4 feuilles, sur pépinière d'attente, d'où on les arrachera en

Fig. 276. — Zinnia élégant. Var. pompon.

motte pour plantation définitive. Ici les sujets seront espacés à 50 centimètres en tous sens (variétés élevées) et à 40 centimètres (variétés naines). On compose avec les zinnias de très beaux massifs bordés avec la variété *naine pompon* (fig. 276). Ils peuvent être associés aux dahlias, aux cannas et se cultiver en pots; leurs fleurs sont recherchées pour la confection des bouquets.

PLANTES BISANNUELLES

Définition. — Les plantes bisannuelles sont celles qui, semées cette année par exemple, ne fleuriront que l'année suivante. Il leur faut deux ans pour parcourir de la naissance à la mort toutes les phases de la végétation.

Digitale (*Scrofularinées*) (fig. 277). — Cette plante est

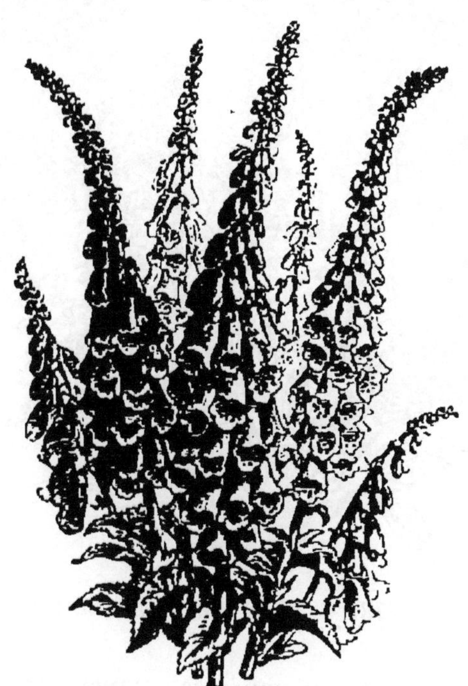

Fig. 277. — Digitale pourprée.

bien connue sous le nom de *gant de Notre-Dame*. — Tige

atteignant de 1 à 2 mètres, simple ou peu ramifiée; feuilles ovales lancéolées; fleurs un peu pendantes et réunies en grappes simples; corolle en forme de coupe ou de doigt de gant, rouge pourpre, tachée de couleur plus foncée; floraison en juillet et août. Semer en mai en pépinière. Repiquer en pépinière d'attente, mettre en place en septembre, octobre ou avril, à 50 centimètres en tous sens. On peut aussi semer en place en poquets. La digitale se plaît dans les endroits demi-ombragés des sous bois dont le couvert est faible.

Giroflée jaune (*Crucifères*), bien connue encore sous le

Fig. 278. — Giroflée jaune double.

nom de *Giroflée des murailles, ravenelle*. — Tige ramifiée de 40 à 60 centimètres de haut. Au printemps, fleurs parfumées, jaunes, brunes, violacées, simples ou doubles (fig. 278), portées en grappes dressées. — Semer de mai à juin en pépinière; 5 ou 6 semaines après, repiquer en pépinière d'attente, à 25 centimètres en tous sens. Planter en mottes à l'automne ou au printemps, de 40 en 40 centimètres, sur massif.

Julienne des jardins (*Crucifères*) (fig. 279). — Bien que vivace, cette plante, et surtout sa variété à fleurs doubles, est toujours traitée comme plante bisannuelle.

Fig. 279. — Julienne des jardins à fleurs doubles.

Tige haute de 50 à 75 centimètres. Feuilles lancéolées. Fleurs simples ou doubles, de juillet en août, parfumées, réunies en grappes composées dressées, blanches, violacées ou rouge pourpre. Semer en mai juin, en pépinière. Repiquer en pépinière. Planter définitivement à l'automne ou au printemps, de 45 en 45 centimètres.

Muflier (*Scrofularinées*). — Connu aussi sous le nom de *Gueule de Loup*. Tige de 25 centimètres (*variétés Tom-Pouce*) (fig. 280), à 55 centimètres (*variétés ordinaires*). De juin à octobre : fleurs en forme de mufle, de couleurs très variées, piquetées, panachées, maculées. — Semer en juillet, août en pépinière. Repiquer en pépinière. Planter au printemps. On sème aussi au printemps, soit à demeure soit en pépinière. Le muflier se plante en massif, en bordure (variété Tom-Pouce), il végète dans les terres, les décombres les plus arides. Les fleurs s'emploient pour bouquets.

Fig. 280. — Muflier. Var. Tom-Pouce.

Myosotis (*Borraginées*). — Plante des plus importantes avec la *Giroflée jaune* et le *Silène*, à cause de leurs floraisons printanières coïncidentes, qui permettent de les associer dans un même massif.

Le myosotis aussi est vivace ; on le traite comme s'il était bisannuel. Tiges demi-traçantes, demi-dressées, hautes de 25 centimètres. A partir de mai, fleurs nombreuses, petites, bleues ou blanches, disposées en *cymes scorpioïdes*. Semer en août, en pépinière (sol frais et demi-ombragé). Repiquer en pépinière. Planter en massif vers octobre ou au printemps. Le myosotis se plante en massif homogène et unicolore, bordé avec la variété blanche si le centre est bleu, et réciproquement. Coupées et mises dans l'eau, en bouquet, ses fleurs sont des plus résistantes ; elles continuent à s'y épanouir comme à l'état normal.

Les Pensées (*Violariées*, fig. 281). — Plantes assez connues pour qu'il soit inutile de les décrire. Rappelons seulement qu'il en existe un grand nombre de races, les *unicolores*, dont les fleurs sont uniformément bleu clair, jaunes, bleu foncé, blanches ou noires. Les *discolores* et les *multicolores* (fig. 282), dont les fleurs sont diversement maculées, panachées ou striées. Les pen-

Fig. 281. — Pensée à grandes fleurs.

sées unicolores sont recherchées pour border les mas-

Fig. 282. — Pensée multicolore.

sifs ; on peut aussi les associer en massif mosaïque. Les

discolores et multicolores se plantent en masses homogènes. Leur floraison s'effectue à partir de mai, quand on les cultive comme il suit :

Semer en août en pépinière. Repiquer en pépinière d'attente. Planter avec mottes en octobre, novembre ou au printemps à 30 ou 35 centimètres en tous sens.

Scabieuse (*Dipsacées*). — Connue aussi sous le nom de *Fleur des Veuves*. Tige ramifiée, dressée de 50 à 80 centimètres. De juin à septembre, fleurs en capitules, blanches, violacées, ou pourpre très foncé. Semer en août en pépinière. Repiquer en pépinière d'attente. Planter à demeure au printemps.

Silène (*Caryophyllées*, fig. 283). — La *silène pendante*

Fig. 283. — Silène pendante.

est la plus cultivée ; c'est elle que nous étudierons. Tige

très ramifiée, en touffe haute de 25 centimètres. Fleurs abondantes, roses dans le type et blanches dans la variété de ce nom. — Culture du myosotis. Il existe une variété naine.

PLANTES VIVACES

Définition. — Les plantes vivaces sont celles dont la durée de la vie, bien que difficile à définir d'une manière parfaite, est toujours supérieure à deux ans. Cependant les tiges des plantes vivaces ne subsistent en général qu'un an. Il n'y a que leurs parties souterraines qui soient réellement vivaces.

Aconit (*Renonculacées*). — L'aconit Napel (fig. 284)

Fig. 284. — Aconit Napel.

est surtout cultivé. Tige de plus d'un mètre de haut.

Feuilles découpées. Fleurs bleues, en forme de casque, réunies en épis. Floraison en mai et juin. Multiplication par division des souches et semis. L'aconit se plante surtout isolément ou par groupes de quelques individus.

Ancolies *(Renonculacées)*. — Floraison en mai, juin. Tige de 80 centimètres à 1 mètre de hauteur. Deux

Fig. 285. — Ancolie des jardins.

espèces : 1° l'*Ancolie des jardins* (fig. 285), à fleurs renversées, blanches, violettes ou pourpres, chaque pétale ayant la forme d'un bonnet; 2° l'*Ancolie de Sibérie* (fig. 286), de petite taille, à fleurs dressées, doubles et bleues. Multiplication par division des souches et semis en pépinière vers avril, juin, avec repiquage en pépinière d'attente.

Fig. 286. — Ancolie de Sibérie.

Les ancolies se plantent en plates-bandes à 40 ou 50 centimètres. Les endroits demi-ombragés leur conviennent.

Anémone du Japon *(Renonculacées)*. — Plante d'un grand mérite. Floraison d'août en octobre. Tige de 50 centimètres à 1 mètre, très ramifiée en branches presque nues, terminées par des fleurs blanches ou roses, selon les variétés (fig. 287). Multiplication par division des souches au printemps. Planter isolément sur plates-bandes ou pelouses; en massifs, à 50 centimètres en tous sens.

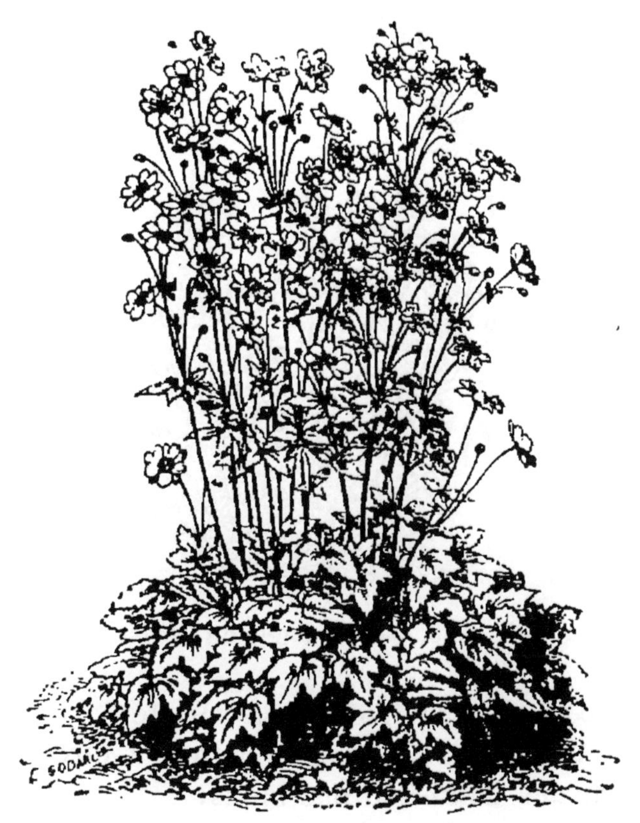

Fig. 287. — Anémone du Japon.

Aubrietie deltoïde *(Crucifères)*. — Floraison avril et mai. Plante gazonnante de 15 centimètres de haut; fleurs violacées en grappes terminales nombreuses (fig. 288). Multiplication par division des souches en septembre ou par semis, en pépinière, au mois de mai. Excellente plante pour bordures.

Fig. 288. — Aubrietie deltoïde.

Aster (*Composées*). — Floraison depuis juillet jusqu'aux gelées. Excellente plante pour bouquets et décoration de jardins. Tige 30 centimètres à 1 mètre, selon les espèces et les variétés. L'espèce la plus répandue est

Fig. 289. — Aster œil de Christ.

l'A. œil de Christ (fig. 289) et sa variété A. amelloïdes. Capitules nombreux, à disque jaune, à circonférence formée par des demi-fleurons bleus.

Planter sur rocailles, dans toutes terres, en massifs, en corbeilles et au soleil.

Chrysanthème d'automne (*Composées*, fig. 290). — Elle est certainement la plante la plus méritante, la plus décorative de cette série. Floraison commençant en juillet et août chez les *Chrysanthèmes précoces;* beaucoup plus tardive (octobre et novembre) chez les autres variétés.

Tige atteignant depuis 30 centimètres jusqu'à plus d'un mètre; feuilles alternes plus ou moins profondément lobées ; fleurs en capitules dont l'aspect est très différent, suivant que les individus appartiennent aux classes des *Japonais*, *Chinois*, *incurves*, *recurves*, *anémoniflores*, etc. Couleurs très variables depuis le blanc jusqu'au violet en passant par le jaune, le rouge, l'orangé et tous les tons de ces coloris.

Pour la culture, il faut diviser les chrysanthèmes : 1° en *variétés d'été* : *Petite Marie* (blanc), *Mme Desgranges* (crème), *Chrys. blanc*, *Chrys. jaune* et *Chrys. rose*[1] qui fleurissent de juillet à septembre ; 2° en *variétés d'automne ;* ceux-là sont les plus beaux. Parmi eux, les moins tardifs, ceux qui ont le plus de chance de fleurir avant les gelées sont : *Président Grévy* (rose violacé), *Sœur Mélanie* (blanc), *Samson* (jaune), *Marabout* (blanc), *Mlle Marthe* (blanc crème), *Fleur parfaite* (rose), *Bronze*, *Jardin des plantes* (bronze), la *Triomphante* (rose), *Margot* (saumon), *Gloire rayonnante*, etc.

Fig. 290.
Chrysanthème d'automne.

D'autres variétés très tardives ne fleurissent pas toujours sous le climat de Paris. Cultivées en pots et abritées sous un simple hangar éclairé, ou par des auvents maintenus en échafaudage au-dessus d'elles, elles peuvent fleurir et produisent alors de très belles plantes d'appartement. Multiplication : 1° bouturage en mars, avril et mai sur couche, sous châssis ou sous cloche à même la terre. — 2° Division des souches au printemps.

[1] Ces trois dernières variétés sont depuis longtemps utilisées pour la décoration des jardins et squares de Paris. Ils n'ont point d'autres noms.

Ce procédé ne vaut pas l'autre. Après l'enracinement, les boutures sont mises en pépinière d'attente à 75 centimètres en tous sens. Elles subissent depuis ce moment jusqu'au 15 juin, deux pincements, le premier sur la tige à 10 centimètres du sol, le second sur les rameaux partis de la tige à 10 ou 5 centimètres de leur intersection. Ces pincements ont pour objet de faire prendre au chrysanthème un port buissonnant. La plantation définitive se fait en juillet, au moment où les chrysanthèmes sont sur le point de fleurir. Ils sont enlevés en mottes et arrosés copieusement après leur mise en place. On en fait des massifs, des bordures. Les fleurs coupées pour bouquet ont une rare persistance et une beauté irréprochable.

Corbeille d'argent (*Crucifères*). — On l'appelle encore Arabette des Alpes. Floraison avril, mai. Plante touffue haute de 15 centimètres; feuilles tomenteuses, fleurs blanches en grappes terminales nombreuses. Multiplication par division des touffes ou semis ou bouture, en pépinière, au mois de mai. Cette plante est très propre à faire des bordures.

Corbeille d'or (*Crucifères*). — La corbeille d'or a quelque analogie avec la corbeille d'argent, elle est cependant un peu plus élevée (25 centimètres) et ses fleurs sont jaunes. On la multiplie par les mêmes procédés; elle s'emploie pour les mêmes usages.

Diélytra (*Fumariacées*). — Plus connue sous le nom de **Cœur de Marie**. Floraison de mai à juin. Tige haute de 50 centimètres, ramifiée; feuilles découpées à la façon des feuilles de pivoines, mais beaucoup plus petites. Fleurs cordiformes roses et blanches, réunies en grappes arquées (fig. 201). Multiplication par division des souches, au printemps, ou bouturage des racines à la

Fig. 291. — Diélytra.

même époque. Le diélytra se cultive surtout isolément.

Fig. 292. — Fraxinelle.

Fraxinelle (*Diosmées*). — Plante touffue à essence odorante volatile et inflammable. Floraison de juin à juillet. Tige haute de 50 à 60 centimètres, terminée en grappes de fleurs roses (fig. 292). Feuilles rappelant les feuilles du frêne.

Multiplication :

division des souches en avril ou semis en pépinière en avril, mai. Planter en plates-bandes, terre saine.

Gypsophile paniculée (*Caryophyllées*). — Cette plante rappelle beaucoup l'espèce annuelle; on la multiplie par division des souches et on l'emploie aux mêmes usages.

Hellébore rose de Noël (*Renonculacées*). — Floraison de décembre à février. Plante à port trapu, étalé, haute de 20 à 30 centimètres. Feuilles pédalées, amples, d'un

Fig. 293. — Hellébore rose de Noël.

vert sombre (fig. 293). Les fleurs sont larges et blanc rosé dans l'espèce ordinaire, rouge violacé dans une variété moins méritante. Multiplication : division des souches au printemps avec floraison. Planter en massifs ou plates-bandes, endroits demi-ombragés. Culture en pot pour l'ornementation des appartements en hiver.

Les fleurs coupées, très résistantes, sont recherchées pour bouquets.

Hépatique (*Renonculacées*, fig. 294). — Floraison en février, mars. Cette plante naine forme des touffes de 8 à 10 centimètres de haut. Feuilles trilobées. Fleurs blanches ou bleues ou roses, simples ou doubles, s'épanouissant généralement avant les feuilles. Multiplication :

Fig. 294. — Hépatique à trois lobes.

division des souches à la fin de l'été. Planter en massifs ou en bordures.

Iris (*Iridées*). — Floraison : mai. Hauteur variable

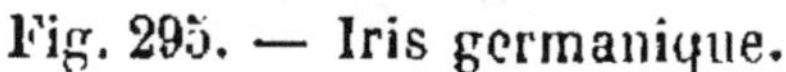

Fig. 295. — Iris germanique.

Fig. 296. — Iris nain.

selon les espèces ; feuilles linéaires en lames de sabre ;

souches rhizomateuses rampantes, à fleur de sol. Fleurs irrégulières, bleues, blanches, jaunes, selon les espèces.

Trois espèces très cultivées :

1° L'*iris germanique* : 60 centimètres de haut; fleurs bleues (fig. 295).

2° L'*iris de Florence* : même port que le précédent; fleurs blanches.

Ces deux espèces sont utilisées pour décorer les vieux murs, les sols secs en pente, les vases des pilastres aux portes d'entrée des jardins.

3° L'*iris nain* : 20 centimètres de haut, propre à faire des bordures (fig. 296).

Muguet (*Liliacéees*). — Floraison : mai. — Plante indigène et sylvestre. Très connue, elle est souvent introduite dans les jardins à cause de ses grappes de fleurs blanches en forme de grelot et délicieusement parfumées.

Le muguet se plante en terrains sableux, riches en humus, sous bois ou près des massifs boisés. On multiplie la plante à l'automne par division des souches. La fleur est recherchée pour bouquets.

Œillets (*Caryophyllées*). — Trois espèces d'œillets vivaces sont surtout cultivées : 1° l'*œillet des fleuristes* (fig. 297) est le plus apprécié ; son feuillage et ses tiges sont d'un vert glauque ; ses fleurs (de juin à septembre) sont parfumées, diversement colorées, mouchetées, maculées. On le multiplie par marcotte, bouture et semis de graines choisies sur des individus remarquables; 2° l'*œillet Mignardise*. Mêmes caractères que le précédent, mais plus nain ; pétales finement laciniés ; 3° l'*œillet de poète* (fig. 298) ; feuillage et tige vert sombre; fleurs réunies en bouquet.

Ces deux dernières espèces se multiplient par division des souches et bouturage.

Toutes ces espèces qui renferment chacune beaucoup

Fig. 297. — Œillet des fleuristes.

de variétés sont de premier ordre pour décoration des

Fig. 298. — Œillet de poète.

massifs et culture en pot. L'œillet Mignardise convient

particulièrement pour bordures. L'œillet des fleuristes est un peu délicat; en hiver, une exposition abritée lui sera utile.

Pâquerette (*Composées*, fig. 299). — Plante bien connue. On cultive surtout les variétés blanches, rouges ou couronnées (disque blanc bordé de rouge), dites doubles. Multiplication par division des touffes au printemps et

Fig. 299. — Pâquerette double.

semis en pépinière avec repiquage. Plantation en mottes sur massifs, corbeilles ou bordures.

Pavot (*Papavéracées*). — Floraison en mai. Deux espèces très recommandables : 1° le *pavot d'Orient;* tige de 1 mètre à 1^{m},20 ; fleurs simples, larges, rouges, chaque pétale maculé de noir à la base ; 2° le *pavot à bractées;* fleurs plus grandes accompagnées de bractées. Multiplication : division des souches ou semis en pépinière, au printemps, avec repiquage en pépinière d'attente. Plantation définitive à l'automne ou au printemps suivant. Se plante aussi isolément sur les pelouses.

Phlox (*Polémoniacées*). — Floraison de juillet à septembre. Tiges de 60 centimètres à 1 mètre. Les phlox cultivés sont ceux dits : *vivaces hybrides* (fig. 300). Fleurs

Fig. 300. — Phlox vivaces hybrides.

blanches, rouges, violacées, réunies en corymbes aux extrémités des tiges. Multiplication : division des souches en avril. Plantation en massifs homogènes, en cordons sur les bords des massifs d'arbustes, de 50 en 50 centimètres.

Pivoines (*Renonculacées*). — Floraison : mai, juin. Plantes touffues hautes de 70 centimètres à 1 mètre.

Fleurs inodores (*P. officinale*) (fig. 301), parfumées (*P. de Chine*) (fig. 302), solitaires à l'extrémité des branches ou réunies par trois ou quatre (Pivoine de Chine), simples ou doubles, blanches, roses, rouges, jaunes, carnées.

Fig. 301.
Pivoine officinale.

Fig. 302.
Pivoine de Chine.

Il existe une variété de pivoine de Chine à odeur de rose. Multiplication : séparation des souches au printemps.

Ces plantes se cultivent surtout isolément, pour la décoration des gazons. En plates-bandes, on les espace à 1 mètre les unes des autres.

Saxifrages (*Saxifragées*). — Beaucoup d'espèces sont ornementales. Citons :

La *Saxifrage hypnoïde* (fig. 303) ou gazon turc. Tiges rampantes, gazonnantes, feuilles nombreuses finement divisées. Fleurs blanches en mai. Cette saxifrage se multiplie par division des souches ; elle est précieuse pour la création de bordures.

La *Saxifrage granulée* à fleurs doubles. Floraison en

mai, souche composée de bulbilles. Tige : 30 centimètres de haut. Feuilles crénelées. Fleurs blanches, doubles, inodores, rappelant par la forme, mais plus petites, les fleurs de tubéreuse. Multiplication : séparation et plantation individuelle des bulbilles. Planter en corbeille. Fleurs recherchées pour bouquets.

Saxifrage à feuilles épaisses. — Floraison : février, mars. Plante trapue presque acaule, à feuilles amples et persistantes, fleurs roses.

Fig. 303.
Saxifrage hypnoïde

Fig. 304.
Saxifrage à feuilles en cœur.

Saxifrage à feuilles en cœur (fig. 304). — Floraison : avril, mai. Même port que dans la précédente, mais plus développé ; feuilles cordiformes ; fleurs roses en cymes bien fournies. Multiplication : division des souches en fin septembre ou boutures de racines. Ces deux dernières espèces se plantent en bordures, massifs. Souvent on associe la saxifrage à feuilles cordiformes avec la corbeille d'argent ; leurs deux floraisons coïncident.

Sedum ou Orpin (*Crassulacées*). — Petite plante grasse

et rampante; feuilles charnues, généralement cylindriques; fleurs très petites, nombreuses, blanches, jaunes, rouges, bleuâtres, selon les espèces. Multiplication de bouture ou d'éclat. La variété orpin bleu se sème en pépinière vers avril, mai. Ces plantes sont très utiles pour la création des bordures.

Statice (*Plombaginées*). — Les représentants de ce genre sont nombreux. Nous recommandons surtout parmi eux le *statice armeria* ou gazon d'Espagne. Floraison de mai à juin. C'est une petite plante gazonnante

Fig. 305. — Statice armeria.

son feuillage persistant (fig. 305), son port, la rendent propre à la création des bordures. Les fleurs sont rares dans l'espèce, réunies en capitules à l'extrémité de pédoncules longs, grêles et nus.

Violettes (*Violariées*). — Cette petite plante bien connue renferme beaucoup de variétés parmi lesquelles la *Violette des quatre saisons*, la *Violette le Czar*, issue de la précédente, mais à fleurs plus grandes, la *Violette blanche*, la *Violette des quatre saisons à fleurs doubles*, la *Violette de Parme*. Cette dernière est un peu délicate, elle exige un terrain bien sain et un peu abrité, surtout en hiver.

Les variétés à fleurs simples sont plantées en bordures, en touffes isolées çà et là. La variété de *Parme* se cultive en pot. Toutes se multiplient par division de souches.

Tussillage odorant (fig. 306) (*Composées*). — Floraison : décembre et janvier, tige simple, haute de

Fig. 306. — Tussillage odorant.

30 centimètres, terminée par une grappe de capitules (fleurs) d'une couleur lilacée ou purpurine, leur odeur rappelle celle de l'héliotrope, d'où le nom héliotrope d'hiver donné au tussilage. Multiplication par division des souches, au printemps. Cultivée surtout pour ses fleurs qu'on associe dans les bouquets à celles de l'hellébore, cette plante a besoin d'une terre fraîche, d'une exposition demi-ombragée.

Verge d'Or (*Composées*). — Floraison : juillet, août. Plante touffue, haute de 1 mètre environ. Tiges terminées par des fleurs jaunes réunies en grappes de capitules (fig. 307). Multiplication : division des souches au printemps.

Cette plante se cultive isolément ou en groupes peu nombreux, sur les pelouses.

On la plante également dans les bosquets, les lieux humides près des eaux ou en massif.

Fig. 307.
Solidago. Verge d'or.

Fig. 308.
Véronique vivace.

Véroniques (*Scrofularinées*). — **Floraison : été et automne.** Plantes touffues à tiges s'élevant entre 15 et 60 centimètres, selon les espèces ; feuilles lancéolées, dentées. Fleurs bleues réunies en épis terminaux, ou en grappes d'épis (fig. 308). Multiplication et mode d'emploi de la verge d'or, à l'exception de certaines espèces naines, comme la *Véronique couchée*, spécialement utilisée pour bordures.

PLANTES BULBEUSES OU RHIZOMATEUSES

à déplantation annuelle

DÉFINITION. — Ces végétaux ne sont qu'une catégorie de plantes vivaces dont la souche souterraine est tantôt un bulbe comme dans la tulipe, tantôt un rhizome comme dans la renoncule ou un tubercule comme dans le bégonia. Ces bulbes ou rhizomes ou tubercules des plantes qui vont nous occuper ne doivent végéter généralement qu'une seule année à la même place, ce mode de culture est dans leur intérêt, aussi les avons-nous appelés « à *déplantation annuelle* ».

Fig. 309.
Anémone des fleuristes.

Anémone des fleuristes (fig. 309) (*Renonculacées*). — Floraison depuis avril jusqu'en été; souche souterraine en forme de tubercule plat et ramifié ; feuilles divisées ; tiges florales hautes de 25 à 30 centimètres, munies d'une collerette de petites feuilles à 3 ou 4 centimètres de la fleur terminale. Fleurs solitaires, simples ou doubles, unicolores et alors blanches, roses, violacées, rouges ou diversement panachées. Multiplication : division des souches souterraines ou *griffes*. Les anémones

Fig. 310. — Anémone Fulgens.

se plantent de préférence en fin novembre en massifs, plates-bandes à 20 centimètres en tous sens, en terrain sain. Quelque temps après la floraison, quand les feuilles se flétrissent et jaunissent, on arrache les griffes, on les laisse sécher quelques heures et on les rentre dans un endroit sain où on les conserve jusqu'en novembre, époque de la plantation.

Les anémones à fleurs simples sont plus robustes, plus rustiques, que les variétés à fleurs doubles. L'*anémone Fulgens* (fig. 310), espèce à fleur rouge éclatant, peut demeurer deux ou trois ans en place, surtout dans notre région méridionale. Le semis est aussi usité comme moyen de multiplication des anémones.

Begonia (*Bégoniacées*). — Le *Begonia discolor* (fig. 311) est l'espèce la plus rustique. Floraison tout l'été. Souche tuberculeuse. Tige 40 centimètres. Feuilles irréguliè-

Fig. 311. — Begonia discolor.

rement cordiformes, rougeâtres sous le limbe, vert tendre en dessus. Fleurs petites, rose pâle. Après les gelées et la chute des tiges, arracher les tubercules, les conserver dans des caisses pleines de sable, placer les caisses à la cave. Planter au printemps. Multiplication : bouture de rameaux et de feuilles, semis, au printemps, de bulbilles qui naissent à l'aisselle des feuilles et se détachent naturellement à l'automne. Cette plante vient également bien à l'ombre et au soleil, en massifs, en bordures, en pots, etc. A la rigueur, le begonia discolor pourrait passer l'hiver en pleine terre si l'on recouvrait le sol dans lequel il est avec des feuilles mortes ou une épaisseur suffisante de litière.

Cannas (*Cannacées*). — Grandes plantes herbacées atteignant dans certaines variétés $1^{m},50$ de haut. Les cannas sont ornementaux et par leurs fleurs (de juillet aux gelées) et par leurs feuilles larges, amples, engai-

Fig. 312. — Cannas.

nantes, vertes ou de couleur métallique (fig. 312). Fleurs teintées en jaunes et rouges divers. Multiplication par division des souches souterraines. Après les gelées, octobre, novembre, les tiges ayant été coupées près du sol, ces souches de cannas sont arrachées, nettoyées de la plus grande partie de la terre adhérente, puis étiquetées et rentrées en cave, en orangerie, en serre froide où on les garde jusqu'au printemps, époque de la multiplication et de la plantation. Préalablement, on les a fait végéter un peu sous châssis.

Les cannas se plantent en massifs homogènes ou

s'associent à d'autres plantes telles que les dahlias. On les cultive aussi en pots en compagnie d'un ou deux oignons de glaïeuls.

Crocus ou *Safran* (*Iridées*) (fig. 313). — Floraison en mars. Plante bulbeuse naine (10 centimètres) qui émet au printemps quelques feuilles étroites, graminiformes, et trois ou quatre fleurs en forme de coupe; ces fleurs sont jaunes, blanches, violettes selon les variétés. Les

Fig. 313. — Crocus.

crocus se multiplient par séparation des caïeux ou bulbilles.

La plantation des bulbes en massifs, bordures, plates-bandes, s'effectue de septembre à novembre. On les associe souvent aux tulipes précoces. Les crocus se cultivent également en pot. Quand les feuilles sont devenues jaunes et sèches, on arrache les bulbes que l'on garde dans un endroit sain jusqu'à la plantation nouvelle.

Dahlia (*Composées*). — Floraison de juillet jusqu'aux gelées. Une des plantes les plus recherchées. Racine renflée. Tige de 30 centimètres de haut chez les variétés naines, mais capable d'atteindre plus d'un mètre chez certaines autres ; feuilles composées pennées ; fleurs en capitules simples ou doubles (fig. 314), de couleurs très variées, selon les espèces. Le blanc, le jaune, l'orangé et le rouge, dans tous les cas, sont les dominantes. Multipli-

Fig. 314. – Dahlia à fleurs pleines.

cation par séparation des racines ; chaque racine prise individuellement peut fournir une plante, pourvu qu'elle soit munie d'une portion de tige, si faible soit-elle. On peut aussi procéder par bouturage des rameaux en mars-avril, mais pour cela il est nécessaire que les anciennes souches de dahlia soient préalablement placées sous châssis, sur couche. Ce sont les bourgeons ou rameaux nés à la suite de cette mise en végétation qu'il faut bouturer sur couche, encore. Les semis se font également en mars-avril, avec repiquage ou plantation à la fin de mai, à 1 mètre en tous sens. Ces semis donnent des individus presque tous à fleurs simples. La plantation au jardin a lieu en fin mai en massifs, corbeilles, bordures, etc. Les premières gelées sont mortelles aux dahlias. En octobre, les tiges de ces plantes sont coupées près du sol, les racines arrachées, nettoyées, puis étiquetées, sont rentrées en cave où on les conserve à la façon des cannas.

Fig. 315. — Dahlias à fleurs simples.

Les dahlias nains se cultivent quelquefois en pot; les dahlias à fleurs simples plus légers, plus gracieux que les doubles, sont recherchés pour bouquets (fig. 315).

Fritillaire impériale (*Liliacées*).— Appelée aussi couronne impériale. Floraison : avril. Bulbe écailleux. Tige simple de 80 centimètres à 1 mètre de haut terminée par une houppe de feuilles au-dessous et tout autour de laquelle se trouvent des fleurs pendantes comme des clochettes (fig. 316); ces fleurs sont de couleur ocre. Lorsque les parties aériennes de la plante dépérissent, on lève les oignons pour les débarrasser de leurs caïeux, puis on les replante de suite sur un autre emplacement et à environ 25 ou 30 centimètres de profondeur. Les

Fig. 316. — Fritillaire impériale.

caïeux sont plantés en pépinière, ils servent à multiplier l'espèce. Les fritillaires, dans les massifs, occupent le centre, en groupe.

Glaïeul (fig. 317) (*Iridées*). — Floraison de juillet à septembre. L'espèce la plus cultivée est le *Glaïeul de Gand*. Bulbe solide et plat; tige 80 centimètres à $1^{m},50$; feuilles linéaires; fleurs en épi terminal, blanches, rouges, roses, maculées, lavées. Multiplication : séparation des caïeux, après l'arrachage.

On plante les oignons en avril à 8 centimètres de profondeur et 25 centimètres les uns des autres. Avant les froids, quand les feuilles cessent de végéter, couper les tiges, arracher les oignons et les rentrer dans un

Fig. 317. — Glaïeul.

endroit sain où on les conservera jusqu'à l'époque de la plantation.

Jacinthe (fig. 318) (*Liliacées*). — Floraison en avril, mai. Bulbe tuniqué ; feuille et tige herbacées ; cette dernière terminée par une grappe de fleurs parfumées, blanches ou jaunâtres, ou rouges ou bleues, simples ou doubles. La plante développe en hauteur 20 à 25 centimètres. Multiplication : séparation des caïeux, qui se plantent en octobre en pépinière.

La plantation des oignons en corbeilles, plates-bandes, massifs, a lieu depuis octobre jusqu'à novembre, à 10 ou 12 centimètres de profondeur et à 15 ou 20 centimètres en tous sens. La terre doit être légère, friable, riche en terreau et bien perméable. Si les froids sont rigoureux sous le climat de Paris, il est prudent de recouvrir les massifs de jacinthes d'une couche de feuilles mortes ou de litière.

Quelque temps après la floraison, quand les feuilles flétries et jaunes accusent une maturité parfaite des oignons, on arrache ceux-ci, on les débarrasse des

Fig. 318. — Jacinthes.

caïeux qui serviront à la multiplication en pépinière. Oignons et caïeux sont conservés dans un endroit sain jusqu'au mois d'octobre suivant.

Deux procédés sont usités en Belgique pour forcer les oignons à produire de nombreux caïeux : l'un consiste à creuser dans le plateau, sous l'oignon, une petite cavité en entonnoir; par l'autre moyen, on pratique sous l'oignon une incision cruciale avec ablation d'une portion de la partie charnue du bulbe ; ces amputations sont faites peu de temps après l'arrachage des bulbes, de manière que les plaies qui en résultent soient bien sèches, bien cicatrisées lors de la plantation.

Lis (*Liliacées*). — Les espèces de ce genre sont très nombreuses. Voici les plus rustiques :

Le *Lis blanc* ou lis candide. Floraison : mai, juin ; bulbe écailleux. Tige, 1 mètre à 1^{m},50, terminée par

Fig. 319. — Lis tigré.

une grappe de fleurs blanches très odorantes, en entonnoir, à bords lobés.

Le *Lis tigré* (fig. 319). Floraison, juillet ; bulbe écailleux. Tige, 1 mètre. Fleurs orangées, tigrées ou ponctuées de taches brunes. A l'aisselle des feuilles, nombreuses bulbilles (petits bulbes) écailleuses et de couleur foncée, qui tombent naturellement. Il faut les recueillir et les planter en pépinière pour la multiplication de l'espèce.

Le *Lis Martagon*. Tige haute de 50 centimètres, feuilles réunies en rosettes superposées, fleurs en grappes roses, violacées, criblées de taches carminées à l'intérieur.

Les lis aiment les endroits éclairés, les terres saines. On ne les arrache que tous les trois ou quatre ans pour les replanter aussitôt. Entre l'arrachage et la nouvelle plantation, il faut recueillir les caïeux qui serviront à la multiplication.

Narcisses (*Liliacées*). — Les narcisses sont des herbes bulbeuses, hautes de 30 à 35 centimètres. Les deux espèces les plus répandues sont :

Le *Narcisse faux narcisse* à fleurs pleines. Floraison en mai ; feuilles linéaires, fleurs odorantes, jaunes, solitaires et pleines.

Le *Narcisse des poètes* (fig. 320). Fleur blanche, solitaire, à divisions rayonnantes. Au centre de la fleur, disque jaune bordé de rouge.

Fig. 320. — Narcisse des poètes.

La culture des narcisses est celle des lis. On plante ces végétaux en massifs et surtout en bordures ou encore isolément, sur les pelouses, dans un ordre dispersé.

Perce-Neige (*Amaryllidées*). — Floraison en février, mars. Herbe haute de 15 centimètres, fleurs blanches terminales, pendantes. Multiplication par séparation des caïeux. Même culture, même mode d'emploi que les narcisses.

Renoncule des Fleuristes (*Renonculacées*) (fig. 321). — Floraison, juin, juillet. Plante à souche souterraine

Fig. 321. — Renoncule des fleuristes.

appelée griffe et rappelant un peu la griffe d'une jeune asperge. Tiges hautes de 15 à 30 centimètres, feuilles découpées, fleurs de couleurs variables : blanches, rouges, violettes, jaunes, panachées; simples, doubles ou pleines.

Sous le climat de Paris, les renoncules se plantent au

printemps ou vers la fin de l'hiver (février). Dans le midi, la plantation est faite à l'automne, toujours en terre saine bien éclairée. A part ce détail, la culture, le mode d'emploi sont les mêmes que pour les *Anémones des fleuristes* (voir page 654).

Scilles (*Liliacées*). — Se rapprochent beaucoup des jacinthes. Deux espèces sont recommandables :

1° La *Scille de Sibérie*. Floraison en mars, avril. Herbe de 10 à 20 centimètres de haut, fleurs bleues, petites, en grappes.

2° La *Scille penchée* ou jacinthe des bois, très commune dans la forêt de Compiègne, rappelle la jacinthe simple à fleurs bleues.

La scille de Sibérie s'emploie associée avec les crocus et les perce-neige. On en fait des bordures. L'autre espèce convient pour orner les sous-bois. Culture et multiplication des narcisses.

Tulipes (*Liliacées*). — Plante herbacée et bulbeuse que tout le monde connaît. Les fleurs terminales solitaires et en forme de coupe sont de couleurs très variées : blanches, jaunes, rouges, violettes, unicolores, panachées ou striées, simples ou doubles (fig. 322).

On a divisé les tulipes en simples et doubles, à floraison précoce ou tardive. Une espèce mérite une mention toute spéciale, c'est la *Tulipe odorante* ou *Duc de Thol* (fig. 323); elle est naine (15 centimètres), à fleur parfumée, et très précoce.

Planter les oignons de septembre à novembre en massifs et corbeilles bien éclairées, en terre saine, à 10 ou 12 centimètres de profondeur et à 20 centimètres entre eux. Après la floraison, supprimer les fruits qui épuisent le bulbe inutilement.

Quand les feuilles sont sèches, on arrache les oignons. Ceux-ci nettoyés, débarrassés des caïeux qui serviront à la multiplication, sont exposés quelques jours à l'air, sous un hangar, à l'abri du soleil, puis rentrés dans un endroit sain et conservés jusqu'à l'époque des plantations.

Fig. 322.
Tulipe à fleurs doubles.

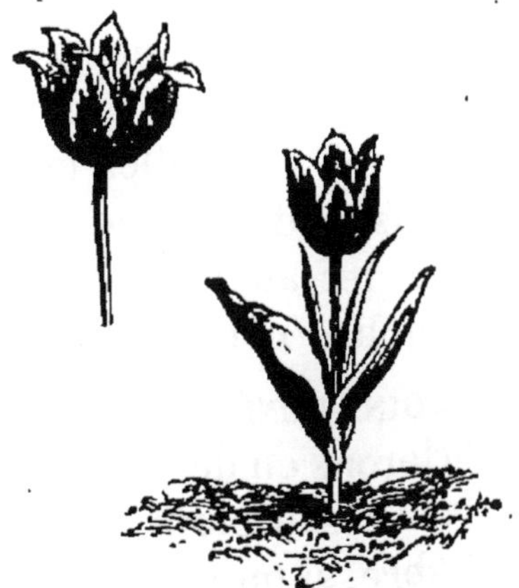

Fig. 323.
Tulipe Duc de Thol.

Les caïeux se traitent comme des oignons adultes, sauf qu'on les cultive en pépinière jusqu'à leur première floraison.

PLANTES LIGNEUSES ET SOUS-LIGNEUSES

Rustiques ou demi-rustiques.

Définition. — Les plantes ligneuses et sous-ligneuses comme les plantes vivaces persistent un nombre indéterminé d'années; elles en diffèrent cependant en ce sens que chez elles la persistance n'est point seulement localisée dans une souche souterraine; elle subsiste dans les autres parties de la plante, dans sa tige et ses branches notamment.

Soins généraux. — A l'exception du rosier, dont nous parlerons en dernier lieu, les plantes que nous allons étudier ne sauraient passer l'hiver dehors. Au mois de septembre, si on ne veut pas les sacrifier, on les retire donc des massifs, elles sont mises en pots, arrosées et conservées dans une orangerie, une serre froide ou, à défaut, une pièce bien éclairée. Pendant tout l'hiver, ces plantes ne sont que très peu arrosées, et aérées chaque fois que la température extérieure est au-dessus de 0°. C'est à ces deux principales conditions qu'il sera possible de les protéger contre les maladies, les moisissures, etc.

Fig. 324. — Anthemis.

Anthémis (*Composées*) (fig. 324). — Floraison : tout

l'été. Plante dont les feuilles et les fleurs ont quelque analogie avec celles de la marguerite des prés. On la cultive en massifs, en corbeilles, à partir de mai jusqu'aux gelées. Elle se multiplie par bouturage sur couche, sous châssis, au printemps. Les plantes conservées plusieurs années et soignées en pots acquièrent de grandes dimensions.

Fig. 325. — Calcéolaire ligneuse.

Calcéolaire ligneuse (*Scrofularinées*) (fig. 325). —

Floraison : l'été. Sous-arbrisseau de 60 centimètres de haut. Feuilles opposées, lancéolées. Fleurs jaunes ou brunes, unicolores ou mouchetées : la corolle est en forme de petit sabot court et large. Emploi, culture et mode de multiplication de l'anthémis.

Fuchsia (*Œnothérées*). — Arbrisseau très répandu et beaucoup employé pour la culture commerciale en pots. Il a produit énormément de variétés remarquables par leur floraison abondante et leur qualité robuste. On plante les fuchsias en fin mai dans les parties demi-ombragées du jardin, en collection, ou associés au *Begonia discolor*. Quelques jardiniers, au lieu de les planter tout à fait, les laissent en pots qu'ils enterrent jusqu'aux bords. En octobre, les fuchsias sont arrachés, rempotés s'il y a lieu, puis rentrés dans les mêmes conditions que les anthémis. Pourtant la lumière ne leur est pas indispensable et beaucoup de personnes se contentent de rentrer les fuchsias à la cave non sans avoir enlevé, par la taille, les parties de leurs branches imparfaitement lignifiées qui pourriraient. L'hiver, il ne faut point les arroser ou à peine. Nous avons vu, dans un petit jardin, des fuchsias plantés depuis quatre ans au même endroit; tous les ans, à l'automne, ils sont recépés, puis le sol est recouvert de feuilles mortes. Au printemps, la couche de feuilles enlevée, les souches bourgeonnent et produisent une nouvelle cépée.

Pélargonium (*Géraniacées*). — Cette plante est surtout appelée géranium, mais à tort. On en compte aussi un nombre considérable de variétés naines ou élevées, à fleurs blanches, roses, rouges; simples ou doubles, à feuilles vertes ou panachées (fig. 326). On les plante en massifs, les variétés élevées au centre, les naines en bordure. Souvent les pélargoniums sont associés aux anthémis, aux calcéolaires, etc. Leur multiplication se fai par bouturage en pleine terre, sans abri, vers juin,

Fig. 326.
Pélargoniums communs variés.

juillet, août. Au printemps (mars, avril), pour bouturer, le secours d'une couche et de châssis est nécessaire. A l'automne, les pieds que l'on désire conserver sont arrachés et traités comme les anthémis. Une espèce : le

Fig. 327. — Pélargonium des fleuristes

pélargonium des fleuristes (fig. 327) est très remarquable par l'ampleur de ses fleurs.

Héliotrope (*Borraginées*). — Ce sous-arbrisseau se multiplie par bouturage au printemps sur couche. On l'estime surtout à cause du parfum de ses fleurs violettes et réunies en cymes scorpioïdes. En juin, l'héliotrope se plante en corbeille ou bordure; avant les froids, il est mis en pot et conservé en serre tempérée ou sous châssis et sur couche, où il faut l'arroser le moins possible.

LES ROSIERS

Description. — Les rosiers sont des arbrisseaux presque tous drageonnants, à tiges plus ou moins épineuses[1], dressées ou sarmenteuses et demi-grimpantes,

[1] La variété Calypso est sans épines.

à feuilles composées d'un nombre impair de folioles. Ces feuilles, caduques chez la plupart des espèces, sont persistantes chez les *R. thés* cultivés sous les climats doux (Nice, Cannes).

La coloration des roses est faite de trois couleurs simples, le *blanc*, le *rouge carmin*, le *jaune*.

Il est rare de trouver des roses dont la couleur blanche, rouge ou jaune soit absolument pure de tout mélange. Le plus souvent, les fleurs ont une teinte qui résulte de la fusion dans des proportions variables de deux ou même des trois couleurs propres à la rose. On a ainsi des roses jaune pâle, roses, carnées, ou des roses dont on ne peut bien représenter la couleur que par les noms des objets auxquels elles l'ont empruntée : *soufre*, *safran*, *chamois*, *orange*, *capucine*, *abricot*, etc.

Voici les principales espèces avec les noms des plus belles variétés qu'elles ont produites par la culture.

I. **Rosiers cent-feuilles.** — Epines inégales mélangées sur la tige de poils glanduleux.

Cette espèce se subdivise en :

1° *Rosiers cent-feuilles ordinaires*, variétés : *Rose des Peintres*, *Unique blanche*, etc.;

2° *Rosiers pompons*, à taille exiguë, à fleurs petites et abondantes. Variétés : *Pompon Saint-François ;*

3° *Rosiers mousseux.* Calices et pédoncules vêtus de poils frisés, ramifiés à la façon d'une mousse. Variétés : *Zoé*, *Mousseuse d'Orléans*, *Perpétuelle mousseuse*, etc.;

4° *Rosiers de Damas*, à fleurs toujours réunies en sortes de corymbes. Les rosiers de Damas se multiplient avec une grande facilité de bouture. Une des plus belles variétés de ce type est sans contredit la rose *Madame Hardy*, très blanche et double. La *Rose du Roi* serait aussi issue du rosier de Damas, mais par voie indirecte.

II. **Rosier rouillé.** — Drageons et branches arquées;

feuilles glanduleuses en dessous. Indigène, ce groupe ne vaut l'honneur d'être cité que pour une seule variété : la *Rose capucine* simple, dont les pétales sont jaunes extérieurement et d'un rouge mordoré à l'intérieur.

Le *Rosier de Hardy*, à fleur simple, à pétales maculés de pourpre à la base est aussi une forme spéciale d'une autre espèce : le ROSIER INVOLUCRÉ.

III. **Rosier thé.** — Les rosiers thé nous viennent de Chine. Leurs tiges sont souvent sarmenteuses, aptes au palissage ; leurs feuilles sont luisantes, glabres, persistantes sous le climat méditerranéen où les rosiers thé ne cessent ni de végéter ni de fleurir. Chez nous, ils sont simplement remontants, sauf de rares exceptions.

Le rosier thé proprement dit a produit beaucoup de variétés, qui sont toutes recherchées à cause de l'originalité de leurs coloris pâles dans lesquels le jaune domine.

Citons parmi les plus belles :

Adrienne Christophle, *Belle Lyonnaise*, *Gloire de Dijon*, *Homère*, *Nankin*, *Madame Falcot*, *Maréchal Niel*, *Marie Van-Houtte*, *Perle des Jardins*, *Perle de Lyon*, *Safrano*, *Sombreuil*, *Mélanie Willermotz*, etc.

Il y a aussi au commerce des variétés qu'on appelle des *Hybrides de thé;* elles sont issues d'un thé croisé par un rosier d'une autre espèce. L'hybride de thé le plus remarquable que nous possédions dans nos cultures est celui qu'on appelle : la *France*. Il est excessivement floribond et remontant ; ses fleurs sont très grandes, rose argenté et parfumées d'une manière exquise.

IV. **Rosier Bengale.** — C'est un arbuste aux proportions restreintes. La floraison de cette espèce est continue pendant toute la belle saison, mais les fleurs sont presque inodores. Les variétés qu'il a produites depuis son introduction de Chine sont peu nombreuses ; nous recommandons entre toutes *Hermosa*, fleur moyenne, pleine, rose tendre. C'est bien le rosier le plus remontant et le plus floribond que nous connaissions.

Cramoisi supérieur est aussi un bengale d'un certain mérite bien que ses fleurs pourpres, seulement demi-doubles, aient le défaut de passer très vite.

Le bengale *Viridiflora* a les fleurs petites, inodores et vertes sans autre mérite.

V. **Rosier Ile-Bourbon.** — Cette cinquième espèce fut introduite en Europe au commencement du XIXe siècle ; elle est un peu plus élancée, plus forte que l'espèce bengale. Ses aiguillons sont quelquefois entremêlés de poils. Pour beaucoup d'amateurs le R. Bourbon est un bengale légèrement modifié.

Les meilleures variétés du rosier Bourbon, toutes très remontantes, sont :

Madame Pierre Oger, *Souvenir de la Malmaison*, *Paxton*, *Catherine Guillot*, *Louise Odier*, *Impératrice Eugénie*.

Les horticulteurs ont réuni avec deux ou trois autres variétés moins importantes les rosiers *Pâquerette* et *Mignonnette* à fleurs rose tendre et blanc pur, très petites, très abondantes ; ils appellent ce groupe, le groupe des ROSIERS POLYANTHÉS.

VI. **Rosier Noisette.** — Ce n'est pas une espèce, mais bien un hybride que ce rosier. D'origine américaine, il est issu d'un rosier thé ou d'un bengale fécondé par le rosier Muscat. Ses aiguillons sont crochus. Ses feuilles stipulées et luisantes portent de 5 à 7 folioles. Ses fleurs sont très odorantes.

Le rosier *Noisette* a produit un certain nombre de jolies variétés qu'on est souvent tenté de ranger parmi les *Thé* ; en voici quelques-unes :

Aimée Vibert, *Bouquet d'Or*, *Céline Forestier*, *Narcisse*, *Ophyrie*, *Rêve d'Or*, *Salfatar*, *Triomphe de Rennes*, *Zelia Pradel*, *William-Allen Richardson*, etc.

Les roses *Coquette des Alpes*, *Perle des Blanches*, sont considérées comme des hybrides de noisette.

VII. **Rosiers hybrides des horticulteurs.** — La grande majorité des autres rosiers cultivés et dont nous n'avons pas encore dit un mot, appartiennent à ce que les jardiniers appellent la classe des *Hybrides remontants*. L'épithète *remontant* a généralement sa raison d'être : elle signifie que ces rosiers donnent deux ou trois floraisons au lieu d'une seule.

Il est plus difficile d'expliquer sans erreur le terme hybride qui, étant le nom principal du groupe, doit définir l'origine des nombreux types de rosiers auxquels on l'applique, alors que cette origine n'est point ce qu'on veut dire.

En effet, il est bien probable que la grande majorité des rosiers dits hybrides remontants sont nés du croisement de variétés entre elles et ne sont, par cela même, que de nouvelles variétés peu différentes de leurs variétés génératrices.

Ainsi *Baronne de Rotshchild*, *Boïeldieu*, *Comte Horace de Choiseul*, *Dupuy-Jamain* sont, pour nous, de simples variétés remontantes dont nous ne pouvons pas bien définir la provenance, faute de documents sur les parents.

Les rosiers suivants, tous remarquables par leurs fleurs, sont encore des variétés remontantes, des hybrides pour les horticulteurs.

Empereur du Maroc, *Eugène Appert*, *Géant des Batailles*, *Général Washington*, *Général Jacqueminot*, *Héliogabale*, *Gloire de Bourg-la-Reine*, *Hippolyte Jamain*, *Jules Margottin*, *Madame Scipion Cochet*, *Marie Baumann*, *Paul Néron*, *Rosiériste Jacob*, etc.

Les variétés les plus remarquables de ces rosiers dits hybrides sont celles à fleurs rouge vif ou roses. On ne trouve pas dans ces roses les tons jaunes, les variations de coloris, si fréquents et si beaux dans la classe des thé.

CULTURE. — Les rosiers poussent à peu près dans tous les terrains.

Abris. — Sous notre climat, certains *Thé* et *Noisette* ne résistent pas à des froids persistants de moins 12 et moins 15° C. Le plus sûr abri qu'on puisse leur donner c'est la terre dans laquelle on les enfouit en courbant l'églantier sur lequel ils sont greffés. En espalier, les paillassons, les toiles seront plus avantageusement employés, tendus devant les espèces à protéger.

Multiplication. — Tous les procédés connus peuvent être utilisés pour multiplier le rosier.

Toutes les espèces de rosiers ne se multiplient pas avec une égale facilité par *bouturage*. Celles dont les branches s'enracinent avec le plus de succès sont les *Bourbons*, les *Bengales* et le *Rosier de Damas*, Madame Hardy. Les *Thé*, les *Noisette*, à l'exception de quelques variétés réfractaires, reprennent assez bien. On pratique le bouturage comme il est dit : *Multiplication des végétaux*, page 569).

Les rosiers francs de pied, c'est-à-dire issus de boutures, sont plus à l'abri des gelées que les autres. En effet, il est rare que le froid les tue entièrement et, si leurs branches viennent à périr, il part toujours de leur souche souterraine des drageons qui les reconstituent.

Le *marcottage* et l'*éclatage* nous permettent de multiplier les variétés réfractaires au bouturage et d'en faire quand même des francs de pied. (Voir *Multiplication des végétaux*.)

Le *greffage* est aujourd'hui très employé pour la multiplication. Il serait prétentieux de vouloir décrire tous les procédés de greffage auxquels on a recours. Nous nous contenterons d'insister sur l'écussonnage, qui est le plus pratique et en même temps le plus usité.

Le rosier se greffe sur sauvageon ou églantier et sur certaines variétés cultivées, *Manetti*, *Polyantha* et *Multiflore de Lagrifferay*.

On écussonne à *œil poussant* en mai, juin (l'œil se développe aussitôt) et à *œil dormant* en août (l'œil reste stationnaire jusqu'au printemps suivant). Le greffage à œil poussant est moins avantageux que l'autre.

En principe, si l'écussonnage à œil poussant est fait dans les meilleures conditions, il ne paraît pas y avoir de raisons pour qu'il soit inférieur; mais il est justement assez difficile de le pratiquer ainsi : ou bien on écussonne trop tôt, avec des yeux mal constitués, sur des sujets dont le bois est peu aoûté; ou bien on écussonne trop tard avec des yeux bien constitués, cette fois, et sur du bois bien aoûté, mais qui n'a plus assez de sève pour provoquer, chez l'écusson et avant l'hiver, une croissance et un aoûtement suffisants.

Ce qui paraît bien certain, c'est que l'écussonnage à œil dormant pouvant se pratiquer pendant une période relativement longue — tout le mois d'août — quatre-vingt-dix fois sur cent, il réussira mieux que l'écussonnage à œil poussant.

A n'importe quelle époque que ce soit, les yeux ou écussons sont choisis sur un rameau qui a fleuri et dans le plus proche voisinage des fleurs. Ces yeux-là donnent des rosiers plus floribonds que les autres.

Les églantiers seront plantés à l'automne, autant que possible. Il serait à désirer, dans l'intérêt de leur reprise, qu'ils fussent arrachés avec un peu plus de précautions.

Beaucoup de pépiniéristes font des semis d'églantiers dont ils greffent les jeunes sujets au niveau du sol pour avoir des rosiers à « basses tiges ».

Bien que l'églantier ou rosier sauvage soit le meilleur sujet, quelques variétés très faibles n'y peuvent pas bien pousser. On a recours, pour greffer ces variétés, à d'autres sujets d'une végétation moins exubérante : le rosier *Manetti*, par exemple, on le multiplie par bouturage, il est greffé *rez terre*.

Nous avons tenté d'employer le *surgreffage* pour multiplier certaine variété faible de rosier; il nous a donné d'excellents résultats.

(Pour la pratique du greffage, voir *Arboriculture fruitière*, le chapitre spécial.)

PLANTATION. SOINS D'ENTRETIEN. — C'est dans les parties les mieux situées du jardin qu'on plantera les rosiers, on les espacera beaucoup si c'est possible et on les taillera peu. Les rosiers tige se plantent à 1 mètre ou 1m,50; les francs de pied à 0m,50 ou 0m,75.

Certaines espèces ou variétés sarmenteuses peuvent s'étendre et envahir rapidement de grandes surfaces; il faut en profiter. Nous ne connaissons pas de garniture plus charmante pour le pignon d'une maison, le dessus d'une porte, le pourtour d'un kiosque ou les branches dénudées d'un arbre mort.

Les variétés véritablement aptes à cette culture sont dites grimpantes. Beaucoup appartiennent aux espèces *Bancks* et *Multiflore*. On en trouve aussi dans les *Thé :* Maréchal Niel, Gloire de Dijon, et encore parmi les *Noisette :* Labiche, Aphyrie, dans les *hybrides de Thé* il y a Reine Marie-Henriette à fleurs rouges.

Toutes ces variétés délicates seront abritées au moyen de toiles ou paillassons pendant les hivers rigoureux; toutes seront taillées le moins possible. On laissera pousser librement leurs bourgeons qu'on palissera plus tard dans des sens divers, mais surtout dans le sens horizontal, afin d'obtenir de brillantes floraisons. De temps en temps, une vieille branche sera coupée au-dessus d'une plus jeune qui la remplacera.

Tous les drageons qu'émettent les églantiers seront supprimés au fur et à mesure de leur apparition.

Il nous reste à traiter une question très importante :

la *taille du rosier*, surtout celle des sujets qui, greffés sur églantiers et plantés en rangs serrés, ont besoin qu'on réduise chaque année les proportions de leurs parties aériennes toujours trop développées, au gré du jardinier.

TAILLE. — Les fleurs étant toujours produites par les yeux situés sur le bois d'un an, c'est ce bois d'un an qu'il faudra surtout conserver. Le bois de deux ans et au delà n'étant pas florifère, c'est celui-là qu'il faudra retrancher.

Considérons maintenant un rosier sur églantier; il est âgé d'un an. Toutes ses branches étant des branches fertiles, il n'y a pas de raisons pour qu'on retranche plutôt celle-ci que celle-là, à moins qu'elles soient nombreuses et confuses. Nous supposons qu'il n'est rien de cela, que les branches sont au nombre de deux ou trois, et que chacune d'elles a été raccourcie au mois de novembre à 18 ou 25 centimètres de la tige.

L'année qui suit, que se passe-t-il? Les différents yeux de ces branches taillées s'allongent en branches nouvelles qui se terminent par des fleurs. Il y a donc sur ce rosier, à la fin de cette seconde végétation, deux sortes de branches :

1° Des branches de deux ans;

2° Des branches d'un an; ces dernières situées sur les autres et les garnissant plus ou moins de la base au sommet.

Il n'est pas douteux que la meilleure taille, cette fois, est celle qui consiste à couper des branches de deux ans au-dessus de leurs ramifications inférieures, puis à raccourcir ces dernières — qui sont des branches d'un an — à 15, 18 ou 25 ou 40 centimètres de leur empattement.

Ces coupes et tailles sont dirigées de telle manière que la tête de l'arbuste, après les avoir subies, présente à l'œil une ramure évidée, non diffuse, en forme de coupe.

La taille, selon l'importance qu'on lui donne, selon l'époque à laquelle on la pratique, exerce une influence considérable sur la floraison du rosier. Ainsi, pour avancer l'épanouissement des roses et obtenir des fleurs en abondance, on ne taille pas du tout ou bien on taille fort long et très tôt — en automne — puis on incline à l'horizon les branches du rosier. Ce n'est pas gracieux, mais la grâce du rosier est dans sa fleur, non dans son port.

Les tailles courtes et tardives ont toujours pour résultat de réduire la floraison en la reculant.

PLANTES ANNUELLÉS, BISANUELLES OU VIVACES

A feuillage décoratif.

Définition. — Toutes les plantes ornementales n'ont pas des fleurs remarquables ; il en est chez qui ces organes restent insignifiants ou inaperçus alors que les feuilles, au contraire, attirent l'attention par leur ampleur extraordinaire (*Rhubarbe*), par leur forme et leur abondance (*Ginérium*), ou par une coloration bizarre (*Perrilla, Amarante*). C'est quelques-unes de ces plantes que nous allons étudier. Sauf une ou deux, elles sont surtout utilisées pour la décoration des jardins d'une étendue au moins moyenne.

Amarantes (*Amarantacées annuelles*). — Deux amarantes sont recherchées : l'*A. tricolore* et l'*A. mélancolique*. La première, haute de 60 à 80 centimètres, porte des feuilles abondantes tricolores (*rouge*, *jaune*, *vert*) (fig. 328).

Ces trois couleurs se succèdent généralement dans cet ordre de la base au sommet de la feuille, puis elles changent de teinte, plus ou moins, selon les circonstances et les conditions de milieu.

L'*A. mélancolique* a le feuillage rouge carminé. — Ces deux plantes s'emploient en bordures, en massifs, entremêlées l'une avec l'autre ou sans mélange. On peut les multiplier par semis, au mois de mai, en pépinière, sur côtière. Pour les avoir plus tôt, il faudrait semer sur

Fig. 328. — Amarante tricolor.

couche, sous châssis en mars, avril, puis repiquer en pépinière.

Berce (*Ombellifères vivaces*). — On l'appelle encore

Fig. 329. — Berce pubescente.

héracléum ; il y en a plusieurs espèces, toutes rustiques,

à port touffu, de 2 ou 3 mètres de diamètre sur 1^m,50 de haut. Feuilles découpées surmontées de tiges presque nues, à ramifications plus ou moins nombreuses et terminées par de larges ombelles de fleurs blanches. Les plus belles espèces sont : la *Berce d'Autriche*, la *Berce pubescente* (fig. 329). On les multiplie par division des souches au printemps. Elles se plantent isolément ou en groupe de quelques individus sur les pelouses ; les sols frais leur sont plus favorables.

Perilla de Nankin (*Labiées annuelles*). — Plante ramifiée depuis la base, 60 à 80 centimètres de haut ; feuilles

Fig. 330. — Perilla de Nankin.

nombreuses, ovales, lancéolées, dentées et d'une couleur pourpre violacé très sombre, presque noir (fig. 330). Le perilla se plante surtout en bordure.

On peut en faire des massifs, l'entremêler avec

d'autres plantes. On multiplie par graine clairsemée en pépinière et plantation à demeure, quand les plants ont quelques feuilles.

Persicaire de Siébold ou **Renouée** (*Polygonées vivaces*) (fig. 331). — Les tiges annuelles de cette plante qui croît

Fig. 331. — Persicaire de Siébold.

en touffe atteignent de 2^{m},50 à 3 mètres ; elles sont vert pâle, lavées de rouge et noueuses, d'où le nom de Renouée. Les feuilles abondantes sont cordiformes et relativement petites.

On plante la Renouée en touffe sur les pelouses et au bord des eaux. Elle se multiplie par division des souches.

Rhubarbes (*Polygonées vivaces*) (fig. 332). — Les rhubarbes *australe*, *ondulée* et *officinale* sont ornementales par la quantité et les dimensions de leurs feuilles cordiformes dont les limbes atteignent parfois 0m,80 de diamètre. Les tiges fleuries de la plante sont aussi très

Fig. 332. — Rhubarbe officinale.

élégantes, mais la floraison épuise les rhubarbes et porte préjudice à la beauté du feuillage. On les plante isolément sur les pelouses. Une couche de feuilles mortes est utile pour préserver les souches du froid pendant l'hiver.

Stachis laineux (*Labiées vivaces*). — C'est une plante traçante dont les hampes fleuries s'élèvent à 35 ou 40 centimètres. Toutes les parties aériennes du stachis.

les feuilles surtout, sont tomenteuses et blanchâtres (fig. 333).

Cette plante fait d'excellentes bordures et résiste dans les terrains les plus secs ; on la multiplie par division

Fig. 333. — Stachis laineux.

des souches ; ses hampes florales insignifiantes doivent être coupées au fur et à mesure de leur développement.

EMPLACEMENT — FORME — COMPOSITION

PLANTATION DES PARTERRES ET CORBEILLES

La plupart des plantes, avant d'arriver au jardin, passent par la pépinière, terrain spécial distinct du jardin. Elles y sont élevées jusqu'à ce qu'elles aient atteint l'âge adulte ou acquis un faciès ornemental. Alors seulement on les transplante dans le parterre.

De nos jours, le parterre est l'ensemble des plates-bandes de plantes fleuries qui entourent la maison.

Quand le jardin d'ornement est très petit, presque toujours il est transformé tout entier en parterre, de telle sorte que les parties relativement éloignées de la maison aussi bien que les parties les plus proches se trouvent garnies de plantes ornementales. Les plus élevées de celles-ci sont groupées aux extrémités, sur les confins du jardin ; les plus naines, au contraire, se trouvent assemblées autour de l'habitation. De cette manière, la vue embrasse tout le parterre sans être arrêtée par un obstacle.

La figure 334 représente un parterre de ce genre, il est géométrique ; c'est la forme la plus généralement adoptée dans ce cas.

Quand le terrain est plus grand ou très grand, il est arrangé en *jardin paysager*.

On sait de quoi se compose le jardin paysager ordinaire : cela ressemble assez à une prairie, ayant quel-

Fig. 334. — Parterre français.

ques reliefs, parcourue dans des sens différents par des allées mollement arquées, mais non tortueuses ; on y

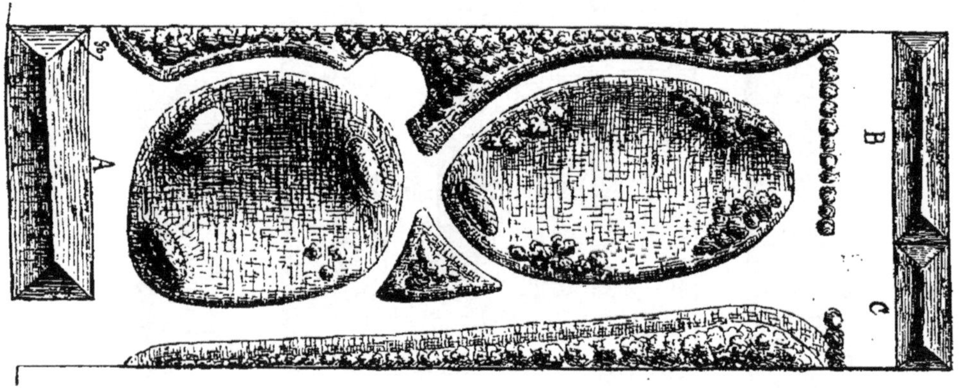

Fig. 335. — Petit jardin paysager : *A*. Habitation. — *B C*. Écurie et remise.

trouve de-ci de-là, dispersés dans une espèce de désordre artistement ordonné, des massifs forestiers, des bouquets d'arbres, des arbres isolés, des corbeilles (fig. 335). Quand le terrain est assez vaste et que sa nature, sa situation le comportent, il possède une pièce d'eau ; on peut encore l'orner de kiosques, de bancs, de ponts, de rochers, pourvu que la présence de chacun de ces objets soit motivée.

Les corbeilles et les fleurs les plus brillantes doivent toujours être groupées autour de la maison ; elles servent en quelque sorte à lier les appartements au jardin, comme le jardin lui-même lie la maison à la campagne.

Si, dans le jardin, il se trouve des kiosques, des berceaux, des bancs, ces *fabriques*, formant autant de stations pour le promeneur, il est admis qu'on place dans leur voisinage une corbeille ou une réunion de plantes fleurissantes.

Les corbeilles, nécessairement, reposent sur les gazons ; il ne faut ménager entre elles et le bord des pelouses qu'une faible distance — 50 centimètres dans les jardinets, 2m,50 à 3 mètres dans les grands parcs. Leur surface est aussi proportionnée aux dimensions du jardin.

Dans les parties éloignées de la maison, les fleurs deviennent de plus en plus rares, le paysage prend peu à peu l'aspect de la campagne environnante.

Voici, bien déterminées, les parties du jardin, et dans ces parties les places que doivent occuper les fleurs.

Les corbeilles, qui sont des surfaces destinées à recevoir ces fleurs, ont des formes variables, le plus souvent elliptiques, ovales lorsqu'elles se trouvent sur la corne d'une pelouse resserrée entre deux allées.

On donne toujours du relief aux corbeilles, c'est-à-dire qu'on en exhausse un peu la surface qui doit prendre une forme légèrement convexe. Cette disposition permet à l'œil, après que les plantes sont mises en place, de mieux en embrasser l'ensemble et de distinguer plus facilement le port, le feuillage, la fleur de chaque espèce.

Les corbeilles sont *homogènes*, c'est-à-dire garnies d'individus semblables appartenant à la même variété. La plantation, dès lors, n'est plus qu'une question d'écartement entre les plantes, question facile à résoudre avec un peu de pratique.

Quand elles doivent être *hétérogènes* ou plantées d'espèces, de variétés dissemblables, n'ayant ni la même forme, ni le même port, ni le même coloris, les corbeilles deviennent un peu plus difficiles à composer. Le jardinier, pour ne pas commettre de trop grosses fautes en les créant, doit étudier bien intimement les plantes qu'il a l'intention de réunir; il doit, surtout, savoir la hauteur qu'elles peuvent atteindre et la couleur de leur feuillage ou de leurs fleurs. Avec ces connaissances primordiales, on peut créer sans peine des corbeilles hétérogènes très compliquées. Il suffit, pour ne pas tomber dans l'erreur, d'observer les lois qui régissent l'assemblage des plantes quant à leur *hauteur* et à leur *coloris*.

Ainsi, toujours, les plantes les plus élevées sont mises au milieu, sur la partie culminante de la corbeille, tandis que les végétaux nains sont placés tout autour, sur les bords. L'espace compris entre ces deux extrêmes, le centre et le bord, est garni avec des végétaux de dimensions intermédiaires, à port plus ou moins élancé, selon qu'ils doivent être plus ou moins rapprochés du centre. L'ensemble de cette composition, comme on peut le deviner, aura donc tout à fait les contours rappelant la forme pyramidale. Et qu'on le constate bien, c'est là le meilleur mode qui puisse être mis en œuvre pour la réunion de végétaux dont le port présente de grandes disparités. Loin de se nuire entre eux quand on les a étagés de la sorte, ils se servent mutuellement ; ils sont exposés à la fois à l'air, à la lumière et aux yeux du maître. La santé des plantes est conciliée avec leur meilleur effet ornemental.

Il est une autre manière tout à fait originale de composer la plantation, c'est celle qui consiste à arranger, sur la surface de la corbeille, des variétés ou des espèces dissemblables, mais de même taille, en les entremêlant, sans aucun ordre géométrique. Alors, l'ensemble présente à l'œil une masse bigarrée, panachée comme la surface d'un énorme bouquet.

La disposition des espèces par rapport à la couleur de leur feuillage ou de leurs fleurs a un but : produire des contrastes, c'est-à-dire faire ressortir le brillant, l'éclat de chaque couleur en rapprochant côte à côte celles qui sont contraires.

Cette fin vers laquelle on tend : produire des contrastes, a donné naissance à une règle invariable que voici :

Eviter de rapprocher les couleurs simples des couleurs composées dans la formation desquelles elles entrent déjà pour moitié.

EXEMPLE D'ASSOCIATIONS DE COULEURS A ÉVITER :

Orangé, jaune, vert	(le *jaune* près de l'orangé ou du vert).
Vert, bleu, violet	(le *bleu*, près du vert ou du violet).
Violet, rouge, orangé	(le *rouge*, près du violet ou de l'orangé).

Telles sont les unions des couleurs qu'on devra toujours fuir ; elles ne sauraient d'ailleurs contraster ensemble, puisqu'au lieu d'être d'origines opposées, elles sont parentes au premier degré.

Les rapprochements entre les autres couleurs produiront toujours d'heureux effets.

On peut aussi juxtaposer deux couleurs semblables, mais inégalement intenses, le rouge et le rose je suppose ; dans ces sortes de combinaisons, il y a à la fois harmonie et contraste ; harmonie entre les couleurs qui sont semblables, contraste entre les teintes dont l'une est foncée et l'autre claire.

Mais les plus brillants effets d'opposition qu'on puisse réaliser sont incontestablement ceux qui naissent de la contiguité des couleurs complémentaires. On appelle ainsi deux couleurs qui, ensemble, renferment les trois couleurs primaires : *rouge*, *bleu* et *jaune*. Le violet et le jaune sont complémentaires, parce qu'à elles deux, ces couleurs contiennent du *rouge*, du *bleu* — qui forment le violet — et du *jaune*.

Mettez côte à côte, par exemple, le vert et le rouge ; ces deux couleurs deviennent immédiatement plus vives, plus éclatantes.

Rapprochées deux à deux, les autres couleurs complémentaires, *violet* et *jaune*, *bleu* et *orange* se surexcitent aussi mutuellement.

Le blanc, placé près d'une couleur quelconque, en rehausse l'éclat. Le noir produit un effet tout opposé; il diminue l'intensité des couleurs qu'il approche ; il les ternit, les voile, pour ainsi dire. En revanche, le noir et le blanc contrastent d'une façon remarquable.

Plantation. Soins d'entretien. — A l'époque voulue, sur la terre ameublie et régulièrement dressée, on trace, avec le dos d'un râteau, des lignes dirigées parallèlement aux contours de la corbeille.

L'axe principal est également tracé et son milieu déterminé : c'est sur ces lignes que s'exécute la plantation, à commencer par le centre.

La distance qu'il faut réserver entre les sujets varie avec le volume et le développement définitif de chacun d'eux. Il y a cependant des cas dans lesquels on laisse entre les plantes un écartement plus considérable que leur taille ne le comporte : lorsqu'elles ont une tige élancée et nue, couronnée par une ramure très large, ou bien encore, quand leur feuillage, original de forme, gagne à être bien détaché, à ne pas se confondre dans une totalité compacte et vague.

En pareil cas, sous le feuillage de ces végétaux, le errain est garni d'un tapis de plantes naines.

Après la plantation, il sera étendu sur toute la surface du sol un paillis épais ; il garantira les plantes de la sécheresse, étouffera les mauvaises herbes et empêchera le sol d'être battu par les eaux de pluie et d'arrosage.

Quelques plantes ont besoin de tuteur pour soutenir leur tige ou leur hampe florale ; citons les dahlias, les lis, les capucines et, en général, toutes les plantes grimpantes.

Au plus fort de la végétation, pendant le mois de juillet, le jardinier arrosera souvent et toujours le soir.

Les fleurs et les inflorescences passées seront retranchées soigneusement.

On évitera la floraison des plantes à feuillage par le pincement répété de leurs bourgeons terminaux.

Gazons.

Les corbeilles reposent sur les pelouses; on appelle ainsi des surfaces cultivées en gazons.

Les gazons sont formés en majeure partie de graminées fines telles que le ray-grass, les fétuques, les paturins, que l'on entretient courtes et épaisses au moyen de tontes répétées et d'arrosages fréquents. Pour l'ensemencement, le terrain est préalablement fumé, amendé, labouré, puis hersé, nivelé. La semence est un mélange d'espèces différentes.

Il y a plusieurs mélanges : les uns pour les terres humides sont à dominante de ray-grass, de fétuque traçante, de fétuque à feuille ténue, d'agrostis traçante, de paturin et de brome des prés.

Les autres, pour sols secs, sont à dominante de ray-grass, de fétuque des brebis, d'agrostis vulgaire, de brome et de cretelle des prés, de fétuque à feuille ténue, etc. Ces mélanges sont tout préparés chez les marchands grainiers.

Les semis se font au printemps en terrains frais ou humides, à l'automne dans les terrains secs; 1 kilogramme de graine à l'are est la quantité généralement employée, sauf sur les bordures où l'on sème à raison de 1 kilogramme et demi à 2 kilogrammes par are. Après le semis, hersez légèrement, puis recouvrez la surface ensemencée d'une couche de terreau épaisse de 2 centimètres. Les soins d'entretien consistent en arrosages et en tontes souvent répétées. Au bout d'un certain nombre d'années, les gazons sont faibles; il faut leur donner de l'engrais. On emploie avec succès le terreau, la poudrette répandus en automne à raison de 2 000 kilogrammes par hectare ou les engrais chimiques azotés tels que le nitrate de soude, au mois de février, à la dose de 250 ou 300 kilogrammes à l'hectare.

Quand les pelouses sont envahies par les mousses, le sulfate de fer, employé à raison de 250 kilogrammes par hectare, les en débarrasse.

Après que la mousse a péri, il faut fumer, puis réensemencer les parties dénudées.

Culture en pots.

Les choses qui doivent être surtout considérées dans la culture des plantes en pots sont :

1° La terre ;
2° Les rempotages ;
3° Les arrosages ;
4° Les engrais ;
5° L'hivernage.

La terre. — Il faut qu'elle soit très substantielle en raison même de la quantité relativement faible mise à portée de la plante. En outre, elle sera de consistance moyenne et criblée. Généralement on la produit en mélangeant deux tiers de terre de potager avec un tiers de terreau de fumier ou de feuille et une faible quantité de sable fin. Cette terre est préparée à l'avance. Elle aura toujours, au moment du rempotage, un état moyen de moiteur.

Les rempotages. — On appelle ainsi les opérations par lesquelles les plantes sont successivement mises dans des pots de plus en plus grands. Une bouture de chrysanthème, par exemple, est faite dans un petit godet de 6 à 7 centimètres de diamètre. Au bout de quelques semaines, le chrysanthème ayant pris de la force, ce godet est trop petit, on le remplace par un autre plus grand. Après un certain temps, celui-ci est remplacé par un troisième plus grand encore, puis par un quatrième et dernier dans lequel le chrysanthème fleurira. Tous ces vases ont leur fond percé d'un ou de plusieurs trous au-dessus desquels le premier soin du jardinier qui rempote est de placer quelques tessons ou cailloux qui facilitent l'écoulement des eaux d'arrosage et constituent le *drainage*. Les meilleurs vases sont en terre cuite non vernissée ; ils doivent être propres. Quand ils sont sales intérieurement, les racines adhèrent si fortement à leur paroi qu'elles se brisent lorsqu'on procède au dépotage.

On a remarqué que, plus ils sont nombreux, plus les rempotages favorisent la croissance des plantes rempotées : ceci s'explique par la quantité d'éléments nutritifs nouveaux qu'on procure à la plante dans la terre neuve apportée. On ne saurait obtenir le même résultat par la mise immédiate de la plante dans un vase de grandeur maximum. Il y a différentes raisons à cela, mais la principale est que la terre d'un grand vase, par suite des arrosages, serait aussi vite épuisée d'éléments fertilisants que la terre d'un vase plus petit.

La tige d'une plante rempotée sera dans l'axe du vase. Le niveau de la terre doit être bien horizontal et à 1 ou 2 centimètres au-dessous des bords pour permettre la distribution des eaux d'arrosage.

Il n'y a pas d'époque précise pour les rempotages, surtout en ce qui concerne les plantes nouvellement créées et en voie d'accroissement. Lorsqu'il s'agit de végétaux déjà adultes, il est préférable de rempoter au printemps, parce que la période qui va suivre est une période de végétation active pendant laquelle une terre neuve et fertile est nécessaire.

Arrosages. — Après qu'elle vient d'être rempotée, une plante est arrosée. Par la suite, d'autres arrosages sont donnés, plus ou moins fréquents, selon que l'eau s'évapore plus ou moins vite. Il faut faire en sorte que la terre des pots ne soit jamais sèche, même à la surface, et que, par contre, elle ne soit pas non plus détrempée. Pour cela, l'eau en excès des arrosages devra pouvoir s'écouler facilement par le drainage dont, au besoin, on surveille le fonctionnement.

Engrais. — La nécessité de l'engrais dans la culture des plantes en pots devient évidente si l'on considère que la terre dans laquelle plongent les racines est limitée, et que cette terre toujours lavée par l'excédent des eaux d'arrosage qui la traversent sans jamais y remonter, est, de ce fait, appauvrie d'une sensible proportion des matières fertilisantes contenues.

Il résulte aussi de ces observations que le meilleur engrais dans ce cas sera celui qui, rapidement soluble, pourra être livré aux plantes à l'état de solution ou de dilution.

Les principaux engrais qu'on emploie de cette manière sont : la matière fécale, — la bouse de vache, — les tourteaux, — la colombine, — les engrais chimiques et particulièrement les nitrate de soude, sulfate d'ammoniaque, chlorure de potassium et superphosphate de chaux.

Voici dans quelle proportion ces engrais sont mélangés à l'eau pour la préparation des solutions ou dilution dites *engrais liquides* :

L'engrais chimique complet le plus souvent employé pour plantes fleurissantes est un mélange ainsi composé :

Nitrate de soude......	2	parties.
Chlorure de potassium ..	1	—
Superphosphate de chaux	1	—

On l'emploie à la dose de 2 gr. par litre d'eau.

Les arrosages peuvent être continus. Lorsque la période de floraison approche et dans l'intérêt du développement des fleurs en volume, on augmente la dose de nitrate de soude et on diminue proportionnellement le superphosphate dont l'action ne se fait presque plus sentir.

Nous avons remarqué, dans des expériences personnelles, que les phosphates ont la propriété de développer chez les plantes la faculté de fleurir, tandis que les sels d'azote, nitrate de soude, sulfate d'ammoniaque, favorisent le développement en surface des feuilles et des parties foliacées : bourgeons, calices, corolles, etc.

Les solutions faibles peuvent se donner sans interruption. Les solutions concentrées sont distribuées une fois sur deux arrosages.

Les engrais chimiques, entre des mains inexpérimentées, étant un danger pour les plantes, nous prions instamment le lecteur de ne jamais dépasser dans ses préparations d'engrais et dans ses distributions les proportions qui sont indiquées.

Hivernage. — L'hivernage des plantes en pots, c'est leur séjour, pendant l'hiver, dans un local où elles sont abritées des intempéries.

Quelques-unes de celles qui ont été précédemment étudiées : les chrysanthèmes, roses de Noël, crocus, jacinthes, tulipes, peuvent servir à égayer les appartements depuis novembre jusqu'au printemps. Les autres, les geraniums, par exemple, les anthémis, sont rentrés dans un local clos, éclairé, où la gelée ne doit pas pénétrer : serre froide, coffre vitré, appartement inhabité, etc. Au besoin, des précautions sont prises, des paillassons, des litières sont employés contre les froids extérieurs.

L'essentiel est d'aérer le plus souvent possible, de faire de temps en temps une inspection détaillée des plantes pour enlever les parties mortifiées, les feuilles gâtées qui pourraient communiquer leur mal aux parties saines, et d'éviter, avec le froid, l'humidité suivie de près par la pourriture.

A cause même de cette humidité qu'il faut éviter à tout prix, à cause aussi du ralentissement considérable de la végétation à cette époque, les arrosages seront faibles et peu fréquents.

Serres.

Les serres sont des locaux vitrés dans lesquels on conserve les plantes exotiques trop délicates pour supporter les variations thermométriques de notre climat. Comme toutes ces plantes ne sont pas exigeantes au même degré, il a été établi, par rapport à la chaleur qui leur est nécessaire, plusieurs sortes de serres ; elles sont dites : *serres chaudes*, *serres tempérées*, *serres froides*.

Des serres peuvent être spécialement destinées à certains genres de plantes et devenir des serres à palmiers, des serres à orchidées, etc.

Leur culture est un luxe qui nécessite d'assez grands frais d'installation et d'entretien.

Les locaux vitrés sont adossés, c'est-à-dire appuyés près de murs, de bâtiments qui deviennent une des parois de la serre. Autant que possible, ces murs, ces bâtiments sont à une exposition chaude, bien éclairée. Quand la serre n'est point adossée, elle est dite à deux versants.

Dans ce cas elle est beaucoup plus et mieux éclairée que quand elle est adossée.

Ces constructions sont le plus généralement en fers à T qui supportent les vitres. Il est établi à l'intérieur de simples tablettes ou des gradins sur lesquels les plantes en pots sont placées. La culture en pleine terre suppose une serre de grandes dimensions.

Dans les serres froides, les orangeries, on chauffe à l'aide d'un simple poêle, mais dans les serres tempérées et chaudes il est préférable d'installer un thermosiphon; c'est un appareil composé d'un foyer, d'une chaudière pleine d'eau et de tuyaux de circulation pleins d'eau également. Quand le foyer est allumé, l'eau chaude pénètre par le tuyau élevé, circule dans la serre, abandonne sa chaleur et revient, par le tuyau du bas, jusqu'à la chaudière où elle s'échauffe de nouveau, puis recommence son trajet.

Dans la plupart des jardins, l'unique serre qui existe, quand elle existe, s'emploie un peu à tout : à faire des semis, des boutures; à conserver les pélargoniums, les héliotropes, les anthémis jusqu'à la saison nouvelle; à garder les plantes à feuillage telles que : *aralia*, *dattier*, *chamærops*, *kentia*, *aspidistra* qui se remettent là de leur séjour prolongé dans les appartements; à forcer la floraison des jacinthes, tulipes, crocus, etc., etc.

Dans ces conditions, à part les soins particuliers que

réclame chaque espèce de plante, il faut : 1° aérer aussi souvent que possible, surtout quand il ne gèle pas et quand le soleil donne sur la serre ; 2° tenir l'air ambiant à une température de 10 à 12 degrés en hiver ; 3° ombrager au printemps quand le soleil darde en plein sur les plantes, parce qu'il pourrait en résulter certaines chloroses locales ou la mort des parties insolées tout à coup et aussi vivement (il est facile d'ombrager en étendant sur les vitrages des claies ou des toiles à mailles larges) ; 4° couvrir la nuit pour empêcher la température intérieure de s'abaisser ; 5° arroser le plus modérément possible en hiver parce que la végétation étant presque arrêtée, il en résulterait, si on donnait trop d'eau, la perte des plantes par décomposition de leurs racines ; 6° inspecter de temps en temps toutes les plantes pour enlever les moisissures ou les parties gâtées qui pourraient communiquer leur mal aux parties saines.

En été, une grande partie des plantes qui composaient la garniture d'hiver sont enlevées. Celles qui restent : les palmiers, les aralias et autres espèces à feuillage seront largement aérées, arrosées souvent et abritées des coups de soleil par la disposition, sur les vitres, d'objets propres à ombrager : toiles, claies, etc.

CHAPITRE V

ARBRES ET ARBUSTES

D'ORNEMENT

Le cadre restreint dans lequel nous devons rester nous interdit de traiter amplement cette partie de l'horticulture relative aux arbres et aux arbustes d'ornement.

Pourtant, nous avons cru bon d'indiquer au chapitre *Multiplication* comment les plus intéressants de ces végétaux peuvent se propager.

Ici nous nous contenterons de donner quelques notions succinctes sur l'emploi des arbres et arbustes et sur la taille qu'on doit parfois leur infliger pour en obtenir un résultat voulu.

L'exposition de la taille des arbustes, surtout, nous paraît indispensable dans un traité d'horticulture, si succinct qu'il soit. En effet, si on taille tous ces végétaux indistinctement d'une façon uniforme, on s'expose à des surprises désagréables telles que, par exemple, l'anéantissement des fleurs, parce que toutes les espèces n'ont pas un mode de végétation identique. Ainsi, l'enseignement d'une pratique raisonnée de la taille des arbustes se fait impérieusement sentir.

LES ARBRES

Tous les arbres autres que les arbres fruitiers peuvent se répartir en deux grandes catégories :

1° Les *arbres forestiers* ou de rapport, exploités pour leur valeur commerciale ;
2° Les *arbres d'ornement.*

Ces deux classes se pénètrent mutuellement : tel arbre qui est de rapport peut devenir décoratif et réciproquement.
Les arbres forestiers se cultivent en *futaie*, *taillis* et *taillis sous futaie.*

Les arbres d'ornement servent à décorer les jardins de grande ou de moyenne dimension ; ils sont plantés :

1° *En lignes*, sur les côtés des avenues ;
2° *Solitairement*, sur les pelouses ;
3° *En petits groupes*, dans les mêmes conditions ;
4° *En groupes plus considérables ou massifs*, dans certaines régions du jardin et notamment sur les parties voisines des carrefours ou de chaque côté des lignes de vue.

Nous donnons ici une liste des principaux arbres de 1re, 2e, 3e grandeur avec des renseignements concernant le sol qui leur convient, leur emploi et le caractère ornemental particulier de chacun.

TABLEAU DES PRINCIPAUX ARBRES D'ORNEMENT

A. Esp[illegible]ues.

ESSENCES	HAUTEURS			CARACTÈRE ORNEMENTAL PARTICULIER A CHAQUE ESPÈCE	TERRAINS	MODES DE PLANTATION	OBSERVATIONS ET MODES DE MULTIPLICATION[1]
	1re taille plus de 18 m.	2e taille plus de 10 m.	3e taille moins de 10 m.				
Ailante glanduleux	1re taille	»	»	Feuilles composées.	Pauvres.	En lignes ou groupes.	Très rob., croiss. rap., semis.
Aulne à feuilles en cœur	Id.	»	»	Feuillage sombre.	[illegible]des ou argileux.	Bord des eaux.	Croissance rapide, semis.
Bouleau blanc	»	2e taille.	»	Ecorce blanche.	Pauvres.	Groupes, massifs.	Semis.
Bouleau à feuilles pourpres	»	Id.	»	Feuilles pourpres.	Id.	Groupes.	Id.
Catalpa	»	Id.	»	Larges feuilles, fleurs blanches.	Riches et sains.	Avenues, groupes.	Id.
Cerisier Mahaleb	»	»	3e taille.	Fleurs blanches, petites.	Pauvres.	Massifs.	Id.
Cerisier à fleurs pleines	»	2e taille.	»	Fleurs blanches pleines.	Moyens.	Solitairement ou par groupes.	Greffage sur cerisier comm.
Chêne commun	1re taille	»	»	Port capité.	[illegible]eux et moyens.	Groupes, massifs, avenues.	Semis.
Chêne fastigié	Id.	»	»	Port pyramidal.	Id.	Solitairement ou par groupes.	Greffage.
Cytise faux ébénier	»	»	3e taille.	Fleurs en grappes jaunes.	Moyens.	Groupes, massifs.	Semis.
Cratægus divers	»	»	Id.	Fleurs et fruits décoratifs.	Id.	Id.	Semis et greffage.
Erable sycomore	1re taille	»	»	Port, feuillage.	Id.	Avenues.	Semis, boutur., marcott.
Erable négondo	Id.	»	»	Feuilles composées.	Id.	Groupes, massifs.	Id.
E. nég. à feuilles panachées	»	»	3e taille.	Feuilles panachées de blanc.	Id.	Solitairement ou par groupes.	Greffage sur le précédent.
Févier épineux	1re taille	»	»	Feuillage, épines.	Pauvres.	Id.	Croissance rapide, semis.
Frêne commun	Id.	»	»	Feuilles composées.	Frais ou humides.	Avenues, groupes.	Semis.
Frêne pleureur	»	»	3e taille.	Rameaux pendants.	Id.	Solitairement.	Greffage sur le précédent.
Hêtre commun	1re taille	»	»	Port élevé et capité.	[illegible]eux ou moyens.	Avenues, massifs.	Semis.
Hêtre pleureur	»	»	3e taille.	Branches pendantes.	Id.	Solitairement.	Greff. en approche sur le préc.
Hêtre pourpre	1re taille	»	»	Feuilles pourpres.	Id.	Solitairement ou par groupes.	Greff. en app. s. le hêtre com.
Houx	»	»	3e taille.	F. persistantes, fruits rouges.	Id.	Groupes.	Semis.
Marronniers divers	»	2e taille.	»	F., fleurs blanches ou rouges.	Moyens.	Avenues, groupes.	Semis, greffage.
Noyer d'Amérique	1re taille	»	»	Grandes feuilles composées.	Id.	Avenues, groupes, massifs.	Croissance rapide, semis.
Orme pédonculé	Id.	»	»	Port élevé et capité.	[illegible]eux ou moyens.	Avenues, massifs.	Croissance lente, semis.
Orme parasol	»	»	3e taille.	Branches retombantes.	Id.	Solitairement.	Greffage sur le précédent.
Orme fastigié	»	2e taille.	»	Port pyramidal.	Id.	Id.	Id.
Orme champêtre panaché	»	»	3e taille.	Feuilles panachées de blanc.	Id.	Id.	Id.
Paulownia	»	2e taille.	»	F. larges, fleurs violettes odor[illegible]	Moyens.	Solitairement, avenues.	Croiss. rap., bout. de racine.
Peupliers variés	1re taille	»	»	Port, feuillage.	Frais ou humides.	Avenues, groupes, massifs.	Bouturage.
Peuplier d'Italie	Id.	»	»	Port pyramidal.	Id.	Avenues, groupes.	Id.
Peuplier de Boll	Id.	»	»	Port pyram., feuill. blanchâtre.	Id.	Id.	Id.
Platane d'Orient	Id.	»	»	Port élevé, feuilles découpées.	[illegible]eux et moyens.	Id.	Arbre très rob., bouturage.
Platane d'Occident	Id.	»	»	Id.	Id.	Id.	Feuilles moins profond. déc.
Pommier à fleurs doubles	»	»	3e taille.	Fleurs doubles.	Id.	Solitairement, groupes.	Crois. rap., gref. sr pom. com.
Robinier faux acacia	»	2e taille.	»	Fleurs, feuillage.	Pauvres.	Avenues, groupes.	Semis.
Robinier pyramidal	»	Id.	»	Port pyramidal.	Moyens.	Solitairement, groupes.	Bouturage.
Saule blanc	1re taille	»	»	Feuillage vert glauque.	Humides.	Au bord des eaux en groupes.	Croissance rapide, bouturage.
Saule de Babylone	»	2e taille.	»	Rameaux pleureurs.	Id.	Bord des eaux.	Bouturage.
Saphora du Japon	»	Id.	»	Feuilles petites composées.	Moyens.	Groupes, massifs.	Espèce robuste, semis.
Saphora pleureur	»	»	3e taille.	Rameaux pendants.	Id.	Solitairement.	Greffage sur le précédent.
Sorbier des oiseaux	»	»	Id.	Fruits rouges nombreux.	Id.	Solitairement ou par groupes.	Greffage sur aubépine.
Tilleul de Hollande	»	2e taille.	»	Port, fleurs.	Id.	Avenues, groupes.	Semis.
Tilleul argenté	»	Id.	»	Port capité, fl. à revers blanc.	Id.	Solitairement, avenues, groupes.	Greffage sur le précédent.
Tilleul pleureur	»	»	3e taille.	Rameaux pendants.	Id.	Solitairement.	Id.
Tulipier	1re taille	»	»	Feuilles et fleurs.	Id.	Solitairement ou par groupes.	Semis en terre de bruyère.

[1] On trouvera dans la partie : *Multiplication des végétaux*, tous les détails concern[illegible] de propagation des plantes contenues dans ces tableaux.

B. Co[illegible]s.

DÉFINITION. — Arbres toujours verts, à bois résineux, à feuilles [illegible]ires (en forme d'aiguille), à fruits coniques [1].

ESSENCES	HAUTEURS			CARACTÈRE ORNEMENTAL PARTICULIER A CHAQUE ESPÈCE	TERRAINS	MODES DE PLANTATION	OBSERVATIONS ET MODES DE MULTIPLICATION
	1re taille	2e taille	3e taille				
Cèdre du Liban	1re taille	»	»	Port étalé.	Moyens.	Solitairement.	Semis en terre de bruyère.
Cyprès chauve	Id.	»	»	Port élevé, feuilles caduques	Humides.	Groupes, au bord des eaux.	Id.
Genévrier de Virginie	Id.	»	»	Port pyramidal.	Moyens.	Solitairement ou par groupes.	Id.
Genévrier commun	»	2e taille.	»	Id.	Pauvres.	Id.	Id.
Gingho bilobé	1re taille	»	»	Feuilles plates, caduques.	Moyens.	Solitairement.	Id.
If commun	»	2e taille.	»	Feuill. vert sombre, fruits roug[illegible]	Argileux.	Groupes, haies vives.	Espèce t. rob., semis t. de br.
If pyramidal	»	»	3e taille.	Port « colonnaire ».	Id.	Groupes.	Greffage sur le précédent.
Mélèze commun	1re taille	»	»	Port, feuilles caduques.	Pauvres.	Groupes, massifs.	Semis.
Pin d'Autriche	Id.	»	»	Feuillage compact, vert sombr[illegible]	Id.	Solitairement ou par groupes.	Très rustique, semis.
Pin Laricio	Id.	»	»	Feuillage, port.	Moyens.	Groupes, massifs.	Croissance rapide, semis.
Pin du Lord	Id.	»	»	Feuilles très fines, vert glauque	Humides.	Id.	Semis.
Sapin de Douglas	Id.	»	»	Port très élevé.	Frais, profonds.	Solitairement.	Croissance rapide, semis.
Sapin Epicea	Id.	»	»	Id.	Argileux.	Groupes, massifs.	Id.
Thuia d'Occident	»	2e taille.		Port pyramidal.	Moyens.	Groupes sous bois, haies vives.	Semis.
Séquoia gigantesque	1re taille	»	»	Hauteurs pouv. atteindre 100 m	Frais, profonds.	Solitairement.	Croissance rapide, semis.

[1] Cette définition comme toutes les définitions de groupe comporte des exceptions [illegible] des conifères à feuilles caduques, non aciculaires, à fruits drupacés.

LES ARBUSTES

Les arbustes sont de petits arbres auxquels on a presque exclusivement recours pour la plantation des jardins de petites dimensions. Dans les parcs, ils sont associés aux arbres, échelonnés sur les bords des massifs forestiers. Plusieurs espèces sont à floraison brillante; d'autres ont un feuillage remarquable par sa persistance, son ampleur, sa coloration ou ses panachures.

Nous étudions dans le tableau suivant les principales espèces d'arbustes :

ARBUSTE[illegible]VERS

ESPÈCES	HAUTEURS	CARACTÈRE ORNEMENTAL PARTICULIER A CHAQUE ESPÈCE	TERRAINS	MODES DE PLANTATION	OBSERVATIONS ET MODES DE MULTIPLICATION
Abélie rupestre et Ab. à 3 fleurs	2 m.	Fleurs remarquables en été.	Moyens.	Massifs ou bordures.	Bouturage et marcottage.
Ajonc commun	0 m. 50 à 1 m.	Fleurs jaunes, fin hiver.	[illegible]vres, siliceux.	Groupes, bordures.	Semis.
Aucubas variés	Id.	Feuilles persistantes, panachées ou vertes, fruits rouges.	Moyens.	Massifs près de l'habitation.	Semis et bouturage.
Baguenaudier commun	3 à 4 m.	Fleurs et fruits remarquables.	Pauvres.	Groupes, massifs.	Semis.
Bambou glauque	4 à 5 m.	Port en touffe.	Frais.	Bords des eaux, groupes.	Séparation des drageons.
Buisson ardent	1 à 2 m.	Fruits rouges en hiver.	Moyens.	Groupes.	Greffage sur cognassier.

ESPÈCES	HAUTEURS	CARACTÈRE ORNEMENTAL PARTICULIER A CHAQUE ESPÈCE	TERRAINS	MODES DE PLANTATION	OBSERVATIONS ET MODES DE MULTIPLICATION
Buis variés	Variable.	Feuilles persistantes ou panachées.	Moyens.	Bordures, haies, groupés.	Croissance très lente., bouturage.
Céanotes variés	0 m. 80 à 3 m.	Fleurs bleues, roses, selon espèces.	Id.	Massifs, bordures.	Semis, bouturage. marcottage.
Chalef argenté	3 à 4 m.	Feuilles blanchâtres.	Frais.	Groupes, massifs.	Semis, bouturage.
Cornouiller sanguin	3 à 4 m.	Ecorce et fruits rouges.	Humides.	Id.	Semis, marcottage.
Cotonéasters variés	0 m. 50 à 1 m.	Port étalé, fruits rouges.	Moyens.	Groupes sur rochers ou pentes.	Semis.
Deutzias variés	0 m. 30 à 3 m.	Fleurs blanch. ou rosées, nombreuses.	Id.	Groupes, massifs, bordures.	Bouturage.
Epines-vinettes	1 à 2 m.	Fleurs jaunes, fruits rouges.	Id.	Haies, massifs, bordures.	Variétés à feuilles pourpres, semis, marcottage, drageons.
Fusains du Japon	2 à 4 m.	Feuilles persistantes.	Id.	Massifs, proche de l'habitation.	Variétés diversement panachées, bouturage.
Genévrier de Sabine	1 à 2 m.	Conifère en touffe compacte.	Id.	Groupes sur rochers.	Croissance très lente, semis en terre de bruyère.
Groseilliers d'ornement	1 à 2 m.	Fleurs diversem. colorées, selon var.	Id.	Bordures, massifs.	Croissance très rapide, bouturage, marcottage.
Kalmia	1 à 2 m.	Fleurs blanches ou rosées.	De bruyère.	Massifs, groupes.	Croissance lente, semis en terre de bruyère.
Ketmies d'Orient variés	2 à 3 m.	Fleurs blanches, roses, pourpres, violettes, simples ou doubles.	Moyens.	Groupes, exposition chaude.	Bouturage.
Laurier-cerise	3 à 5 m.	Feuilles grandes, persistantes.	Id.	Massifs, exposition 1/2 ombragée	Semis et bouturage. — Ces 3 espèces souffrent parfois des gelées sous le climat de Paris.
Laurier de Portugal	3 à 5 m.	Feuilles persistantes.	Id.	Id.	
Laurier-tin	1 m. 50 à 4 m.	Feuilles, fleurs blanches.	Légers.	Groupes, massifs.	
Lilas variés	2 à 4 m.	Fleurs en grappes, lilas ou blanches.	Id.	En massifs, solitairement.	Semis, drageons.
Mahonia à feuilles de houx	1 m.	Fleurs jaunes, feuilles persistantes, fruits noirs.	Pauvres.	Bordures, groupes, massifs.	Semis, drageons.
Noisetier à feuilles pourpres	1 à 3 m.	Feuilles pourpre foncé.	Moyens.	Bordures de massifs forestiers, gr.	Semis, marcottage.
Pivoines en arbres	1 à 2 m.	Fleurs doubles, très grosses.	Frais.	Solitairement, groupes.	Greffage sur pivoine herbacée.
Poirier du Japon	1 à 2 m.	Fleurs rouges, roses, selon variétés.	Moyens.	Id.	Bouturage.
Rhododendrons	3 à 4 m.	Fleurs brillantes, feuilles persistantes	De bruyère.	Massifs, groupes.	Croissance lente, semis en terre de bruyère, greffage.
Spirées variées	0 m. 60 à 1 m. 50	Fleurs roses ou blanches.	Moyens.	Id.	Bouturage, semis.
Sumac amarante	2 à 3 m.	Fleurs d'amarante, feuilles rouges en automne.	Pauvres.	Id.	Séparation des drageons.
Sureaux variés	3 à 4 m.	Fleurs blanches, fruits noirs ou roug.	distinctement secs ou humides.	Sous bois, massifs.	Variété à feuilles panachées, Bouturage.
Tamarix divers	2 à 3 m.	Feuilles et fleurs menues.	Humides.	En groupes, bord des eaux.	Id.
Weigelia rose	1 à 2 m.	Fleurs roses abondantes, au printemps	Moyens.	Bordures, massifs.	Id.
PLANTES GRIMPANTES LIGNEUSES					
Aristoloche siphon	»	Grand. feuilles, fl. en forme de pipes.	Légers.	Près des murs, tonnelles, arbres morts.	Marcottage.
Bignone de Virginie	»	F. composées, fl. écarlates tubuleuses	Id.	En espalier au midi.	Marcottage, bouturage.
Chèvrefeuilles variés	»	Fleurs odorantes.	Moyens, frais.	Près des tonnelles, des arbres, des haies.	Marcottage, ou séparation des drageons.
Chèvrefeuille toujours vert	»	Feuillage persistant.	Id.	Près des murs pour les masquer.	
Clématites variées	»	Fleurs abondantes, violettes, blanches et quelquefois très grandes.	Id.	Les espèces communes près des tonnelles ; les espèces à grandes fleurs en espalier.	Greffage sur racine de clématite commune, sous verre.
Glycine de Chine	»	Fl. lilas en fortes grappes pendantes.	Argilo-calcaires.	Près des murs, des tonnelles, des arbres morts.	Bouturage et marcottage.

ESPÈCES	HAUTEURS	CARACTÈRE ORNEMENTAL PARTICULIER A CHAQUE ESPÈCE	TERRAINS	MODES DE PLANTATION	OBSERVATIONS ET MODES DE MULTIPLICATION
Jasmin commun	»	Feuilles trifoliolées, fleurs blanches et odorantes.	Moyens.	Près des murs, exposition chaude.	Bouturage et marcottage.
Lierres variés	»	Feuilles persistantes.	Id.	Près des rochers, vieux murs, ruines, troncs d'arbres, etc., et en bordure.	Variétés à feuilles panachées, bouturage et semis.
Vigne vierge.	»	Feuilles composées palmées rouges à l'automne fruits noirs.	Frais.	Près des murs et des tonnelles.	Bouturage et marcottage.
Vigne vierge de Weitch ou Ampelopsis Weitchi	»	Grimpe naturellement à la façon du lierre, feuilles lobées.	Id.	Près des murs, des ruines.	Développement très rapide, bouturage, marcottage, semis.

Plantation des arbres et arbustes.

Tout ce que nous avons dit de la préparation du sol et de la plantation concernant les arbres et les arbustes fruitiers, peut s'appliquer aux arbres et arbustes d'agrément. Cependant, pour ceux-ci, il est d'usage de n'ameublir le sol que par trous ; c'est plus économique.

Les conifères (pins, sapins, thuyas) et d'une manière générale toutes les espèces à feuilles persistantes, à l'opposé des espèces à feuilles caduques, devront se transplanter alors que leur végétation est encore active mais sur son déclin (octobre) ou bien quand elle manifeste un recommencement d'activité (mars, avril). Quand les arbres sont forts, on les arrache et on les transplante « en mottes » autant que possible, c'est-à-dire avec la terre qui entoure leurs racines.

Dans la plantation des arbres ou arbustes en massifs, on se conforme aux prescriptions données relativement à la composition des massifs de fleurs : Placer au milieu les espèces les plus élevées ; sur le bord les espèces les plus naines ; et planter l'espace compris entre ces deux extrêmes avec des essences à port intermédiaire.

Les essences les plus ornementales, arbres et arbustes fleurissants, espèces à feuillages diversement colorés ou persistants, devront être les plus en vue.

Taille des arbres d'ornement ou élagage.

Tous ces arbres ont généralement un tronc, c'est-à-dire une tige nue qui supporte une ramification dont la forme, dans son ensemble, rappelle plus ou moins l'ovoïde. Les arbres dont les ramifications forment ainsi une sorte de tête sur le tronc sont soumis à la taille dite : *élagage progressif*.

Les opérations de l'élagage progressif diffèrent suivant l'âge de l'arbre dont la vie entière peut se diviser en deux périodes bien distinctes.

La première période dure depuis l'année de la plantation jusqu'à l'époque du couronnement des arbres, époque à laquelle ils ont atteint leur plus grand développement en hauteur.

La seconde période commence lorsque les arbres ont fini de croître en hauteur ; elle se prolonge jusqu'à la cessation du développement en diamètre, qui est l'âge de l'exploitation pour les sujets de rapport ; elle peut durer, cette seconde période, jusqu'à la mort de l'arbre chez les sujets d'ornement.

Saison. — Comme la taille des arbres fruitiers, l'élagage se pratique depuis novembre jusqu'en mars. Ce travail sera toujours suspendu pendant les grands froids, parce que les ouvriers rendus gauches et maladroits par un engourdissement douloureux des doigts font un mauvais travail et risquent de se blesser.

Instruments. — Pour monter aux arbres, on se sert d'*échelles* simples ou doubles et de *griffes*. Les griffes dont les élagueurs arment leurs pieds se composent d'une tige de fer montant contre la jambe et s'y fixant au moyen de courroies, d'un sous-pied en métal terminé intérieurement par une pointe d'acier. Il est bon de n'employer les griffes que le moins possible et seulement avec les arbres âgés dont l'écorce épaisse peut être perforée sans danger pour l'arbre.

Pour tailler, on utilise le *sécateur*, la *serpe*, la *scie*, l'*échenilloir* et l'*ébranchoir*.

La *serpe* est l'instrument le plus souvent mis en œuvre. La meilleure serpe, d'après le comte des Cars, a la forme d'un couperet, elle pèse de 1 kilog. 250 à 1 kilog. 500.

La *scie à main* ou égohine est utilisée pour supprimer les chicots dont le bois sec abîmerait le tranchant de la serpe. La scie s'emploie encore pour couper les branches qu'il est impossible de retrancher à la serpe, à cause de l'obstruction causée par les ramifications environnantes.

L'*échenilloir*, sorte de sécateur, fixé à l'extrémité d'une perche, se manœuvre au moyen d'une ficelle attachée à un levier qui commande la lame. On l'emploie pour raccourcir les branches latérales élevées qu'il serait impossible d'atteindre autrement.

L'*ébranchoir* a la forme d'un ciseau à froid, il est fixé, lui aussi, à l'extrémité d'un très long manche. Avec cet instrument, on coupe tout contre le tronc les rameaux gourmands ou accrus qui se développent sur sa surface, dans le voisinage des plaies.

PRATIQUE DE LA COUPE. — De même que sur un *poirier pyramide*, quand on raccourcit une branche charpentière, il faut tailler en sifflet au-dessus d'un œil placé le mieux possible pour donner un prolongement bien droit; de même aussi, quand on veut raccourcir une

Fig. 336. — Elagage : Coupe tangente au tronc.
Aspect avant et après l'élagage.

branche latérale d'arbre forestier ou d'ornement, il faut toujours tailler sur un œil situé en dehors ou du côté où l'on désire appeler la branche.

Si pour raccourcir, il est nécessaire de tailler sur du bois de plus d'un an, il faut asseoir la coupe au-dessus d'une petite branche bien dirigée. Cette petite branche qui devient terminale de la branche taillée s'appelle *tire-sève* ou *appel-sève*, à cause de sa fonction.

Lorsqu'on doit supprimer une branche, quelle que soit sa grosseur, il faut avoir soin de faire la coupe presque tangente au tronc de l'arbre (fig. 336).

Trop souvent, on a la mauvaise habitude, dans ces sortes d'amputations, de laisser un moignon de branche de 10 à 20 centimètres de long. Ce moignon ou chicot de vieux bois est d'abord disgracieux; en outre, il a l'inconvénient de se gâter et de communiquer la carie au corps de l'arbre.

C'est donc tout près du tronc, selon une ligne légèrement oblique, qu'il faut pratiquer la coupe. Couper trop

Fig. 337. — Pratique de la coupe d'une branche.

près serait produire une plaie trop grande, trop longue à se recouvrir d'écorce.

Pour opérer la coupe de cette branche, on fait d'abord, à sa partie inférieure, une entaille triangulaire s'avançant jusqu'au tiers du diamètre (fig. 337), puis on entaille le dessus jusqu'à ce que la branche se détache. Si l'on pratiquait la coupe seulement d'un seul côté; soit en dessus soit en dessous, la branche, en se séparant du tronc, déchirerait l'écorce et quelquefois l'aubier.

Après une coupe semblable, on doit parer la plaie qui en résulte, c'est-à-dire la rendre, à l'aide de la serpe, plus unie, plus lisse, pour que le bourrelet cicatriciel qui se forme sur les contours puisse facilement glisser sur cette surface et la couvrir plus vite.

Quand les arbres appartiennent à des espèces délicates, on prévient la carie qui pourrait gagner le bois exposé aux influences atmosphériques en étendant sur les grandes plaies un enduit imperméable.

Les enduits ou engluements ne sont appliqués que deux ou trois jours après l'élagage, quand la surface des plaies est suffisamment sèche.

Le meilleur enduit est le goudron végétal ou goudron de Norvège; on l'applique au pinceau, à froid.

Le goudron minéral ou coaltar est pourtant employé de préférence, c'est à tort. Il attaque les tissus et endommage le corps de l'arbre.

ÉLAGAGE. PREMIÈRE PÉRIODE. — Durant la première période et à partir de la plantation, on applique l'élagage tous les deux ans au moins pendant dix ans; ces dix années écoulées, les élagages peuvent être moins fréquents et se répéter seulement tous les trois ou quatre ans.

Les différentes opérations à pratiquer l'année de l'élagage sont au nombre de six. Les voici :

1° *Protection de la flèche.* — L'élagueur doit empêcher le rameau terminal qui prolonge la tige de se bifurquer, de devenir fourchu, surtout pendant les premières années. Il obtient ce résultat en ne conservant toujours qu'une seule flèche.

Si l'élagueur se trouve en présence de deux flèches, il doit toujours réserver la plus verticale et supprimer l'autre, à moins qu'après avoir raccourci cette dernière, il ne se serve de son tronçon comme d'un tuteur pour redresser la flèche conservée (fig. 338).

Quand la flèche prend une mauvaise direction, on la ramène dans le prolongement vertical de la tige en la palissant le long d'un tuteur dont la base est fixée soli-

Fig. 338.
Suppression d'une bifurcation de la flèche d'un arbre.

Fig. 339.
Redressement de la flèche d'un arbre.

dement contre le corps de l'arbre à l'aide de liens d'osier (fig. 339).

Si la flèche est brisée par un accident, on choisit au-dessous de la brisure un rameau vigoureux ; ce rameau est dressé, puis palissé, lié contre le chicot qui lui sert de tuteur jusqu'à l'année suivante.

Très souvent, à peu de distance au-dessous de l'extrémité de la flèche, il se forme un verticille de rameaux vigoureux. Il faut supprimer ces rameaux, qui arrêtent la croissance de la tige de l'arbre.

2° *Ablation des branches trop basses.* — Il est de convention que, sur un arbre soumis à l'élagage, la hauteur du tronc doit être égale à la moitié de la hauteur totale de l'arbre. Cette proportion est nécessaire pour que la tige s'accroisse en diamètre et en hauteur dans les meilleures conditions.

Par branches trop basses, il faut donc entendre celles qui sont situées sur la moitié inférieure de la hauteur totale du sujet. Si on conservait ces branches, elles prendraient un accroissement considérable au détriment de la hauteur de la tige.

3° *Réduction des branches trop longues.* — Cette troisième opération est appliquée pour maintenir une sorte de proportion d'équilibre et d'harmonie entre les différentes parties de la ramure de l'arbre. Dans ce but, l'élagueur raccourcit les branches qui prennent une trop grande vigueur au détriment des autres. La coupe doit se faire au-dessus d'un œil bien placé ou au-dessus d'un jeune rameau *tire-sève*.

Après le raccourcissement de ses branches trop longues, la tête de l'arbre doit avoir une forme ovoïde dans laquelle le diamètre transversal égale les deux cinquièmes du diamètre vertical pendant le jeune âge. Plus tard, le diamètre transversal sera les deux tiers du diamètre vertical.

4° *Suppression des branches verticillées.* — On appelle branches verticillées, les branches insérées au même niveau autour de la tige. Quand elles sont nombreuses, on doit en supprimer un certain nombre. Si on les gardait toutes, l'arbre s'accroîtrait très lentement et cesserait de grandir avant d'avoir atteint sa hauteur normale. Il ne faut pas non plus conserver deux branches trop rapprochées l'une de l'autre, car leurs deux empattements finissent bientôt par n'en faire plus qu'un et la tige de l'arbre se trouve déformée.

5° *Suppression des gourmands développés sur la surface du tronc dans le voisinage des plaies récentes.*

6° *Suppression des parties brisées, des chicots.* — Les parties accidentellement brisées d'un arbre seront coupées, pour qu'à une plaie dangereuse, il soit substitué une autre plaie plus saine et guérissable. Les chicots doivent être retranchés très près du tronc.

SECONDE PÉRIODE. — Pendant cette seconde période de l'existence des arbres, les élagages se font seulement tous les trois ou quatre ans ; ils ont pour but de favoriser le développement de la tige en diamètre, d'entretenir la régularité de la tête et de réparer les dégâts causés par les vents ou les orages.

Les opérations suivantes se pratiquent pendant cette période :

1° *Taille des branches trop inclinées vers le sol ;*

2° *Raccourcissement des branches latérales trop développées ;*

3° *Taille des branches brisées et des chicots.*

Dans les parcs et jardins, l'élagage progressif ou en tête est surtout appliqué aux sujets plantés sur les confins des pelouses, sur les côtés d'une avenue ou dans l'intérieur des massifs forestiers. D'autres arbres sont souvent plantés en groupes, ou isolément sur les gazons. Ceux-là sont élagués, selon leur port naturel et selon le but qu'on désire atteindre. Les sujets qui ont une tendance à prendre la forme en tête seront élagués comme il vient d'être dit.

Mais il est des espèces dont la ramure, au lieu de s'allonger en ovoïde, s'arrondit en boule. Ce sont : le *Tilleul argenté*, le *Sophora*, le *Pavia*, l'*Erable negundo*, le *Catalpa*, le *Paulownia* le *Mûrier blanc*, le *Sumac*, etc. On doit conserver à ces arbres le port en boule qui est un des caractères de leur originalité. L'élagage aura donc pour but de maintenir la forme sphérique de la ramure de ces espèces et, au besoin, d'accentuer cette forme si elle ne se dessine pas d'une façon nette. Dans ce cas, c'est presque toujours par des tailles infligées à la flèche et aux branches trop élancées du sommet de l'arbre qu'on arrive à rétablir l'équilibre entre les diffé-

Fig. 340. — Cèdre du Liban.

rents diamètres de sa tête qui doivent être à peu près égaux.

Il est encore certains arbres dont l'élagage doit respecter la forme et le port particuliers, ce sont les *arbres pleureurs*, les *arbres fastigiés* et les *conifères* tels que sapin, cèdre (fig. 340), etc., etc.

Sur ces essences, les conifères particulièrement, pins, sapins, cèdres, on veillera à ce que la tige ne se bifurque pas et l'on retranchera seulement les parties mortes ou blessées.

Taille des Arbustes.

On peut diviser les arbustes en deux grandes catégories :

1° *Les arbustes à feuilles ornementales ;*

2° *Les arbustes fleurissants.*

Les arbustes cultivés pour leur feuillage se subdivisent en arbustes à feuilles persistantes, arbustes à feuilles caduques, et arbustes à feuilles diversement colorées.

Les arbustes à feuilles persistantes : *Lauriers divers*, *Buis*, *Troènes*, *Aucubas*, *Fusains*, etc., se taillent plus ou moins suivant leur rôle. Comme, le plus souvent, ces végétaux sont utilisés pour masquer les parties désagréables ou disgracieuses du jardin, on doit les maintenir à une certaine hauteur et toujours en masse compacte. Ils forment ainsi une sorte de rideau impénétrable et toujours vert. La compacité du rideau s'obtient par des tailles modérées infligées aux extrémités des branches les plus élevées. Ces tailles ont pour effet, en concentrant l'action de la sève à la base des branches et de la tige des arbustes, d'empêcher la dénudation de ces parties.

Les arbustes à feuillages diversement colorés ou panachés, comme le *Negundo*, le *Noisetier pourpre*, le *Sureau doré*, le *Prunus pissardii*, sont, le plus souvent, plantés en groupes homogènes, sur les pelouses, et alors ils se développent en toute liberté, ou bien ils sont associés et employés pour border des massifs d'arbustes à port plus élevé. C'est ainsi qu'on utilise souvent, pour créer une bordure de ce genre, le negundo (feuilles panachées de blanc) avec le noisetier à feuilles pourpres. La taille ici aura surtout pour but : 1° de maintenir ces arbustes dans des proportions déterminées pour qu'ils ne masquent pas ceux plantés en arrière; 2° de favoriser chez eux une abondante feuillaison. Pour atteindre ce dernier résultat, le jardinier devra s'appliquer à conserver le plus de jeune bois possible; il rabattra donc chaque année les branches âgées au-dessus des branches nouvelles poussées l'année précédente. Celles-ci sont dans d'excellentes conditions pour procurer des feuilles, parce qu'elles sont bien garnies d'yeux ou bourgeons.

La taille appliquée aux arbustes fleurissants devrait surtout protéger et au besoin favoriser leur floraison, c'est ce qu'elle ne fait pas toujours. Les arbustes fleurissants forment deux catégories bien distinctes :

1° *Arbustes fleurissant au printemps, sur le bois de l'année passée;*

2° *Arbustes fleurissant en été et automne, sur le jeune bois de l'année courante.*

Parmi les arbustes de la première catégorie, citons : les *Lilas*, *Deutzia*, *Viburnum* ou *Boule de Neige*, *Seringa*, *Chamæcerasus*, *Wegelia*, *Forsythia*, *Groscilliers sanguins*, *Gr. doré*, *Epine-vinette*, et, dans le genre *Spirea*, les *Spirea Lanceolata*, *Prunifolia*, *Thumbergii*, *Sorbefolia*, etc.

Il est clair que si, sur ces arbustes, on rabat en hiver le bois de l'année précédente, on supprimera d'un seul coup la floraison, puisque les espèces dont il s'agit ont un mode de végétation absolument semblable au mode de végétation du pêcher. Lors de la taille hivernale, il faut donc, seulement dans les touffes trop compactes, faire quelques suppressions pour dégager un peu l'intérieur. Tout le jeune bois conservé et protégé se couvrira de fleurs en avril, mai et juin; c'est aussitôt après cette floraison qu'on pratique la taille normale. Alors, tous les rameaux qui ont fleuri sont raccourcis au-dessus de quelques yeux. Ces yeux procurent des pousses, sortes de branches remplaçantes qui fleurissent l'année suivante.

Les lilas Varin, du jardin du Luxembourg, à Paris, sont un exemple frappant de ce genre de taille. Chaque tige de lilas, terminée par une espèce de grosse excroissance porte de nombreux rameaux grêles qui, au printemps, se terminent par autant de grappes. Après la floraison, tous les rameaux florifères sont abattus au niveau de l'excroissance de la partie terminale du tronc qui est le résultat de tailles semblables précédemment faites. Le lilas présente alors, en petit, l'aspect peu gracieux d'un saule têtard sur lequel on viendrait de recéper les branches ; mais il se couvre bientôt de pousses qui sont des rameaux florifères pour l'année suivante.

La seconde catégorie d'arbustes à fleurs comprend, avons-nous dit, ceux qui fleurissent en été et automne sur le jeune bois en voie d'élongation.

Cette catégorie renferme : *Baguenaudier*, *Ketmie d'Orient*, *Symphorine*, *Framboisier du Canada*, *Indigotier;* les *Spirea Billardii*, *Dauglasii*, *Salicifolia*, *Callosa*, etc., etc.

Tous ces arbustes sont aussi tenus en touffes et leur taille, qui se fait en hiver, est des plus simples. Elle consiste à couper au ras du sol tout ou une partie du vieux bois, puis à couper le jeune bois à une hauteur variable suivant l'espèce, et suivant la ligne qu'occupe l'arbuste dans le massif.

Les althœas ou ketmies sont souvent tenus en vases, comme des pommiers. Les branches charpentières de ces vases sont garnies de sortes de couronnes qui, lors de la taille hivernale, sont coupées à deux ou trois yeux au-dessus de leur base.

A tout ce que nous venons de dire sur les jardins d'agrément, l'amateur, pour s'instruire, devra ajouter encore l'enseignement que procure la vue des choses. Nous ne saurions trop engager les personnes qui passent à Paris ou y séjournent, à se promener dans les jardins publics de la grande ville, à en étudier la décoration, décoration souvent féerique, pleine d'un goût relevé, le goût exquis d'une population dont les artistes sont sans nombre.

TABLE DES MATIÈRES

CHAPITRE PREMIER

CULTURE MARAÎCHÈRE

CULTURES SPÉCIALES

I

LÉGUMES RACINES

II

LÉGUMES HERBACÉS

III

LÉGUMES FRUITS

IV

LÉGUMES CONDIMENTS

V

CHAPITRE II

ARBORICULTURE FRUITIÈRE

CULTURES SPÉCIALES

ANIMAUX NUISIBLES ET MALADIES

I

FRUITS BAXIFORMES

II

FRUITS DRUPACÉS MULTIPLES

III

FRUITS DRUPACÉS A PÉPINS

IV

FRUITS DRUPACÉS A NOYAUX

V

PSEUDO-FRUITS CHARNUS

VI

FRUITS SECS DES HORTICULTEURS

VII

MOYENS POUR FORCER LA FRUCTIFICATION DES ARBRES

VIII

RESTAURATION DES ARBRES FRUITIERS

IX

CONSERVATION DES FRUITS

X

DE LA GREFFE DES ARBRES FRUITIERS

CHAPITRE III

MULTIPLICATION DES VÉGÉTAUX

I

LE SEMIS

II

DIVISION DES SOUCHES

III

BOUTURAGE

IV

MARCOTTAGE

CHAPITRE IV

FLORICULTURE DE PLEINE TERRE

LES PLANTES ANNUELLES

LES PLANTES BISANNUELLES

LES PLANTES VIVACES

LES PLANTES BULBEUSES OU RHIZOMATEUSES
A DÉPLANTATION ANNUELLE

LES PLANTES LIGNEUSES ET SOUS-LIGNEUSES, RUSTIQUES OU DEMI-RUSTIQUES

LES PLANTES A FEUILLAGE DÉCORATIF

CHAPITRE V

ARBRES ET ARBUSTES D'ORNEMENT

ÉVREUX, IMPRIMERIE DE CHARLES HÉRISSEY

A LA MÊME LIBRAIRIE

Atlas des champignons comestibles et vénéneux de la France et des pays circonvoisins. 2 vol. in-4 contenant 72 pl. en couleur où sont représentées les figures de 229 types des principales espèces de champignons recherchés pour l'alimentation et des espèces similaires suspectes ou dangereuses avec lesquelles elles peuvent être confondues, accompagné d'une monographie de ces 229 espèces et d'une histoire générale de champignons comestibles et vénéneux, par Charles RICHON, docteur en médecine, membre de la Société botanique de France, et Ernest ROZE, lauréat de l'Institut, membre de la Société botanique de France, 300 pages de texte illustré de 62 photogravures des dessins primitifs des anciens auteurs, d'après des reproductions exécutées par Charles ROLLET.

En carton. 90 fr.
Avec reliure spéciale . . . . 100 fr.

BAILLON (H.). — **Les herborisations parisiennes.** 1 joli vol. de 450 p., contenant plus de 600 petites vignettes.

Broché . . . . 5 fr.
Cartonné. 6 fr.

BLONDEL (R.), préparateur à la Faculté de médecine de Paris — **Les produits odorants des rosiers.** 1 vol. grand in-8, avec figures et planches hors texte . . . . 5 fr.

CRIÉ (Louis), professeur à la Faculté des sciences de Rennes, D[r] ès sciences pharmacien de 1re classe, — **Nouveaux éléments de Botanique,** pour les candidats au baccalauréat ès-sciences et les élèves en médecine et en pharmacie, contenant l'organographie et la morphologie, la physiologie, la botanique rurale et des notions de géographie botanique et de botanique fossile. 1 gros vol. in-18 de 1,170 pages, avec 1,332 figures dans le texte. . . . . 10 fr.

GRIGNON (E.), pharmacien de 1re classe, ancien interne des hôpitaux de Paris. — **Le Cidre.** Propriétés hygiéniques et médicales, composition chimique et analyse du cidre. 1 vol. in-18, avec figures . . . 2 fr 50

GRIGNON (E.). — **L'Eau-de-vie de cidre,** constitution, production, procédés de préparation et de conservation, valeur hygiénique et qualité de l'eau-de-vie de cidre. 1 vol. in-18 . . . . 1 fr. 50

LORENTZ et PARADE. — **Cours élémentaire de Culture des Bois** 6e édition, publiée par MM. A. LORENTZ, directeur des forêts au ministère de l'Agriculture, et L. TASSY. 1 beau vol. in-8 de 750 pages, avec une planche hors texte . . . . 9 fr.

MOTTET (S.). — **La Mosaïculture.** Histoire et considérations générales, choix des couleurs, tracé, plantation, entretien, description, emploi, rusticité et multiplication des espèces employées à cet usage, etc. 1 volume de 100 pages, avec 35 figures dans le texte et 46 tracés de mosaïques et diagrammes. . . . . 1 fr. 50

PORTES (L.), chimiste expert de l'Entrepôt, pharmacien en chef de Saint-Louis et F. RUYSSEN. — **Traité de la Vigne et de ses produits**, précédé d'une préface de M. A. CHATIN, membre de l'Institut, directeur de l'École supérieure de pharmacie de Paris. 3 forts vol. formant 2,250 p. environ, avec 554 figures dans le texte . . . . 32 fr.

QUELET (L.).— **Flore mycologique de la France et des pays limitrophes**. 1 fort vol. in-12 de 520 p. . . . . 8 fr.

TASSY (L.), conservateur des forêts. — **Aménagement des forêts.** 1 vol. in-8 de 700 pages. 3e édition très augmentée, 1887. . 8 fr.

ÉVREUX, IMPRIMERIE DE CHARLES HÉRISSEY

www.ingramcontent.com/pod-product-compliance
Ingram Content Group UK Ltd.
Pitfield, Milton Keynes, MK11 3LW, UK
UKHW022316190726
13856UKWH00001B/42

9 782013 611060